力学及其发展的批判历史概论

〔奥〕恩斯特·马赫 著

李醒民 译

2019年·北京

Ernst Mach

THE SCIENCE OF MECHANICS: A CRITICAL AND HISTORICAL ACCOUNT OF ITS DEVELOPMENT

Translated by Thomas J. McCormack, The Open Court Publishing Company, Lasalle,Illinois, 6th ed. , 1960.

Open Court Publishing Co.

根据开放法庭出版公司 1960 年英译本第 6 版译出

恩斯特·马赫（1838～1916）

物理学革命行将到来的先声
——马赫在《力学及其发展的批判历史概论》中对经典力学的批判
（代中文版序）

李醒民

马赫是一个具有罕见的独立判断力的人。他对观察和理解事物的毫不掩饰的喜悦心情，也就是对斯宾诺莎所谓的“对神的理智的爱”，如此强烈地迸发出来，以至到了高龄，还以孩子般的好奇的眼睛窥视着这个世界，使自己从理解其相互联系中求得乐趣，而没有什么别的要求。

《力学》是真正伟大的著作之一，并且是科学历史著作的典范。

马赫曾以其历史的批判的著作，对我们这一代自然科学家起过巨大的影响，在这些著作中，他以深切的感情注意各门科学的成长，追踪这些领域中起开创作用的研究工作者，一直到他们的内心深处。我甚至相信，那些自命为马赫反对派的人，可以说几乎不知道他们曾经如同吮吸他们母亲的乳汁那样吸取了马赫的多少思考方式。

——**爱因斯坦**(A. Einstein)

恩斯特·马赫的著作《力学及其发展的批判历史概论》是上世纪最伟大的科学成就之一，现在依然是描述任何领域观念发展的典范。在它自己的领域，这本著作还充满了生命力。它对科学哲学家而言是灵感，是物理学家史家的有价值的信息源泉，而且对力学教师很有帮助。对初学者来说，它的头一半是具有无与伦比的明晰和深刻的、最起激励作用的入门。

——门格(K. Menger)

今天，当我们看到社会动荡，看到它像一个机关的登记员按照他的心境和本周的事件改变他在同一问题上的观点时，当我们注视这样产生的深刻的心理悲痛时，我们应该知道，这是我们的哲学不完备性和转变特征的自然的和必然的结局。有资格的世界观从来也不能作为赠品得到；我们必须通过艰苦的工作获得它。对人类的幸福来说，只有准予在理性和经验起决定作用的领域内自由地转向理性和经验，我们才能缓慢地、逐渐地但却有把握地趋近统一的世界观的理想，只有这种世界观才可以与健全心智的经济和谐共存。

——马赫(E. Mach)

1. 历史的大背景

1687年，牛顿(Issak Newton，1643～1727)出版了他的集大成著作《自然哲学的数学原理》(以下简称《原理》)。这位科学大师

在他的三卷鸿篇巨制中，把伽利略“地上的”物体运动规律与开普勒“天上的”星球运动规律天才地综合起来，建立了牛顿力学（也称经典力学或古典力学）的完整理论体系。

牛顿力学的辉煌成就，使其得以决定后来物理学家的思想、研究和实践的方向。《原理》主要处理的是质点力学问题，后来经过其他物理学家的努力，被顺利地推广到刚体和流体，并形成了严密的分析形式体系。就这样，经过牛顿的精心构筑和后人的着意雕饰，到18世纪初期，经典力学这一宏伟建筑巍然屹立，无论外部造型之雅致，还是内藏珍品之精美，在当时的科学建筑群中都是无与伦比的。

经典力学的成功使人们无条件地接受了这一理论，把它看做是科学解释的最高权威和最后标准。而且直到19世纪末，它一直充当物理学家在各个领域中的研究纲领。与此同时，物理学家深信，宇宙中发生的一切现象都能够用力学来描述，只要给出系统的初始条件，就能够毫无遗漏地把握它的因果性链条，从而机械论的自然观广为流行。正是在这种自然观的引导下，声学、热学、光学、电磁学也在经典力学的基本概念和基本原理上发展起来，经典力学又成为经典物理学赖以存在的基础。

力学描述了大至恒星（质量为$10^{32}\sim10^{33}$克）、小至超显微粒子（质量为10^{-18}克）的运动过程，并且与一切经验一致。事实上，它甚至部分地证明了我们关于分子、原子甚至更小的基本粒子的实验。力学又成为声学、热学、光学、电磁学赖以存在的基础。诚如德国物理学家劳厄（Max von Laue，1879～1960）所说，当时经典力学和经典物理学已经“结合成一座具有庄严雄伟的建筑体系和动人心弦的美丽的庙堂"①。物理学家莫不对此顶礼膜拜,他们踌躇满志,以为宇宙秘扃,无不尽辟,后人只需墨守成规,稍加修饰即可。至于发现新事物,创造新原理,前人已不留余韵,根本无需后人劳心竭力。

著名的美国物理学家迈克耳孙(Albeit Abraham Michelson,1852～1931)就持有类似的观点。1888 年,在美国科学促进协会克里夫兰年会上,作为物理组副主席的迈克耳孙谈到他的专业光学时说:"无论如何,可以肯定,光学比较重要的事实和定律,以及光学应用比较有名的途径,现在已经了如指掌,光学未来研究和发展的动因已经荡然无存了。"六年后的 1894 年,他在芝加哥大学赖尔逊实验室的献辞中重申上述观点。这时,他把范围从光学扩大到整个物理学。迈克耳孙这样讲道:"虽然任何时候也不能担保,物理学的未来不会隐藏比过去更使人惊讶的奇迹,但是似乎十分可能,绝大多数重要的基本原理已经牢固地确立起来;看来,下一步的发展主要在于把这些原理认真地应用到我们所注意的种种现象中去。正是在这里,测量科学显示出它的重要性——定量的结果比定性的工作更为重要。一位杰出的物理学家指出:未来的物理学真理将不得不在小数点后第六位寻找。"据迈克耳孙年青的同事密立根(Robert Andrews Millikan,1868～1953)回忆,迈克耳孙在这里所说的"杰出的物理学家"指的是开尔文勋爵(Lord Kelvin,1824～1907),即威廉·汤姆孙(William Thomson)。②

① 劳厄:《物理学史》,范岱年等译,北京:商务印书馆,1978 年第 1 版,第 25 页。

② L. Badash, The Completeness of Nineteeth-Century Science, *ISIS*, 63 (1972), 48～58.

迈克耳孙的观点在当时是颇有代表性的。的确，盲目乐观情绪一度在物理学家中间蔓延开来。在这里，列举两位著名的物理学家的轶事也许是耐人寻味的。1932 年，德国物理学会在柏林举行宴会，庆祝普朗克（Max Planck，1858～1947）从事科学活动五十周年，普朗克在答辞中回顾自己的科学生涯。他从事科学活动是从慕尼黑大学开始的，当时，他向自己的老师约利（Philipp von Jolly，1809～1884）表示，决心献身理论物理学。约利不解地问道："年轻人，你为什么要断送自己的前途呢？要知道，理论物理学已经终结。微分方程已经确立，它们的解法已经制定，可供计算的只是个别的局部情况。可是，把自己的一生献给这一事业，值得吗？"[①]1894 年，正读研究生的密立根也受到类似的劝告。据密立根回忆，当时与他住在一起的三位从事社会学和政治学研究的同学经常和他开玩笑说：社会科学这一新颖的、"活生生的"领域正在敞开大门，密立根这个傻瓜却钻在物理学这样一门"没有搞头的"、而且"已经僵死了的"学科之中。[②]

物理学的现有理论已经完美无缺了，物理学的发展前景已经暗淡无光了。往后的研究只能是追求较高的精确性和下一个小数位，可用的方法无非是单调而机械地提供科学数据。在 19 世纪后期，许多物理学家的看法就是如此。

正是在这样的历史情境下，当动摇经典理论基础的新实验和新发现还未大量涌现时，当物理学家还沉浸在盲目乐观的情绪之

① А. Ф. Йоффе, *Встречи с Физиками*, Масква, 1960, сс. 77～78.

② R. A. Millikan, *Autobiography of Robert A. Millikan*, New York: Prentice-Hall, 1950, pp. 269～270.

中时，马赫(Ernst Mach，1838～1916)就洞察到经典力学理论框架的局限性。他于1883年出版了他的历史性著作《力学及其发展的批判历史概论》(或译为《力学史评》，以下简称《力学》)，对经典力学进行全面的、深入的批判。

其实，从17世纪末起，一些自然科学家和哲学家就开始批判牛顿的绝对空间概念，其中最著名的是莱布尼兹(Gottfried Wilhelm Freiherr Leibniz，1646～1716)和贝克莱(George Berkeley，1685～1753)。他们已很有可能——尽管绝不是完全可能——表明绝对位置和绝对运动在牛顿体系中根本没有作用，他们又确实从值得重视的美学要求方面成功地暗示，一种关于空间和运动的彻底的相对性概念以后必将出现。但是，他们的批评是纯逻辑的和纯哲学的，他们做梦也想不到，向相对论体系的过渡竟然会得到可观测效应。[①] 由于他们的睿智超越了整整一个时代，他们没有、也不可能把他们的观点同牛顿理论用于自然界所引起的任何问题联系起来。特别是，由于人们对牛顿权威的崇拜和对经典力学的迷信，这些批判当然不可能激起多大共鸣。其结果，在18世纪，他们的观点就随他们本人的去世销声匿迹了。

到19世纪初，对牛顿力学中的力、质量、惯性、作用与反作用等重要概念的批判性分析，就开始陆续进行了。此类具有代表性的评论，不仅涉及这些概念的形而上学性(它们不是来自经验，而是从哲学引出)，而且指出它们过于拟人化的特点(它们被认为过

① T. S. Kuhn, *The Structure of Scientific Revolution*, Chicago: The University of Chicago Press, 2nd ed., p. 70. M. Jammer, *Concepts of Space: The History of Theories of Space in Physics*, Cambridge, Mass., 1954, pp. 114～124.

多地从主体出发,因而不能充分地描述自然界)。卡诺(Sadi Carnot,1796～1832)就曾经提到,力的概念具有“神秘的和形而上学的性质”。他指出,像力这样的“不可靠的本质”,“实体论的性质”,应当逐渐从科学中排除出去。基尔霍夫(Gustav Robert Kirchhoff,1824～1887)力图避免在力学中运用拟人性概念,纯粹用分析方法解释力的定义,为此他仅仅利用空间、时间和质量概念。① 但是,这些批判都比较零散和肤浅。尤其是,这些批判都是在不触犯流行的力学自然观(机械自然观)的前提下进行的,因而不可能产生革命性的结果。正是马赫的《力学》客观上完成了这项历史赋予的使命。

2. 马赫在《力学》中对经典力学的批判

马赫是从1870年开始研究科学史的。有足够的证据表明,马赫精通拉丁文、希腊文、法文、意大利文和英文。马赫在研究中审查了这些文种的第一手原始资料,此外他也非常熟悉第二手文献。从马赫的私人信件可以看到,他与国际学术团体保持着广泛的思想交流。尤其是,他在1883年之前就多次做过批判经典力学的尝试②。

---

① П. С. Дышлевы и Ф. М. Канак, *Материалистическая Философия и Развитие Естествоз нания* , Гловное Издательство Издательского Объединения, Виша школа, 1977,cc. 104～105.

② 事实上,马赫在1862年就做过一个题为“历史发展中的力学原理和机械论者的物理学”的讲演,这可以说是《力学》一书的胚芽。1872年,他在一年前讲演的基础上,完成了《能量守恒原理的历史和根源》的小册子,批判了力学先验论,并通过对历史的考察得出否定力学自然观的结论。《力学》中的一些基本观点在小册子中都有所涉及。

这一切，都有助于马赫完成《力学》这一在物理学领域划时代的著作——《力学》的出版也许可以说是标志《原理》绝对统治时代的终结。

按照马赫的见解，一个伟大的科学家必须像牛顿那样具备两大特点：从对世界的经验中把握本质要素的想象力和理智概括能力。在《力学》[①]中，马赫详细介绍了经典力学的基本观点，充分肯定了牛顿及其后继者的历史功绩，盛赞了《原理》表述的明晰性，同时提出有力的证据，以改造经典力学的基本概念和基本原理。尽管马赫注意用真正的科学精神进行讨论，但是《力学》的字里行间还是颤动着一种难以压抑的激昂基调，并不时流露出论战的狂热。马赫以怀疑的经验论哲学为武器，揭示经典力学基本概念和基本原理的先验本质。马赫在《力学》德文初版的前言公开申明，这本书的"倾向是相当富有启发性的，或者还可以讲得更清楚些，是反形而上学的"[②]。结束力学的优越地位，并进而给力学自然观以沉重打击，也是马赫的本意。

《力学》共分为五章，它们分别是："静力学原理的发展"，"动力学原理的发展"，"力学原理的扩展应用和科学的演绎发展"，"力学的形式发展"，"力学和其他知识范围的关系"。在《力学》中，马赫想要通过对科学根源作批判性的、历史的和心理学的研讨，以揭露形而上学的暧昧性、因袭下来的拟人说以及模棱两可的看法，并且

① 本文引用的马赫对经典力学批判的言论出自 E. Mach, *The Science of Mechanics: Critical and Historical Account of Its Development*, Open Court Publishing Company, U. S. A., 1960. 本文引自该书的文字以(*SM*,页码)的形式标记。

② 広重徹：相对性理論の起源(Ⅱ)，《科学史研究》，13(1975)，5～15.

论证其对科学进行呆板解释方面的人为性。马赫试图说明这样一些问题:我们对力学的科学内容有什么样的疑问?我们是如何得到这些内容的?我们是从何处导出它们的?它们能在什么程度上为我们牢固地占有?

马赫具体考察一些力学原理的"证明"。他指出,在所有这些"证明"的背后,都隐含某种人为的先入之见。马赫认为,在牛顿力学中,应该把基于经验的部分与任意约定的部分区别开来,而目前的力学形式则是由历史的偶然性决定的。马赫力图使人们相信,自然的性质不能借助于所谓不证自明的假设来捏造,而只应从经验引出。他断言:"一个超出认识范围的东西,一个不能被感觉的东西,在自然科学中是没有意义的。"(*SM*,337)

对经验论哲学充满自信的马赫,力图用统统消灭假设的方法,来清洗经典力学的基本概念和基本原理。马赫不喜欢牛顿的质量概念("物质的量"),"因为这种描述本身并不具备必要的明晰性。即使我们像许多作者所做的那样,追溯到假设性的原子也是如此。我们这样做,只能使那些站不住脚的概念复杂化。"正由于"我们不能把明晰的概念与'物质的量'联系起来",因此这个概念无助于质量的实际测量。(*SM*,265)他认为牛顿的质量定义(体积与密度之积)是一个"伪定义"(pseudo-definition),而"质量的真正定义只能从物体的力学关系中推导"。(*SM*,300)为了使"应用具体化"(*SM*,265),他基于作用与反作用原理提出:"物体由于相互作用,只要彼此产生大小相等、方向相反的加速度,那么这些物体的质量就相等。"他进而指出,"质量比就是对应加速度的负反比",即 $m_1/m_2=-a_2/a_1$,并以此作为相对质量的定义。(*SM*,266)这样一来，不仅不同的物体能够用相同的标准来量度，而且也使牛顿的作用与反作用原理成为多余的东西，这样便支持了他的思维经济原理。

在使质量成为可测量的量之后，马赫接着以此为基础，把力定义为质量与加速度之积，即 $m \cdot a$。这样，质量和力都变为可观察物体的可观测特性，从而“消除了所有形而上学的朦胧”。(*SM*,267)在这里，马赫对质量和力的处理引进了一种方法，这种方法后来被布里奇曼(Percy William Bridgman,1882～1962)加以提炼，成为以操作论命名的物理学哲学。

马赫反对把惯性看做是物体固有的性质，而把它视为物体与宇宙之间动力联系所规定的本质。他断言：“把惯性看做是自明的，或者企图从‘因果持续’这个一般原则推出惯性，无论如何是完全错误的。”按照马赫的主张，在一个虚空宇宙中的物体是没有惯性的。一个系统的惯性可以归结为在这一系统和静止宇宙之间的函数关系，包括相互作用的物质系统的最远部分，谈论孤立物体的惯性毫无意义。(*SM*,172)

《力学》最有名的一节是对牛顿绝对时空观的批判，这一节的一些段落十分精粹，格外引人入胜。马赫批判道：“我们不应该忘记，世界上的一切事物都是互相联系、互相依赖的，而且我们本身和我们所有的思想也是自然界的一部分。”同样，时间不言而喻也是不能独立自存的。“时间是一种抽象”，“利用和通过事物的相互联系，我们达到我们的时间观念，这个观念是我们描述事物的最深刻最普遍的观念”。然而，绝对时间无法根据比较运动来量度，无法与经验观测相联系，因此“它既无实践价值，也无科学价值，没有

一个人能提出证据说他知道关于绝对时间的任何东西，绝对时间是一种无用的形而上学概念。”（*SM*，273）

根据同样的理由，马赫建议取消绝对空间和绝对运动概念。他认为，从这两个概念不能演绎出可观察的事物，因为它们是“纯粹的思维产物，纯粹的理智构造，它们不能产生于经验之中”，所以只不过是一种“干巴巴的概念”而已（*SM*，280）。如果我们以事实为立足点，我们就不难发现，我们知道的仅仅是相对空间和相对运动。因此马赫强调指出：“回到绝对空间是大可不必的，因为参照系如同在其他任何情况中一样，都是被相对地确定的。”（*SM*，283、285）马赫指出：“牛顿旋转水桶的实验只是告诉我们，水对桶壁的相对转动并不引起显著的离心力，而这种离心力是由水对地球的质量和其他天体的相对转动产生的。如果桶壁愈来愈厚，愈来愈重，最后达到好几里厚时，那时就没有人能说这个实验会得出什么样的结果。”马赫断言：“正如我们已经详细证明的，我们的所有力学原理都是关于相对位置和相对运动的知识。”

马赫对牛顿在《原理》中的宣言（即有关的定义和定律）也进行了系统的批判。例如，针对牛顿的三大运动定律，马赫批判道：我们容易发现，第一和第二定律包括在前面所说的力的定义之中。根据力的定义，没有力也就没有加速度，结果物体就只能处于静止或做匀速直线运动。而且，在把加速度作为力的量度之后，再又去说运动的变化正比于力，这完全是不必要的同义反复。可以充分地说，作为前提的定义并不是任意的数学定义，而要符合实验给出的物体的特性。第三定律显然包含着某种新的东西。但是，我们已经看到，没有正确的质量概念，它就难以被理解，而正确的质量概念只能够从力学实验中得到，这又使第三定律变得毫无必要。

马赫在对经典力学进行批判的时候，其矛头直指力学先验论。马赫表示："我们思考的最重要的结果就是，即使表面上看起来最简单的力学定律，实际上也具有十分复杂的特征，这些定律停留在未完成的、甚至永远也不会终止的经验上。……决不应该把它们看做数学上确定的真理，而宁可看做不仅能够被经验永恒支配，而且也需要由经验永恒支配的定理。"（*SM*，289～290）在马赫看来，尽管力学原理从历史的观点来讲是明白易懂的，它的缺陷也是可以谅解的，并且在一个时期内具有重大的价值，"但是总的说来，它却是一种人为的概念。"（*SM*，597）"即使它们现在在一些领域内被认为是有效的，但是它们不会、也从来没有不预先经过实践检验就被接受。没有一个人敢担保能把这些原理推广到经验界限之外。事实上，这样的推广是毫无意义的。"（*SM*，280）马赫觉得，要了解力学原理，实际上只能凭人们在科学探索中积累的经验。诚如爱因斯坦（A. Einstein，1879～1955）所说，马赫依据经验论哲学，把那些"从经验领域里——在那里，它们是受我们支配的——排除出去，而放到虚无缥缈的先验顶峰上去"的基本观念，一个一个地"从先验的奥林帕斯山上拉下来"，揭露出"它们的世俗血统"，"把这些观念从强加给它们的禁忌中解放出来"[1]。

在"力学和其他知识范围的关系"一章中，马赫比较集中地批判了力学自然观。在马赫看来，现在人们从前人那里学到一种成

[1] 爱因斯坦：《爱因斯坦文集》第一卷，许良英等编译，北京：商务印书馆，1976年第1版，第157、548页。奥林帕斯山是古希腊神话中众神居住的天堂。

见，错误地把真实世界看做一个机械大厦，认为一旦弄清它的构造，便会无所不知，无所不晓。诚然，所有的自然现象都与力学过程有关，而且力学也出现得较早，人们便不得不用已经通晓的力学原理来解释未知的现象。但是，马赫强调指出，纯粹的力学现象是不存在的，它总是伴随其他现象，“纯粹的力学现象只是我们为了便于理解事物，有意或出于需要而做出的抽象。”例如，相互加速度的产生看来纯粹是力学现象，但是热、磁、电、化学现象总是与动力学结果相联系，并且当后者被确定时，前者总要局部地加以修正。马赫认为，严格地说，每一事物都属于物理学的所有分支，它们只是因为人为的分类而被分开，这部分是人们的习惯，部分是出于生理学的和历史的方便。但是，“在历史上早先获得的知识，没有必要成为后来陆续获得的知识的基础。当越来越多的事实被发现、被分类后，适用于普遍领域的全新观念就能够形成。”(*SM*，597)马赫举例说，在力学中得到的能量守恒定律，尽管可以应用于其他物理学领域，这似乎可以看做力学作为所有自然作用的基础的表现。“然而，在这种表现中，除了力学现象和其他各类现象之间量的不变关系外，就再也没有包含什么东西了。”(*SM*，601)马赫进而指出，不恰当地扩大一些结论的适用范围，通过力学而把它们引入物理学，并且以此为先决条件，这实在是一个错误。马赫断言，力学并不具有凌驾于其他学科之上的特权，力学自然观是毫无道理的，“把力学当做物理学其余分支的基础，以及所有物理现象都要用力学观念来解释的看法是一种偏见。”(*SM*，596)在同时代的物理学家当中，像马赫这样旗帜鲜明地向力学自然观宣战的人，恐怕是绝无仅有的。

马赫在《力学》中多次强调,对过去时代的伟大物理学家的评价,不应妨碍历史学家讨论他们的主要局限性。其实,马赫本人在批判经典力学的过程中,也出现了一些错误和混乱,这既与他的哲学立场有关,也与他的科学思想有关[①]。众所周知,19世纪后半叶,机械论的科学观受到科学发展的冲击而逐渐走向衰落,马赫是最早洞察到这种倾向的人之一。为了挽救科学世界观的危机,使科学世界图像不致随机械论图像一起走下坡路,他强调经验论,反对力学先验论和力学自然观。为了给各门学科谋求一个统一的基础,他选取了一条纯粹经验论的路线,力图从科学中排除一切不能由经验证实的所谓"形而上学"命题。这种哲学立场和科学观尽管在当时起到积极作用,但是终究不能适应科学发展的需要。另外,马赫在批判经典力学的过程中也存在一些逻辑混乱。尽管如此,《力学》仍不失为"真正伟大的著作之一,并且是科学历史著作的典范"[②]。

3. 马赫是在敲着敞开的大门吗?

马赫对力学先验论和力学自然观的抨击并不是无缘无故的。在19世纪80年代前后,经典力学的基本概念和基本原理在物理

---

① M. Bunge, Mach's Critique of Newtonian Mechanics, *Am. Jour. Phys.*, 34 (1966), pp. 585～596. 以及E. Mach, *The Science of Mechanics: Critical and Historical Account of Its Development*, Open Court Publishing Company, U. S. A., 1960. 中的英译者前言。

② 爱因斯坦:《爱因斯坦文集》第一卷,许良英等编译,北京:商务印书馆,1976年第1版,第494页。

学家当中造成一种权威性，并被人为地打上“思维的必然性”、“先验的给予”等烙印，使人忘记了它们的世俗来源，而把它们当做某种一成不变的既定的东西①。他们想，每一种自然现象必须用力学来解释，这不是偶然的、讲究实际的，而是合乎逻辑的、必然的。按照他们的观点，力学原理不仅仅是以经验为根据的、真实的定律，而且像几何学上的公理和定理一样，也是先验的或必然的真理。

不仅力学先验论风靡一时，力学自然观也广为流行。经典力学理论体系之完美和实用威力之强大使物理学家深信，天地四方、古往今来发生的一切现象，都能够用力学来描述。只要给出系统的初始条件，就能够毫无遗漏地把握它的因果性链条。牛顿早在《原理》中，就把宇宙看成符合力学原理的机械图像。他在该书第一版的“序言”中写道，正如用万有引力推演出行星、彗星、月球和潮汐的运动一样，“我希望能够用同样的方法从力学原理推导出自然界的其他许多现象”②。另一位同时代的科学泰斗惠更斯(Christian Huygens，1629～1695)在1690年说：“在真正的哲学里，所有自然现象的原因都应该用力学用语来思考，依照我的意见，我们必须这样做。”③拉普拉斯(Pierre-Simon Marquis Laplace，1749～1827)在1812年所著的《概率解析理论》的绪论中，

① 爱因斯坦：《爱因斯坦文集》第一卷，许良英等编译，北京：商务印书馆，1976年第1版，第85页。

② 塞耶编：《牛顿自然哲学著作选》，上海外国自然哲学编译组译，上海：上海人民出版社，1974年第1版，第12页。

③ J. Jeans, *The Growth of Physical Science*, Cambridge University, 1951, p. 256.

更是典型地道出了力学决定论的特征。他说:"我们必须把目前的宇宙状态看做是它以前状态的结果及其以后发展的原因。如果有一种智慧能了解在一定时刻支配自然界的所有力,了解组成它的实体的各自位置,如果它还伟大到足以分析所有这些事物,它就能够用一个单独的公式概括宇宙万物的运动。从最大的天体到最小的原子都毫无例外,而且对于未来,就像对于过去那样,都能一目了然。"①物理学家由于确信这样的决定论,终于完全和上帝断绝了关系。据说,拉普拉斯把《天体力学》奉献给拿破仑皇帝时,拿破仑问道:"你为什么在书中不提上帝?"拉普拉斯自信地回答:"陛下,我不需要那种假设!"②

经典力学不可思议的成功,使人们无条件地接受这一理论,把它看做是科学解释的最高权威和最后标准。而且直到19世纪末,它一直充当物理学家在各个领域的研究纲领。人们普遍认为,经典力学是整个物理学的基础。只要把经典力学的基本概念和基本原理稍加扩充,就能够处理面临的一切物理现象。情况正如亥姆霍兹(Hermann von Helmholtz,1821~1894)1847年在《论力的守恒》中所说:"我们最终发现,所有涉及的物理学问题都能归结为不变的引力和斥力","只要把自然现象简化为力,科学的使命就终结了。"他还宣称:"整个自然科学的最终目的溶化在力学之中。"③

---

① 広重徹:《物理学史Ⅰ》,培風館,1968年,131頁。

② 丹皮尔:《科学史及其与哲学和宗教的关系》,李珩译,北京:商务印书馆,1975年第1版,第259页。

③ H. Helmholtz,《力の保存についての物理学的論述・世界の名著65》,中央公論社,1973年,235頁。

当时物理学家囿于力学自然观而不能自拔，出现了“把一切都归结为机械运动的狂热”[1]。他们以循规蹈矩为至善，以改弦更张为异端，只是习惯地对经典力学修修补补，硬把那些带有革命性的新发现和新思想纳入旧有的理论框架之中。甚至连在统计力学和电动力学领域做出杰出贡献的麦克斯韦等人，也概莫能外。尽管可以把麦克斯韦等人视为动摇以力学作为物理学最终基础这一信念的人，可是他们却在其自觉的思考中，紧抱力学自然观不放，把热、光、电现象统统归结为以太的力学作用。麦克斯韦(James Clerk Maxwell,1831～1879)在 1865 年这样写道：“由光和热现象，我们有理由相信，存在一种弥漫空间和渗透物体的以太介质，它能够受外力而运动，并将这种运动由一部分传至另一部分，还能将其传给肉眼能看见的物质，使之生热，并从各方面影响它。”[2]

其他物理学家也是如此行事。1884 年，开尔文勋爵好像发表力学自然观的宣言一样振振有词：“我的目标就是要证明，如何建造一个力学模型，这个模型在我们所思考的无论什么物理现象中，都将满足所要求的条件。在我没有给一种事物建立起一个力学模型之前，我是永远也不会满足的。如果我能够成功地建立起一个模型，我就能理解它，否则我就不能理解。”[3]开尔文勋爵为了用以太这一力学模型解释光、电、磁现象，竟然在 1890 年别出心裁地提

① 恩格斯：《自然辩证法》，北京：人民出版社，1971 年第 1 版，第 225 页。

② 伯恩斯坦：《阿尔伯特·爱因斯坦》，高耘田等译，北京：科学出版社，1980 年第 1 版，第 33～34 页。

③ P. Duhem, *The Aim and Structure of Physical Theory*, Princeton University Press, U. S. A., 1954. pp. 71～72.

出:电效应是由以太的平动引起的,磁现象是由以太的转动引起的,而光却是由以太波动式的振动引起的[①]。玻耳兹曼(Ludwig Boltzmann,1844～1906)1886 年 5 月 29 日在皇家科学院的讲演中断然宣称:"如果你要问我,我们的世纪是钢铁世纪、蒸汽世纪还是电气世纪,那么我会毫不犹豫地回答,我们的世纪是力学自然观的世纪,……"[②]J. J. 汤姆孙(Joseph John Thomson,1856～1940)在 1888 年发表的言论,大体代表了一代物理学家的思想。他说:经典物理学五十年间完成的主要进展,其"最引人注目的一个结果就是,增强了用力学原理来说明一切物理现象的信念,促进了追求这种说明的研究。"他进而断言:"一切物理现象都能够从力学的角度来说明,这是一条公理,整个物理学就建造在这条公理之上。"[③]1894 年,赫兹(Heinrich Hertz,1857～1894)甚至在批评牛顿力学有关基本概念的著作中还坚持认为:"把一切自然现象还原为简单的力学定律是物理学的课题,在这一点上,所有物理学家都是一致的。"[④]当时,在世界科学中心之一的柏林,物理学家似乎都相信,把每一种事物划归到力学的基础上才是现代化的方法。

---

① 梅森:《自然科学史》,周煦良等译,上海:上海译文出版社,1980 年第 1 版,第 455～456 页。

② L. Boltzmann, *Theoretical Physics and Philosophical Problems*, D. Reidel Publishing Company, 1974, p. 15.

③ 杉山滋郎:19 世紀末の原子論論争と力学的自然観・旧説的再検討をかねて(2),《科学史研究》,16 (1977),199～206。原始文献可参见 J. J. Thomson, *Applications of Dynamics to Physics and Chemistry*, London, 1888, p. 1.

④ ヘルツ:《ヘルツ・力学原理》,上川友好訳,東海大学出版社,1974 年,15 頁。R. McCormmach, Hertz, Heirich Rudolf; C. C. Gillispie ed., *Dictionary of Scientific Biography*, Vol. Ⅷ, New York: Charles Scribner's Sons, 1970～1977.

在相当长的一段历史时期内，人们对牛顿及其力学的崇拜也达到迷信的程度。牛顿于1797年去世时，人们这样褒扬他：自然及自然之定律统统隐藏在暗夜之中，上帝说："让牛顿干吧！"于是一切便大放光明[①]。拉格朗日(Joseph-Louis Lagrange，1736～1813)把《原理》誉为人类心灵的最高产物，并对牛顿赞不绝口：牛顿是历史上最大的天才，也是最幸运的天才："因为宇宙只有一个，而在世界历史上也只有一个人能做它的规律的解释者。"[②]这种迷信一直蔓延到19世纪末，以致不少物理学家都持有这种维多利亚式的态度——经典力学与经典物理学已经完美无缺了，所有值得知道的东西都已经知道了[③]。

"不识庐山真面目，只缘身在此山中。"要使物理学家意识到经典力学基本概念和基本原理的局限性，下决心变革经典力学的基础，就必须使他们挣脱力学先验论和力学自然观的束缚，破除对经典力学的迷信。新的思想启蒙势在必行，恩斯特·马赫正巧在这种特定的历史条件下扮演了启蒙者的角色。

马赫对经典力学的批判，对于削弱当时占统治地位的力学先验论和力学自然观，对于认清经典力学基础的虚构性质，无疑起了积极作用。它有助于破除迷信、解放思想，为新发现和新理论的提出创造一种必不可少的自由气氛。事实上，物理学在每一个历史

---

① アシモフ:《科学技術人名事典》，皆川義雄訳，共立出版株式会社，昭和四十六年，112頁。

② 丹皮尔:《科学史及其与哲学和宗教的关系》，李珩译，北京：商务印书馆，1975年第1版，第260页。

③ L. Badash, The Completeness of Nineteeth-Century Science, *ISIS*, 63 (1972), 48～58.

时期都有它自己的基本概念和基本原理，而后继的时期人们又往往夸大它们的作用，不适当地把它们误用到力所能及的范围之外。为了消除这种误用，每一个历史时期都需要一种新的启蒙，正是这种永不止息的启蒙精神，才使科学不致变为僵化的教条。有人认为，马赫恰恰是在特定的历史时期扮演了这种启蒙者的角色，这是不无道理的。

显而易见，马赫对经典力学的批判绝不是穷极无聊的游戏，也不是敲着敞开的大门[①]。实际上，在 19 世纪 40 年代，由马克思(Karl Marx，1818～1883)和恩格斯(Friedrich Engels，1820～1895)创立的辩证唯物论并没有在物理学家中间得到传播。在此之前，虽说在黑格尔(George Wilhelm Friedrich Hegel，1770～1831)的著作中已有广博的辩证法纲要，但是科学家对黑格尔派"自然哲学"式的态度根本不感兴趣，甚至觉得格外讨厌[②]。更重要的是，这些辩证的思想并没有与具体的物理学问题结合起来。事实上，在马赫之前和马赫同时代，虽则也有人偶尔提出类似的观点，但是从来没有一个人把这些观念讲得像他那样透彻，并且有他那样宽广的门路；也从来没有一个人像他那样把这些观念可靠地落实到科学的土壤里，落实到物理学里。

由于当时的物理学家不会辩证地思考问题，就这样，诚如爱因

① 列宁在《唯物主义和经验批判主义》中写道：马赫对牛顿绝对时空概念的批判是"在敲着敞开的大门"。马赫等人的"不幸就在于他们没有看见大门已经为辩证唯物主义打开了。他们由于不能正确地阐明相对主义，便从相对主义滚入唯心主义。"参见《列宁选集》第 2 卷，北京：人民出版社，1972 年第 2 版，第 317、371 页。

② 丹皮尔：《科学史及其与哲学和宗教的关系》，李珩译，北京：商务印书馆，1975 年第 1 版，第 393 页。

斯坦所说，直到世纪之交，那些受传统思想束缚的物理学家，依然把经典力学的基本概念和基本原理珍藏在“绝对的东西”、“先验的东西”的“珠宝箱”内，宣称它们是天经地义、神圣不可侵犯的宝物。当具有创新精神的物理学家出于“这门科学发展的需要，要用一个更加严格的概念来代替一个习用的概念时”，这些人“就会发出严厉的抗议，并且抱怨说：这是对最神圣遗产的革命的威胁”。[①] 甚至在狭义相对论出现后多年，一些物理学家还死死抱住牛顿的绝对时空概念不放。例如，在1911年，美国科学促进协会主席、物理学家马吉（W. F. Magie）在会议讲演中还激动地宣称：“我相信现在没有任何一个活人真的会断言，他能够想象出时间是速度的函数，也没有任何一个人下这样的赌注：他确信自己的‘现在’是另一个人的‘将来’，或者还是其他人的‘过去’。”[②]在这样的历史条件下，怎么能说马赫的批判是穷极无聊的游戏，或敲着敞开的大门呢？

事实上，当时物理学通向新领域的大门还关闭得严严实实，并没有被辩证唯物论打开。在这种背景下，马赫分析那些流行已久的概念，指明它们的正确性和适用性所依据的条件，指明它们是怎样从经验所给予的东西中一一产生出来的。这样一来，它们的过大权威性就会被戳穿。如果不能证明它们充分合法，就将抛弃它们。如果它们同所给定的东西之间的对应过于松懈，就将修改它

① 爱因斯坦：《爱因斯坦文集》第一卷，许良英等编译，北京：商务印书馆，1976年第1版，第85～86页。

② S. Goldberg, In Defense of Ether, the British Response to Einstein Special Theory of Relativity, His. St. Phy. Sci., 2nd Annual Volume, 1970.

们。如果能够建立一个新的、出于无论哪种理由都是优越的体系，那么就会用别的概念代替这些概念。马赫对经典力学的系统批判，使这扇大门松动了一些，这并不是马赫的不幸，恰恰是他的功绩。要说不幸，其实正是那些力学先验论者和机械论者，他们不仅不去敲击和打开这扇紧闭的大门，而且还重重设防，极力阻止别人去做。诚然，“如果理论自然科学家愿意从历史地存在的形态中仔细研究辩证哲学，那么这一过程就可以大大地缩短。”然而，历史的发展往往不像人们设想的那样顺利和简单，“历史有它自己的步伐，不管它的进程归根到底是多么辩证的，辩证法往往还是要等待历史很久。”①

4. 物理学革命行将到来的先声

马赫的《力学》在当时产生了较大影响。该书用德文总共出了九版（马赫在世时出了七版），并且在1912年之前已被陆续译为英文、法文、意大利文和俄文，后来又有日文等译本问世，几乎传遍了整个世界。可是，正如马赫1912年在德文第七版序言中所说：“四十年前，当我第一次阐述在这本书中所解释的思想时，它们只能得到很少的同情，事实上常常遭到反驳。只有几个朋友……对这些思想极感兴趣。”（*SM*，xxvi）但是到1883年，情况已经有所变化。《力学》第一版受到人们善意的欢迎，在不到五年的时间内，一批印数很大的《力学》书就被销售一空，并受到德语国家科学界的重视。

---

① 恩格斯：《自然辩证法》，北京：人民出版社，1971年第1版，第30、92页。

在世纪之交，马赫对经典力学的批判和在《力学》中表达的科学哲学思想，在物理学家中间产生了深远影响，导致对经典物理学的科学与哲学基础进行生气勃勃的讨论[①]。情况正如爱因斯坦所说："马赫曾以其历史的批判的著作，对我们这一代自然科学家起过巨大的影响，在这些著作中，他以深切的感情注意各门科学的成长，追踪这些领域中起开创作用的研究工作者，一直到他们的内心深处。我甚至相信，那些自命为马赫反对派的人，可以说几乎不知道他们曾经如同吮吸他们母亲的乳汁那样吸取了马赫的多少思考方式。"[②]爱因斯坦这样说不是毫无缘由的，马赫的批判思想从 19 世纪 80 年代起确实广泛地成为当时智力武库的有力武器。

马赫的《力学》对爱因斯坦创立相对论产生了引人注目的影响。爱因斯坦在挚友贝索(M. besso)的建议下，1897 年第一次阅读《力学》。在从 1902 年 3 月开始的"奥林比亚科学院"时期，他和他的朋友哈比希特(C. Habicht)和索洛文(M. Solovine)又学习和讨论了这一著作。[③] 在世纪之交这个追寻科学原理基础的英雄时代，马赫坚不可摧的怀疑态度和独立性，对力学先验论和力学自然观的系统批判，以及对经典力学基础的深邃洞察，无一不给爱因斯坦以激励和启迪。与爱因斯坦过从甚密的物理学家和科学哲

① E. N. Hiebert, Mach, Ernst; C. C. Gillispie ed., *Dictionary of Scientific Biography*, Vol. Ⅷ, New York: Charles Scribner's Sons, 1970～1977, pp. 595～607.

② 爱因斯坦:《爱因斯坦文集》第一卷，许良英等编译，北京：商务印书馆，1976 年第 1 版，第 84 页。

③ 赵中立、许良英编译:《纪念爱因斯坦译文集》，上海：上海科学技术出版社，1979 年第 1 版，第 153～156 页。

学家弗兰克(Philipp Franck,1884～1966)认为:"在狭义相对论中,同时性的定义就是基于马赫的下述要求:物理学中的每一个表述必须说出可观测量之间的关系。当爱因斯坦探求在什么样的条件下能使旋转的液体球面变成平面而创立引力理论时,也提出同样的要求。……马赫的这一要求是一个实证论的要求,它对爱因斯坦有重大的启发价值。"[①]美国著名科学史家霍耳顿(G. I. Holton)指出,在相对论中,马赫影响的成分显著地表现在两个方面:其一是,爱因斯坦在他的相对论论文一开始就坚持,基本的物理学问题在做出认识论的分析之前是不能够理解清楚的,尤其是关于空间和时间概念的意义;其二是,爱因斯坦确定了与我们感觉有关的实在,即"事件",而没有把实在放到超越于感觉经验的地方。[②]

尽管爱因斯坦没有完全接受上述观点,尽管他后来明确反对马赫的狭隘经验论,但是他并没有忘记马赫对他的积极影响。爱因斯坦先后多次表明,马赫为相对论的发展"铺平了道路";19世纪"所有的物理学家,都把古典力学看做是全部物理学的,甚至是全部自然科学的牢固的和最终的基础","是恩斯特·马赫,在他的《力学》中冲击了这种教条式的信念,当我还是一个学生的时候,这本书正是在这方面给我深刻的影响。"[③]在创立狭义相对论的过程

---

① P. Franck, Einstein, Mach and Logical Positivism; R. S. Cohen and R. J. Ceeger ed., *Ernst Mach: Phisicist and Philosopher*, New York: Humanities Press, 1970.

② G. I. Holton, Mach, Einstein, and the Search for Reality; R. S. Cohen and R. J. Ceeger ed., *Ernst Mach: Phisicist and Philosopher*, New York: Humanities Press, 1970.

③ 爱因斯坦:《爱因斯坦文集》第一卷,许良英等编译,北京:商务印书馆,1976年第1版,第9～10页。

中，爱因斯坦由于阅读休谟(David Hume，1711～1776)和马赫的著作而获得批判性的思想，一举把时间的绝对性和同时性的绝对性从潜意识中排除出去，从而取得决定性的进展。在创立广义相对论的过程中，马赫对于惯性本质的理解也使爱因斯坦深受启发。爱因斯坦在1918年“关于广义相对论的原理”的论文中特意提出“马赫原理”，以强调马赫的主张。这就是，一个孤立物体的惯性是没有意义的；惯性必须归结为物体的相互作用，惯性结构是由宇宙中质量的分布决定的；一个物体的惯性力是这个物体同遥远距离物质的相互作用。其实早在1913年6月25日，爱因斯坦在致马赫的信中就写道，如果在日食时能观测到星光被太阳的引力场弯曲，“那么您的有关力学基础的天才研究——不顾普朗克不公正的批判——将获得光辉的证实。因为一个必然的结果是，完全按照您对牛顿水桶实验的批判的含义，惯性来源于相互作用。”①虽然马赫至死都厌恶相对论，但是爱因斯坦还是实事求是地称马赫为“相对论的先驱”。

马赫——这位从孔德(Auguste Cote，1798～1857)实证论到逻辑实证论的中途人物——在《力学》和其他著作中所阐述的科学哲学思想，也直接或间接地影响了一批量子物理学家，特别是哥本哈根学派的一些主要成员。玻尔(Niels Bohr，1885～1962)的科学思想不乏马赫的成分。玻恩(Max Born，1882～1970)认为实证论在科学中是一股生气勃勃的力量，它促成了相对论和量子论的

---

① 爱因斯坦：《爱因斯坦文集》第一卷，许良英等编译，北京：商务印书馆，1976年第1版，第74页。

建立。海森伯(Werner Heisenberg,1901～1976)指出,马赫的思想途径无疑促进了从普朗克发现以来物理学的发展。约尔丹(Pascual Jordan,1902～1980)是一个极端的马赫主义者,公开声称他是马赫的信徒。泡利(Wolfgang Pauli,1900～1958)深受马赫的影响,因为马赫是他的法定教父,他的父亲也是一位马赫的狂热追随者和积极支持者。与哥本哈根学派学术思想不相同的薛定谔(Erwin Schrödinger,1887～1961),也采纳了马赫的科学方法论。甚至连马赫的无情反对者普朗克,也曾讲过"马赫实证论"的某种"功绩"。

当然,马赫批判经典力学所依据的哲学有致命的弱点,特别是他没有认识到科学思想本质上具有构造的和思辨的性质,因而不能完全适应相对论和量子论发展的需要。因此,普朗克和爱因斯坦等人先后背离马赫的实证论哲学,并中肯地批评马赫。但是,在世纪之交物理学革命前夕和初期,马赫的批判性思想无疑对物理学的革命性变革起了启蒙作用和推动作用。从这种意义上讲,马赫在《力学》中对经典力学的批判,可以说是物理学革命行将到来的先声。

[原载北京:《自然辩证法通讯》,第4卷(1982),第6期,第15～23页。本版本依据李醒民:《激动人心的年代——世纪之交物理学革命的历史考察和哲学探讨》,成都:四川人民出版社,1983年第1版;北京:中国人民大学出版社,(当代中国人文大系·哲学)2009年第1版,有所增补]

目　　录

1960年美国第六版引言

恩斯特·马赫的著作《力学及其发展的批判历史概论》(*Die Mechanik in Ihrer Entwicklung Historisch-Kritisch Dargestellt*)是上世纪最伟大的科学成就之一,现在依然是描述任何领域观念发展的典范。在它自己的领域,这本著作仍然充满了生命力。它对科学哲学家而言是灵感,是物理学史家的有价值的信息源泉,而且对力学教师很有帮助。对初学者来说,它的头一半是具有无与伦比的明晰和深刻的、最起激励作用的入门。

该书跟踪力学发展直到世纪之交。① 正如标题表明的,该书是历史的和批判的。

一门科学分支的**历史**描述是对题材的最透彻的探究,并导致最深刻的洞察,这是马赫的普遍的方法论观念之一。对于创造性思维而言,没有任何东西比随着观念发展阐述观念、阐述久已抛弃的概念、阐述历史偶然事件在流行概念的产生中所起的作用更有助益了——这就是马赫在他的《力学》中引入和极度发展的技巧。

---

① 该书德文第九版已经出版。在马赫活着时已出七版,即在1883年、1888年、1897年、1901年、1904年、1908年和1912年。德文第八版和第九版在1921年和1923年出版。英译本由开放法庭公司(Open Court Company)于1893年、1902年、1915年、1919年、1942年和1960年出版。

马赫也把历史的描述方法用于热学理论与光学和电理论的各个部分。[①] 但是，该方法拥有进一步的潜力。数学特别是代数的其他部分，可以从相似的处理中得益；尤其是，力学科学自1900年以来的发展，包括相对论、波动力学和量子力学的发展，如果按照马赫的方式呈现的话，那么它本身会受益良多。

vi

马赫著作的**批判**部分在他对质量概念的分析、在他对牛顿的绝对空间和绝对时间观念的审查中达到顶点。几乎在每一个关于相对论的描述中，都引用对后者的批判。爱因斯坦在他的自述[②]中谈到马赫的《力学》时写道："当我还是一个学生的时候，……这本书对我施加了深刻的影响。"

*　　*　　*

在本世纪，对质量概念的分析，尤其是物理学家关于空间和时间的观点，超越了马赫。可是，他最初的讨论不仅依然是物理学的经典，而且也是**科学哲学**的经典。

马赫反对牛顿把质量定义为物质的量，他提出反对意见，认为它无助于对质量的实际操作；而且，他立足于牛顿第三定律，详尽阐述了一个新定义，该定义使测量质量成为可能。马赫的处理开

① E. Mach, *Prinzipien der Wärmelehre* (Leibzig: 1896); E. Mach, *Principles of Physical Optics* (Leibzig: J. A. Barth, 1921); London: Methuen Co., 1926; New York: Dover Press, 1953; E. Mach, "On the Fundamental Concepts of Electrostatics," in *Popular Scientific Lectures* (5th ed., La Salle, Illinois: Open Court, 1943), pp. 107～136.

② "Albert Einstein, Philosopher-Scientist," in *Library of Living Philosophers*, ed., P. A. Schilpp (Evanston: 1949), pp. 20～21.

创了一种方法，后来被 P. W. 布里奇曼(P. W. Bridgman)[1]在**操作论**(operationalism)的名义下大大精致化，并被用于物理学哲学。 vii

马赫拒绝绝对空间和绝对时间，因为它们是不可观察的。更一般地，他提出要从科学中清除缺乏实际可观察的或至少潜在可观察的对应物的概念。因此，他成为**反形而上学的实证论**(anti-metaphysical positivism)的创始人之一。

第三点是，马赫一再强调他的观点：科学具有节省智力努力的目的。普遍定律比列举特殊例子更简洁，更容易把握。比较简单的理论比比较复杂的理论受到偏爱。马赫的“思维经济”理论是他与 R. 阿芬那留斯(R. Avenarius)联系的主要之点，阿芬那留斯在他的**经验批判论**(empirio-criticism)[2]中认为，哲学是用最小的努力对世界的思维。

在马赫的纲领中，具有哲学意义的第四点是，用函数关联代替因果说明。在这方面，牛顿是一个光辉的典范。牛顿没有开始研讨在同时代人心智中最重要的问题，即物体**为什么**相互吸引的问题，他满足于阐述两个物体之间的引力与它们的质量和它们之间的距离的特定关联。在 18 世纪和 19 世纪，人们为了**说明**万有引力，做出不计其数的尝试，这些尝试现在几乎都被遗忘了。物理学家假定媒质中的矢量或张力的实在性，或者假定用胡乱穿越空间和施加压力的粒子轰击物体的实在性，例如石头之所以趋向地球，

---

① P. W. Bridgman, *The Nature of Physical Theories* (Princeton: 1936; New York: Dover Press, 1936).

② R. Avenarius, *Philosophie als Denken der Welt gemäss dem Pricip des kleinsten Kraftmasses* (Leibzig, 1876).

是因为地球庇护石头阻挡来自下面的粒子。但是,人对万有引力

viii 的洞察的真正巨大成就,是牛顿演绎开普勒定律,是预言随后观察到的新行星,是现在的实验天文学时代,是对人造卫星运动的控制;这些巨大成就与对万有引力的任何说明无关,完全锚泊在牛顿定律——两个物体之间的引力与它们的质量成正比,与它们之间的距离的平方成反比。类似地,赫兹关于电磁波的预言,基于麦克斯韦基本电磁量相互关联的方程,其目的并不在于说明现象。

数学具有惊人的创造功能,它从可观察的宇宙的假定出发,推断潜藏的结果,从而促使预言先前未曾观察的现象。宇宙根本没有任何义务符合那些预言!但是,如果这些结果被证实了,那么数学便导致新的发现;而如果观察没有证实它们,那么数学就必须修正基础的普遍的假定。

马赫强调函数关联引起两个疑问:函数是什么?函数关联是什么?

一旦说明任何正数的对数是,为给出那个数必须使10自乘的指数,数学家就针对每一个正数,通过使它的对数成对来定义对数函数。就这样,例如针对10,他们使1成对;针对100,他们使2成对;针对0.1,他们使-1成对。**对数函数**(这个定义的结果)是这样得到的数的所有对子的种类,特别包括对子(10、1),(100、2),

ix (0.1、-1)的种类。更一般地,数学家说,对于每一个数或某种类型的每一个数,若数以某种方式成对,则函数被定义。**函数**(这个定义的结果)是这样得到的数的所有对子的种类。

对第二个问题的传统答案是:函数与可变的量相关,或者简短地讲,与**变量**(variables)相关。彻底的分析揭示出,变量这个术语

在几个完全不一致的意思上使用。[1] 例如，在下面的数学陈述中，它被用于字母 x 和 y：

对于任何数 x 和任何正数 y，(1) $x+\log y=\log y+x$。在这个意思上的变量是按照下述法则使用的：(a)在公式中，按照伴随的说明，可以用数字比如 -3 和 10 代替 x 和 y，每一次这样的替代都产生特殊的公式，例如 $-3+\log 10=\log 10-3$。(b)在陈述(1)的意义没有任何变化的情况下，可以用任何两个不相似的字母作为变量；人们可以写出：

对于任何数 x 和任何正数 b，(1) $x+\log b=\log b+x$；或者，甚至可以像在下式那样交换 x 和 y：

对于任何正数 x 和任何数 y，$y+\log x=\log x+y$。

不管怎样，物理学定律中的在函数上相关的所谓变量，具有完全不同的本性。例如，假定在某种类型的过程的进程中，气体的大气压 p 从它的初始值 p_0 变化所做的焦耳功 w，通过对数函数与 p/p_0 关联，即以公式(2) $w=\overline{w}\ \log p/p_0$ 关联。一方面在(2)中 p 和 w 之间的对照，另一方面在(1)中 x 和 y 之间的对照，几乎不能比它所是的大。(a)字母 p 和 w 不必正好用任何两个压力和功的值代替。例如，星期一通过压缩一个容器中的氦所做的功，一般不是星期三在另一个容器氧的压力的对数。允许任何替代的任何说明也未伴随公式(2)。(b)比如说，如果在公式中引入气体体积的

① K. Menger, "On Variables in mathematics and in Natural Scuence," *British Journal for Philosophy of Science*, V., 1954, pp. 134～142. 关于变量、函数和流数(fluent)的初级描述包含在 K. Menger, *Calculus*: *A Modern Approach* (Boston: Ginn & Co., 1955)，特别参见第 IV 章和第 VII 章。

标示 v 替换 w，或者如果交换 p 和 w，那么(2)的意义就完全变化了。(事实上，这样得到的公式一般是假的。)鉴于(1)中的 x 和 y 对于**任何**数都继续有效，而且没有标示任何特殊的东西，p 和 w 也如此；它们标示压力和功。

但是，严格地讲，气体的大气压是什么？定义它的一种方式是，对于气体的每一状态 S，通过使在该状态 S 的大气压成对。**气体压力**(这个定义的结果)是这样得到的所有对子(S、p(S))的种类。类似地，焦耳功是对子(S、w(S))的种类。传统的公式(2)无非是下述定律的缩写：对于任何气体的任何状态 S 而言，在经受所考虑类型的过程时，$(2_s)\ w(S)=\overline{w}\ \log p(S)/p_0$。

以严格的实证论的和操作论的精神，人们会迈出一步超越前面的大气压定义，而如此定义**观察到的大气压**：对于每一个识读在大气中校准的压力表的行为 A，使作为该行为结果的、所识读的数

xi p^*(A)成对。这个定义的结果是这样得到的所有对子(A、p^*(A))的种类。[①] 类似地，人们能够把 w^* 即**观察到的焦耳功**定义为：对于某一另外类型的任何测量行为 B，该功是对子(B、w^*(B))的种类。于是，公式(2)是下述物理定律更清晰的公式化的缩写：对于任何两个识读压力表和测功表的行为，特别是对于同时指向经受所考虑类型的过程的同一气体样本的行为，$(2^*)\ w^*(B)=\log p*(A)/p_0$。

---

① 极端的实证论者可能询问，超越观察到的压力 p^*，是否存在任何(可谓**客观的**)压力 p。实际上，在查明的状态 S 中的气体压力 p(S)怎么样呢？(借助或多或少任意平均的压力)可以从观察到的压力值，即从以某种方式平均的数 $p^*(A_1)$、$p^*(A_2)$……推出它，这些数是由识读各种表的行为 A_1、A_2……，即由各个观察者对准状态 S 的气体的行为引起的。在日冕中的氦或一百万年前地球大气的实例中，可以通过布里奇曼所谓的笔纸操作确定压力。

按照它们的定义，p^*、w^*、p 和 w 是对子的种类，此刻这些对子本身不仅根本不同于(1)中的变量 x 和 y，而且基本上不同于函数。虽然后者比如对数函数是纯粹逻辑－数学的对象，但是压力的定义、观察到的压力等等包括与物理状态或观察的关系。成为压力的对数的功与对数函数具有的关系，相似于等于 3 英尺的 1 码与数 3 具有的关系。[①] 为了把像 p 和 p^* 二者这样的科学研究对象与变量和函数区别开来，在本引言第 6 个和第 8 个脚注中引用的论著，复活了牛顿就时间、越过的距离、气体压力、功等等杜撰的术语，即术语**流数**(fluents)。在 18 世纪期间，不仅渐渐忘却这个术语，以致被名词**变量**取代，而且这个基础的概念也在字母的逻辑－数学含义上与变量概念混淆，该字母被指定用任何数代替，或者更一般地，用某一种类对象的任何元的标示代替。 xii

就这样，马赫对函数关联的强调所引起的问题能够回答如下：函数是某些种类的数的对子。在物理学定律中，函数相关的对象是流数——对子的种类，其中每一个都由与物理状态或观察行为配对的数引起。

这里提及的第五点和最后的哲学观点(在本书的结尾处只是简要地触及这一点)是，马赫强调直接的感觉资料。他称它们为要

① 这些相关观点的详细讨论包含在本引言第 6 个脚注和同一作者的下述文章中：K. Menger, "Mensuration and Other Mathematical Connections of Observable Material," in *Measurement: Definitions and Theorrie*, ed., C. W. 丘奇曼和 P. 拉图什(C. W. Churchman and P. Ratoosh) (New York: Wiley & Sons, 1959), pp. 97～128; K. Menger, "An Axiometic Theory of Functions and Fluents," in *The Axiometic method*, ed., 亨肯、苏佩斯和塔斯基(Henkin, Suppes, and Tarski) (Amsterdam: North-Holland Publishing Co., 1959), pp. 454～473.

素(elements),并用它们作为建造**复合**(complexes)——诸如关于我们周围的各种事物的观念以及关于我们自己的观念——的建筑砖块。他拒绝寻找现象或资料的客观原因。

"由于观察到铭刻在感官上的几个观念相互伴随,它们借助一个名称而变得引人注目,从而被认为是一个物。这样一来,例如正在观察一起发生的某种颜色、味道、气味、外形和坚固性,被认为是一个独特的物,并用名称苹果指称它。另一些观念的集合构成石块、树木、书籍等可感觉的物。"马赫完全可以写出这个段落,它正好反映了争论观点的第一部分;然而,实际上,它是引自贝克莱主教(Bishop Berkeley)1710年撰写的《论人类知识原理》(*Treatise Concerning the Princilles of Human Knowledge*)。不管怎样,在进一步发展这些思想时,马赫完全背弃了贝克莱,因为贝克莱是神学家,他假定他极为感兴趣的关于感觉资料的超物理的、精神的原因。马赫回避寻找资料的原因,尤其是超物理的和精神的原因,并把自己限制在现象内。他担心与贝克莱的唯灵论等同,这也说明,马赫为什么不提他所谓的要素和复合理论在贝克莱经典的《论人类知识原理》第一部分中的发展,这本书几乎不能逃脱马赫的注意。[①] 与贝克莱的观念论的形而上学(idealistic metaphysics)对照,马赫的科学哲学常常被称为**现象论**(phenomenalism)。

xiii

① 在贝克莱逝世200周年纪念时机,K. R. 波普尔发表了"关于贝克莱作为马赫先驱的一个说明"(*British Journal for Philosophy of Science*, IV., 1953),它包括从贝克莱的不大为人所知的论著引用的惊人的引文清单,在那里贝克莱的论述也清楚地先于马赫的一些科学观念(与力的概念,对绝对空间、绝对时间和绝对运动的批判有关,与思维经济有关)。

*　　　*　　　*

马赫的操作论的、反形而上学的、反因果的观点和他的思维经济观念渗透在他的力学科学的描述中。不过，鉴于本书引言的作者是科学家，这个引言似乎较少要求讨论马赫哲学[①]的某些纯学术性观点。

马赫反复强调，对过去的伟大物理学家的赞美，并非让历史学家回避讨论大师的局限性。在与这一告诫保持一致时，我们对马赫的尊敬不应妨碍我们评论，在本世纪的进程中，马赫本人作为一 xiv 个科学家的三个局限性变得很明显。

尽管普遍认为马赫是相对论的主要先驱之一，但是他本人在爱因斯坦第一篇论文于 1905 年问世之后，在本书的几个版本（本引言第 1 个脚注）中不仅不理睬相对论，而且实际上突出了他的冷漠。请注意包含在他的著作《物理光学原理》（本引言第 2 个脚注）序言中的结果，请注意他的儿子路德维希·马赫从他父亲留下的论文中引用的下述段落："我不认为牛顿的原理是完备的和完美的；在我的暮年，我依然不能接受相对论，正如我不能接受原子的存在和其他这样的教条一样。"

这便导致了第二点，在这里物理学的实际发展中完全背离了马赫的观点。对于玻耳兹曼（Boltzmann）的气体运动论的胜利和

① 争论集中在这个问题：是否能够仅仅从理论的最终陈述中，或者是否也能够从中间步骤和从基本假定中消除对基本上不可观察的实体的涉及。其他讨论处理了理论的简单性概念。在这种类型的问题上，不仅各个科学家之间不一致，而且他们之中的一些人在一生的进程中也改变他们自己的见解。例如，爱因斯坦在他的自述中提到，虽然他总是赞赏作为物理学家的马赫，但是后来却抛弃了许多马赫的哲学观点，这些观点在他青年时代曾经给他留下极为深刻的印象，并极大地影响了他。

佩兰(Perrin)关于布朗(Brown)运动的实验,马赫似乎并未留下印象;至少从所引用的段落看,情况好像是,他没有充分受到感动,以至把物理意义赋予原子假定。至于对20世纪中期完全由原子物理学统治的科学,他会怎样做出反应,我们只能猜想。他会承认在威耳孙(Wilson)云雾室使物质的颗粒结构变得可见的那个现象吗?也许他在承认颗粒结构时会质疑相似类型的所有细粒精确相等,并表明星系在相似类型的所有细粒(例如所有红巨星)并不具有精确相等的质量或大小情况下也具有颗粒结构吗?对于非常多的类型的基本粒子的发现,他会怎么反应呢?

xv

不可思议的是,对原子论的困难具有敏锐眼光的马赫并没有意识到,连续地充满空间的物质的观念导致其他概念问题,也许甚至导致更大的困难。人们能够想象实验和观察技术的进展,将使关于迄今不可观察的粒子的陈述变得可以证实。无论如何,关于连续地充满空间的物质的行为的某些陈述基本上是不可证实的。

本引言的作者相信,对微观物理现象的**所有**理论而言,一些共同的困难具有共同的原因——缺乏适当的微观几何学。在几何学方面流行的观点基本上还是欧几里得的观点。在19世纪发展的各种非欧几何学与欧几里得几何学的不同之处,仅仅在于像平行线公设这样的假定;当把这些假定应用于自然界时,它们在**大尺度**空间特性中反映出来,因此那些几何学的主要应用领域是天文学或宇宙学。**在小尺度上**,19世纪的所有非欧几何学与欧几里得几何学毫无二致。假定任何两点相互之间具有精确的距离,并且(至少如果它们不太远离的话)用一条精确的直线连接起来。按照假定,在任一小非欧三角形中,甚至角之和都是两个直角。只是相当晚近的工作抛弃了这样的想法：相同的定律是正确的，甚或在每一 xvi 个人从大范围的几何学了解的非常小的范围内，相同的普遍概念也可以应用。事实上，用数表示的距离和点的每一个观念都受到挑战。[①] 于是，这就是微观物理学可能需要的东西：微观几何学建立在完全不同于欧几里得几何学的假定之上；块(lumps)的理论而不是点的理论，距离分布的理论而不是用数表示的精确距离的理论；这就是说，给定任何两个块和任何数的区间，能够决定的一切是两个块之间的距离属于所说的区间的概率。

马赫的第三个局限性在于他忽略了逻辑和语言的批判——甚至他的同代人 F. 毛特纳(F. Mauthner)发展的前逻辑批判；[②]不幸的是，毛特纳不仅在他自己的时代被悲哀地忽视了，而且也被他的后继者忽视了。人们在构成复合时用以组合直接的感觉资料或要素的方式受到其他人的深刻影响：主要是受到早就教他说话的那些人的影响；接着，受到他的老师和教育工作者的影响；最后，受到他与之交换信息和观点的人的影响。换句话说，他强烈地受到语言的影响，强烈地受到自远古以来他的祖先在那种交流手段中存储的一切智慧和一切愚蠢的影响。

与马赫的非逻辑取向相关的，是他的工作的另外两个方面：在系统阐述某些哲学观念和关于数学的严格经验论观点时缺乏某种 xvii

① 参见 K. Menger, "Theory of Relativity and Geometry," in *Albert Einstein, Philosopher-Scientist*(本引言第3个脚注)，特别是 pp. 472～474; K. Menger, "Statistical Metric," *Proceedings National Academy of Science*, XXVIII, 1942, p. 535 et seq. K. Menger, "Probabilistic Geometry," *ibid*, XXXVII, 1951, p. 226.

② F. Mauthner, *Beiträge zu einer Krilik der Sprache* (Stuttgart: 1901～1902), I, II, III.

精确性。马赫甚至认为,算术整体地基于经验。虽然在近期数学中的经验论观点确实受到的强调不够,因此似乎呈现未探究的潜力,但是它们无疑是片面的,它们肯定需要用逻辑、用语言的逻辑分析,也许还要用 H. 彭加勒(H. Poincaré)提出的一些观念[①]来补充。

*　　　　*　　　　*

在前面的篇幅,在受到马赫影响的许多科学家当中,只提到爱因斯坦和布里奇曼;在同源的哲学家当中,只提到阿芬那留斯和彭加勒。1920 年代目睹了一个科学哲学群体的形成,可以把他们看做是马赫的直接继承者和继续者,甚至是在地理学的意义上:他们在马赫与之相关的两个学校维也纳大学和布拉格大学教书。[②] 这个群体以**维也纳学派**(Wiener Kreis 或 Vienna Circle)的名字闻名于世。[③]

在其开初,维也纳学派统统是马赫取向的。哲学家石里克(M. Schilick)强调,[④]理论的公设是它的基本概念的隐定义——xviii 这一观念在力学领域使人回想起,马赫利用牛顿第三定律作为质量的定义。在 1927 年,O. 纽拉特(O. Neurath)在维也纳建立了恩斯特·马赫学会;而且,第一届科学哲学家会议在布拉格举行,

① H. Poincaré, *Scuence and Hypothesis* (New York: Dover Press, 1952). 法文第一版,1912 年。(中译者在此指出:应该是 1902 年)

② 出生于摩拉维亚的图拉斯的马赫,从 1867 年到 1895 年是布拉格大学教授,从 1895 年直到 1901 年退休是维也纳大学教授。他于 1916 年在慕尼黑附近逝世。

③ 本引言的作者门格(K. Menger)是维也纳学派的成员(1960 年美国第六版的编者注明)。

④ M. Schilick, *Allgemeine Erkenntnislehre* (2d ed., Berlin: Springer, 1923).

正如 P. 弗兰克(P. Frank)强调的，它贴有马赫的标记。

正是数学家哈恩(H. Hahn)，通过详细介绍罗素(B. Russell)和《数学原理》的观念，[①]首次把维也纳学派的兴趣引向逻辑。在这条道路上，维特根斯坦(L. Wittgenstei)的《逻辑哲学论》[②]成为该学派的主题——在 1925～1927 年间成为占统治地位的讨论主题。兴趣从马赫的要素和复合转向谈论观察和形成定律的方式，从感觉的分析转向语言的分析。[③]

即使在这方面，尽管马赫对逻辑仅有有限的兴趣，但是他还是先驱者。在他的关于绝对空间和绝对时间观点中得到例证的反形而上学态度，行动在只有可证实的命题才是有意义的陈述之先，或者稍微少一些武断地表达它，行动在超逻辑的命题应该是可证实的实证论的先决条件之先。而且，在维特根斯坦和卡纳普(R. Carnap)之前很久，马赫就使用了**假问题**(Scheinprobleme)(pseudo-or apparent problems，假问题或貌似真实的问题)和**无意义问题**(meaningless questions)的术语，尽管是在常识的基础上不成系统地使用的。马赫在《感觉的分析》(*Analysis of Sansations*)写道："克制回答被公认是无意义的问题，绝不是屈从。在存在大量可以有意义地加以研究的材料时，这是科学研究者唯一合情合理的态度。"后来，在语言分析的基础上，卡纳普力图系统地根除假问 xix

---

① B. Russell, *Introduction to Mathematical Philosophy* (Lomdon: 1919); A. N. Whitehead and B. Russell, *Principia Mathematica* (2d ed., Cambridge: Cambridge University Press, 1925～1927), I, II, III.

② L. Wittgenstei, *Tractatus Logico-Philosophicus* (London: 1922).

③ 这一转移的更详细的叙述在 R. 冯·米泽斯(R. von Mises)的 *Positivism: A Study in Human Understading* (Cambridge: Harvard University Press, 1951).

题。维也纳学派的哲学发展到**逻辑实证论**(logical positivism)。

描述马赫的影响,若不提及本世纪头十年他的观念在俄国对哲学家的影响,则是不完备的。进展似乎在1908年达到顶峰,当时波格丹诺夫(A. Bodgdanov)和卢那查尔斯基(A. Lunacharsky)的经验批判论论稿的哲学大纲在圣彼得堡出版。然而,塑造俄国未来的人反对马赫。在本世纪第一年,甚至在来自流放地西伯利亚的信件中,列宁就挑剔"马赫主义"。1908年,他赴伦敦广泛研究了哲学文献,作为研究结果,他在翌年出版了猛烈攻击马赫、阿芬那留斯、彭加勒和相关思想家的著作《唯物主义和经验批判主义——对一种反动哲学的批判性注释》[1](*Materialism and Emprio-Criticism. Critical Notes on a Reactionary Philosophy*)[2]。列宁一开始就强调,马赫关于客体观念的构成与贝克莱的极其相似。然后,他从马赫那里引用了一些段落(例如有关我们用来形成图像的世界的引文),这些段落实际上与马赫本人的普遍观点不相符,而这些观点的表达在这里和那里缺乏精密性。列宁进而批判了逻辑实证论者同样放弃的一些陈述——虽然在二十年后,但却是在语言分析基础上放弃的,而列宁在那里的批判则基于辩证唯物论。例如,列宁宣称:"在世界无非存在物质和运动,而物

xx

---

① 一个英译本作为列宁的《选集》(*Collected Works*)第13卷出版(New York: International Publishers, 1927),德博林(A. Deborin)撰写的前言描述了该书的背景。

② 按照英文版的书名,应该译为《唯物主义和经验批判主义——关于一种反动哲学的批判性记录》。但是,中共中央马克思、恩格斯、列宁、斯大林著作编译局,将列宁的这本著作译为《唯物主义和经验批判主义——对一种反动哲学的批判》。俄文原名为 В. И. Ленин, *Материализм и Эмпириокритицизм. Критические Заметки об Одной Реакционной Философии*. 其中,*заметки* 的意思是"笔记、札记、记录"等。显然,中译本的译名省去了这个名词。——中译者注

质只是在空间和时间之内运动";"基于相对的概念,我们达到绝对真理"。分析语言的逻辑实证论者发现,这些陈述几乎是不可接受的,就像(不言而喻是非马赫的)人们常常从观念论和相对主义的哲学家那里听到的相反陈述一样几乎不可接受;这些相反的陈述是:"在其存在之处,无非存在观念和精神,而观念不能在没有原因的情况下存在";"真理是相对的,不存在绝对真理"。于是,列宁进而把马赫哲学等同于贝克莱的观念论和神学观点,而马赫肯定是远离它们的;最后,他因为马赫的一些较次要的追随者的虔诚表达而谴责《力学》的作者。在苏联,列宁关于马赫哲学的观点变成权威的观点。

*　　　　*　　　　*

马赫的儿子路德维希·马赫写道,马赫的一生被向往冰清玉洁的根本冲动支配着。他是大众教育和进步的斗士,总是毫不畏惧地献身于他所看见的真理。爱因斯坦写道:"我看马赫的伟大,就在于他的坚不可摧的怀疑主义和独立性。"(本引言第 3 个脚注)在后来的维多利亚时代和爱德华时代,在中欧兴旺的、但却是国家主义和军国主义的气氛中,马赫对讲英语的世界似乎感到强烈的亲和力。特殊的纽带把他与保罗·卡勒斯(Paul Carus)和爱德华·赫格勒(Edward Hegeler)的家庭联系在一起,他们在伊利诺伊州拉萨勒(La Salle, Illinois)创办了公开法庭出版公司(the Open Court Publishing Company)。马赫把他的最后的著作《物理光学原理》(*Principles of Physical Optics*)题献给他们,以感谢他们帮助传播他的观念。在那个题献中,马赫表达了这样的希望:在讨论他的著作时应该提及他们的名字。 xxi

马赫的《力学》的英文第一个译本由公开法庭在 1893 年完成和出版；目前出现在由公开法庭正在出版的优质平装本新丛书中的第一本书，是马赫的伟大著作《力学》的这个新版本，这确实是恰如其分的。

卡尔·门格(K. Menger)

芝加哥伊利诺伊工学院，1962 年 3 月

德文第一版序

xxii

本书不是论述力学原理应用的专著。它的目的是清理思想，揭示问题的真正意义，摆脱形而上学的晦涩。它包含的少量数学对于这个意图而言仅仅是次要的。

在这里，力学将不是作为数学的分支，而是作为物理科学的分支加以处理。如果读者的兴趣在该学科的这个方面，如果他充满好奇，想了解力学原理是如何被确定的，它们起源于什么源泉，它们能够在多大程度上被视为永久的获得物，那么我希望他会在这些篇幅中找到某种启示。力学所有这一切实证的和物理的本质在现存的专题论著中被全部埋葬了，并在众多的专门考虑中被隐藏起来，而这种本质性的东西对于自然状态的学生却具有最大的和最普遍的兴趣。

在研究力学过程的十分简单的和特殊的实例时成长起来的几乎每一个实例中，都具有力学观念的要旨和核心；就这些实例的讨论的历史进行分析，对于暴露这一要旨和核心而言，必定永远是最有效的、同时也是最自然的方法。实际上，它是要获得对力学的普遍结论真正理解的唯一方式，这一点不是讲得太多了。

xxiii

对于该学科，我已经拟定与这些观点一致的阐述。它也许有点冗长，但是从另一方面讲，我确信它是清楚的。在每一个实例中，我不能避免使用缩写的和精确的数学术语。这样做不得不牺牲形成的内容；因为对于像力学这样精密的科学来说，日常生活的语言还没有发展得充分准确。

我在这里提供的阐明，部分地、实质地包含在我的专题著作《功守恒定理的历史和根源》(*Die Geschichte und die Wurzel des Satzes von der Erhaltung der Arbeit*, Prague, Calve, 1872)中。在此后不长时间，基尔霍夫(Kirchhoff, *Vorlesungen über mathematische Physik: Mechanik*(《数学物理学讲义:力学》), Leipzig, 1874)和亥姆霍兹(Helmholtz, *Die Thatsachen in der Wahrnehmung*(《感觉中的事实》), Berlin, 1879)表达了相同的观点，从此这些观点变得十分寻常。正如我设想的，这个问题似乎还没有被穷竭，我不能认为我的阐述完全是多余的。

在我的关于科学本性的基本概念中，像思维经济这种观点，我在上面引用的专题著作和我的小册子《流体的形状》(*Die Gestalten der Flüssigkeit*, Prague, Calve, 1872)二者中已经指出，我在我的学术纪念讲演《物理探究的经济本性》(*Die ökonomische Natur der physikalischen Forschung*, Vienna, Gerold, 1882)中稍微广泛地发展了——我不再孤立无援。我更为快意地发现，R. 阿芬那留斯(R. Avenarius)博士(*Philisophie als Denken der Welt gemäss dem Principdes kleinsten Kraftmasses*(《哲学——按照费力最小的原则对世界的思维》), Leipzig, 1876)以独创性的方式发展了密切相关的思想。请重视真正的哲学努力吧！这种努力把许多知识溪流导入一条共同的小河，在我的著作中不会发现缺乏它，尽管这本著作采取反对思辨方法入侵的坚定立场。

xxiv

最早从我年轻时起，这里涉及的问题就使我全神贯注，当时我对它们的兴趣受到拉格朗日（Lagrange）在他的《分析力学》（*Analytic Mechanics*）章节中美妙介绍的强劲激励，同样也受到约利（Jolly）《力学原理》（*Principien der Mechenik*，Stuttgart，1852）透彻的和生气勃勃的小册子的强烈激发。如果杜林（Dühring）的上佳著作《力学原理批判史》（*Kritische Geschichte der Principien der Mechenik*，Berlin，1873）没有特别影响我，那是在它出版时，我的观念不仅实质上形成了，而且实际上已经发表。不管怎样，至少在否定的方面，读者将发现在杜林的批判和这里表达的批判之间有许多一致之点。

在这里为该学科描绘和摹写插图的新器具全部由我设计，由在我管理下的物理研究所的力学家 F. 哈耶克（F. Hajek）先生建造。

我所拥有的古老原件的复制品与正文较少直接相关。伟大探究者的离奇的和天真的品质在他们身上表露出来，在我研究时总是对我施加焕然一新的影响，我渴望我的读者能够与我一起分享这种愉悦。

E. 马赫　1883 年 5 月于布拉格

xxv

作者为英译本序

在阅读我的著作《力学及其发展的批判历史概论》眼下这个译本的校样时，我能够作证，出版者提供了它的出色的、准确的和可以信赖的译文，他们先前出版的我的论文的译本赋予我充分的理由预料这一点。我的感谢应该给予一切有关人员，特别是麦科马克(McCormack)先生，他在处理译文时明智的谨慎，导致发现了迄今为止忽略的许多错误。因此，我可以满怀信心地希望，伟大探究者的观念的萌生和成长——描画它正是我的任务——将以独特的和明锐的轮廓呈现给我的新公众。

E. 马赫　1893 年 4 月 8 日于布拉格

德文第二版序

由于本书遇到善意的欢迎的缘故，在不到五年时间内，一大批书已经售罄。这种情况以及从那时以来 E. 沃尔威尔(E. Wohlwill)、H. 施特赖因茨(H. Streintz)、L. 朗格(L. Lange)、J. 埃普施泰因(J. Epstein)、F. A. 米勒(F. A. Müller)、J. 波佩尔(J. Popper)、G. 黑尔姆(G. Helm)、M. 普朗克(M. Planck)、F. 波斯克(F. Poske)和其他人发表的专题论文，证明了一个令人快慰的事实：今天人们兴味盎然地追求与认知理论有关的问题，这在二十年前几乎没有任何人关注。

尽管我的著作的彻底的修正本在我看来似乎还不是合宜的，但是就正文而论，我把我自己局限于校正排印错误，并尽可能在几个附录中涉及自从它最初出版以来已经问世的论著。

E. 马赫　1888 年 6 月于布拉格

德文第七版序

四十年前，当我首次表达我在这本书中说明的观念时，它们得到微不足道的同情，实际上常常遭到反对。只有几个朋友，尤其是工程师约瑟夫·波佩尔，对这些思想极感兴趣，并对作者大加鼓励。两年后，当基尔霍夫发表他的众所周知的和经常援引的名言时——即使今天大多数物理学家也几乎没有正确地解释他的名言，人们乐于认为，本书作者误解了基尔霍夫。我必须感激地婉拒这个仿佛是预言的误解，因为它既不符合我的预感官能，也不符合我的理解能力。

不管怎样，该书达到德文第七版，并且借助优秀的英文、法文、意大利文和俄文译本，几乎传播到全世界。逐渐地，在这个学科工作的一些人，像J.科克斯(J. Cox)、赫兹(Hertz)、洛夫(Love)、麦克格雷戈尔(MacGregor)、马吉(Maggi)、H.冯·泽利格(H. von Seeliger)和其他人，都异口同声地表示赞同。当然，对他们来说，在当做一般入门书而指定的书中，只有细节可能是有趣的。在这 xxvii 个学科，我几乎不能避免接触哲学的、历史的和认识论的问题；由此引起形形色色的评论家的注意。我感到特别高兴的是，我发现出自哲学家R.阿芬那留斯、J.佩佐尔特(J. Petzoldt)、H.科尔内留斯(H. Cornelius)以及后来的W.舒佩(W. Schuppe)的一致认可。另一种倾向的哲学家，如 G. 海曼斯（G. Heymans）、P. 纳托普（P. Natorp）、阿洛伊斯·米勒（Aloys Müller）对我把绝对空间和绝对时间的特点概括为概念误解给予显然无关紧要的承认，对我来说这就足够了；实际上，我并不希望任何更多的东西。我感谢 L. 朗格先生和 J. 佩佐尔特先生，不仅因为他们在某些细节上与我一致，而且因为他们积极的和富有成效的协作。在历史方面，埃米尔·沃尔威尔的批评是有价值的和启发性的，尤其是关于伽利略（Galileo）青年时代的工作，我要遗憾地说，有人刚刚把他逝世的消息告知我；再者，P. 迪昂（P. Duhem）和 G. 瓦伊拉蒂（G. Vailati）的批判性评论也是有价值的。我非常感谢剑桥的菲利普·E. B. 乔丹（Philip E. B. Jourdain）先生的批判性评注，不幸的是，大部分评注来得太迟了，以致无法包含在**这个**已经几乎完成的版本中。P. 迪昂、O. 赫尔德（O. Hölder）、G. 瓦伊拉蒂和 P. 福尔克曼（P. Volkmann）精力充沛地参与认识论的讨论，他们的评论对我帮助良多。

在上世纪末，我的力学专题讨论作为一种准则一路好运；人们可能感到，这门科学的经验批判方面几乎全部被忽略了。可是在当今，康德（Kant）传统再次获得力量，我们再次要求力学的先验基础。现在，我实际上具有这样的看法：能够从经验领域里分辨先验的一切，只是在频繁地考察这个领域之后，才必定对于纯粹的逻辑谨慎变得显而易见；但是，我不相信，像 G. 哈梅尔（G. Hamel）[1] xxviii

[1] "Über Raum, Zeit und Kraft als apriorische Foemen der Mechanik", Jahresber. Der deutschen Mathematiker-Vereinigung, xviii, 1909; "Über die Grundlagen der Mechanik", *Math. Ann.*, lxvi, 1908.

那样的研究对该学科造成任何损害。力学的这两个方面即经验方面和逻辑方面都需要研究。我认为，这在我的书中做了足够清楚的表述，虽然我的著作有健全的理由特别转向经验方面。

我本人年事七十又四，并且遭受严重疾病的打击，因此我不会再一次引起革命了。但是，我希望年青数学家胡戈·丁勒(Hugo Dingler)博士促成重大的进步，从他的出版物[①]来判断，他已经证明，他对科学的**两个**方面都达到自由的和无偏见的审查。

人们将发现，这个版本比以前的版本多少更为匀称一些。它略去了许多古老的、今天无人再感兴趣的争论，添加了许多新东西。该书的特色依然是相同的。关于绝对空间和绝对时间的畸形概念，我一点也不能撤回。在这里，我只想比以往更清晰地表明，牛顿(Newton)实际上就这些东西言之甚多，但是他始终没有认真应用它们。他的第十五个推论[②]包含唯一实际可用的(也许是恰当的)**惯性系**。

E. 马赫　1912年2月5日于维也纳

① *Grenzen und Ziele der Wissenschaft*, 1910; *Die Grundlagen der angewandten Geometrie*, 1911.

② *Principia*, 1687, p. 19.

引　言

1

1. 物理学的那个分支涉及质量的运动和平衡，它同时是最古老的和最简单的，因此作为这门科学其他领域的入门看待。它拥有力学的名称。

2. 在目前条件下，力学发展史对于充分理解物理学是完全必需的。它也提供自然科学一般发展过程的简单的和富有教益的例子。

毫无疑问，关于自然过程的**本能的**、非反思的知识将总是先于对现象的科学的、有意识的理解或**研究**。前者是自然过程处在满足我们需要的关系之中的结果。最基本的真理的获得并非仅仅依个人而定：它是在种族的发展中预先达到的。

事实上，在力学科学（mechanical science）这一术语目前使用的意义上，有必要在力学经验和力学科学之间做出区分。毋庸置疑，力学经验是十分古老的。如果我们仔细审查古代埃及人和亚述人的历史遗迹，那么我们将发现，有众多类型的工具和机械装置的绘画描写；但是，关于这些人的科学知识的记述或者一无所有，或者确实显示处于非常低下的获取阶段。与制作非常精巧的器械相比，2 我们看见所使用的最简陋和最粗糙的应急手段，例如利用平底雪橇

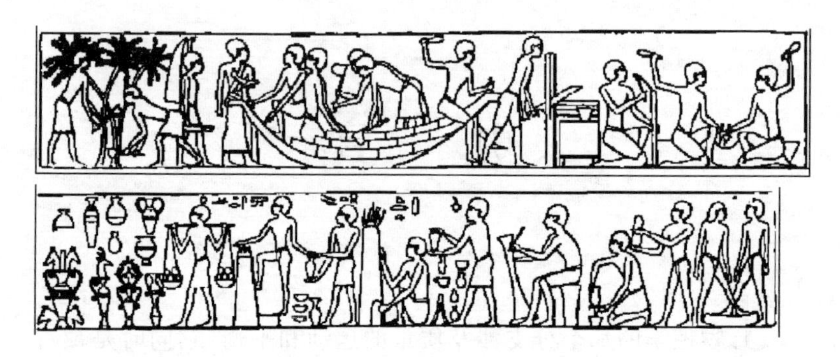

图 1

运输巨大的石料。这一切都具有本能的、不完善的、偶然的特点。

的确，史前的坟墓也埋藏工具，而工具的建造和使用意味着不少技能和诸多力学经验。因此，早在梦想理论之前很长时间，工具、机械、力学经验和力学知识就很丰富了。

3. 该观念本身常常暗示，也许我们具有的不完美的记述，导致我们低估古代世界的科学。在古代作者中可以发现一些段落，它们显示出比我们需要归功于那些民族的还要深刻的知识。例如，下面的段落出自维特鲁威(Vitruvius)[①]的《建筑学》(*De Architectura*)第Ⅴ卷、第Ⅲ章、第6节：

3

"声音是流动的气息，借助它在空气中产生的运动使听觉器官感觉到。它以无限数目的圆形带传播，恰如把一粒石子扔进平静

① 维特鲁威(创作时期公元前1世纪)是罗马建筑师、工程师，著有《建筑十书》。据推断，该书完成于公元前27年之后。全书分为十卷，内容为：城市规划与建筑概论，建筑材料，神庙构造与希腊柱式的应用，公共建筑(剧场、浴室)，私家建筑，地坪与饰面，水力学，计时，测量与天文，土木与军事机械等。——中译者注

的水塘,无数圆形的波浪在其中产生,这些波浪随着它们从中心退去而增大,一直扩展到很远的距离,除非现场狭窄或某个障碍阻止它们到达终点;就第一个波线而言,当受到阻塞物的阻碍,受到它们后面部分推动时,它们便使后继的圆形波线隆起而陷入混乱。依照十分相同的规律,声音也产生圆形运动;但是,却有这样的差别:在水中存留在表面上的圆周只是水平地传播,而声音则在水平和竖直两个方向传播。"

这听起来不像是通俗作者的不完善阐述,而是从现在失去的、更为准确的专题论文中引用的阐述吧?如果我们的流行文献凭借其质量不怎么容易遭到破坏,只会比科学的产品经久的话,那么从此时起数百年,我们自己能够出现在什么样的陌生名家之中呢?无论如何,这种过分讨人喜欢的观点十分猛烈地被大批其他段落动摇,这些段落包含粗糙的和独有的错误,无法想象在科学文化(scientific culture)的任何高级阶段会存在这样的错误。

最近的研究对我们的古代科学文献知识大有贡献,我们关于古代世界的科学成就的看法相应地增加了。斯基亚帕雷利(schiaparelli)尽力把希腊人在天文学方面的工作恰当地放在明处,戈维(Govi)在他的关于托勒密(Ptolemy)《光学》(*Optics*)的版本中揭开众多宝贵的珍藏品。希腊人特别忽视实验的观点不再能够无条件地坚持下去了。大多数古代实验家无疑是毕达哥拉斯(Pythagoras)学派的追随者,该学派利用带有可移动琴马①的一弦 4

① 琴马(bridge)是弦乐器上一块有弹性的木片,它把弦的振动传到共鸣体上。——中译者注。

琴测定发出和谐音调的弦的长度。安那克萨哥拉(Anaxagoras)借助封闭的充气管演示空气的有形存在,恩培多克勒(Empedocles)借助浸入水中的有开口的容器演示空气的有形存在(亚里士多德,《物理学》(Aristotle, *Physics*)),二者都是原始的实验。托勒密实施了光折射的系统实验,而他在生理光学方面的观察今天还充满兴趣。亚里士多德(《气象学》,*Meteorology*)描述了有助于说明彩虹的现象。倾向于引起我们不信任的荒唐故事,像毕达哥拉斯和砧子的故事——用不同重量的锤子打击砧子时,它就发出和谐的音调——恐怕来自无知的报告人好空想的头脑。普林尼(Pliny)盛产这样的奇思异想。但是,它们与牛顿的下落苹果和瓦特(Watts)的烧水茶壶比起来,实际上丝毫也不是错误的或荒谬的。而且,当我们考虑古书制作及其后续的有限流通的困难和花费时,这种状况就变得完全可以理解了。J. 米勒(J. Mueller)在他的论文"关于希腊人在物理学研究中的实验"("Ueber das Experiment in den physikalischen Studien der Griechen", Naturwiss. Verein zu Innsbruck, XXIII, 1896~1897)简要地讨论了在这里涉及的条件。

4. 科学的发展何时、何地并以何种方式开始,在今日是难以历史地确定的。不管怎样,似乎有理由假定,本能地收集经验事实先于对它们进行科学分类。这个过程的痕迹还可以在今天的科学中察觉出来;实际上,我们自己必定不时遇见它们。人在满足他的需要的斗争中,掉以轻心地和本能地做实验,恰如未思考地和无意识地运用它们一样。例如,以多种多样的形式应用杠杆的实验,就应该归属于此类实验。但是,这样不动脑筋地和本能地发现的事实从来也不能作为独特的事实出现,从来也不能作为惊奇的事实打动我们,因而作为一个准则将永远不会提供进一步思想的推动力。

从这个阶段过渡到对事实的分类的、科学的认识和理解,在特殊的阶层和职业出现时首次变得可能了,他们使满足明确的社会需要成为他们毕生的使命。这个类别的一个阶层忙于自然过程的特殊类型。该阶层的个体变化着;旧成员退出,新成员进入。于是,出现把已经拥有的经验和知识储存传授给新近进入的成员的需要;获取它们的需要以获得明确的目的为前提,因此事先就可以确定结果。这样一来,知识交流是迫使独特沉思的第一个时机,每一个人都能够亲自察觉这一点。进而,协会的旧成员在机械方面追求的东西作为异常的和陌生的东西打动新成员,从而给予有创见的沉思和研究以推动力。 6

当我们希望把自然的任何现象或过程引入人的知识时,我们有两种方法选择:当教育结束时,我们可以容许这个人独自观察事情;或者,我们可以以某种方式向他描述现象,以便把他从亲自重新做每一个实验的麻烦中拯救出来。不过,描述仅仅对于不断复发的事件,或者对于由不断复发的组分构成的事件来说是可能的。只有一致的和符合规律的东西,才能够加以描述和用概念表述;因为描述预设用来称呼它的要素的名称之使用;只有当名称应用于不断重现的要素时,名称才能获得意义。

5. 在自然的无限多样化中,许多普通事件发生;而另外的事件看来好像是异乎寻常的、困惑费解的、令人惊讶的,甚或与事物的通常走势相矛盾。只要境况如此，我们就不具有充分确立的和统一的自然概念。由此强加了在自然现象中处处寻找下述要素的任务：这些要素是相同的，而且是在所有多样性永远在场的。一方面，用这种手段使最经济的和最简要的描述成为可能；另一方面，7 当一个人一旦获得遍及现象的最大范围和多样化辨认这些恒久要素、在相同的东西中找到它们的技能时，这种能力便导致**关于事实的综合的、简洁的、连贯的和便利的概念**。当我们一旦达到我们能够处处察觉**相同的**几个简单的、以普通方式组合的要素时，此时对我们来说，它们似乎是熟悉的事物；我们不再惊诧，在现象中没有在我们看来是新鲜的和奇异的东西，我们感到通晓它们，它们不再使我们困惑不解，它们被**说明**了。这就是思想适应我们在这里涉及的事实的过程。

6. 交流和理解的经济是科学的真正本质。它的调解的、启示的和精练的成分都在此处。在这里，我们也具有通向科学的历史起源的无过错的向导。起初，所有的经济直接看来仅仅是满足肉体的需要。对工匠来说，更多地对研究者来说，特定自然现象领域的尽可能简洁和简单的知识，即用最少的智力花费得到的知识，本身自然而然地成为经济的目的；尽管它对目的而言乍看起来是手段，可是当与之相关的心理动机一旦发展了，并要求这些动机得到满足时，它原来的意图的所有想法、私人的需要都消失了。

于是，寻找在自然现象中什么依然是不变的，发现其中的要素和现象相互关联和相互依赖的模式——这就是物理科学的事务。它通过综合的和透彻的描述，努力使等待新经验变得不必要了；例如，它通过利用已知的现象相互依赖，力图把我们从试验的麻烦中拯救出来；按照这种依赖，如果一种类型的事件发生，我们可以预 8 先确信，另外某一事件将发生。甚至在描述本身中，通过发现描述数目尽可能大的对象、同时以最简洁的方式描述的方法，可以节省劳动。凭借细节之点的审查，可以使这一切变得比一般讨论能够做的还要清楚。无论如何，合适的做法是，在这个阶段，为我们在工作进程中能够有机会占有最重要的观点铺平道路。

7．现在，考虑到力学的历史发展对理解力学科学的现状是必不可少的，考虑到它与我们最重要的主题的整个论述并不冲突，我们打算更细致地进入我们的探究主题，同时在没有完成力学史的情况下更细致地进入讨论的主要细目。撇开我们担负不起忽视巨大的激励——正是源于一切时代非凡才智的激励是我们力所能及的，被视为一个整体的激励比当今最伟大的人物能够提供的激励更富有成效——这一考虑不谈，不存在比起始的研究者以他们巨人般的才干表达的景象更宏伟的、在才智上更高的景象。截至当时还没有方法，因为这些方法是通过他们的劳动创造的，只有凭借他们的工作情况才能变得使我们可以理解；而他们就是在没有方法的情况下，抓住和征服他们探究的对象，并把概念性的思想赋予它。他们了解科学发展的完整进程，当然能够更自由地、更正确地 9 评价任何当下的科学动向的意义；要是他们使自己的视野局限于他们生命度过的时期，只是注视智力事件进程在眼下时刻呈现的短暂趋势，他们的评价就逊色多了。

11

第一章 静力学原理的发展

(一)杠杆原理

1.我们拥有大量的力学记述,而力学的最早研究即古希腊人的研究与静力学有关,或者说与平衡学说有关。在1453年土耳其人攻占君士坦丁堡[①]之后,当逃亡的希腊人随身携带的古代著作给予西方思想以新的推动时,占据那个时期最先研究的同样是静力学研究,这原则上是由阿基米德(Archimedes)的著作唤起的。

直到很迟的时候,希腊人的力学研究还没有开始,与在数学领域——值得一提的是在几何学——的竞争迅速进展相比,力学研究一点也没有保住名次。就其与早期探究者有关系而言,力学研究的报告是极其贫乏的。阿契塔(Archytas,约公元前400)是塔伦图姆(Tarentum)一位卓越的公民,以作为几何学家和因倍立方问题的运用而闻名遐迩,他设计了绘制各种曲线的机械工具。他作为天文学家教导,地球是球形的,它每天绕它的轴转动一次。他作为力学家创建了滑轮理论。据说,他在论力学的专题论文中把

① 君士坦丁堡现称伊斯坦布尔,是土耳其港市。——中译者注

几何学应用于这门科学，但是却缺乏一切关于细节的信息。不过，奥卢斯·格利乌斯(Aulus Gellius)(Ⅹ，12)告诉我们，阿契塔建造了由木制飞鸽组成的自动装置，大概借助压缩空气操纵，这造成巨大的轰动。事实上，首次把注意力引向它的实践优势和决意激起无知者惊叹的自动装置的建造，正是力学早期史的特征。 12

甚至在克特西比乌斯(公元前285～前247)和希罗(公元1世纪)的时代，这种状况也没有实质性的改变。就这样，在中世纪文明式微期间，相同的趋势也要求得到承认。这个时期的人造自动装置和时钟是众所周知的，大众的幻想把它们的建造归因于魔王的阴谋。人们希望通过在外表上模拟生命，从里面理解它。与对生命的最终误解密切相关，人们也奇怪地相信永恒运动的可能性。名副其实的力学问题，只是逐渐地、缓慢地以模糊的形式隐隐呈现在探究者的心智面前。亚里士多德的《力学问题》(*Mechanical Problems*, German Trans. By Poselger, Hanover, 1881)在这一点是典型的。亚里士多德相当善于发觉和系统提出问题；他察觉运动的平行四边形原理，并濒于发现离心力；但是，在实际解决问题上，他却是不幸的。整整一个时期比科学论文具有更多的辩证法特点，满足于阐明包含在问题中的"迷阵"(apories)[①]或矛盾。

---

① "迷阵"(aporia)源自希腊语 a(没有)＋poros(路径、通道)，字面意义是无路通行，意指一种困惑或迷惑。迷阵导致辩证法的发展。亚里士多德提出迷阵一词，用来指称那些与不相容性相关的困惑。这些不相容性或者出自我们未经考察的看法，或者出自众口皆碑的信念或智者之见。他的方法是寻求所需要的最小调整，以调和这些相互冲突的看法。根据他的观点，哲学的存在就是要解决哲学迷阵。他在《形而上学》中说："我们思想的迷阵是指对象中的结；当我们的思想处于迷阵之中时，就像是那些受缚的人一样，无论哪种情形都不可能前进。"——中译者注。参见布宁、余纪元编著：《西方哲学英汉对照辞典》，北京：人民出版社，2001年第1版，第62页。

13 但是，总的来说，这个时期非常适合阐释作为科学研究开端特征的智力状况。

"如果原因不是明显的那个事物出现，即使它与自然一致，那么它看来还是令人惊奇的。……小事物战胜大事物、轻的重物克服重的重物的实例就是这样的，顺便说一下，所有这些问题被叫做'力学的'问题。……关于杠杆的那些问题就属于具有这种特点的迷阵(矛盾)。用小力能够使大重物移动，特别是当那个重物还与更大的重物结合在一起时，这似乎与情理相反。没有杠杆的帮助不能移动的重物，却很容易借助添加的杠杆帮助移动。这一切的原始原因内在于循环的本性，这正像人们愿意期望的：某一奇妙的事物应该出自某一别的奇妙的事物，这并不与情理针锋相对。矛盾的特性结合成单个统一的产物是所有事物中最奇妙的。现在，循环实际上恰巧是由这样的矛盾特性构成的。要知道，它是凭借处于运动的事物和在固定点静止不动的事物产生的。"

在同一专题论文接着的段落里，有对虚速度原理的十分模糊的预感。

对这里列举的类型的考虑，给出发觉和系统提出问题的证据，绝不是引导研究者解决它们。

2. 叙拉古的阿基米德(公元前287～前212)在身后留下若干14 著作，其中几部原原本本地给我们流传下来。我们首先将片刻专注于他的专题著作《论平衡》(*De Æquipondrantibus*)，它包括关于杠杆和重心的命题。

在这部专题著作中，阿基米德从下述假定开始，他认为这些假定是自明的：

a. 在(距它们的支撑点)相等距离作用的相等重量的量值处于平衡。

b. 在(距它们的支撑点)不相等距离作用的相等重量的量值不处于平衡，但是在较大距离作用的重量下沉。

从这些假定出发，他推导下面的命题：

"当可公度的量值与它们(距支撑点)的距离成反比时，它们处于平衡。"

情况似乎是，仿佛分析几乎不能走在这些假定的后面。不管怎样，当我们仔细考查该问题时，境况并非如此。

设想一根杆(图 2)，它的重量可以忽略不计。杆处在支点上。

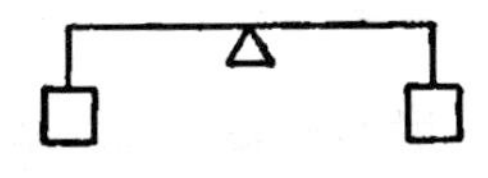

图 2

在距支点相等的距离，我们系上两个相等的重物。在这样的情况下，两个重物处于平衡，这是阿基米德由以开始的假定。我们可以料想，撇开任何经验，按照所谓的充足理由律，这完全是自明的；鉴于整个安排是对称的，不存在转动在一个方向发生而不在另一个方向发生的理由。但是，我们在此处忘记了，大量的反面经验和正面经验隐含在我们的假定内；例如，反面的经验有，杠杆臂的不同颜色、观众的位置、附近发生的事情等等，均不施加影响；另一方面，正面的经验有，(如在第二假定出现的，)不仅重量、而且它们距支撑点的距离都是扰动平衡的决定性因素，它们也是决定运动的条件。借助这些经验，我们的确察觉，静止(不运动(no motion))

15

是由该实例的决定性条件能够唯一地①决定或确定的仅有的意向(motion)。②

现在,我们被给予权利把我们关于任何现象的决定性条件的知识看做是充分的,但只是在这样的条件精确地和唯一地决定现象的事件中才行。由于假定所提到的经验事实,即**唯有**重量和它们的距离是决定性的,阿基米德的第一个命题实际上具有高度的证据,它显著地具有资格成为进一步研究的基础。如果观众把自己放在上述安排的对称位置上,那么第一个命题还显现,它是一个高度强制的**本能的**知觉,也就是由我们自己身体的对称决定的结果。进而,对具有这个特点的命题的追求是一种出色的手段——16 使我们自己在思想上习惯于自然在它的过程中显露的精确性。

3. 现在,我们将以一般的概要再现阿基米德的一连串想法,他借以努力把杠杆的普遍命题简化为特定的和显然自明的实例。两个重量 1 悬挂在 a 和 b(图 3),即使臂 ab 可以自由地绕它的中点 c

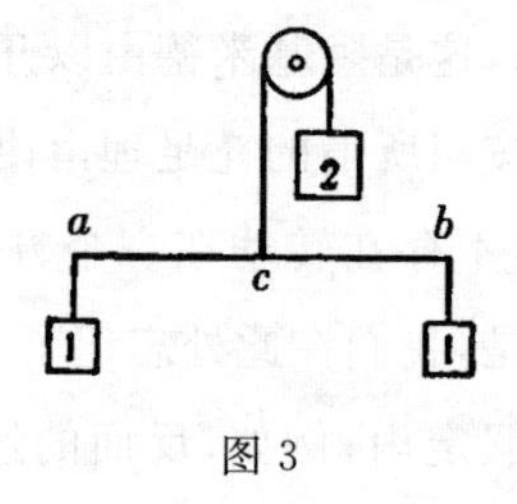

图 3

① 结果是仅仅听任单一的可能性悬而未决。

② 例如,如果我们假定,右边的重物下降,那么在相反方向的转动也可以由这样的观众决定:这个人没有对现象施加影响,却采取站在对立面的立场。

旋转，二者也处于平衡。如果用细绳在 c 处把整体悬挂起来，那么在忽略臂的重量的情况下，细绳将必须支承重量 2。因此，在臂端相等的重量代替在中心加倍的重量。

在其臂是按 1 比 2 比例的杠杆上（图 4），重量是按 2 比 1 的比

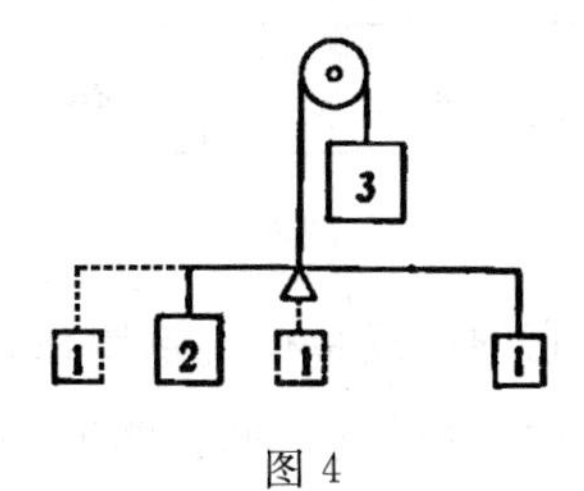

图 4

例悬挂。我们想象重量 2 被两个重量 1 代替，而两个重量 1 在任一边都系在距悬挂点距离为 1 之处。现在，我们再次完成关于悬挂点的对称，从而完成平衡。

在杠杆臂 3 和 4（图 5）上，悬挂重量 4 和 3。把杠杆臂 3 延长

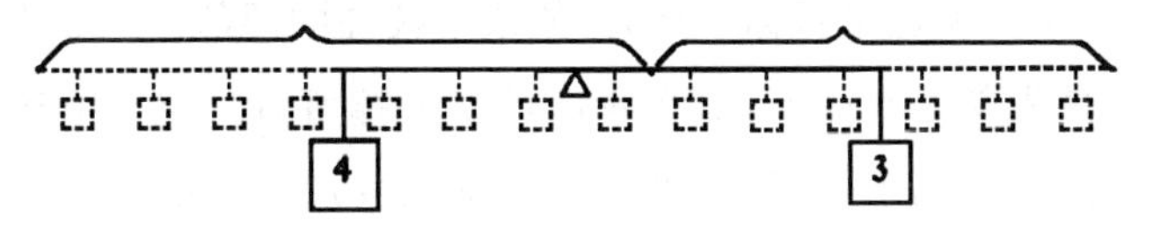

图 5

距离 4，把臂 4 延长距离 3，而重量 4 和 3 以图中所示的方式分别被 4 对和 3 对对称地系上的重量 $\frac{1}{2}$ 代替。现在，我们再次做成对称。我们在这里用特殊的图形展开的上述推理很容易推广。 17

4. 瞧瞧斯蒂文（Stevinus 或 Stevin）和伽利略如何修正阿基米德的观看模式，是很有趣的。

伽利略想象(图 6),一个在材料构成上同质的重水平棱柱由

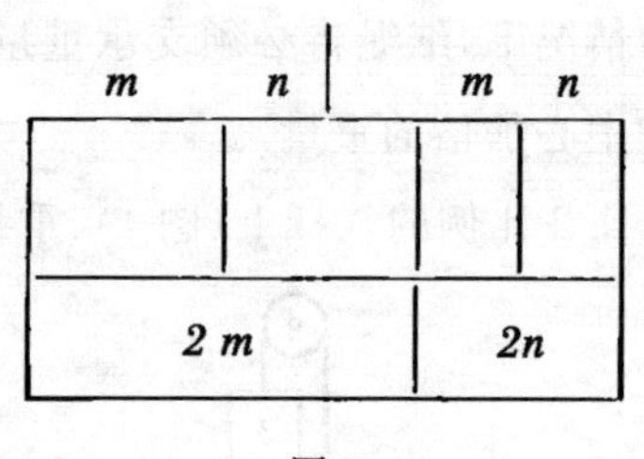

图 6

相同长度的同质棒靠它的端点悬挂。该棒在它的中点装有悬挂的连接物。在这个实例中,将得到平衡;我们立即察觉到这一平衡。伽利略以下面的方式表明这一点。让我们假定,棒或棱柱的整个长度是 $2(m+n)$。以这样的方式把棱柱截为两段,使一部分的长度为 $2m$,另一部分的长度为 $2n$。在不扰动平衡的情况下,我们能够通过用接近所提出的截面的点即两部分的内侧端点的线事先拴在棒上,来实现这个目标。接着,如果把棱柱的两部分在靠近它们的中心处先前拴到棒上,那么我们可以去掉所有的线。由于棒的整个长度是 $2(m+n)$,每一半的长度是 $m+n$。因此,棱柱右边部分悬挂点距棒的悬挂点的距离是 m,左边部分悬挂点距棒的悬挂点的距离是 n。很容易获得我们在这里处理物体的重量的经验,而不是处理物体的形状的经验。于是,情况表明,倘若把数量 $2m$ 的**任何**重量悬挂在一边上的距离 n 处,把数量 $2n$ 的**任何**重量悬挂在另一边上的距离 m 处,则平衡还将继续存在。与阿基米德的形式相比,我们知觉这个现象的本能成分更突出地以演绎这种形式呈现出来。

此外,在这个漂亮的介绍中,我们可以发现笨拙的残余,笨拙

是古代研究者值得注意的特征。

可以从拉格朗日(Lagrange)如下的描述中获悉,近代物理学家如何构想同一问题。他说:请设想一个悬挂在它的中心的水平同质棱柱。想象把这个棱柱(图7)分成长度为 $2m$ 和 $2n$ 的两个棱

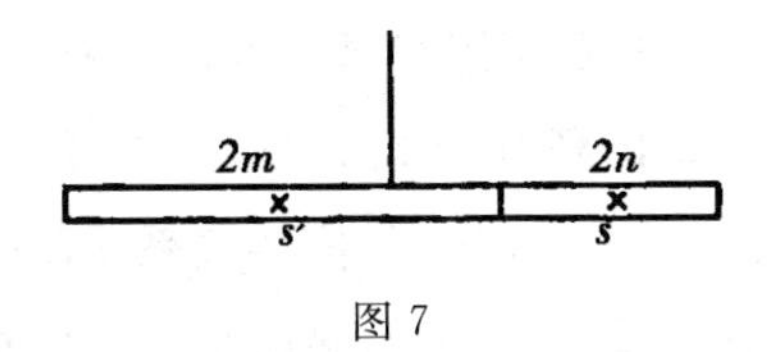

图 7

柱。现在,如果我们考虑这两部分的重心,而在两部分我们可以设想重量按 $2m$ 和 $2n$ 的比例担当,那么如此考虑的两个重心距支撑点的距离将是 n 和 m。仅仅对实际的数学知觉而言,问题的这种简洁处理才是可能的。

5. 在我们此处介绍的考虑中,阿基米德及其后继者力图达到的目标在于,努力把比较复杂的杠杆实例简化为比较简单的和显然自明的实例,在更复杂的东西中**认出**更简单的东西,或者反之亦然。事实上,当我们在一个现象中发现已知的更简单的现象时,我们便认为它被说明了。 19

可是,对我们来说,尽管阿基米德及其后继者的成就乍看起来令人惊异,然而通过进一步沉思,关于它的正确性的疑问涌现出来。仅仅从相等重量在相等距离平衡的假定,就推导出重量和杠杆臂的反比关系!这怎么可能呢?如果我们不能以哲学方式先验地想出平衡依存重量和距离的简单事实,而是被迫设法求得属于经验的**那个**结果,那么我们运用思辨方法,将能够在多么小的程度

上发现这种依存的**形式**即成比例啊！

实际上，假定重量 P 在距转动轴的距离 L 处的平衡扰动效应是用积 $P \cdot L$（所谓的静矩）度量的，这或多或少是由阿基米德和他的所有后继者隐蔽地或心照不宣地引入的。

首先，显而易见，如果安排在每一方面绝对对称，按照无论什么扰动因素依存于 L 的**任何**形式的假定，或者一般地，按照假定 $P \cdot f(L)$，便可以达到平衡；从而，依存关系 PL 的**特定**形式不可

20 能从平衡推断出来。因此，演绎的谬误必定可以在安排隶属的变换中找到。阿基米德在一切情况下，都使两个相等重量的作用与在它们连线中点起作用的组合重量的作用相同。可是，看看他既了解又假定距支点的距离是决定性的，这个步骤按照前提是不容许的，倘若两个重量处在距支点不相等的距离的话。如果把处于距支点一段距离的重量分为两个相等的部分，而且这些部分在相反的方向上针对它们原先的支撑点对称地移动，那么相等重量中的一个被携带接近支点，就像另一个重量被携带接近支点一样。如果假定在这样的步骤中作用依然是不变的，那么矩依存 L 的特定形式便隐含地由所做的事情决定，因为结果只是可能的，假使形式是 PL，或者与 L **成比例**的话。但是，在这样的事件中，所有进一步的演绎都是多余的。全部演绎包含被证明的命题，按照假定即使不是明晰地包含。

6. 实际上，惠更斯（Huygens）指责这种方法，并给出不同的演

21 绎；他相信，他在这个演绎中避免了错误。在拉格朗日的描述中，如果我们想象棱柱被分成的两部分绕通过棱柱部分的重心的两个

直立轴 s、s' 转动 90 度(参见图 9),并表明在这些情况下平衡还继

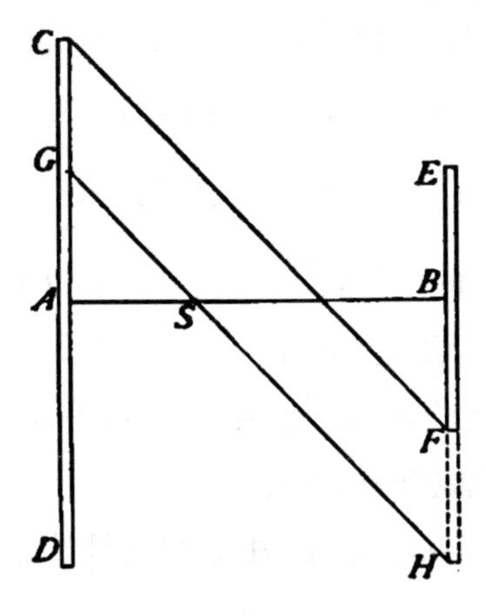

图 8

续维持,那么我们将得到惠更斯的演绎。节略和简化一下,它如下所述:在一个刚性的无重量的平面(图 8)上,我们通过点 S 画一条

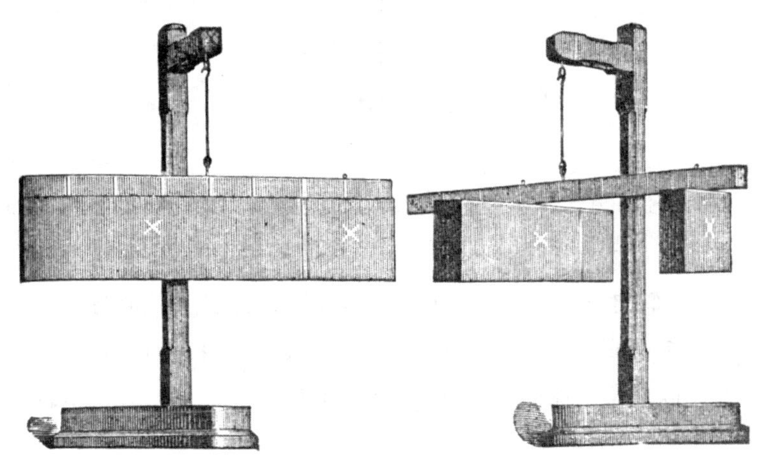

图 9

直线，在直线上我们分别在 A 和 B 按一边长度为 1、另一边长度为 2 切断。在末端，在与这条直线成直角处，我们以中心为接触点放置长度和重量为 4 和 2 的重而薄的同质棱柱 CD 和 EF。画直线 HSG（在这里 $AG=\frac{1}{2}AC$），并画直线 CF 与它平行，通过平行位移把棱柱部分 CG 平移到 FH，关于轴 GH 的每一事物都是对称的，并达到平衡。不过，平衡也可以针对轴 AB 达到；平衡从而可以针对每一个通过 S 的轴达到，因之也可以针对与 AB 成直角的轴达到：杠杆的新实例由以给出。

22

显然，在这里无非是假定，相等的重量 p、p（图 10）在同一平

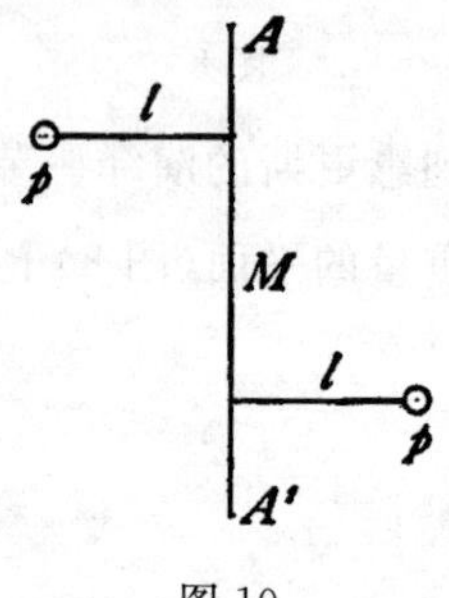

图 10

面、在距轴 AA'（在这个平面上）相等的距离 l、l 处彼此平衡。如果我们使自己处在通过 AA' 垂直于 l、l 的平面上，也就是说处在点 M，时而向 A 看去，时而向 A' 看去，那么我们可以把与阿基米德第一个命题相同的明显性赋予这个命题。而且，如果我们像惠更斯实际所做的那样，用重量相对于轴实施平行位移，那么事物的关系并未改变。

错误最初在这样的推理中出现：如果平衡对于平面的两个轴

达到，那么它也对于通过头两个轴的交点的其他每一个轴达到。这个推理（如果不必把它视为纯粹本能的推理的话）只能在下述条件下引出：扰动效应归因于与它们距轴的距离**成比例**的重量。但是，杠杆和重心学说的真正核心就在这里。

设把平面的密集点归属于直角坐标系（图 11）。正如我们知 23

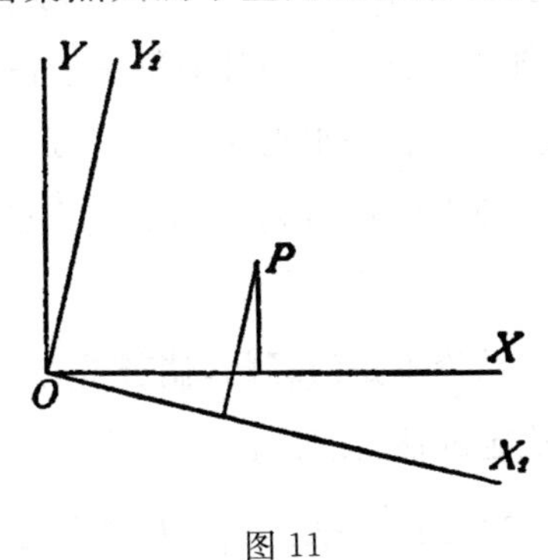

图 11

道的，具有坐标 x、x'、x''……y、y'、y''……的质量组 m、m'、m''……的重心的坐标是

$$\xi=\frac{\sum mx}{\sum m},\quad \eta=\frac{\sum my}{\sum m}$$

若我们把坐标系转动角度 α，质量的新坐标将是

$$x_1=x\cos\alpha-y\sin\alpha,\ y_1=y\cos\alpha+x\sin\alpha,$$

因此重心的坐标是

$$\xi_1=\frac{\sum m(x\cos\alpha-y\sin\alpha)}{\sum m}=\cos\alpha\frac{\sum mx}{\sum m}-\sin\alpha\frac{\sum my}{\sum m}$$

$$=\xi\cos\alpha-\eta\sin\alpha;$$

而且，类似地，

$$\eta_1 = \eta \cos \alpha + \xi \sin \alpha.$$

我们通过简单地变换新轴的第一个中心的坐标，相应地得到新重心的坐标。因此，重心依然是同一点。如果我们选择重心本身作为原点，那么$\sum mx = \sum my = 0$。在转动坐标系时，这个关系依然存在。相应地，如果对于一个平面上的相互垂直的两个轴达到平衡，那么对于通过它们交点的其他每一个轴也达到平衡，而且只在那时达到平衡。因此，如果对于一个平面的任何两个轴达到平衡，那么对于该平面上的通过两个轴的交点的其他每一个轴也将达到平衡。

24 无论如何，这些结论不是演绎的，倘若重心的坐标由某一另外的、更一般的方程决定的话，比如说

$$\xi = \frac{mf(x) + m'f(x') + m''f(x'') + \cdots\cdots}{m + m' + m'' + \cdots\cdots}.$$

因此，惠更斯的推理模式是不能接受的，它包含完全相同的错误，我们在阿基米德的实例中已经评论了这个错误。

阿基米德在此事上的自欺欺人，他把杠杆的复杂实例简化为本能把握的实例的努力，全在于他无意识地使用了他先前**借助他力图证明的同一命题**就重心所做的研究。特别典型的是，他不愿意相信他自己的证据，恐怕甚至也不信任其他人的证据，即很容易描述的关于积 $P \cdot L$ 含义的观察，而是探寻它的进一步的证实。

现在，至少在我们进步的这个阶段，我们实际上也许还没有达到对杠杆的任何理解，除非我们在该现象中直接**察觉**积 $P \cdot L$ 是平衡扰动的决定性因素。就阿基米德在他身上具有希腊人对证明的癖好、可是却力求回避这一点而言，他的演绎是有缺陷的。但

是，关于作为特定的 $P \cdot L$ 含义，阿基米德的演绎还保留显著的价值，不过这是就下述情况来说的：不同实例的概念模式是一个支持另一个的，它表明一个简单实例可以包含所有其他实例，相同的概念模式是就所有实例确立的。请想象（图 12）一个同质棱柱，它的

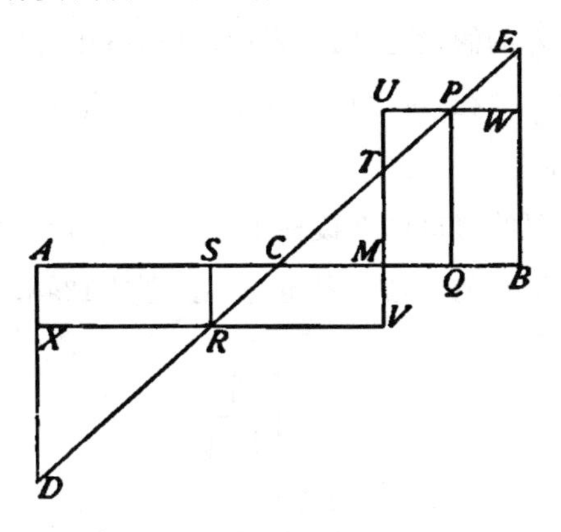

图 12

轴是 AB，在它的中心 C 被支撑起来。为了给出重量与距离之积的总和即平衡扰动的决定性的总和的图示，让我们在轴的元素上竖立距离作为纵坐标，而轴是与重量元素成比例的；属于 C 右边的纵坐标（作为正的）向上画，属于 C 左边的纵坐标（作为负的）向下画。两个三角形的面积之和 $ACD+CBE=0$ 图解平衡的存在。如果我们把该棱柱在 M 处分为两部分，那么我们就可以用矩形 $MUWB$ 代替 $MTEB$，用矩形 $MVXA$ 代替 $TMCAD$；在这里，$TP=\frac{1}{2}TE$，$TR=\frac{1}{2}TD$，棱柱截面 MB、MA 被看做通过绕 Q 和 S 转动处在与 AB 成直角的位置上。

在这里指出的方向上，阿基米德的观点肯定依然是有用的观

25

点，即使在没有一个人长久对积 $P \cdot L$ 的重要性心存任何疑问之后，即使在关于这一点的见解在历史上用大量证实确立起来之后。

实验从来不是绝对精密的，但是它们至少可以导致探究的心智**推测**，将要厘清的所有事实的关联的关键，包含在精密的度量表达式中。在另外的假设上，阿基米德、伽利略和其余人的演绎也不是明白易懂的。现在，可以以完美的确定性实现所要求的棱柱的变换、扩张和压缩。

可以把小刀的刀口放在棱柱下任何一点，而棱柱在没有扰动平衡的情况下从它的中心悬挂起来（参见图 12a）；可以把几个这

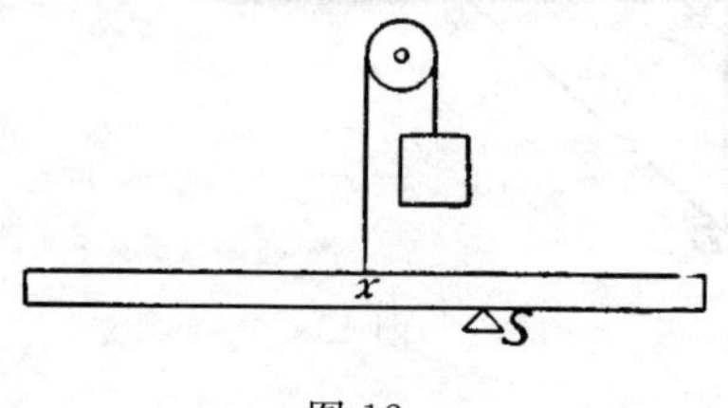

图 12a

样的排列刚性地组合在一起，以便明显地形成新的平衡实例。只有在考虑 PL 的数量时，该平衡实例转变和分裂为其他几个平衡才是可能的。我无法赞同 O. 赫尔德（O. Hölder），因为他支持阿基米德演绎的正确性，而反对我对他的文章《几何学的思想和直观》（*Denken und Anschauung in der Geometrie*）的批评，尽管我极其满意我们在精密科学及其基础的本性上一致的范围。情况似乎是，仿佛阿基米德（《论平衡》）认为，两个相等的重量在一切情况下都可以被它们组合而成的、处于中心的一个相等的重量代替（定理 5，推论 2），这是普遍的经验。在这样的事件中，他的冗长的演绎（定理 6）可能是必要的，因为所寻找的理由紧随而来（参见第

19、20 页）。阿基米德的表达模式不利于这个观点。然而，不能把这种类型的定理视为先验自明的；在我看来，在第 19～20 页提出 27 的观点好像还是无可辩驳的。

在这里，我必须把我的读者的注意力引向 G. 瓦伊拉蒂的漂亮论文[①]，作者在论文中袒护赫尔德反对我对阿基米德的杠杆定律演绎的批评，但是他同时也稍微批评了赫尔德。我相信，每一个人都可以阅读瓦伊拉蒂的阐述而得益，并通过与我说过的话比较，使他自己能够就争论之点形成判断。瓦伊拉蒂表明，阿基米德基于有关重心的普遍经验推导杠杆定律。我从来没有反对下述观点：这样的过程是可能的和容许的，甚至在研究的某一阶段非常富有成效，进而也许在那个阶段是唯一正确的。相反地，我已经阐明斯蒂文和伽利略在阿基米德的先例之后所做的推导，以此方式我明确地辨认出这一点。但是，我的整本书的目的是使读者深信，我们不能借助自明的假定构造自然的性质，这些假定必须从经验中获得。如果我没有力图扰乱这个印象，即杠杆的普遍定律能够从相等重量在相等臂上的平衡演绎出来，那么对于这个目的，我也许是错误的。当时，我不得不表明，已经包含在杠杆普遍定律的经验是从哪里引入的。现在，这个经验存在于第 19 页强调的假定中，它以相同的方式存在于瓦伊拉蒂提出的每一个关于重心的普遍的和 28 无疑正确的定理中。现在，因为负荷值与杠杆臂成比例的事实，在这样的经验中并不是径直地和尽可能简明地显而易见，而要以人

① Ladimonstrazione del principio delle leva data “la Archimede”, *Bolletino di bibliografia storio delle scienze matematicke*, May and June 1904.

为的和迂回的方式寻找，接着呈现给惊讶的读者，所以近代读者对阿基米德的演绎很反感。从简单的和非常自明的定理出发的演绎使数学家着迷，他或者喜欢欧几里得(Euclid)的方法，或者使他本人进入相称的心境。但是，在另外的心境下并抱有另外的目的，我们在这个世界完全有理由就含义在从一个命题到另一个命题的获得和信念之间、在惊诧和洞察之间做出区分。如果读者由这一讨论中得到某些益处，那么我并不是十分苛求坚持我使用的每一个词汇。

7. 像从阿基米德那里以它们原初的简单形式留传给我们的杠杆定律，进一步被近代物理学家推广和处理了，他们采用的方式是十分有趣的和有教益的。列奥纳多·达·芬奇(Leonardo da Vinci，1452～1519)这位著名的画家和研究者，好像是认出所谓静矩这一普遍概念的重要性的第一人。在他留给我们的手稿中，发现几页清楚地显露出这一点。例如他说：我们有绕 A 自由转动的杆 AD(图 13)，从这个杆悬挂重量 P，从越过滑轮的线悬挂第二个重

29

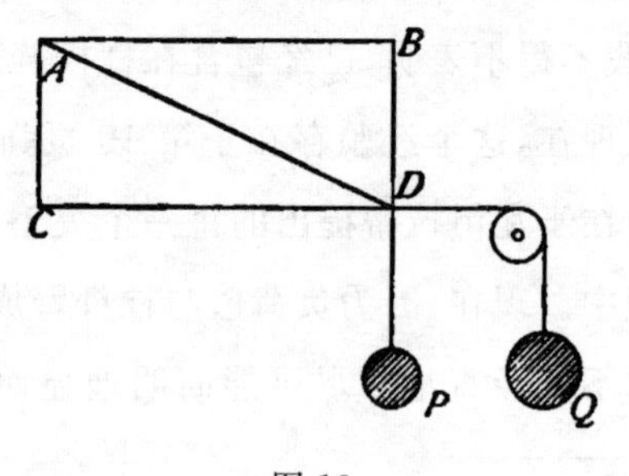

图 13

量 Q。可以达到平衡的力的比率必须是多少呢？重量 P 的杠杆

臂不是AD，而是“势”(potential)杠杆AB。重量Q的臂不是AD，而是“势”杠杆AC。难以发现列奥纳多借以得出这个观点的方法。但是，很清楚，他辨认出用来决定重量的结果的基本境况。

类似于列奥纳多·达·芬奇的考虑，也可以在古伊多·乌巴尔迪(Guido Ubaldi)的著作中找到。

8. 正如我们据以知道的，静矩概念被理解为力乘从转动轴向能够被达到的该力的方向线所作的垂线之积，我们现在将努力获得这一理解方式的某种观念，尽管实际导致这个观念的方式现今不可能彻底查明了。如果我们把在两边受到相等张力的细绳敷设在滑轮上，便可以毫无困难地察觉平衡存在(图14)。我们总是可以找到关于器械对称的平面，这个平面与细绳的面成直角，并把它

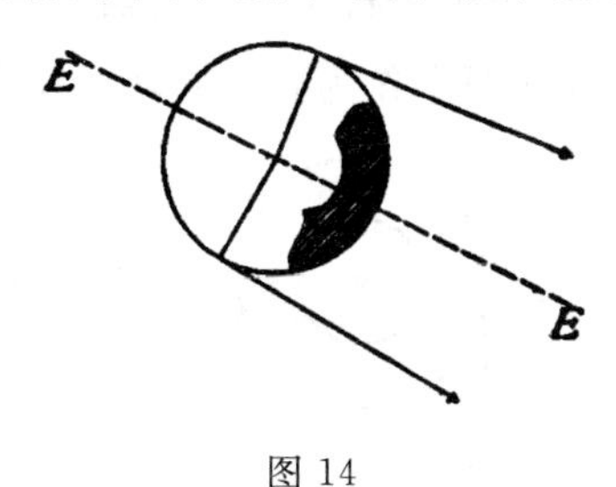

图 14

的两部分构成的角等分(EE)。在这个实例中，能够猜想是可能的运动无法精确地决定，或者无法用无论什么准则定义：因此将不发生运动。现在，如果我们进而注意，构成滑轮的材料在决定细绳施加点的运动形式的范围内是必不可少的，那么我们会同样容易地察觉，可以在不扰动机械平衡的情况下移动滑轮的几乎任何部分。导向细绳切点的刚性半径是唯一绝对需要的。于是，我们看到，刚 30

性半径(或在细绳的直线方向上的垂线)在这里起类似于杠杆臂在阿基米德杠杆中所起的作用。

让我们审查一下所谓的轮轴(图 15),轮半径为 2、轴半径为

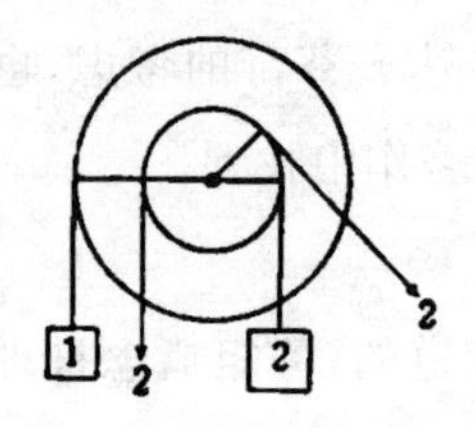

图 15

1,假定分别具有细绳悬挂的负荷 1 和 2;这是一个在每一方面对应于阿基米德杠杆的器械。现在,如果我们以我们可以选择的任意方式绕轴放置第二条细绳,我们在每一边都使这条细绳受到重量 2 的张力,那么第二条细绳将不扰动平衡。无论如何很明白,我们也被容许不考虑其他两个作为相互破坏的拉力,而把在图 16 标

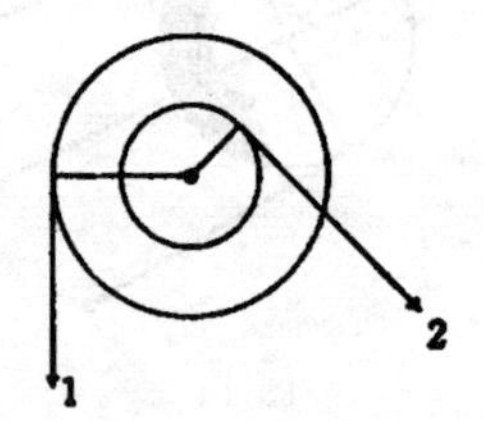

图 16

记的两个拉力看做处于平衡。但是,我们在这样做时,即拒绝考虑所有非绝对需要的特征时,便已经察觉到,不仅重量施加的拉力,而且从轴向拉力线所作的垂线,都是运动的决定性的条件。于是,决定性的因素是重量乘从轴向拉力方向所作的各自垂线之积;换句话说,是所谓的静矩。

31

9. 我们迄今考虑的，是我们关于杠杆原理的知识的发展。斜面原理的知识是完全独立于这一发展而发展的。然而，就理解这个机械而言，探求超出杠杆原理的新原理是不必要的；因为杠杆原理独自就是充分的。例如，伽利略以下述方式根据杠杆说明斜面。我们在面前（图 17）有一个斜面，重量 P 使保持平衡的重量 Q 在

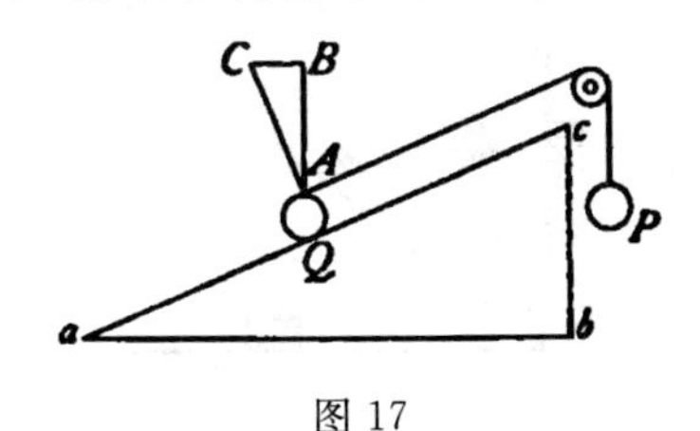

图 17

斜面上静止。现在，伽利略指出这样一个事实：不需要 Q 直接处在斜面上，而不可或缺之点宁可是 Q 的运动形式或特征。因而，我们可以构想该重量与臂 AC 系在一起，而臂 AC 垂直于斜面并可以绕 C 转动。接着，如果我们开始绕点 C 非常轻微地转动，那么该重量将在与斜面重合的弧的元素上运动。若运动继续，则路线是曲线，这在此处是无关紧要的，由于在平衡的情况下这种进一步的运动没有发生，而且只有瞬息的运动是决定性的。不管怎样，32 返回到前边提及的列奥纳多·达·芬奇的观察，我们很容易察觉定理 $Q \cdot CB = P \cdot CA$ 或 $Q/P = \mathrm{CA}/CB = ca/cb$，从而达到斜面上的平衡定律。一旦我们达到杠杆原理，那么我们很容易把这个原理应用于对其他机械的理解。

（二）斜面原理

1. 研究斜面力学特性的斯蒂文（1548～1620）以卓越的独创性方式这样做了。如果重量处在（图 18）水平桌子上，那么我们立即

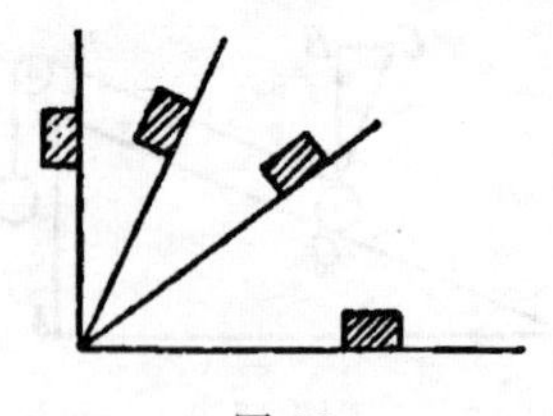

图 18

察觉，由于压力直接垂直于桌子的平面，根据对称原理平衡存在。另一方面，在竖直的墙上，根本无法阻挡重量的下降运动。相应地，斜面将呈现这两个极限想象的居间实例。平衡不会像它在水平支持物之上那样自然存在，但是若重量小于维持它在竖直墙上所必需的重量，则可以保持平衡。确定在这个实例中得到的静力学定律，使较早时期的探究者遭遇显著的困难。

斯蒂文的程序的方式在实质上如下。他想象一个三角形棱柱，棱柱的棱水平放置，棱柱的截面 ABC 如图 19 所示。为平衡起见，我们将设定 $AB=2BC$；也设定 AC 是水平的。在这个棱柱上，斯蒂文放置一条环状线，在线上串起 14 个重量相等的小球，并按相等的距离间隔拴在一起。我们能够方便地用环状的均匀链条或细绳代替这条线。或者链条会处于平衡，或者不会处于平衡。如果我们假定情况是后者，由于事件的条件未被它的运动改变，链条一旦实际上处于运动时，它就必定永远地继续运动，也就是说，它

33

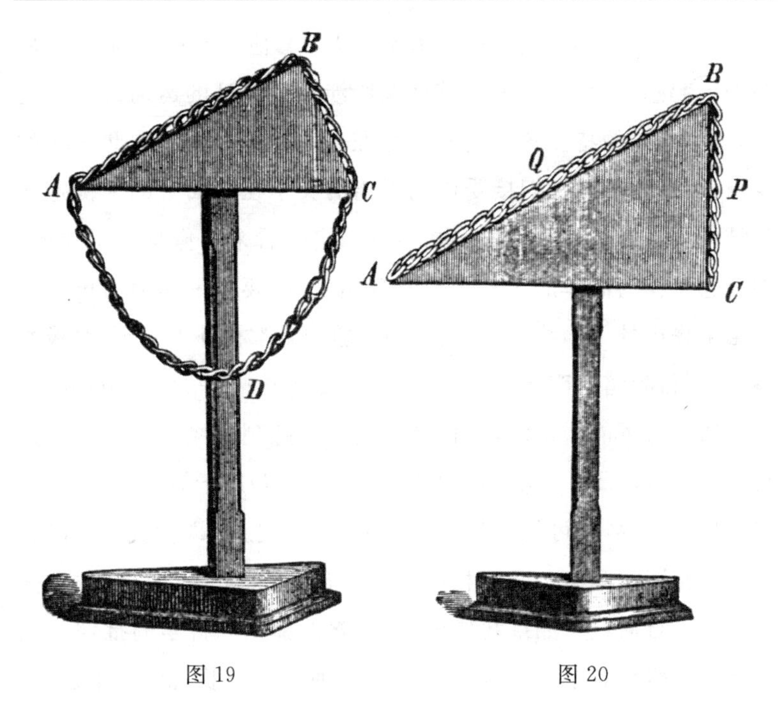

图 19　　图 20

必须保持永恒运动——斯蒂文认为这是荒谬的。因此，只有第一种情况是可信的。链条依然处于平衡。因此，在没有扰动平衡时，可以去掉对称的部分 ADC。链条的 AB 部分从而平衡 BC 部分。34 因此，在相等高度的斜面上，相等重量以与该斜面的长度成反比地起作用。

在图 20 的棱柱截面上，让我们想象是 AB 水平的，BC 是竖直的，并且 $AB=2BC$；进而，在 AB 和 BC 上的链条重量 P 和 Q 与长度成比例；于是可得，$P/Q=AB/BC=2$。推广是自明的。

2. 毋庸置疑，在斯蒂文由以开始的假定即环状链条没有运动中，其中仅仅在起初包含**纯粹本能的**认知。他立即感到，而且我们与他一起感到，我们从未观察到像所涉及的类型的运动的任何迹象，具有这样的特征的事情并不存在。这一深信具有如此之大的逻辑说服力，以至我们接受由它引出的关于在斜面上的平衡定律的结论，而没有思考反对理由，尽管该定律看来好像是靠不住的，即使它是作为简单的实验结果呈现出来的，要不是作为简单的实验结果提出的。当我们沉思，一切实验结果都被外来的环境(像摩擦等)弄得晦暗不明时，关于在特定的实例中成为决定性条件的每一个猜测有可能错误时，我们就不会为此感到奇怪了。斯蒂文把较高的权威归属于这类本能的知识，而不是归属于简单的、明白的和直接的观察，这可能在我们身上激起惊讶之情，即使我们自己并不具有相同的倾向。疑问相应地把它自己强加于我们：这种较高的权威来自何处？如果我们记得，科学的证明和科学的批评一般只能出自研究者个人可能出错的意识，那么要寻找说明就不远了。35 我们清楚地感到，我们自己**没有把什么东西**供给本能知识的创造，我们没有任意地把任何东西添加给它，而它绝对独立于我们的参与而存在。因此，我们对自己就观察到的事实的主观解释的疑虑便消散了。

斯蒂文的演绎是我们在力学原初史中拥有的最罕见的化石标示之一，它把奇妙的亮光投射到一般而言的科学的形成过程之上，投射到它由本能知识兴起之上。我们会回想起，阿基米德像斯蒂文一样，准确地追求相同的意向，只是好运要少得多。在后来，直觉知识也被十分频繁地作为研究的起点。每一个实验者日常都能够亲自观察到直觉知识对他提供的指导。如果他在抽象地阐述其中所包含的东西时获得成功，那么作为一个准则，他将在科学中做出重要的进展。

斯蒂文的程序没有错误。如果在其中包含错误，我们都应该分担它。实际上，完全可以肯定，只有最强大的直觉与最出众的抽象阐述能力的统一，才会造就伟大的自然探究者。然而，这绝不是强迫我们用科学中的直觉创造新的神秘主义，并把这种因素看做是正确无误的。我们很容易发现，它不是正确无误的。即使本能知识像阿基米德的对称原理具有如此巨大的逻辑力量，它也可能使我们误入歧途。也许，许多读者都会回忆起，当他们首次听到，36 由于把传导电流的导线带到磁针上面的平行方向，处在磁子午线中的磁针在确定的方向偏离该子午线时，他们经历的智力震撼。本能的东西正像清楚意识的东西一样难免有错。它的唯一的价值是在我们十分熟悉的领域。

先不追求关于这个神秘论题的猜想，让我们宁可对自己提出问题：直觉知识是如何产生的，它的内容是什么？我们在自然界中观察到的每一事物本身，都在我们的知觉和观念中留下**未被理解的**和**未被分析的**印记，这些感觉和观念反过来以它们最普遍的、最鲜明的特征模拟自然过程。在这些积累起来的经验中，我们具有珍藏的财富，它永远近在咫尺，其中只有最小一部分具体化为清楚表达的思想。诉诸这些经验比诉诸自然界本身容易得多，尽管如此，它们在指明的意义上还是免于一切主观性，这种状况授予它们高度的价值。正是直觉知识的这种特性，它才显著地具有否定的本性。我们不能恰当地说什么必须发生，但是我们却能够恰当地说什么不能不发生，由于只有后者才与我们模糊的经验总体——

其中个别特征并非截然分明——形成显眼的对照。

虽然直觉知识的重要性可能还是很大的，但是从我们的观点来看，对于发现而言，我们不必满足于赏识它的权威。相反地，我们必须探求：在什么条件下能够产生上述直觉知识？于是，我们通常发现，正是我们求助于直觉知识确立的原理本身，反过来也构成直觉知识起源的根本条件。而且，这是十分明显的和自然的。我们的直觉知识把我们引向这个原理，该原理说明直觉知识本身，并反过来也被直觉知识的存在所确证，这自然而然地是一个独立的事实。我们在仔细审查时总会发现的这一点是在斯蒂文实例中的事态。

3. 斯蒂文的推理给我们以如此足智多谋的印象，因为他达到的结果比他由以出发的假定显然包含更多的东西。然而，一方面，为了避免矛盾，我们被迫让结果过关；另一方面，刺激依然存在，推动我们寻求进一步的洞察。假如斯蒂文在所有方面都清晰地阐明了整个事实，就像伽利略随后所做的那样，那么他的推理就不再作为足智多谋的推理而打动我们了；但是，我们却能够对该问题获得更加满意、更加清楚的洞察。事实上，一切东西都包含在棱柱上没有滑动的环状链条中。我们可以说，链条并未滑动，因为在这里重物下降没有发生。然而，这不可能是正确的，由于在链条运动时，它的许多环节实际上下降，而其他环节在他们的位置上升。因此，我们必须更准确地说，链条并未滑动，因为对于每一个可能下降的物体而言，相等的重物必须升起相等的高度，或者两倍重量的物体必须升起一半的高度，如此等等。斯蒂文熟悉这个事实，他在他的滑轮理论中同样描述过它；但是，他显然过分不信任自己，以致在没有追加的支持的情况下，就放弃了这个对斜面也正确的定律。38 但是，假如这样一个定律并非普适地存在，那么我们关于环状的链条的本能知识从来也不会产生。我们的心智由此受到十足的启发。斯蒂文在他的推理中没有走得如此之远，而满足于使他的（间接发现的）观念与他的本能思想一致，这个事实不需要进一步干扰我们了。

还可以从另外的观点考察斯蒂文的程序。就我们的力学本能而言，如果环状的重链条不可能旋转是一个事实，那么斯蒂文设计和实际被定量操纵的在斜面上平衡的个人简单实例，就可以看做是那么多的特殊经验。至于应该实际进行实验，并不是必不可少的，倘若结果是毫无疑问的话。事实上，斯蒂文是在心里做实验的。就把摩擦力减少到极小而言，斯蒂文的结果实际上能够从相应的物理实验推导出来。以类似的方式，可以认为阿基米德关于杠杆的考虑与伽利略的步骤相似。如果用实物进行各种心理实验，那么就能够以完美的严密性演绎重量在距轴的距离上的静矩线性相关。在这种使特殊的定量概念尝试适应普遍的本能印象的力学领域中，在杰出的探究者中间，我们还可以引证许多例子。同样的现象也存在于其他领域。39 在这方面，可以容许我提及我在我的《热理论原理》（*Principles of Heat*）第151页给出的阐述。可以说，科学中的最有意义、最重要的进展是以这种方式做出的。伟大的探究者都有一种习惯，也就是使他们的单个概念与整个现象领域的普遍概念或理想一致，在他们对部分的处理中始终考虑整体，可以把这种习惯的特征概括为名副其实的哲学的传统做法。任何特殊科学的真正哲学处理，将总是在于把结果引入与已经确立的关于整体的知识的联系与和谐之中。哲学无节制的空想以及不恰当的和早产的特殊理论,都将用这种方式加以消除。

值得花一点时间,再次审视在斯蒂文和阿基米德的心理步骤中的一致和差异。斯蒂文达到十分普遍的观点:任何形状可移动的、重的、环状的链条保持静止。从这个普遍观点出发,他能够毫无困难地演绎出在量上容易操纵的特例。另一方面,阿基米德由以开始的实例是最特殊的可想象的实例。从他的特例中,他不可能以无可辩驳的方式演绎出在更普遍的条件下可以期待的表现。如果他在这样做时取得明显成功,那么其理由是,他已经知道他正在寻求的结果,而斯蒂文虽然也无疑知道——至少是大略地知道——他追求什么,不过他能够以他的程序方式直接找到它,即使他不知道它。当以这样的方式重新发现静力学的关系时,它比能够进行的度量实验的结果具有更高的价值,而实验总是有点儿偏离理论的真理。偏离随着像摩擦力这样的干扰境况而增大,随着这些困难的减少而减小。精确的静力学关系是通过理想化达到的,而无视这些干扰成分。在阿基米德和斯蒂文的程序中,它是作为**假设**出现的;没有假设,个人的经验事实会立即卷入逻辑矛盾之中。直到我们拥有这样的假设,我们才能用精密的概念操作重构事实,获得对它们的科学的和逻辑的掌握。杠杆和斜面都是自我创造的理想的力学对象。唯有这些对象才完全满足我们用它们构成的逻辑要求;实物杠杆只有在它趋近理想杠杆的限度内,才能满足这些条件。自然探究者力求使他的**想象中的事物适应**实在。

因此,斯蒂文给他自己和他的读者提供的服务在于对照和比较知识——这种知识与清楚明白的知识一样是本能的,在于把二

图 21

者关联起来并使之彼此一致，在于二者相互支持。斯蒂文借助这一程序获得的知觉的加强，我们可以从下述事实获悉：棱柱上环状链条的图像犹如葡萄饰一样优美，使他的著作《数学短记》(*Hypomnemata Mathematica*，Leyden，1605)扉页[①]大为增色，该书

① 给出的扉页是由 Willebrord Snell 翻译的西蒙·斯蒂文的 *Wisconstige Gdachtenissen*，Leyden，1605 的拉丁文译本(1608)。——英译者注

41 扉页上写有献词“一个奇迹，但不足为奇”(Wonder en is gheen wonder)。作为一个事实，在科学中做出的每一个有启发性的进步，都伴随某种醒悟的感觉。我们发现，似乎使我们惊奇的东西，与我们本能了解的和视为自明的其他事物一样不足为奇；不仅如此，相反的东西也许更为令人惊奇；相同的事实处处表现自己。于是，我们的迷惑原来不再是迷惑；它化为乌有，它寓居在历史的阴影之中。

42 4. 在斯蒂文达到斜面原理后，对他来说，很容易把这个原理应用于其他机械，从而说明它们的作用。例如，他做出下面的应用。

让我们假定，我们有斜面(图 22)，在它上面有负荷 Q。我们

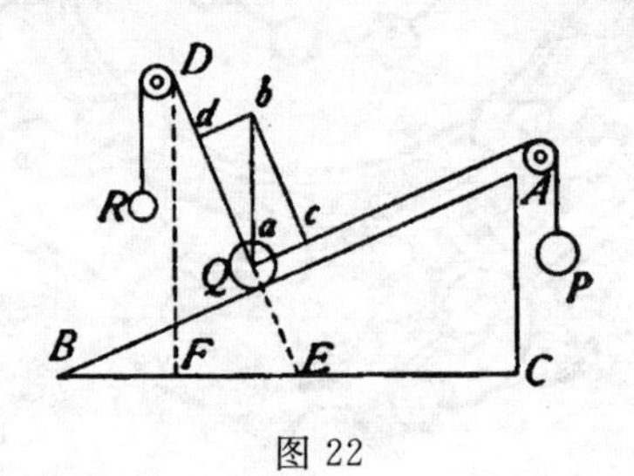

图 22

让线在滑轮 A 的最高点通过，并设想负荷 P 使负荷 Q 保持平衡。现在，斯蒂文用类似于伽利略后来采取的方法继续做下去。他评论说，负荷 Q 应该直接处在斜面上不是必要的。只要维持该机械的运动的形式，力和负荷之间的比例在一切实例中依旧是相同的。因此，我们可以同样完好地构想，把负荷 Q 系到通过滑轮 D 的适当负重的线上：这条线是斜面的法线。如果我们实现这个改变，那么我们就有所谓的缆索机械。我们现在察觉，我们能够十分容易

地确定，物体在斜面上倾向于向下的重量部分。我们只要画竖直线，并在其上截取对应于负荷 Q 的部分 ab。接着，在 aA 上画垂线 bc，我们则有 $P/Q=AC/AB=ac/ab$。因此，ac 表示线 aA 的张力。现在，没有什么东西妨碍我们使两条线改变功能，并设想负荷 Q 处在用点构成的斜面 EDF 上。类似地，我们在这里得到第二条线的张力 ad。相应地，以这种方式，斯蒂文间接地达到缆索机械静力学关系的知识和所谓力的平行四边形的知识；当然，起初只是针对线（或力）ac、ad 相互处于直角的特例而言的。 43

随后，斯蒂文实际上以更一般的形式使用力的合成和分解原理；不过，他达到该原理的方法不十分清楚，或者至少不明显。例如，他评论说，如果我们有三条以任意角度拉直的线 AB、AC、AD，从第一条线悬挂重量 P，那么就可以用下面的方式决定张力。我们延长（图 23）AB 到 X，并在其上截取部分 AE。从点 E 画 EF

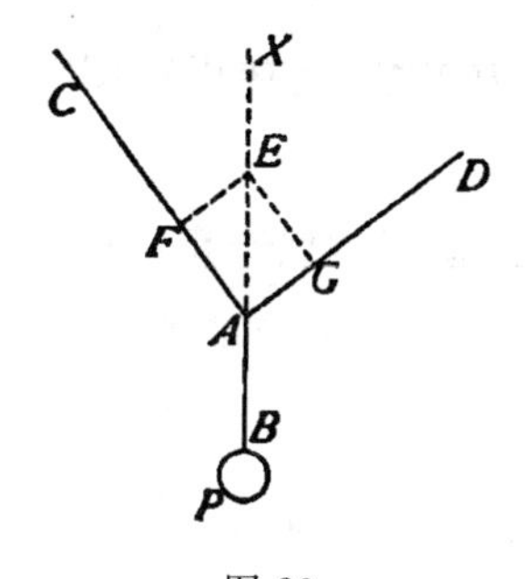

图 23

平行于 AD，画 EG 平行于 AC，那么 AB、AC、AD 的张力分别与 AE、AF、AG 成比例。

借助这种作图原理，斯蒂文解决高度复杂的问题。例如，他决定分叉线的系统的张力，如图 24 所示；当然，在做这一切时，他从 44

竖直线的给定张力开始。

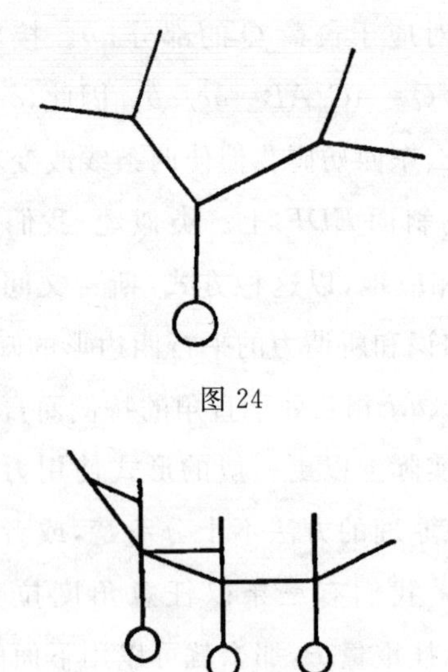

图 24

图 25

缆索多边形的张力关系，同样以在图 25 指明的方式由作图决定。

因此，借助斜面原理，以类似于我们在杠杆原理的实例中使用的方式，我们可以试图阐明其他简单机械的操作条件。

（三）力的合成原理

1. 正如我们所知，斯蒂文达到和使用的力的平行四边形原理（不过没有明确地阐明它）由下述真理组成。如果物体 A（图 26）受到两个力的作用，力的方向与线段 AB 和 AC 重合；这两个力像单一的力一样产生相同的效果，而单一力作用在平行四边形 AB-

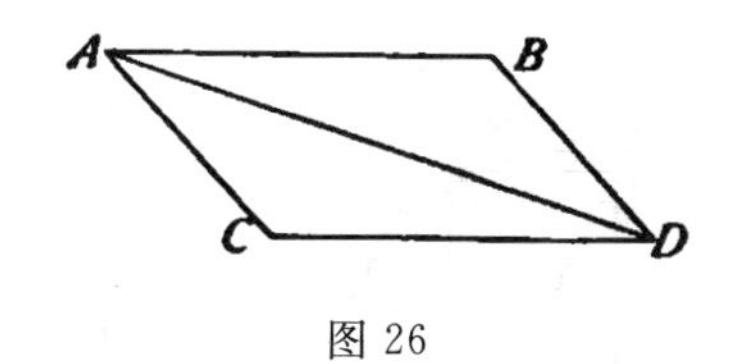

图 26

CD 的对角线 AD 的方向上，并与这个对角线成比例。例如，在线 AB、AC 上，如果假定与长度 AB、AC 精确成比例的重量发挥作用，那么作用在与长度 AD 精确成比例的线 AD 的单一重量将产生与头两个重量相同的效果。力 AB 和 AC 称之为分力，力 AD 称之为合力。进而很明显，若反过来，**单一的**力可以用两个或几个其他力代替。 45

2. 现在，与斯蒂文的研究相关，我们将努力给我们自己某种关于达到力的平行四边形普遍命题的方式的看法。我们将假定，斯蒂文发现的关系，即在两个相互垂直的力和第三个平衡它们的力之间的关系，是间接地给定的。现在，我们设想(图 27)相互平衡的拉力在那里作用在三条线 OX、OY、OZ 上。让我们努力决定这些拉力的性质。每一个拉力都使其余两个拉力处于平衡。我们将用两个新的成直角的拉力代替拉力 OY(遵照斯蒂文原理)，一个在方向 Ou(OX 的延长线)上，一个在与其成直角的方向 Ov 上。接着，让我们类似地在方向 Ou 和 Ow 上分解拉力 OZ。于是，在方向 Ou 的拉力之和必须平衡拉力 OX，在方向 Ov 和 Ow 的两个拉力必须相互抵消。把后两个拉力看做是大小相等的和方向相反的，并用 Om 和 On 表示它们，我们与操作一致地决定平行于 Ou 的分力 Op 和 Oq 以及拉力 Or、Os。现在，和 $Op+Oq$ 与在 OX 的 46

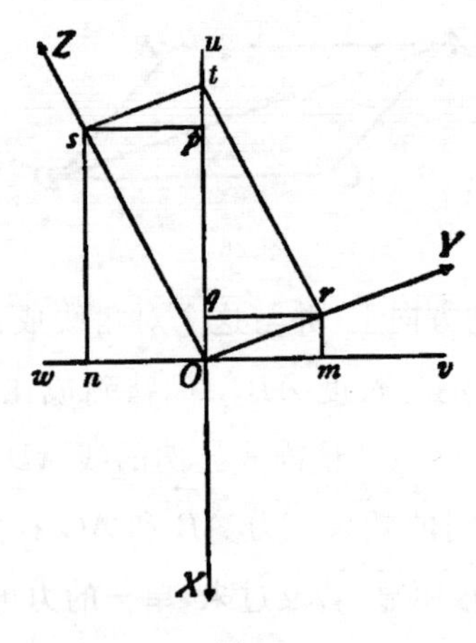

图 27

方向的拉力是相等的和相反的;而且,如果我们画 st 平行于 OY,或者画 rt 平行于 OZ,二者之中任一个线段将截取部分 $Ot=Op+Oq$:用这个结果,便达到力的平行四边形的普遍原理。

还可以以另外的方式,从特殊的正交的力的合成演绎普遍的

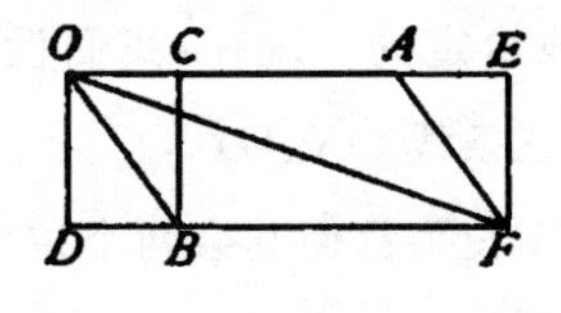

图 28

合成实例(图 28)。设 OA 和 OB 是在 O 作用的两个力。代替 OB 的,是平行于 OA 作用的力 OC 和与 OA 成直角作用的力 OD。于是,在这里两个力 $OE=OA+OC$ 和 OD 代理 OA 和 OB,其合力 OF 又是以 OA 和 OB 为边所作的平行四边形 $OAFB$ 的对角线。

3. 当用斯蒂文的方法达到力的平行四边形原理时,它以**间接**

的发现出现在眼前。它作为已知事实的结果和条件展示出来。可是，我们只是察觉它**的确**存在，而迄今没有察觉它**为什么**存在；也就是说，我们不能把它还原为(像在动力学中那样)更简单的命题。实际上，在静力学中，直到瓦里尼翁(Varignon)生活的时期，当直接导致这个原理的动力学已经进展得很远，它的采用从那里没有出现困难时，该原理还没有被充分承认。力的平行四边形原理是牛顿在他的《自然哲学的数学原理》(*Principles of Natural Philosophy*)中首次清楚阐明的。1687 年，瓦里尼翁在提交给巴黎科学院的一项工作成果(但是直到它的作者去世后还没有发表)中，47 也独立于牛顿阐明了该原理，而且他借助几何学定理扩展了它的实际应用。[①]

所提到的几何学定理是这个定理。我们考虑(图 29)一个平行四边形，它的边是 p 和 q，对角线是 r；我们从平行四边形平面的

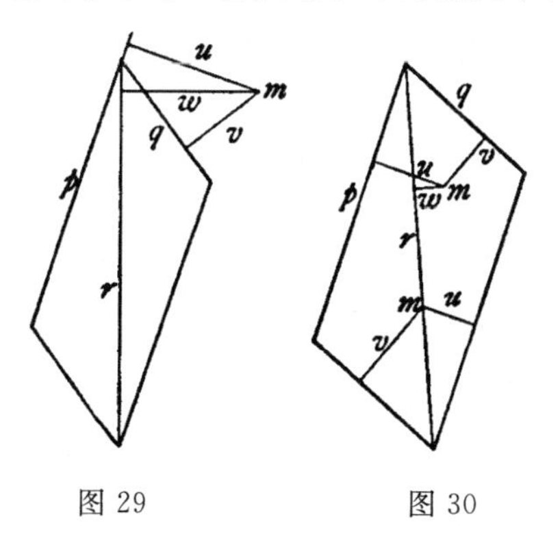

图 29　　图 30

① 在同年即 1687 年，法瑟·伯纳德·拉米(Father Bernard Lami)发表了他的《力学论文》(*Traité de méchanique*)中的一个小附录，发展了同一原理。——英译者注

任意点 m 在这三条直线上画垂线，我们将把垂线标示为 u、v、w；于是，$p\cdot u+q\cdot v=r\cdot w$。这很容易证明：从 m 向对角线的端和平行四边形的边画直线，并考虑这样形成的三角形的面积等于具体指定的积的一半。如果使点 m 处在刚才所画的平行四边形和垂线之内（图 30），那么该定理转化为 $p\cdot u-q\cdot v=r\cdot w$。最后，如果使 m 处在对角线上并再次画垂线，由于向对角线所引的垂线现在是零，那么 $p\cdot u-q\cdot v=0$，或者 $p\cdot u=q\cdot v$。

借助于力与它们在相等的时间间隔产生的运动成比例的观察，瓦里尼翁很容易从运动的合成推进到力的合成。在数量和方向上用平行四边形的边表示的在一点作用的力，可以用单一的力代替，而单一力是用平行四边形的对角线类似地表示的。

现在，在所考虑的平行四边形中，如果 p 和 q 表示共点力（分力），r 表示代替它们的合适的力（合力），那么积 pu、qv、rw 被称为这些力相对于点 m 的力矩。如果点 m 处在合力的方向上，那么两个力矩 pu 和 qv 对于它而言彼此相等。

4. 借助这个原理，瓦里尼翁此刻能够比他的前辈以更简单的方式处理机械。例如，让我们考虑（图 31）一个刚体，它能够绕通过 O 的轴转动。我们构想垂直于轴的平面，在其内选取两个点 A、B，假定平面上两个力 P 和 Q 在两点作用。我们跟瓦里尼翁一起辨认出，如果力的施加点沿着它们的作用线被取代，那么力的效果没有改变，因为在同一方向的所有点相互刚性地连接，每一个点都压另一个点和拉另一个点。因此，我们可以设想，P 施加在 AX 方向的任意点，Q 施加在 BY 方向的任意点，从而也施加在它们的

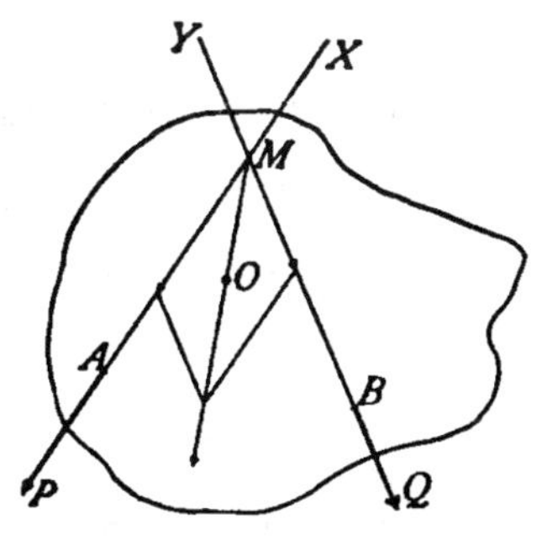

图 31

交点 M。接着，对于转移到 M 的力，我们作平行四边形，并用它们的合力代替两个力。现在，我们仅仅必须处置合力的效果。若它只作用在可动点，则不会达到平衡。不过，若它的作用方向通过轴，即通过不是可移动的点 O，则没有运动能够发生，平衡也会达到。在后一个实例，O 是合力上的点；如果我们从 O 向力 p、q 的方向作垂线 u 和 v，那么依照前面提到的定理，我们将有 $p \cdot u = q \cdot v$。我们以此从力的平行四边形原理演绎出杠杆定律。 49

瓦里尼翁以相似的方式用合力因某种阻碍或抑制的平衡说明若干其他平衡实例。例如，在斜面上，若发现合力与斜面成直角，则平衡存在。事实上，瓦里尼翁把静力学整体奠定在动力学的基础上；就他的心智而言，静力学无非是动力学的特例。更普遍的动力学实例不断地在他面前徘徊，他在研究中自愿把自己限定在平衡的实例内。我们在这里面临动力学的静力学，这样的状况只有在伽利略的研究之后才是可能的。顺便说一下，可以觉察到，近代基础教科书中介绍静力学的大多数定理和方法，是来自瓦里尼翁。

5. 像我们已经看到的，纯粹的静力学考虑也导致力的平行四边形命题。事实上，在特例中，人们承认该原理非常容易证实。例如我们立即识别出，在同一平面作用在一点的相等的力(通过拉或压)，它们的相继的线以该点为中心构成相等的角，不管这些力的数目是多少，它们处于平衡。例如(图 32)，若三个相等的力 OA、

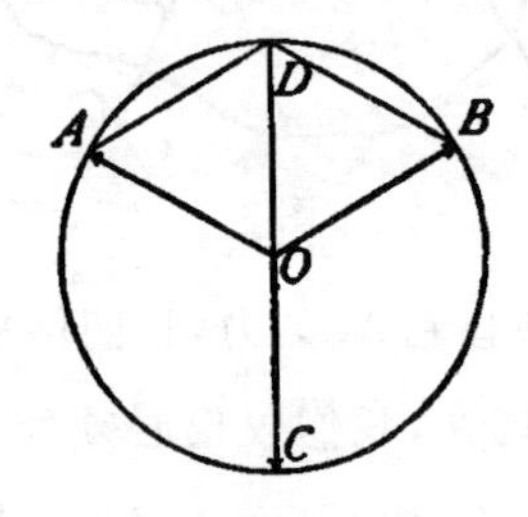

图 32

OB、OC 以 120°的角度作用在点 O 上，则每两个力都与第三个力保持平衡。我们即刻看见，OA 和 OB 的合力与 OC 相等和相反。它用 OD 表示，又是平行四边形 $OADB$ 的对角线，这轻易地从下述事实而来：圆的半径也是圆包含的六边形的边。

6. 若共点力在相同或相反的方向作用，则合力等于分力的和或差。我们毫无困难地认出，两个实例是力的平行四边形原理的特例。在图 33 的两个图形中，如果我们想象角 AOB 逐渐缩小为

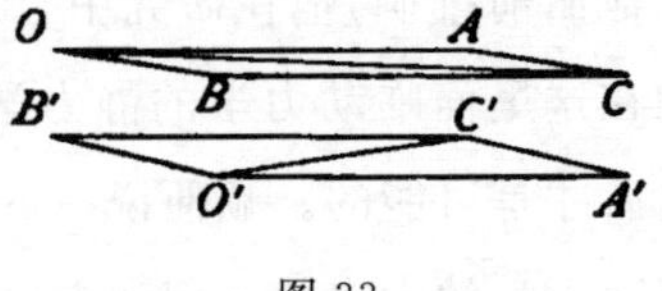

图 33

0°数值，角 $A'B'C'$ 增大到 180°数值，那么我们将察觉到，OC 转化

为 $OA+AO=OA+OB$，$O'C'$ 转化为 $O'A'-A'C'=O'A'-O'B'$。因此，力的平行四边形原理包括被普遍认为先于它作为独立定理的命题。

7. 力的平行四边形原理以牛顿和瓦里尼翁陈述它的形式被清晰地揭露，它自己是来自经验的命题。两个力作用的点与力成比例的加速度一致地描述两个相互独立的运动。平行四边形作图即是基于这个事实。不过，达尼埃尔·伯努利(Daniel Bernoulli)持有这样的见解：力的平行四边形命题是**几何学的**真理，与物理的经验无关。而且，他试图为它提供几何学证明；鉴于伯努利的观点即使在今天也没有完全消失，我们将在这里考虑该证明的主要特点。 51

若两个相互成直角的相等的力(图 34)作用在一点，按照伯努

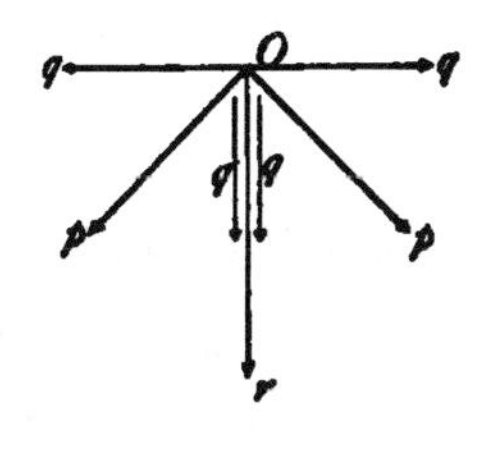

图 34

利的观点则毋庸置疑，这个角的平分线(与对称原理一致)是合力 r 的方向。为了也可以用几何学决定合力的数量，把力 p 的每一个分解为平行和垂直于 r 的两个相等的力 q。因此，关于在 p 和 q 之间如此产生的数量的关系，与 r 和 p 之间的关系相同。我们相应地有：

$$p=\mu q \text{ 和 } r=\mu p;\text{在这里 } r=\mu^2 q.$$

然而，由于与 r 成直角作用的力 q 相互抵消，而平行于 r 的力构成合力，所以进而可得

$$r=2q;\text{从而 }\mu=\sqrt{2}\text{ 和 }r=\sqrt{2}\cdot p.$$

因此，合力在数量方面也可以用以 p 为边所作的正方形的对角线表示。

类似地，可以决定不相等的正交分力的合力的数量。在这里，52 不管怎样，关于合力 r 的方向事先一无所知。如果我们把平行于

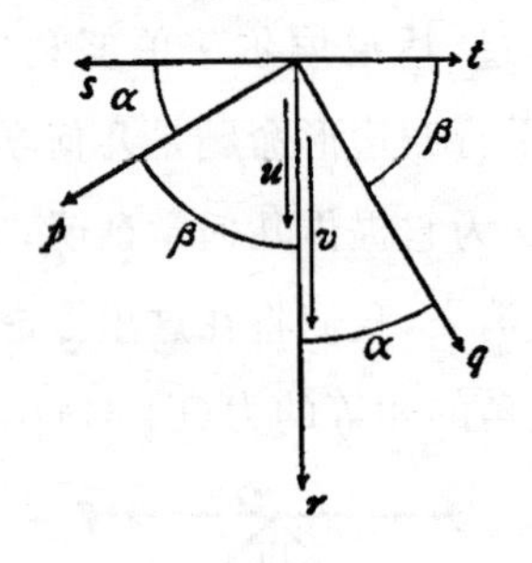

图 35

和垂直于还未决定方向 r 的分力 p、q（图 35）分解为力 u、s 和 v、t，那么新力和分力 p、q 形成的角度将与 p、q 和 r 形成的角度相同。由这个事实，可以决定下面的数量方面的关系：

$$\frac{r}{p}=\frac{p}{u}\text{ 和 }\frac{r}{q}=\frac{q}{v}, \frac{r}{q}=\frac{p}{s}\text{ 和 }\frac{r}{p}=\frac{q}{t},$$

由后两个可得方程 $s=t=pq/r$. 可是，在另一方面，

$$r=u+v=\frac{p^2}{r}+\frac{q^2}{r}\text{ 或者 }r=p^2+q^2.$$

在 p 和 q 上所作的矩形的对角线相应地表示分力的数量。

因此，就所有菱形来说，分力的**方向**被决定；就所有矩形而言，分力的**数量**被决定；对于正方形，数量**和**方向二者被决定。由此，

伯努利解决这样的问题：用以不同的角度作用的、相等的、等效的另一个力，代替以一个给定角度作用的两个相等的力；最终，通过境况的考虑，虽说他未全部免除后来被泊松(Poisson)改正的数学缺陷，还是达到普遍的原理。

8. 现在，让我们审查这个问题的物理方面。作为一个出自经验的命题，力的平行四边形原理已经为伯努利所知。因此，伯努利实际所做的事情是：面对他自己假装对该命题**完全无知**，接着使它哲学化，从最少的可能的假定中抽取出来。这样的工作决非缺少意义和意图。相反地，我们通过这样的程序发现，多么微不足道的和多么难以察觉的**经验**就足以提供原理。只是我们不必像伯努利所做的那样欺骗自己；我们必须考虑**所有的**假定，不应该忽略我们无意识使用的经验。那么，什么是包括在伯努利演绎中的假定呢？ 53

9. 最初，静力学只是用作为拉力或压力的力获得的，无论它来自什么源泉，这总是为用重量的拉力或压力取代留有余地。因而，所有的力都可以看做是**同一类型**的量，并可以用重量度量。经验进而教导我们，对平衡是决定性的或对运动是决定性的力的特定因素，不仅包含在力的**数量**中，而且也包含在力的**方向**中，而方向则是通过合运动的方向，通过拉直的细绳或某种相似的方式，逐渐变熟悉的。实际上，我们可以把数量归因于在物理经验中特定的其他事物，诸如温度、势功能，但是不能把方向归因于它。对于施加在一点上的力的效率来说，数量**和**方向二者是决定性的，这个事实是重要的，尽管它可能是一个不引人注目的经验。

另外，假定**唯有**施加在一点的力的数量和方向是决定性的，这
54 便会察觉到，当两个相等的和相反的力不能**唯一地**和明确地决定**任何**运动时，它们处于平衡。这样一来，力 p 在与它的方向成直角处不能唯一地决定运动的效果。但是，如果力 p 与另一方向 ss' 以角度倾斜（图 36），那么它**是**能够决定那个方向的运动的。可

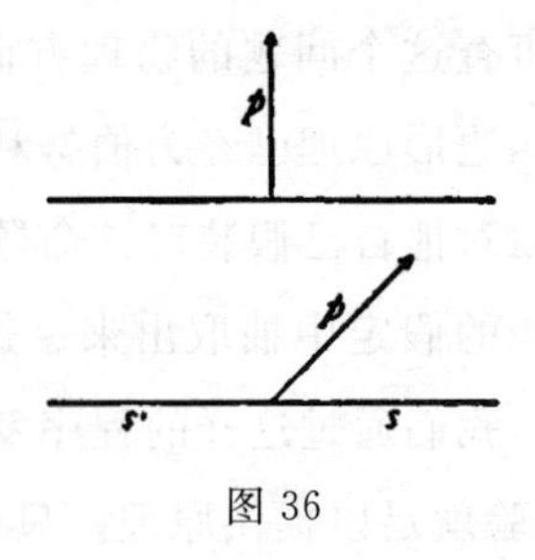

图 36

是，唯有经验能够告诉我们，运动在 $s's$ 的方向被决定，而不是在 ss' 的方向被决定；这就是说，运动在**锐**角的边的方向，或者在 p 在 $s's$ 上的**投影**的方向被决定。

现在，这后一个经验正是伯努利在一开始使用的。相互成直角作用的两个相等力的合力的**向指**（sense），只能在这个经验的基础上得到。只有从对称原理可得，合力落在力的**平面**上，并与角平分线重合，但是它没有落在**锐**角。不过，如果我们放弃这后一个决定，那么在它开始之前，我们的整个证据就被戳穿了。

10. 现在，如果我们已经深信，我们关于力的**方向**的效果的知识只能够从经验获得，那么更不用说我们会相信，用另一种方式确定这一效果的**形式**是我们力所能及的。完全超越我们的能力的是，预言力 p 在与它自己方向构成角度 α 的方向 s 上作用精确地

像力 $p\cos\alpha$ 在方向 s 上作用；这是一个与力的平行四边形命题等效的陈述。做这件事情不在伯努利的能力之内。然而，他确实几乎毫无觉察地利用经验，而这个经验隐含地包含的正是这个数学事实。　55

已经**熟悉**力的合成和分解的人完全意识到，作用在一点的几个力就其效果而言，在**每一个**方面和**每一个**方向，都可以用**单一的**力代替。在伯努利的证明模式中，这个知识体现在下述事实中：无论从哪一点来看，力 p、q 被视为绝对有资格在 r 方向以及在每一个其他方向代替 s、u 和 t、v。类似地，r 被视为是 p 和 q 的等值。进而假定它是截然不同的，不管我们先在 p、q 的方向估量 s、u、t、v，接着在 r 的方向估量 p、q，还是直接地从一开始就在 r 的方向估量 s、u、t、v。但是，这是只有先前获得了关于力的合成和分解的非常广泛经验的人，才能够知道的某种东西。我们是通过从另一个事实——力 p 在与它自己构成角 α 的方向上以等值于 $p\cdot\cos\alpha$ 的效果作用——的知识开始，最简单地达到所提到的事实的知识的。作为一个事实，对真理的知觉**被**达到的途径就是这样。

设共面力 P、P'、P''……以与给定的方向 X 成 α、α'、α''……角度施加在同一点上。让我们假定，这些力被单一的力 Π 代替，该力与 X 构成角度 μ。根据熟悉的原理，我们于是有

$$\sum P\cos\alpha=\Pi\cos\mu.$$

如果 Π 还依然是力的这个系统的代换，那么不管 X 在绕任何角度 δ 转动的系统上可能采取什么方向，我们进而将有

$$\sum P\cos(\alpha+\delta)=\Pi\cos(\mu+\delta)$$　56

或者

$$\left(\sum P\cos\alpha-\Pi\cos\mu\right)\cos\delta-\left(\sum P\sin\alpha-\Pi\sin\mu\right)\sin\delta=0.$$

如果我们使

$$\sum P\cos\alpha - \Pi\cos\mu = A,$$

$$-(\sum P\sin\alpha - \Pi\sin\mu) = B,$$

$$\tan\tau = \frac{B}{A},$$

则可得

$$A\cos\delta + B\sin\delta = \sqrt{A^2 + B^2}\sin(\delta + \tau) = 0,$$

这个方程只有在下述条件下代换**每一个** δ：

$$A = \sum P\cos\alpha - \Pi\cos\mu = 0$$

和

$$B = (\sum P\sin\alpha - \Pi\sin\mu) = 0;$$

由此结果为

$$\Pi\cos\mu = \sum P\cos\alpha$$

$$\Pi\sin\mu = \sum P\sin\alpha.$$

对于 Π 和 μ，从这些方程可得确定的值

$$\Pi = \sqrt{[(\sum P\sin\alpha)^2 + (\sum P\cos\alpha)^2]}$$

和

$$\tan\mu = \frac{\sum P\sin\alpha}{\sum P\cos\alpha}.$$

因此，假定力在每一个方向的效果能够用它在这个方向的投影来量度，那么作用在一点的力的每一个系统确实能够用在数量和方向上确定的**单一的**力代替。然而，这个推理并不成立，倘若我们用任何一般的角函数 $\varphi(\alpha)$ 取代 $\cos\alpha$ 的话。可是，如果这样做，

57 我们还认为合力是确定的，那么例如像从泊松的演绎可以看见的，

我们可以针对 $\varphi(\alpha)$ 得到形式 $\cos\alpha$。因此，作用在一点的几个力在每一方面总是可以用单一的力代替的经验，**在数学上等价于**力的平行四边形原理或投影原理。不过，平行四边形原理或投影原理更容易通过观察达到，而不是通过上面提到的出自静力学观察的比较普遍的经验达到。而且，作为一个事实，平行四边形原理达到得更早。事实上，在没有关于该问题的实际条件的任何进一步知识指引的情况下，要在数学上从几个力等价于单一力的普遍原理演绎平行四边形原理，也许需要几乎超人的能力。因而，在伯努利的演绎中，我们批评这一点说，这是把比较容易观察的东西划归为比较难以观察的东西。这就违背了科学的经济。伯努利在想象他没有从无论什么观察事实出发时，他也受到欺骗。

我们必须进一步评论，成为相互独立的、包含在它们的合成定律中的力，是伯努利到处隐含地使用的另一个经验。只要我们不得不与在数量上全都相等的、均匀的或对称的力的系统有关系，那么每一个力都能够在相同的程度上、以相同的方式受到另一个力的影响，即使它们不是独立的。而且，只给定三个力，其中两个与第三个对称，倘使我们承认力不可能是独立的，甚至在这种情况下推理呈现显著的困难。

11. 一旦我们被直接地或间接地导向力的平行四边形原理，一旦我们**察觉到**它，那么该原理就是像任何观察一样的观察。如果该观察是新近的，它当然不会像旧有的和频繁证实的观察那样，以相同的信任被接受。接着，我们力图用旧观察支持新观察，力图证明它们的一致。不久，新观察获得与旧观察相等的地位。于是，不 58

再有必要把它划归为后者了。这个特点的演绎仅仅在下述实例中才是合适的:能够把难以直接得到的观察简化为比较容易得到的、比较简单的观察,这与动力学中的力的平行四边形原理有关系。

12. 力的平行四边形命题也被专门为这个意图进行的实验阐明了。非常完好地适合这个目的的器械由瓦里尼翁设计。水平圆度盘(图37)的中心用一根针标示。在一点拴在一起的三条线 f、f'、f''在开沟槽的轮子 r、r'、r''上通过,并负荷重量 p、p'、p'',而能

59

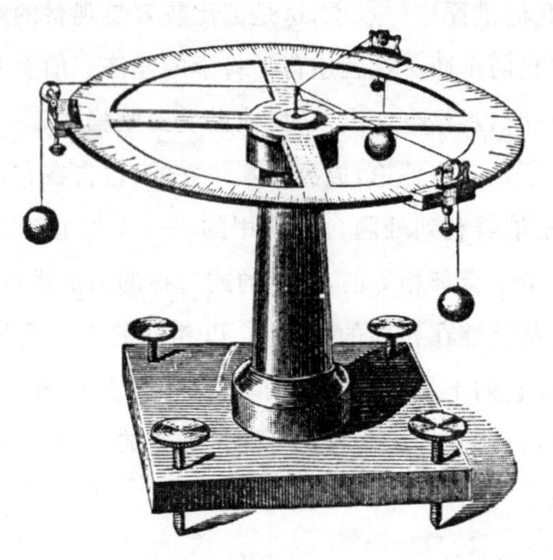

图 37

够把轮子固定在圆周的任意一点。例如,如果系上三个相等的重量,轮子置于分度 0、120、240 的标记,那么把线连接的点将占据正好在圆心上方的位置。从而,以 120°角作用的三个相等的力处于平衡。

如果我们希望描述另一个不同的实例，我们可以如下进行。我们想象以任何角度作用的任意两个力 p、q，用线描绘（图 38）它

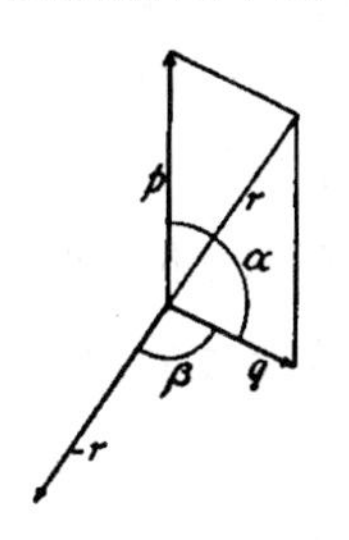

图 38

们，并以它们为边作平行四边形。进而，我们提供一个与合力 r 相等和相反的力。三个力 p、q、r 在从图形可以看见的角度相互保持平衡。现在，我们把圆度盘的轮子放置在分度 o、α、$\alpha+\beta$ 的点上，并负荷与重量 p、q、r 相称的线。把线连接的点将精确地到达圆的中点之上的位置。

（四）虚速度原理

1. 现在，我们着手讨论虚（可能的）位移原理。[①] 在我先前版

---

① 在英语中，把约翰·伯努利引入的这个最早的短语（vitesse virtuelle）叫做"虚速度"（virtual velocities）原理。参见正文第 68 页。词 virtualis 似乎是邓斯·司各脱（Duns Scotus）创造的（参见 *Century Dictionary*，条目 virtual）；但是，virtualiter 是阿奎那（Aquinas）使用的，而且 virtus 在数世纪被用来翻译 δύναμις，因此作为 potentia 的同义词。与许多其他经院哲学的术语一道，virtual 进入英语的日常词汇表。每一个人都记得《失乐园》（*Paradise Lost*）第三卷中的段落：

不爱天国的神灵，

60 本的阐述中，E. 沃尔威尔发现，与德尔·蒙特(Del Monte)和伽利略的成就相比，斯蒂文的成就被高估了。事实上，德尔·蒙特在他的《力学篇章》(*Mechanicorum liber*, Pisauri, 1577)中注意到，在杠杆、滑轮和轮轴的实例中重量同时划过的路程的长度。确实，他的考虑与其说是力学的考虑，还不如说是几何学的考虑。在德尔·蒙特那里，也缺乏对该原理的理解，由此消除了对机械操作感到惊奇的特点(参见 Wohlwill, *Galilei*, i, pp. 142 以及以下)。这样一来，德尔·蒙特就被其他中世纪的作家抛在后面，这些作家

他们如何表达他们的爱恋，
仅靠独有的回眸顾盼，
巧笑灿烂，
再掺加虚拟的(virtual)或紧贴的结黏。
——弥尔顿(Milton)

其结果，我们大家都记得，在我们的革命前如何声称，美国在议会有了"virtual 代表"。在这些段落中，正像在拉丁语中一样，virtual 意味着"在效果上存在着，而不是实际上存在着"。在相同的意义上，virtual 进入法语；在哲学家中间，莱布尼兹(Leibniz)使它变得相当普遍。例如，他称在儿童心智中还未带进意识的天生的观念为"des connoissances virtuelles"。

所论的原理是向旧法则的两个以上力的实例的延伸，而旧法则是："机械在**动力**(power)方面所得的东西即是在**速度**方面所失的东西。"**伯努利的**修正应该解读为，要产生平衡，力与它们的虚速度之积之和必须成为零。实际上，他说：给系统赋予你乐意的任何可能的和无限小的运动，接着赋予**在这些力的方向上分解的**力作用点的同时位移；虽然它们确切地讲不是速度，由于它们仅仅是一个时刻的位移，不过就应用法则"机械在动力方面所得的东西即是在**速度**方面所失的东西"而言，它们仍然是**虚拟的**速度。

汤姆孙(Thomson)和泰特(Tait)说："如果使力的作用点通过小空间位移，那么在力的方向上被分解的位移部分就被称为它的**虚速度**。按照虚速度与力的方向处于相同的方向或相反的方向，虚速度是正的或负的。"这与伯努利的定义一致，该定义可在瓦里尼翁的 *Nouvelle mécanique*(《力学消息》), Vol. Ⅱ, Chap. ix 找到。——英译者注

使自己专注于古代人留传下来的虚速度原理的遗产，他们可能会在另外的场合提到它。就这样，在16世纪末，斯蒂文的推进并没有超过他的最接近的前辈德尔·蒙特。

首先，斯蒂文用与今日处理滑轮组相同的方式处理它们。在实例 a(图 39)中，当把相等的重量悬挂在每一边时，由于已经熟悉 61

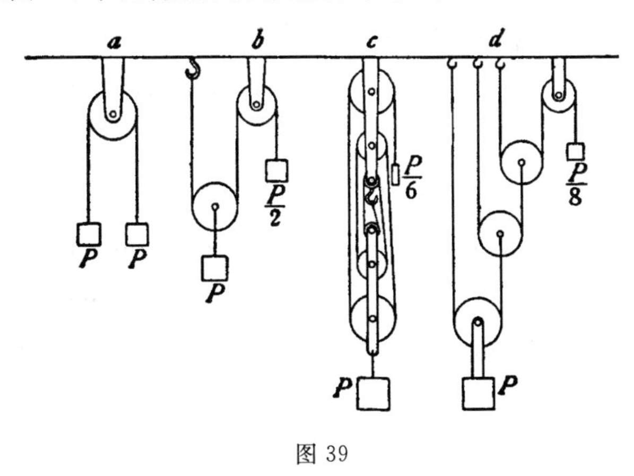

图 39

的理由，便达到平衡。在实例 b 中，用两条平行的细绳把重量 P 悬挂，每一个细绳相应地支持重量 $P/2$，在平衡的情况下，细绳的自由端也必须负荷同样的重量。在实例 c 中，用六条细绳悬挂 P，自由末端具有 $P/6$ 的重量相应地产生平衡。在所谓的阿基米德滑轮或势滑轮(potential pulley)[①]的实例 d 中，两条细绳悬挂在第一个例子中的 P，每一个细绳支持 $P/2$；这两条细绳之一本身又被另外两条细绳悬挂，如此等等直到末端，结果用重量 $P/8$ 才能使自由末端保持平衡。如果我们把对应于重量 P 下降通过距离 h 62

① 这些术语不在英语中使用。——英译者注

的位移给予这些滑轮装配，那么我们将观察到，作为细绳排列的结果

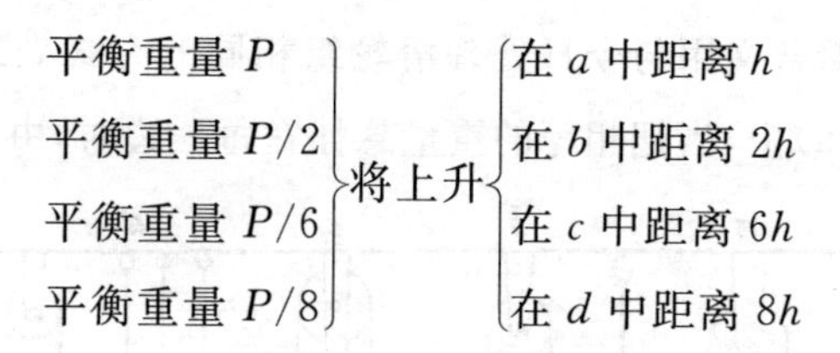

平衡重量 P ⎫　　　⎧ 在 a 中距离 h
平衡重量 $P/2$ ⎬ 将上升 ⎨ 在 b 中距离 $2h$
平衡重量 $P/6$ ⎪　　　⎪ 在 c 中距离 $6h$
平衡重量 $P/8$ ⎭　　　⎩ 在 d 中距离 $8h$

因此，在处于平衡的滑轮系统中，重量与它们经受的位移之积是各自相等的。（“Ut spatium agentis ad spatium patientis, sic potential patientis ad potentiam agentis.”——Stevini, *Hypomnemata*, T. IV, lib. 3, p. 172）在这一评论中，包含着虚位移原理的胚芽。

2. 伽利略先前（1594 年）在另一个稍微比较一般的实例中，即在它应用于斜面时，识别出该原理的真理。在斜面（图 40）上，斜面的长度 AB 是长度 BC 的两倍，放置在 AB 上的负载 Q 由沿着高度 BC 作用的负载 P 保持平衡，倘若 $P=Q/2$ 的话。若使这个

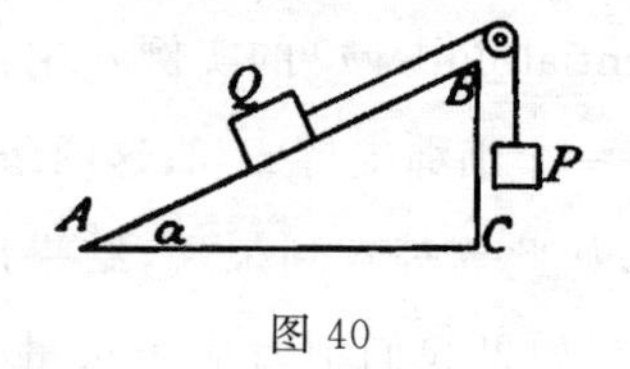

图 40

机械运动，则 $P=Q/2$ 将下降，也就是说，虚距离 h 和 Q 将沿着斜面 AB 上升相同的距离 h。此刻，由于伽利略容许该现象把它的

充分效果施加于他的心智，他察觉到，平衡并非唯一地由重量决定，而且也由它们**对地心的可能的趋近和退回**决定。因而，在 $Q/2$ 沿虚高度下降距离 h 时，Q 沿斜长度上升 h，可是仅仅虚拟地上升 $h/2$；结果是，积 $Q(h/2)$ 和 $(Q/2)h$ 显示在两边是相等的。伽利略 63 的观察提供的阐明和它漫射的光亮，几乎没有受到足够强烈的强调。而且，该观察太自然了，一点也不勉强，我们立刻就承认它。当总的说来没有重质量能够下降时，比在重物体系统中不出现运动更简单的东西看来能够是什么呢？这样的事实在本能上似乎是可以接受的。

E. 沃尔威尔强调，伽利略重视相当于在机械中力的经济的速度损失（参见 *Galilei*，i，pp. 141，142）。如果我们利用近代的功的概念——伽利略对该概念的发展贡献颇多，那么我们能够毫不含糊地说：在机械中并没有使功经济。

伽利略的斜面概念不像斯蒂文的斜面概念那么足智多谋地打动我们，但是我们辨认出它更自然、更深刻。正是在这个事实中，伽利略表露出这样的科学伟大性：他具有**智力的大无畏**，在很久以前研究的题目中看到比他的前辈看到的**还要多**的东西，并信赖他自己的知觉。他以他的颇有特点的坦率，把他自己的观点与导致他达到他的考虑，毫无保留地在读者面前和盘托出。

3. 托里拆利（Torricelli）通过使用“重心”概念，以更多地诉诸我们的本能的形式、但是偶尔也以伽利略本人应用过的形式，提出伽利略的原理。按照托里拆利的看法，在机械中，若使重物位移，当系在那里的重物的重心不能下降时，便存在平衡。在前面刚刚

64 处理过的斜面中假定有位移,让我们说,P 下降距离 h,以补偿 Q 为此竖直地上升 $h \cdot \sin\alpha$。假定重心未下降,我们将有

$$\frac{P \cdot h - Q \cdot h\sin\alpha}{P+Q} = 0, \text{或者 } P \cdot h - Q \cdot h\sin\alpha = 0,$$

或者

$$P = Q\sin\alpha = Q\frac{BC}{AB}.$$

如果重物彼此拥有某种不同的比例,那么当引起位移时,重心**能够**下降,将达不到平衡。当重物系统的重心不能下降时,我们**本能地**期待平衡状态。不管怎样,托里拆利的表达形式无论在哪方面都没有包含比伽利略更多的东西。

4. 正如滑轮系统和斜面一样,虚位移原理的正确性能够如此容易地证明也适用于另外的机械:杠杆、轮轴以及其他等等。例如,在轮轴中,就半径 R、r 和各自的重量 P、Q 来说,当 $PR = Qr$ 时,平衡存在。如果我们转动轮轴通过角度 α,P 将下降 $R\alpha$,Q 将上升 $r\alpha$。按照斯蒂文和伽利略的概念,当平衡存在时,$P \cdot R\alpha = Q \cdot r\alpha$,这个方程像前面的方程一样表达相同的东西。

5. 当我们把正在其中发生运动的重物系统与类似的处于平衡的系统比较时,下述问题把自身强加于我们:什么构成两个实例之65 间的差异?什么是在这里产生影响的、决定运动的因素,什么是扰动平衡的因素——什么是在一个实例中存在而在另一个实例中缺乏的因素?伽利略在向自己提出这个问题时发现,不仅重量、而且它们竖直下降的距离(它们的竖直位移的数量)都是决定运动的因

素。让我们称 P、P'、P''……为一个重物系统的重量，h、h'、h''……是各自的、同时可能发生的竖直位移，在这里把向下的位移算做正的，把向上的位移算做负的。伽利略于是发现，平衡状态的标准或检验包含在条件 $Ph+P'h'+P''h''+\cdots\cdots=0$ 的实现之中。和 $Ph+P'h'+P''h''+\cdots\cdots$ 是消除平衡的因素，是决定运动的因素。由于它的重要性，在近期用特别的名称**功**概括这个和的特征。

6. 在比较平衡的实例和运动的实例中，鉴于较早的研究者把他们的注意力指向重量和它们距转动轴的距离，并辨认出**静矩**是卷入的决定性因素，而伽利略则专注于重量和它们的下降距离，并察觉**功**是卷入的决定性因素。当然，它不能向探究者指定，当存在几个从中选择的平衡条件的标志或标准时，他要考虑**哪个**。唯有结果能够确定，他的选择是否是正确的选择。但是，由于已经陈述的理由，如果我们不能把静矩的意义视为独立于经验给定的东西、视为某种自明的东西，我们就不再能容纳这种关于功的重要性的观点。帕斯卡(Pascal)弄错了，许多近代的探究者与他一道也分担了这个错误；因为他在把虚位移原理应用于流体的场合时说："显然，使一百斤水做一寸的距离与使一斤水做一百寸的距离，是同一回事。"这个说法只有在下述假定下才是正确的：我们已经开始看出功是决定性的因素，它的确是一个唯有经验才能够揭示的事实。　66

如果我们面前有一个等臂、等重的杠杆，我们辨认出作为唯一结果被唯一地决定的杠杆平衡，不管我们认为重量和距离还是重量和竖直位移是决定运动的条件。无论如何，这个特点或类似特点的经验知识在情况紧迫时，必须先于我们关于所述现象的任何判断。平衡的扰动与提及的条件相关的特定方式，也就是说静矩(PL)或功(Ph)的意义，即便能够在哲学上构想出来，也不如相关的普遍事实那么有用。

7. 当两个具有相等的和相反的可能位移的重量彼此相反时，我们立即辨认平衡存在。现在，我们有兴趣把具有位移h、h'本领的重量P、P'的比较普遍的实例，简化为更简单的实例，在这里$Ph=P'h'$。例如(图41)，假定我们在半径4和3的轮轴上有重量$3P$

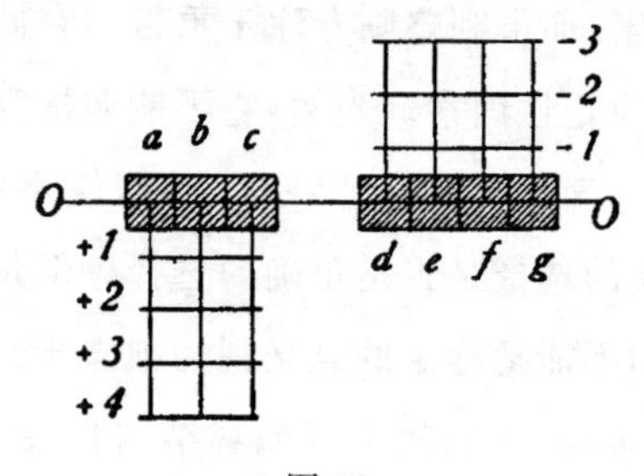

图41

和$4P$。我们把该重量分为确定数量的相等部分P，用a、b、c、d、e、f、g标示它们。接着，我们把a、b、c转移到位级+3，把d、e、f转移到位级−3。这些重量既不会自行开始这个位移，它们也不会阻挡这个位移。然后，我们同时拿走位级0处的重量g和位级+3处的重量a，把第一个向上推到−1，把第二个向下推到+4，接下来再以相同的方式把g推到−2，把b推到+4，把g推到−3，把c推到+4。重量没有为这些位移提供阻力，它们也没有自行产生这些位移。可是，最终a、b、c(或$3P$)在位级+4出现，d、e、f、g(或

67

$4P$)在位级-3出现。因而同样地，就最后提到的总位移而言，重量既不自行生产它，它们也不阻挡它；这就是说，给出在这里具体指定的位移的比率，重量将处于平衡。因此，在所设想的实例中，方程$4\cdot 3P-3\cdot 4P=0$是平衡的特征。通则($Ph-P'h'=0$)是明显的。

如果我们仔细审查一下这个实例的推理，我们会非常容易地察觉到，所包含的推断不能得到，除非我们认为下述情况是理所当然的：所执行的操作的**次序**和用来完成转移的**路程**是不同的，也就是除非我们预先察觉功是决定性的。如果我们接受这个推断，我们就会犯阿基米德在他的杠杆定律的演绎中所犯的相同错误；在前一节，我们已经细致地陈述了这一点，在目前的实例中不需要如此详尽无遗地讨论了。不过，我们描述过的推理是有用的，在其中它使简单的和复杂的实例的关系变得可以察觉。 68

8. 约翰·伯努利(John Bernoulli)意识到虚位移原理对于所有平衡实例的**普适**应用，他在1717年写的一封信中把他的发现告诉瓦里尼翁。我们现在将以其最普遍的形式阐明该原理。力P、P'、P''……作用于点A、B、C(图42)。把与这些点的连接特点相协调的无限小位移v、v'、v''……(所谓的虚位移)分予各点，并在力的方向上作这些位移的投影p、p'、p''。当这些投影落在力的方向上时，我们认为它们是正的；当它们落在相反的方向上时，则为负的。积Pp、Pp''、$P''p''$……被称为虚矩，在刚才提到的两个实例中具有相反的符号。现在，该原理断定，在平衡情况下，$Pp+Pp''+P''p''+\cdots\cdots=0$，或者更简洁一些，$\sum Pp=0$。

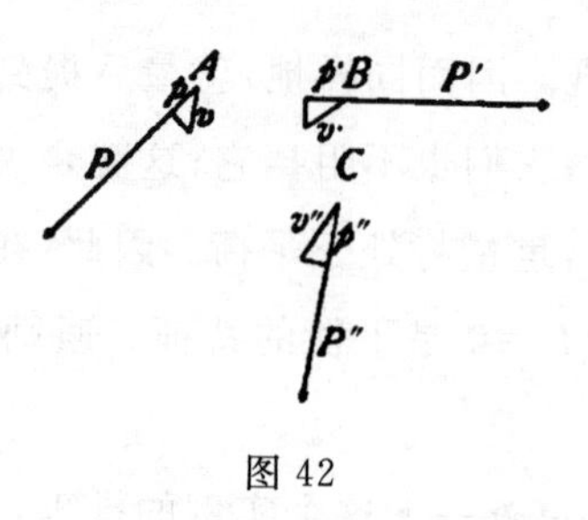

图 42

9. 现在，让我们更详细地审查几点。在牛顿之前，几乎普遍地认为，力仅仅是重物的拉力或压力。这个时期的力学研究者几乎毫无例外地处理重物。此时，在牛顿时代，当力的观念的普遍化实现时，已知可适用于重物的所有力学原理都能够立即转换成无论什么力。有可能用重物在线上的拉力代替每一个力。在这个意义上，我们也可以把起初仅仅就重物发现的虚位移原理应用于任何力。

69

虚位移是与系统的相关的特点协调的和彼此协调的位移。例如，如果把系统的两点即力作用的两点 A 和 B 用直角弯曲的杠杆

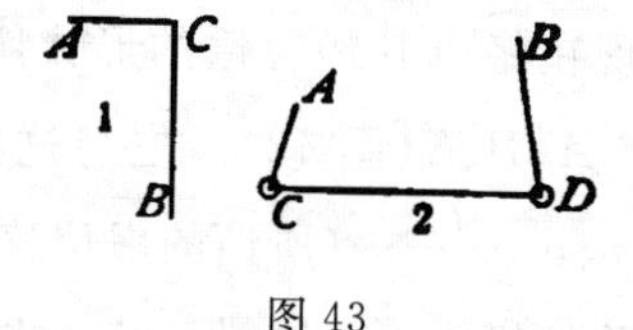

图 43

关联起来，杠杆可以绕 C 自由旋转（图 43，1），接着，若 $CB=2CA$，那么 B 和 A 的所有虚位移是以 C 为圆心的圆之弧的元素；B 的位移总是 A 的位移的两倍，二者在每一个实例中都相互成直角。如果把点 A、B（图 43，2）用长度 l 的线连接起来，而线调节得通过在

C 和 D 静止的圆环滑动，那么 A 和 B 的这一切位移都是虚位移，其中所提到的在两个球面之上或之内运动的点是由以 C 和 D 为圆心的半径 r_1、r_2 画出来的，在这里 $r_1+r_2+CD=l$。

使用**无限**小位移而不使用**有限**位移，正如伽利略设想的，被下述考虑证明是正当的。如果两个重量在斜面上处于平衡(图 44)，

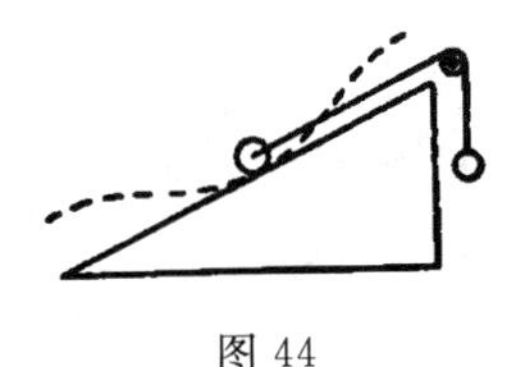

图 44

当斜面在它没有与所考虑的物体直接接触的点进入不同形状的曲面时，平衡将不受扰动。因此，不可或缺的条件是在系统的瞬时组态中位移的瞬时可能性。为了判断平衡，我们必须假定位移如此这般地小得变成零；否则，系统就会延期进入截然不同的邻近组态，因此平衡也许就不会存在了。 70

位移本身并不是决定性的，而只是它们在力的方向上发生的范围，即只是它们在力线上的**投影**，这在斜面的实例中被伽利略本人足够清楚地察觉到了。

关于这个原理的表达，将会看到，如果力所作用的系统的一切质点相互独立，那么没有任何问题呈现出来。如此规定条件的每一个点，只有在力作用的方向上它不可移动的事件中，才能够处于平衡。每一个这样的点的虚移动分开消失为零。如果这些点中的一些相互独立，而另一些在它们位移时彼此依赖，那么刚才所做的评论对于前者有效；对于后者，伽利略发现的基本命题即它们的虚移动之和等于零成立。

10. 现在，让我们通过考虑能够借助杠杆、斜面等等的通常方法处理的几个简单的例子，努力获取关于这个原理的意义的某种观念。

71 韦斯顿(Weston)的差动滑轮(图45)由两个同轴的、刚性连接

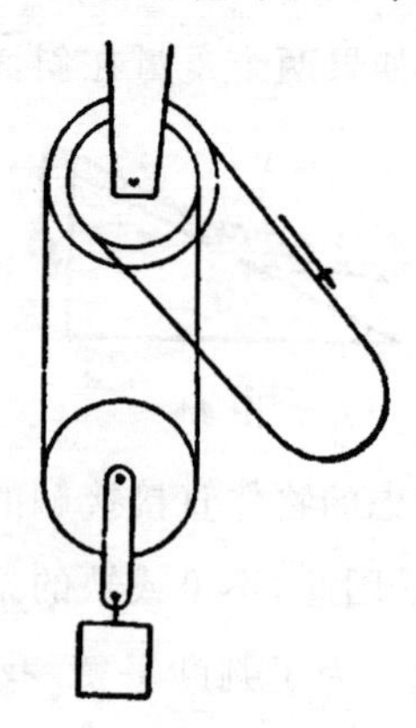

图 45

的、具有稍微不同半径和 $r_2 < r_1$ 的圆柱体组成。以图示的方式，使细绳或链条绕圆柱体通过。如果我们在箭头的方向以力 P 拉，转动发生通过角度 φ，系在下面的重量 Q 将上升。在平衡的情况下，在两个被卷入的虚移动之间将存在方程

$$Q\frac{(r_1 - r_2)}{2}\varphi = P r_1 \varphi，或者\ P = Q\frac{r_1 - r_2}{2r_1}.$$

把重量 P 系在展开的细绳上，展开的细绳靠第二条细绳向上滚动并上升，而第二条细绳则绕轴卷绕，凭借展开的细绳，重量 Q 的轮轴(图46)就在平衡情况下的虚矩给出方程

$$P(R - r)\varphi = Qr\varphi，或者\ P = \frac{Qr}{R - r}.$$

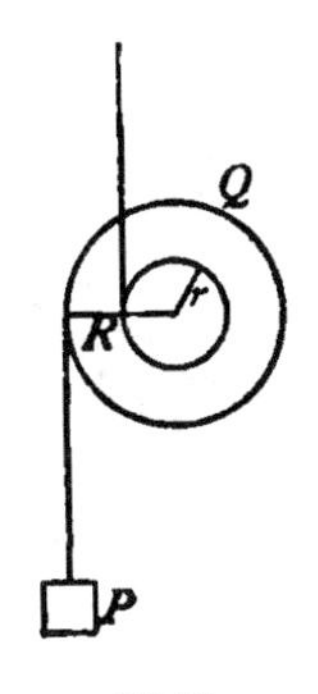

图 46

在特例 $R-r=0$ 时，就平衡而言我们必须使 $Qr=0$，或者就 r 的有限值而言必须使 $Q=0$。实际上，在这个实例中，线像放置重量 Q 的圆环一样起作用。如果后者不是零，那么它本身能够继续在不使重物 P 运动的情况下靠线滚动。不过，当 $R=r$ 时，若我们也使 $Q=0$，则结果将是不确定值 $P=\frac{0}{0}$。事实上，每一个重量 P 72 都能够使器械保持平衡，因为当 $R=r$ 时，没有一个会有可能下降。

半径 R、r 的双圆柱体（图 47）因摩擦处在水平面上，使力 Q 接

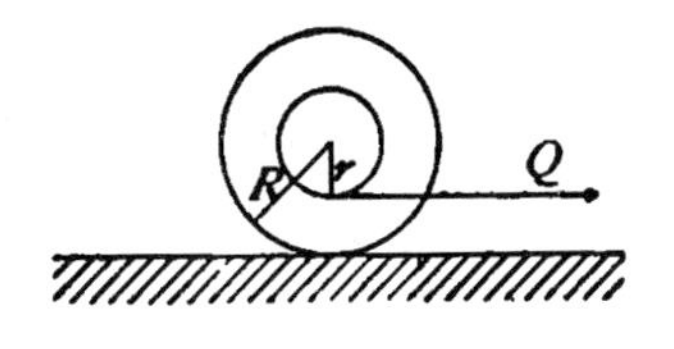

图 47

近与它系在一起的线。由于摩擦力P 引起阻碍，当$P=(\overline{R-r}/R)Q$ 时，平衡存在。若 $P>(\overline{R-r}/R)Q$，则在施加力时圆柱体本身将靠线向上滚动。

罗贝瓦尔(Roberval)天平(图 48)由具有可变角度的平行四

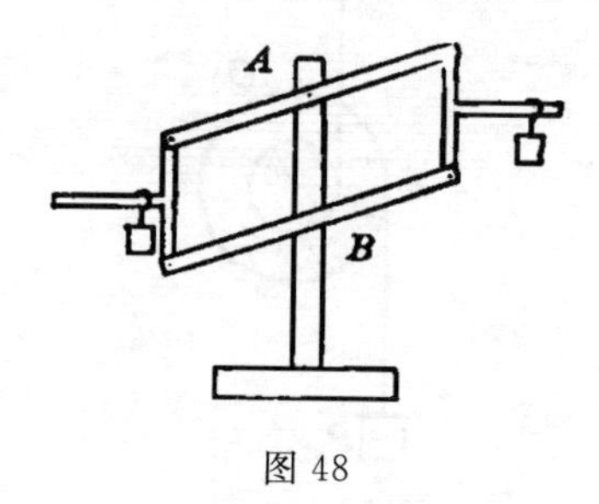

图 48

边形组成，它的两个对边能够绕边的中点 A、B 上下转动。把水平杆紧扣到其余两个边上，这两个边总是竖直的。如果我们从这些杆悬挂两个相等的重量 P，那么平衡会独立于悬挂点的位置而存在，因为在位移时，一个重量的下降总是等于另一个重量的上升。

设在三个固定点 A、B、C(图 49)放置滑轮，三条线从滑轮上通

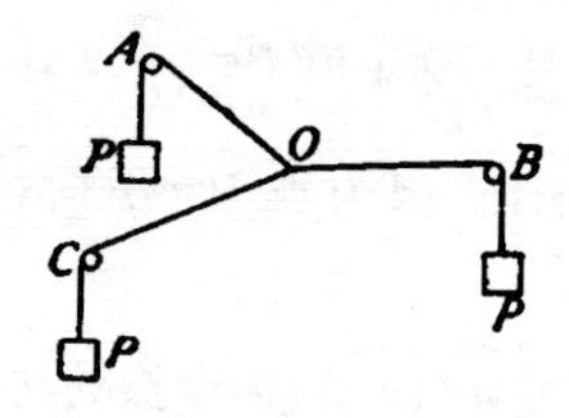

图 49

过，负载相等的重量，并在点 O 连接。在线的什么位置平衡会存在呢？我们将三条线的长度叫做 $AO=s_1$，$BO=s_2$，$CO=s_3$。为了得到平衡方程，让我们把点 O 在 s_2 和 s_3 的方向上位移无限小的距离 δs_2 和 δs_3，并注意由于这样做，在平面 ABC(图 50)上位移的每一个方向都能够产生。虚矩之和是

73

$$P\delta s_2-P\delta s_2\cos\alpha+P\delta s_2\cos(\alpha+\beta)$$
$$+P\delta s_3-P\delta s_3\cos\beta+P\delta s_3\cos(\alpha+\beta)=0,$$

或者

$$[1-\cos\alpha+\cos(\alpha+\beta)]\delta s_2+[1-\cos\beta+\cos(\alpha+\beta)]\delta s_3=0.$$

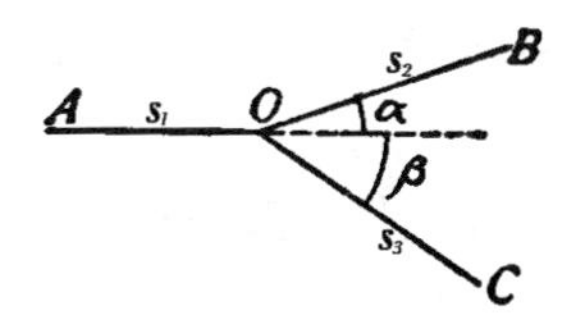

图 50

但是，由于位移 δs_2、δs_3 的每一个都是任意的且相互独立，又独自可以取＝0，因而可得

$$1-\cos\alpha+\cos(\alpha+\beta)=0,$$

$$1-\cos\beta+\cos(\alpha+\beta)=0.$$

因此，

$$\cos\alpha=\cos\beta,$$

而且两个方程中的每一个都可以被方程

$$1-\cos\alpha+\cos2\alpha=0$$

代替；或者被方程

$$\cos\alpha=\frac{1}{2}$$

代替，由此

$$\alpha+\beta=120°.$$

相应地，在平衡的情况下，每一条线都与其他线构成 120°的角；而且，这是显而易见的，因为在这样的安排存在时，三个相等的力能够处于平衡。一旦已知这一切，我们便能够以不同的方式找到 O 点相对于 ABC 的位置。例如，我们可以如下进行。我们分开以 AB、BC、CA 为边作等边三角形。如果我们围绕这些三角形 74

画圆，那么它们的公共交点将是所找到的点 O；这个结果很容易从众所周知的圆心角和圆周的关系得出。

棒 OA（图 51）可以在纸面上绕 O 旋转，它与固定的直线 OX

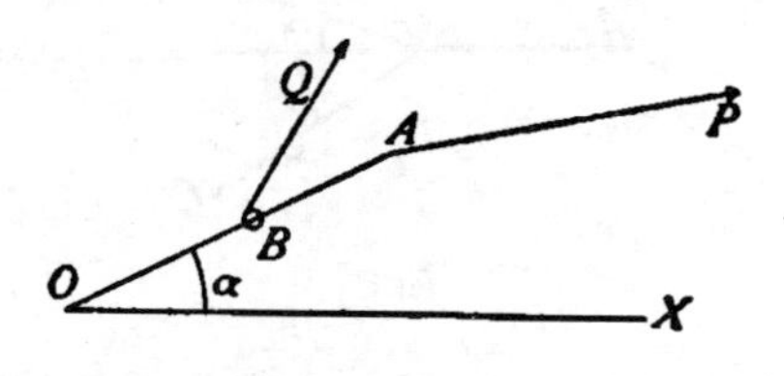

图 51

构成可变的角度 α。在 A 处施加力 P，它与 OX 构成角 γ；在 B 处沿着棒的长度在可位移的线上施加力 Q，它与 OX 构成角 β。我们给予棒以无限小的转动，由此 B 和 A 与 OA 成直角向前运动距离 δs 和 δs_1，我们也使线沿着棒位移距离 δr。我们将把可变的距离 OB 称作 r，我们还要设 $OA=a$。就平衡情况而言，我们于是有

$$Q\delta r\cos(\beta-\alpha)+Q\delta s\sin(\beta-\alpha)+P\delta s_1\sin(\alpha-\gamma)=0.$$

鉴于位移 δr 对其他位移没有无论什么影响，卷入其中的虚移动自然而然地必定 $=0$；又由于 δr 可以是我们喜欢的任何数量，所以这个虚移动的系数也必定 $=0$。因此，我们有

$$Q\cos(\beta-\alpha)=0;$$

或者，当 Q 不是零时，

75

$$\beta-\alpha=90^\circ.$$

进而，考虑到 $\delta s_1=(a/r)\delta s$ 的事实，我们也有

$$rQ\sin(\beta-\alpha)+aP\sin(\alpha-\gamma)=0;$$

或者，由于 $\sin(\beta-\alpha)=1$，则

$$rQ+aP\sin(\alpha-\gamma)=0;$$

借以得到两个力的关系。

11. 未被忽略的优点，每一个普遍原理提供的、因而虚位移原理也提供的优点，在于下述事实：它在很大程度上使我们省去必须考虑所呈现的每一个新的特例。例如，在拥有这个原理时，我们不需要使我们自己为机械的细节烦恼。如果碰巧新机械被这样封闭在盒子里（图 52），只有两个杠杆设计为力 P 和重量 Q 的施加点，

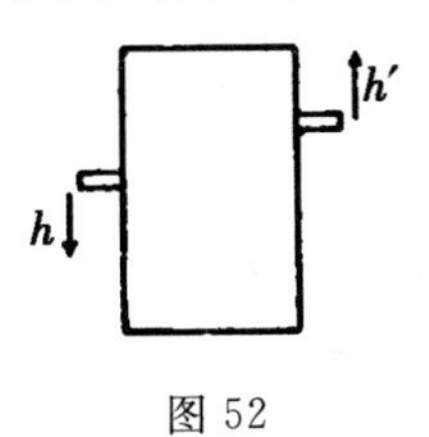

图 52

而且我们能够发现这些杠杆同时的位移是 h 和 h'，那么我们会立即知道，在平衡情况下 $Ph=P'h'$，而无论机械的构造可能是什么样的。因此，拥有这个特点的每一个原理都具有独特的**经济的**价值。

12. 我们转向虚位移原理的普遍表达，以便添加新的、进一步的评论（图 53）。若在点 A、B、C……有力 P、P'、P''……作用，p、

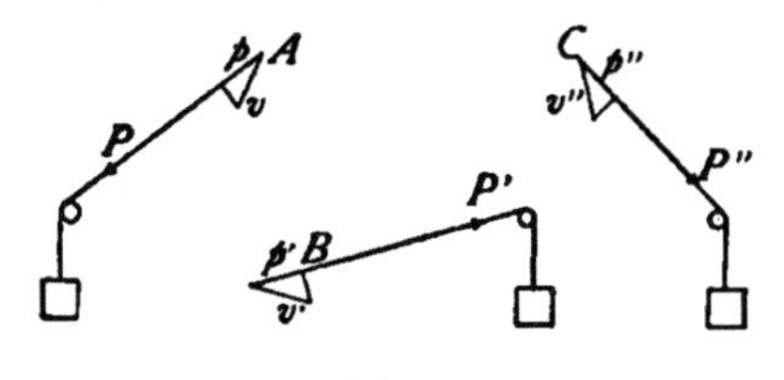

图 53

76 p'、p''……是无限小的、相互可协调的位移的投影，就平衡情况而言我们则有

$$Pp+P'p'+P''p''+\cdots\cdots=0.$$

如果我们用在力的方向上通过滑轮、并在那里系上相称的重量的线代替力，那么这个表达简明地断定，重量系统的**重心**作为一个整体不能下降。不过，若在某些位移中，就重心而言有可能**升起**，则系统还会处于平衡，因为重物不会自行开始任何这样的运动。在这个实例中，上面给定的和可以是负的或小于零。因此，平衡条件的普遍表达是

$$Pp+P'p'+P''p''+\cdots\cdots\leqslant 0.$$

就虚位移来说，当存在另一个与它**相等的**和**相反的**位移时，例如在简单机械中情况就是这样，我们可以把我们自己限定在等号、限定在该**方程**。若就重心而言在某些位移中有可能上升，由于假定的所有虚位移的可逆性，就它而言下降也是可能的。因而，在目前的实例中，重心可能的升起是与平衡不相容的。

无论如何，当位移不完全是可逆的时候，该方程设想了不同的方面。用线连接在一起的两个物体能够相互趋近，但是不能彼此退却得超过线的长度。一个物体能够在另一个物体表面上滑动或滚动；它能够运动得离开第二个物体的表面，但是它不能穿透表面。因此，在这些实例中，存在不能是可逆的位移。所以，对某些77 位移来说，重心的**升起**可以发生，而与重心**下降**对应的相反的位移是不可能的。因此，我们必须牢牢地抓住更普遍的平衡条件，即虚移动的和**等于或小于**零。

13. 拉格朗日在他的《分析力学》尝试演绎虚位移原理，我们现在将考虑这一点。力 P、P'、P''……作用在点 A、B、C……（图 54）。我们想象把线放在所述的点，另外的线 A'、B'、C'……系到处在力的方向的点。我们寻求力 P、P'、P''……的某种公共度量 $Q/2$，这

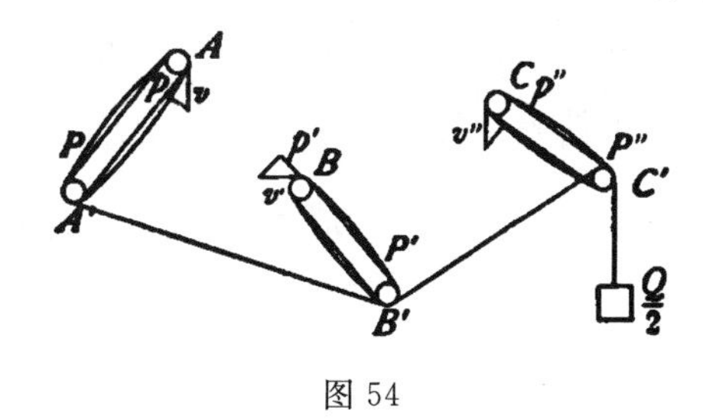

图 54

能使我们提出

$$2n \cdot \frac{Q}{2} = P,$$

$$2n' \cdot \frac{Q}{2} = P',$$

$$2n'' \cdot \frac{Q}{2} = P'',$$

在这里 n、n'、n''……是整数。进而，我们把一条线拴紧到圆环 A'，使这条线在 A' 和 A 之间前后移动 n 次，接着通过 B' 在 B'' 和 B 之间前后移动 n' 次，然后通过 C' 在 C' 和 C 之间前后移动 n'' 次，最后让它在 C' 下落，而重物 $Q/2$ 与它连接在一起。现在，鉴于线在它的所有部分都有张力 $Q/2$，我们借助这些理想滑轮用单一的力 $Q/2$ 替代系统中的现有的所有力。于是，如果在任何特定的系统的组态中虚（可能的）位移是这样的，使得这些正在出现的位移即重量 $Q/2$ 的上升能够发生，那么该重量实际上将下降，并产生这些位 78

移,因此将无法得到平衡。但是,另一方面,若位移把重量 $Q/2$ 留在它原来的位置,或者使它升起,则运动不会接着发生。估计在正力的方向上虚位移的投射和注视在每一个单个滑轮中线的转动数的条件之表达是

$$2nP+2n'P'+2n''P''+\cdots\cdots\leqslant 0.$$

不过,与这个条件等价的表达是

$$2n\frac{Q}{2}p+2n'\frac{Q}{2}p'+2n''\frac{Q}{2}p''+\cdots\cdots\leqslant 0,$$

或者

$$Pp+P'p'+P''p''+\cdots\cdots\leqslant 0.$$

14.如果除去滑轮相当不固定的摩擦力,那么拉格朗日的演绎实际具有令人信服的特点,这是由于这样的事实:单个重量的作用对我们的经验来说要直接得多,比几个重量的作用更容易得到必然的结果。但是,拉格朗日没有显示,功是扰动平衡的决定性因素的演绎仅仅是借助滑轮的使用假定的,更确切地讲是就该演绎假定的。事实上,每一个滑轮都包含虚位移原理阐明和识别的事实。用做相同功的单个重量代替所有力,这预设功的含义的知识,并且只有在这个假定上才能继续进行。某些实例对我们来说更熟悉,对我们的经验来说更直接,这个事实作为一个必然结果表明,我们毫无分析地接受它们,并在没有把它们的真实特点清楚告诉我们自己的情况下使它们成为我们演绎的基础。

在科学发展的进程中,常常发生这样的情况:由某个探究者在与事实的关联中察觉的新原理,不是立即被认识,而是在它的整个

79

普遍化中变成熟悉的。而且，有可能促进这些目的的每一个权宜之计，由于是恰当的和自然的，都可以用来服务。各类事实都被召唤出来为新概念提供支持，在这些事实中尽管包含原理，却未被探究者认出，可是从另外的观点看都是比较熟悉的。不过，容许它自己被这类程序欺骗，并不适合于成熟的科学。如果我们遍及一切事实**看到**和**察觉**一个原理，虽然它没有为证据留有余地，却还能够知道会**获胜**，那么我们与其使自己遭受被华而不实的证明吓倒的恶果，还不如在一致的自然概念内把它推进得更远。如果我们达到这种观点，我们确实会以截然不同的眼光看待拉格朗日的演绎；此刻，它仍然吸引我们的注意和兴趣，并由下述事实唤起我们的满足：它使简单的实例和复杂的实例的类似性变得易于觉察。

15. 莫佩尔蒂(Maupertuis)发现一个与平衡有关的有趣命题，他于 1740 年在“静止定律”(Lois de repos)的名称下向巴黎科学院做了通报。1751 年，欧拉(Euler)在柏林科学院会议录中更充分地讨论了这个原理。如果我们在任何系统中引起无限小位移，那么我们就产生虚移动 $Pp+P'p'+P''p''+\cdots\cdots$ 之和，这只有在平衡情况下才划归为零。这个和是与该位移对应的功，或者就无限小位移而言，由于它本身是无限小，所以对应于功的元素。如果位移连续增加，直到产生有限位移，那么功的元素通过累积将产生功的有限数量。这样看来，如果我们从系统的任何给定的初始组态开始，并转到任何给定的最终组态，那么将不得不做某一数量的功。现在，莫佩尔蒂观察到，当达到是平衡组态的最终组态时，所做的功一般是最大值或最小值；也就是说，如果我们把系统带到平

80

衡组态，那么所做的功与在平衡本身的组态时相比，在之前和之后较小，或者在之前和之后较大。就平衡组态而言，

$$Pp+P'p'+P''p''+\cdots\cdots=0,$$

即功的元素或功的微分(更正确地讲是变化)等于零。若能够使一个函数的微分等于零，则该函数一般来说有最大值或最小值。

16. 对于莫佩尔蒂原理含义的眼力，我们能够提出十分清晰的描述。

81

我们想象，一个系统的力被具有重量 $Q/2$ 的拉格朗日滑轮取代。我们设想，该系统的每一点被局限于在某一曲线上移动，运动是这样的：当一点在它的曲线上占据确定的位置时，所有其他点在它们各自的曲线上呈现唯一确定的位置。简单机械通常是这种类型的系统。现在，在把位移给予系统时，我们可以把一张竖直的白纸水平地移到重量 $Q/2$ 上，同时这个重量在竖直线上正在上升和

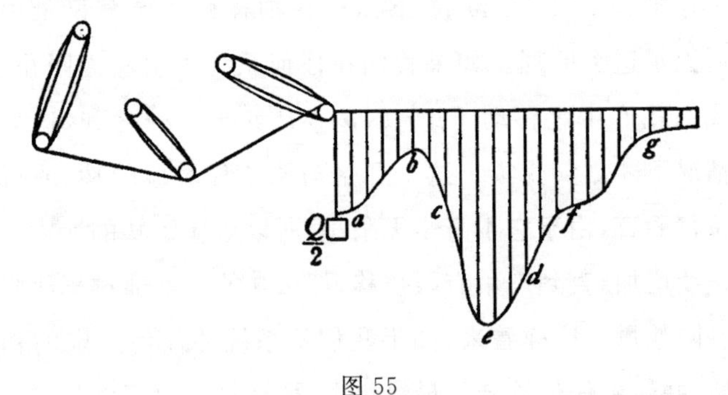

图 55

下降，以便它携带的铅笔会在纸上画出曲线(图 55)。当铅笔位于曲线的点 a、c、d 时，我们看到，在点的系统中的邻近的位置那里，

重量 $Q/2$ 将处于比在给定的组态中较高或较低的位置。如果听任系统自行其是,那么重量将进入这个较低的位置,并使系统随它位移。相应地,在这类条件下,平衡不会继续存在。如果铅笔处在 e,那么只存在重量 $Q/2$ 处在较高位置的临近组态。但是,系统不会自行进入最后列举的组态。相反地,在这样的方向上的每一个 82 位移将借助重量向下运动的趋势倒退。**因此,稳定平衡是对应于重量的最低位置的条件,或者是对应于在系统中所做的功的最大值的条件**。如果铅笔处在 b,那么我们看到,每一个可以看见的位移都把重量 $Q/2$ 带到较低的位置,因此重量将继续已经开始的位移。但是,假定无限小的位移,即铅笔在 b 的水平切线的方向上运动,在这一事件中重量不能下降。因此,**不稳平衡是对应于重量 $Q/2$ 的最高位置的状态,或者是对应于在系统中所做的功的最小值的状态**。不过需要注意,相反地,每一个平衡的实例并不是所做的功的最大值或最小值的对应。若铅笔在 f,即在水平逆向弯曲的一点,则在无限小位移实例中的重量既不升起,也不下落。平衡存在,尽管所做的功既非最大值,亦非最小值。这种实例的平衡是所谓的**混合**平衡[①]:对于某些扰动它是稳定的,对于另一些扰动它是不稳定的。没有什么东西妨碍我们把混合平衡看做是属于不稳定的类别。当铅笔位于 g 时,在此点曲线沿着有限的水平距离延伸,平衡同样存在。在所述的组态中,任何小位移既不继续,也不

① 在英语中,不使用这个术语,因为我们的作家坚持认为,对某些可能的位移来说不是稳定的或中性的平衡是不可想象的。因此,在正文中的所谓的**混合**平衡被英语作家称为不稳平衡,他们在每一方面都否认平衡的存在是不稳定的。——英译者注

倒退。同样地，这种无论是最大值还是最小值都不与之对应的平衡的类型，被称为［**中性**平衡或］**随遇**平衡。如果 $Q/2$ 所画的曲线具有向上指的尖点，这指示功的最小值，而没有指示平衡(甚至不指示不稳平衡)。最大值和稳定平衡对应于向下指的尖点。在最后列举的平衡实例中，虚移动之和不等于零，而是负的。

83

17. 在刚才描述的推理中，我们假定，系统的点在一条曲线上的运动决定系统所有其他点在它们各自的曲线上的运动。不过，当每一点在曲面上以这样的方式是可以位移的，致使一个点在它的曲面上的位置唯一地决定所有其他点在它们的曲面上的位置时，系统的可运动性变得多种多样。在这个实例中，不容许我们考虑 $Q/2$ 所画的**曲线**，而责成我们向我们自己描绘 $Q/2$ 所画的曲面。更进一步，如果每一点可以遍及空间运动，那么我们不能再借助 $Q/2$ 的轨迹以纯粹几何学的方式向我们自己描述运动的境况。在相应的较高程度，当系统的**一个**点的位置没有联合地决定所有其他点的位置时，情况就是如此，但是系统运动的特点却更为多样化。可是，在这一切实例中，$Q/2$ 画的曲线(图 55)能够作为所考虑的现象的符号为我们服务。在这些实例中，我们也重新发现莫佩尔蒂的命题。

在我们忙于考虑这一点时，我们也设想，恒力、与系统的点的位置无关的力是在系统起作用的力。如果我们假定力依赖于系统的点的位置(但是不依赖于时间)，那么我们不能再用简单的滑轮进行我们的操作，而必须设计一种器械，在这种器械中起作用的力还是由 $Q/2$ 施加，但是随位移而变化：不过还会得到我们已经达

84

到的观念。重量 $Q/2$ 下降的深度在每一个实例中都是所完成的功的量度，这在相同的系统组态中总是相同的，并与转移的路径无关。借助恒定的重量能够产生随位移变化的力的机械装置，例如可以是具有非圆形轮的轮轴（图 56）。不管怎样，它不会回敬以进

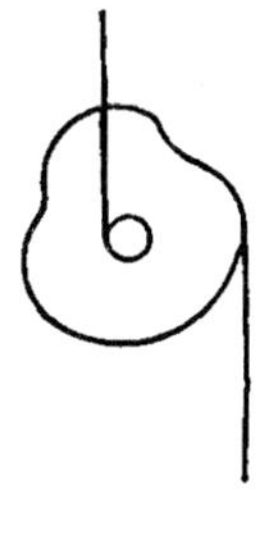

图 56

入在这个实例中标示的推理细节的烦恼，因为我们一瞥即可察觉它的可行性。

18. 如果我们了解在所做的功和系统的所谓活劲（vis viva）之间存在的关系——在动力学中确立的一种关系，那么我们就很容易达到库蒂夫龙（Courtivron）在 1749 年向巴黎科学院通报的原理。该原理是这样的：对于稳定平衡的组态而言，在其中所做的功是最大值，在运动中系统的活劲在它通过这些组态时也是最大值；对于不稳平衡的组态而言，在其中所做的功是最小值，在运动中系统的活劲在它通过这些组态时也是最小值。

19. 一个停止在水平面上重的、均匀的三轴椭球，极其美妙地适宜于阐明各个类别的平衡。当椭球停止在它的最小轴的末端

时，它处于稳定平衡，对于任何位移它可以经受它的重心的升高。85 若它停止在它的最长轴，它处于不稳平衡。若椭球停留在它的中间轴，它的平衡是混合平衡。在水平面上的均匀圆球或均匀直立圆柱体阐明不同平衡的实例。在图57中，我们描绘了在水平面上

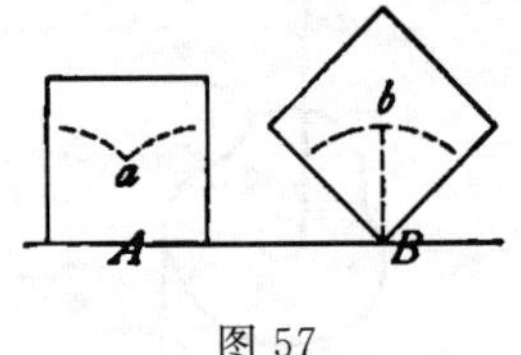

图57

绕它的一个边滚动的立方体的重心的路径。重心的位置 a 是稳定平衡的位置，位置 b 是不稳平衡的位置。

20. 现在，我们将考虑一个乍看起来似乎是非常复杂的、但用虚位移原理立刻解释的例子。约翰·伯努利和詹姆斯·伯努利(James Bernoulli)在巴塞尔散步时，在就数学论题交谈的场合，弄明白了一个问题：在两端悬挂并系牢的链条会采取什么形式。他们快捷而容易地一致赞同这样的观点：链条会呈现在平衡时它的重心处在最低的可能位置的形式。事实上，我们确实察觉，当链条的所有环节下沉得尽可能低时，当在没有升起等值质量的情况下，由于同等高的或较高的系统的相关没有一个环节下沉得更低时，平衡继续存在。当重心下沉得像它能够下沉得那样低时，当能够发生的一切已经发生时，稳定平衡存在。通过这一考虑，便解决了该问题的**物理**部分。确定对于两点 A、B 之间的给定长度具有最低重心的曲线，仅仅是一个**数学**问题。(参见图58)

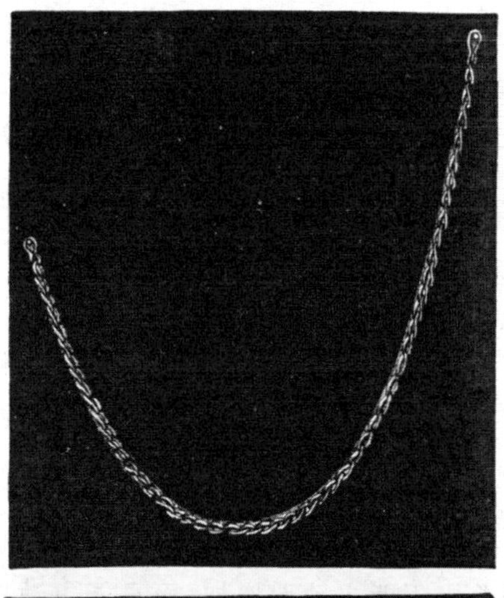

图 58

87 21. 集中已经介绍的一切，我们看到，在虚位移原理中仅仅包含识别这样一个事实：它对我们来说是很早以前就熟悉的，我们只是没有如此精确地和清楚地理解它而已。这个事实在于重物仅仅自行向下运动的条件。如果把几个这样的物体接合在一起，致使它们不经受相互独立的位移，那么它们只能在某一重质量**大体上**能够下降的事件中运动；或者，鉴于该原理随着我们的观念更完美地适应事实而更精密地表达它，它们只能在能够做**功**的事件中运动。如果扩展力的概念，我们把该原理转移到归因于引力之外的力，那么识别再次包含在这样的事实内：所述的自然事件**仅仅在限定的向指**而不在相反的向指自行发生。正像重物向下下降一样，温度差和电势差也不能主动地增加，而只能主动地减少，如此等等。如果这种类型的事件如此相关，以至它们只能够在相反的向指发生，那么与我们的本能理解能够做到这一点相比，该原理更加精确地确立，**功**的因素对于事件的方向是确定性的和决定性的。该原理的平衡方程在每一个实例中可以划归为琐细的陈述：**当没有事情发生时，的确就没有事情发生**。

22. 清楚地得到下述看法是重要的：就一切原理来说，我们必须处理的仅仅是**事实**的查明和确立。如果我们忽略这一点，我们总是会感到某种缺乏，并寻求还没有发现的原理的证实。雅可比

88 (Jacobi)在他的《动力学讲稿》(*Lectures on Dynamics*)中陈述，高斯(Gauss)曾经评论道，拉格朗日的运动方程未被证明，而只不过是历史的阐明。因此，在我看来，就虚位移原理而言，这种观点确实是正确的。

为任何研究领域打基础的早期探索者的任务，完全不同于追随者的任务。前者的事务只是寻找并建立最主要的事实；而且，正如历史教导我们的，要求比一般设想的还要多的大脑做这件事。在提供了最重要的事实时，我们接着能够用数学物理学的方法演绎地、逻辑地制作它们；然后，我们能够组织上述探索领域，并且能够表明，在接受**一个**事实时，整个一系列其他事实都被包括进来，起初并没有立即辨别出这一点。一个任务像另一个任务一样重要。然而，我们不应该把一个与另一个混淆起来。我们不能用数学证明，自然**必须**恰恰是它所是的样子。但是，我们能够证明，一组观察特性联合地决定另一组常常没有直接显示出来的观察特性。

在结束时做一点评论吧：像每一个普遍原理一样，虚位移原理通过它提供的洞察，随它带来**醒悟**以及阐明。它随它带来醒悟达到这样的程度：我们在其中辨认出以前很久已知的、甚至本能地察觉到的事实，尽管我们目前的辨认更为明显、更为确切；它随它带来阐明达到这样的程度：它使我们遍及最复杂的关系，处处看见相同的简单事实。

（五）静力学发展回顾　89

1. 在考察中相继通过静力学的原理后，我们现在能够对作为一个整体的科学原理的发展采取简要的增补的概观。这一发展偏巧适逢力学的最早时期，即在希腊古代开始的、在伽利略和他的年轻的同代人开创近代力学时达到它的终结的时期；一般地讲，它以卓越的方式阐明科学形成的过程。在这里，一切概念、一切方法都是在它们的最简单的形式中找到的，可以说在它们的幼年找到的。这些开端毫无误解地指明它们起源于手工技艺的经验。科学把它自己的起源归功于这样的必要性：使这些经验变成**可交流的**形式，并把它们传播得超越阶层和行业的界限。这种类型的经验的收集者在他面前发现许多不同的经验，或者至少是大概不同的经验，力图以书写的形式把它们保留下来。他的处境是，使他自己能够比个体的工人更频繁、更多样、更公正地重温这些经验，而个体工人总是局限于狭隘的范围。他使事实及其相依的法则在他的心智和书写中进入更接近的时空近似状态，从而获得揭示它们的关系、它们的关联和它们彼此之间逐渐转化的机会。简化和缩短交流的劳动在同一方向提供进一步的推动。这样一来，出于经济的理由，在这样的先决条件中，大量事实和从事实涌出的法则浓缩在一个体系之中，并用**单一的**表达理解。

90

2. 再者，具有这种特点的收集者在他面前有机会注意事实的**新的**方面——先前的观察者没有考虑的某个方面。在事实的所有无限丰富性方面，在它的不可穷竭的多样性方面，通过事实的观察达到的法则不可能包括**整个**事实；相反地，它只能提供事实的粗糙的**轮廓**，以致片面地强调对于所考虑的特定技术（或科学）目的来说具有重要性的特性。所以，事实的**哪个**方面受到注意，将取决于环境，甚或取决于观察者的任性。因此，总是存在发现事实的新的方面的机会，这将导致与旧法则具有同等正确性的或者优于旧法则的新法则的确立。例如，杠杆臂的重量和长度起初就这样被阿基米德看做是决定平衡的条件。此后，达·芬奇和乌巴尔迪(Ubaldi)认出，重量和距力线的轴的垂直距离是决定性的条件。再晚些，伽利略认出，重量和它们的位移数量是决定性的条件；最后，瓦里尼翁把重量和相对于轴的拉力的方向视为平衡的元素，视为相应地修正了的法则的确切说明。

3. 无论谁做这种类型的新观察并确立这样的新法则，当然都知道，不管是借助具体的想象还是抽象的概念，我们尝试用智力描述事实时都有可能犯错误；为了拥有智力模型，我们必须做的是，当事实部分地或整体地难以理解时，我们总是在手头建构这种模型作为事实的替代物。实际上，我们不得不注意的境况被如此之多的其他并行的境况伴随着，以致频频难以选出和考虑那些对所关注的意图来说是基本的境况。试请想一想，摩擦力、绳索和细绳刚性的事实以及力学中的相似条件，如何遮掩和抹去主要事实的纯粹概观吧。因此，无须惊讶，由于受到不信任他自己的驱策，新法则的发现者或证实者寻求他相信他已经看出其正确性的法则的**证据**。在开头，发现者或证实者并不充分信赖该法则；或者可能是，他仅仅相信它的一部分。例如，阿基米德怀疑，重量在杠杆上的作用效果是否与杠杆臂的长度成**比例**，但是他毫不犹豫地接受它们以某种方式影响的事实。达尼埃尔·伯努利一般地不质疑力的方向的影响，但是他仅仅质疑它的影响的形式。事实上，在给定的实例中，与决定它具有**什么**影响相比，更容易观察到**具有**影响的环境。在前者的探究中，我们在更大的程度上易于犯错误。因此，研究者的态度是完全自然的和能够辩护的。

91

新法则正确性的证据能够通过反复应用它，频繁地把它与经验比较，在各种各样的境况下把它交付**检验**而达到。在事件的自然进程中，这个过程迟早会实现。可是，发现者更快地加速达到这个鹄的。他把来源于他的法则的结果与他熟悉的所有经验、与以往时期反复检验的一切较旧的法则比较，并严密注视他是否没有阐明矛盾。在这个程序中，最大的信任像它应该所是的那样被给予最古老的和最熟悉的经验，给予最彻底检验的法则。我们的本能的经验，那些无意识地做出的概括，通过强使我们接受的无数事实的不可抗拒的力量，便享有特殊的权威；而且，由于如下考虑这是完全有正当理由的，这种考虑对准的目标正好是消除主观的任性和个人的错误。

92

以这种方式，阿基米德**证明**他的杠杆定律，斯蒂文**证明**他的倾斜的压力定律，达尼埃尔·伯努利**证明**他的力的平行四边形，拉格朗日**证明**他的虚位移原理。只有伽利略完全意识到，就最后提到的原理而言，他的新观察和新知觉与**每一个先前的**观察和知觉具有相等的地位——它出自**同一**经验源泉。他没有试图证明。阿基米德在他的杠杆原理的证明中使用关于重心的事实，而他可能正是借助现在所述的原理证明这一点的；可是，我们可能设想，这些事实在其他方面熟悉得毋庸置疑——实际上是如此熟悉，以至于可以怀疑，他是否注意到他在证明杠杆原理时使用过它们。包含在阿基米德和斯蒂文观点中的本能元素，已经在适当的地方详细讨论了。

4. 在处理新发现时，为了把新法则交付检验而诉诸一切合适的手段，是完全妥当的。可是，在合情合理的时间流逝之后，当使它常常充分地服从直接的检验时，它就变成科学，从而认识到，除了那个证据之外的任何其他证据都变得完全不需要了；在把一个法则看做是用非常相同的观察方法仅仅较早达到的其他法则为基础而确立的更好的法则，就没有意义了；一个深思熟虑的和受到检验的观察像另一个观察一样可靠。今天，我们应该认为，杠杆原理、静矩原理、斜面原理、虚位移原理和力的平行四边形原理都是由**等价的**观察发现的。说这些发现中的一些是直接做出的，而另外的发现是通过迂回的道路到达的、是依赖其他观察的，**现在**就没有什么重要性了。进而，与其使我们自己被迫首先从卷入相同的原理、但却碰巧变得较早为我们熟悉的不明显的命题出发，笨拙地和蹩脚地演绎它，还不如直接**识别**一个原理（比如说静矩原理）对于理解一个领域的**所有**事实是关键，并**实际看到**它如何**渗透**所有那些事实，这样才能在更大程度上与思维经济和科学美学保持一致。科学和个人（在历史研究中）可以最后一次地通过这个过程。但是，在这样做时，二者都自由地采纳更方便的观点。

93

5. 事实上，科学中的这种证明癖好，导致一种是**虚假的**和**错误的**严格。一些命题被看做比其他命题具有更多的确实性，甚至把前者视为后者的必要的和无可争辩的基础；而实际上，确实性的较高程度、甚或也许这么高的程度并不归于它们。甚至使精密科学对准的确实性的程度变清楚，在这里还没有达到。这样的错误严格的例子在几乎每一部教科书必定都可找到。不考虑阿基米德的演绎的历史价值，它们感染了这种错误的严格。但是，所有例子中

94

最显眼的例子，是达尼埃尔·伯努利力的平行四边形的演绎提供的(*Coment. Acad. Petrop.* T. I.)

6. 正如已经看见的，本能知识享有我们例外的信任。由于不再了解我们**如何**获得它，我们就不能够批评用来推断它的逻辑。我们作为个人对它的产生毫无贡献。它以其力量和不可抗拒性面对我们，而这种力量和不可抗拒性与有意的反思的经验无关。对我们来说，它似乎是某种摆脱了主观性的东西，是与我们不相干的，尽管我们在手头始终拥有它，以至它更多地是我们的自然事实，而非个人的自然事实。

这一切常常导致人们把这种类型的知识归因于截然不同的源泉，即把它看做是在我们身上先验地(先于一切经验)存在的。在我们讨论斯蒂文的成就时，就充分说明这种见解是站不住脚的。即使本能知识对于发展的实际过程无论如何可能是重要的，但是它最终必须让位给清楚地和审慎地观察的原理的知识。本能知识毕竟只是经验知识，我们已经看到，当某个新的经验领域突然打开时，像这样的知识就很容易证明它自己是绝对不充分的和无能为力的。

7. 不同原理的**真实的**关系和相关是**历史的**关系和相关。一个在这个领域延伸得越远，另一个在那个领域延伸得也越远。尽管某一个原理——比如说虚位移原理——比另一个原理可以方便地控制更大数目的实例，但还是没有把握能够提出，它将总是保持它的优势，而不会被新原理超过。所有原理或多或少任意地时而挑

95

选相同的事实的这个方面，时而挑选那个方面，并且为在思想中重新描述事实而包含抽象概括的法则。我们从来也不能断定，这个过程肯定完成了。无论谁坚持这个见解，他都不会站在科学进展的道路上。

8. 在结尾中，让我们片刻把我们的注意力指向静力学中的力的概念。力是任何其后果是运动的条件。不过，几个这种类型的条件可以如此结合，以至于其结果将不运动，当然每一个单一的条件决定运动。现在，静力学用普遍的术语研究这种结合模式是什么。静力学并不进而使它自己关注由力制约的运动的独特特点。为我们熟知的运动的决定性的条件是我们自己的意志的作用——我们的受神经支配的肌肉活动。在我们自己决定的运动中，以及外界条件迫使我们的运动中，我们总是感觉到压力。由此形成我们的习惯，即把运动的决定性的一切条件描述为与意志的作用同类的某种事物——**压力**。撇开这个尽管是主观的、万物有灵论的和非科学的概念，我们做出的尝试一律失败了。确实，冒犯我们的天生的思想，判定我们自己在那方面自发的智力贫乏，都不会有益于我们。因此，我们将有机会观察，所涉及的概念也在动力学的建立中起作用。 96

在大量的实例中，我们能够用我们的受神经支配的肌肉活动代替在自然界中发生的运动的决定性条件，从而达到力的强度分级。但是，在估计这种强度时，我们完全依赖我们的记忆资源，我们也不能交流我们的感觉。无论如何，由于不可能讲述重量决定运动的**每一个**条件，我们只能达到这样的感知：运动的决定性的条件(所有力)在特点上是相似的,可以用代表重量的量代替和度量。在力学研究中,可度量的重量作为确定的、方便的和可交流的指标为我们服务,正像在热的研究中温度计是我们对热的感知的比较精密的替代者一样。这一点此前评论过,静力学不能在整体上摆脱运动现象的一切知识。这特别出现在由运动的方向决定力的方向的境况中,在这里力产生运动,即使只有它起作用。所谓力的作用点,我们意谓,当物体的点与物体的其他点不相关时,物体的运动还是由力决定的那个点。

97 相应地,力是决定运动的有意义的条件;它的属性可以陈述如下。力的方向就是仅仅由那个力决定的运动的方向。作用点是它的运动独立于它与系统的关联而被决定的那个点。力的数量是这样的重量:它在所确定的和在上述之点施加的方向上作用(比如说在线上)时,决定相同的运动或维持相同的平衡。改变运动决定的、但是仅仅它们独自不能产生它的其他条件,例如虚位移、杠杆臂等等,都可以命名为运动和平衡的决定性的并行条件。

9. 对科学发展的认识基于研究在其历史序列和历史关联中的论著。对于古代而言,不用说许多来源是匮乏的;对于其他时代,作者是未知的或可疑的。在后来的世纪,尤其是面对原理的发现,不良习惯是,作者一般在他利用他的前辈的著作之处,难得提及他们,而通常仅仅这样做——他认为他必须反驳那些前辈。由于这些境况,上面的研究变得十分困难,并对批评构成最强烈的要求。

迪昂在他的《静力学的起源》(*Les origins de la statique*, Paris, 1905, vol. Ⅰ)一书中提出 E. 沃尔威尔已经采纳的观点,即近代科学文明比人们通常设想的更为密切地与古代科学文明相关。文艺复兴的科学思想是从古希腊、尤其是从逍遥学派和亚历山大城学派十分缓慢地和逐渐地发展起来的。我愿在这里强调，迪昂的书包含着在小篇幅里浓缩的激励人心的、有教益的和有启发性的细节的宝库。为了了解这些细节，我们只能另外通过使人疲倦地研究古书和手稿达到。为此，只有阅读迪昂的著作才能激起许多赞美，才是非常富有成效的。

98 尤其是，迪昂把13世纪的一位作家归之于约丹努斯·尼莫拉里乌斯(Jordanus Nemorarius)，他是古代思想的诠释者和发展者；他还把这位作者归之于《约丹努斯论重物之比》(*Liber Jordani de ratione ponderis*)的较晚的精制者，迪昂称其是“列奥纳多·达·芬奇的先驱者”，对列奥纳多、卡尔达诺(Cardano)和贝内德蒂(Benedetti)产生了巨大的影响。对《约丹努斯关于重物的短篇著作集》(*Jordan opusculum de ponderositate*)的最重要纠正包含在标题为《约丹努斯论重物之比》(*Liber Jordani de ratione ponderis*)的手稿中，迪昂在巴黎国家图书馆(*foud latin*，№7378A)找到这部手稿；而塔尔塔利亚(Tartaglia)在没有提到约丹努斯名字或他的较晚的精制者的情况下，却出版了他自己的《约丹努斯关于重物的短篇著作集》，并在《各种问题及解答》(*Questi et inventioni diverse*)中使用了它。这导致匿名的“先驱者”的假定。按照迪昂的看法，没有仔细受到保护的和没有防备未授权使用的列奥纳多的手稿尽管延迟发表，但是也对卡尔达诺和贝内德蒂具有影响。上面列举的作者尤其影响了意大利的伽利略、荷兰的斯蒂文，他们的著作通过二者的渠道到达法国。它们起初在罗贝瓦尔和笛卡儿

(Descartes)那里找到多产的土壤。因而,古代静力学和近代静力学之间的连续性从未被打断。

现在,让我们考虑一些细节。在第12页提到的《力学问题》的作者就杠杆评论道,当把运动给予重量时,处于平衡的重量与杠杆的臂成反比,或者与臂的端点所画的弧成反比[①]。因为有很大的解释自由度,我们能够认为这个评论是虚位移原理的不完备表达。99 但是,由于约丹努斯·尼莫拉里乌斯(Duhenm,在上述引文中,pp. 121, 122),杠杆的平衡用使重量上升达到该重量处于平衡的高度(或它们下落达到它们处于平衡的深度)的反比概括其特征。这使基本点显得突出。约丹努斯也知道,重量并非总是以相同的方式作用,他引入与位置相应的重量概念,虽则是定性地引入的:“根据重物的位置,即使在相同但略有倾斜的位置,重物下落。”(在上述引文中,p. 118)列奥纳多的“先驱者”改进和完成约丹努斯的阐述。他通过考虑下落的可能深度和上升的高度,认出其轴处于重量之上的角杠杆的平衡是**稳定**平衡(在上述引文中,p. 142)。他也了解,这样的杠杆以这样的方式指引其本身:重量与它们距通过轴的竖直距离成比例(在上述引文中,pp. 142, 143),从而本质上达到**矩**概念的使用。因此,在这里,“根据重物的位置”达到**定量的**形式,并以杰出的方式用来解决斜面问题(在上述引文中,p.

① 按照E.沃尔威尔的观点,《力学问题》不能归于亚里士多德,这可以认为是决定了的。参见策勒(Zeller)的 *Philosophie der Griechen*, 3rd., pt. ii, § ii, p. 90 的注释。但是,对不久前是否发现赫罗的《力学》(*Mechanics*)阿拉伯文译本(1893年出版)做彻底研究无论如何是必要的,尽管没有更古老的文本。参见 *Heron's Werke*, edited by L. Nix and W. Schmidt (Leipzig 1900), vol. Ⅱ.

145)。如果相等高度而不同长度的斜面上的两个重量用绳索和滑轮如此连接,当一个下沉时,另一个必须上升,那么在平衡的情况下,该重量与**竖直**位移成反比,也就是说,与斜面的高度成正比地变化。因之,在此处,“先驱者”预料到近代静力学的基本元素。

对仅仅部分出版的列奥纳多手稿进行研究,是极其有益的。100 比较他偶尔写下的各种笔记,可以清楚地表明他的虚位移原理的知识,或者更确切地讲,他的功的概念的知识,尽管他没有使用任何特殊的名称。“当力在某一时刻携带(上升?)物体(重量?)通过确定的路程,相同的力在同一时刻能够携带(上升?)物体(重量?)的一半通过两倍长度的路程。”这个定理可应用于机械、杠杆、滑轮等等,上述言词的相当可疑的意义以此被更严密地确定了。如果我们有能够下沉到确定深度的确定数量的水,按照列奥纳多的观点,我们就能够用它驱动一个甚或两个水磨,但是在第二种情况下,我们只能完成像在第一种情况下那么多。列奥纳多通过天才的一笔,达到“势杠杆”的知觉,使他能够获取借助“矩”概念更加接近的一切洞察。他的图形使我们猜想,滑轮和轮轴的考虑向他展现通向他的概念的道路(参见 *Mechanics*, p. 28)。列奥纳多关于细绳组合上的拉力的作图,也基于势杠杆的思想。在处理斜面问题时,列奥纳多的运气要差得多。在有时表达正确观点的草图旁边,我们发现许多不正确的作图。不管怎样,我们必须认为,列奥纳多的作为一张张日记的乱涂乱画,凝聚了五花八门突发的观念和观点以及研究的开端,而没有按照统一的原理实施这些研究。列奥纳多并不是在 13 世纪已经完全解决的所有问题的大师,为了 101 说明这个事实,我们必须记住,正如我们与迪昂一起认识到的,洞察一度可能获得并使之已知，这还远远不够，而要使这个洞察得以**普遍地**承认和理解，常常需要多年和数世纪(Duhenm，在上述引文中，p. 182)。

永恒运动不可能的观念，是由列奥纳多弄得非常清晰的。他关于水磨的考虑表明这一点："无生命的推动力不能压或拉不伴随运动的物体；这些推动力无非是力或重力。当重力压或拉时，它产生运动，只是因为它力图静止；物体不能借助它的下落运动上升到它由以下落的高度；它的运动达到终结。"(在上述引文中，p. 53)"力是一种精神上的和不可见的能力，这种能力因运动而充满物体(在这里我们肯定不得不想起目前称为活动的东西)；力越大，它越迅速地扩张它自己。"(在上述引文中，p. 54)卡尔达诺具有类似的观点，在其中我们可以断定，列奥纳多的影响是可能的，尽管我们有根据怀疑卡尔达诺的独立性(在上述引文中，pp. 40, 57, 58)。同样，亚里士多德关于只有天上的圆周运动才是永久的观念，似乎再次在卡尔达诺的身上体现出来。迪昂认为，卡尔达诺不是通常的剽窃者。他在没有表示感谢的情况下利用他的前辈的言词，特别是列奥纳多的言词，但是却把这些工作引入更健全的关联之中，由此提高了16世纪的地位(在上述引文中，pp. 42, 43)。卡尔达诺没有攻克斜面问题；他的见解是，斜面上的物体的重量与整个重量之比，就像斜面的仰角与直角之比。贝内德蒂使自己与他的所有前辈对立，这种对立具有良好的效果，特别是在批评亚里士多德的动力学学说上。但是，贝内德蒂常常反对许多正确的东西。在他的论著中，再次出现列奥纳多的论著的思想，以及列奥纳多论著中的错误。

102

如果我们把我们刚才所说的发现看做是上述人物中的成功者充分知道的和可以理解的话，那么对于这些成功者、尤其是对于斯蒂文和伽利略而言，在静力学中依然存在很多没有完成的东西。斯蒂文对斜面问题的解答（参见 *Mechanics*, pp. 32, 41）的确是完全原创的，但是列奥纳多的“先驱者”已经了解斯蒂文和伽利略的考虑的**结果**，而且伽利略的考虑毗连卡尔达诺的考虑。从斜面的考虑出发，斯蒂文根据平行四边形原理达到**直角**分量的阐明和解决，并且认为这个原理在不能证明它的情况下也是普遍正确的。罗贝瓦尔填充了这个缺口。他想象，重量 R 由滑轮支持，用负载平衡重量 P 和 Q 的、任何方向的细绳维持平衡。首先，如果我们认为 1 条细绳是能够绕滑轮转动的细绳，并应用列奥纳多的势杠杆原理，接着以类似的方式针对其他细绳继续做下去，那么我们发现 R 与 P 和 Q 的关系，以及对力的三角形和**力**的平行四边形成立的一切定理（在上述引文中，尤其是 pp. 42, 43）。笛卡儿在虚位移中找到理解**一切**机械的基础。在功即重量和下落的距离之积（用他的专有名词“力”）中，他看到机械行为的决定性条件或原因，即事件的**为什么**（Why）而不仅仅是**怎么样**（How）。它不是速度的问题，而是上升的高度和下落的深度的问题。“例如，使 100 磅上升 2 英尺或使 200 磅上升 1 英尺，是相同的事情。”（在上述引文中，p. 328；参见 *Mechanics* 的第 66 页关于帕斯卡的陈述）笛卡儿否认，他的从约丹努斯到罗贝瓦尔的所有前辈对他的思想有正确无误的影响；可是，他的发展处处显示重要的进步，他自始至终强调基本之点（在上述引文中，pp. 327～352）。 103

关于细节，我们必须提及迪昂的卓越的书。在这里，我将只就古代自然科学和近代自然科学的关系表达我在某种程度上不同的观点。自然科学以两种方式成长。首先,它只是通过在我们记忆中保留观察到的事实或过程,在我们的表象中复制它们并在我们的思想中力图重构它们而成长。但是,随着观察的继续,这些在建构中相继或同时开始做的尝试总是表现出某些缺陷,由于这些缺陷这些建构与事实的一致或相互之间的一致受到干扰。其结果,便需要建构的材料矫正和逻辑和谐。这就是建立自然科学的**第二个**过程。如果每一个人不得不唯一地依靠他自己,那么他只能以他的观察和思想重新开始,从而不可能到达得更远一些。这对于一个人和一个民族而言都有效。因而,我们不能密藏我们贴近的文明前辈——希腊的自然研究者、天文学家和数学家——遗赠给我们的非常充足的遗产。我们在有利的条件下着手研究,因为我们拥有世界图像,尽管这个图像是不充分的;尤其是因为我们用希腊数学家逻辑的和批判的教育装备起来。对我们来说,拥有这一切使继续工作变得比较容易。但是,我们不仅必须看重我们的科学遗产,而且也必须看重**物质**文明,在我们的特例中是留传给我们的机械和工具以及它们的使用传统。我们能够在这种物质遗产之上轻易地进行观察,或者重复和扩展把古代研究者导向他们的科学的观察,从而真正学会理解这门科学。在我看来情况似乎是,与文字遗产相比,这种物质遗产太不受珍重了,尽管正如它所做的那样,不断地重新唤起我们的独立活动。至于《力学问题》的作者关于杠杆的微不足道的评论,甚至亚历山大城的数学家的精密得多的评论,都不会接连硬要插手干预忙于机械的观察人,虽然这些评论没有以书面的形式保留下来,我们能够这样地假定吗?比如说,就永恒运动不可能的知识——在使用机械的实践中，这种知识必定出现在每一个不像模仿炼金术士的梦想家一样在力学中寻求奇迹、而像作为冷静的研究者一样忙碌的人面前——而言这有效吗？甚至当把这样的发现转移到继之而来的人那里时，这些追随者必定独立地获得它们。追随者在开始时拥有的唯一优势在于，他通过迅速越过同一过程获得，以此超越他的前辈。对于一掠而过的思想来说，进入语词的不完备知识形成关系牢固的维系，在事实中寻求思想由这个维系开始，并通过批判和比较修正这种知识，思想继续复归维系。现在，不管这些维系借助较新的经验变得更加健全，还是逐渐加以改变，甚或最后辨认出是不正确的，它们都对我们有所帮助。但是，如果前辈变成大权威，甚至把他的错误也赞美为深刻洞察的标志，那么我们便达到只能以有害的方式作用于这个人的追随者的事态。因而，通过 E. 沃尔威尔和 P. 迪昂书写的许多段落来看，情况似乎是，甚至伽利略在他的晚年有时也受到传统的逍遥学派重负的妨碍，使他无法察觉他自己未被干扰的慧眼。于是，在我们对研究者的重要性的估价中，唯一的问题是：他对旧观点做出什么**新的**使用，他在他的同代人和后来者的什么**反对意见**下最终坚持**他自己的**观点。从这种观点出发，在我看来，迪昂似乎在他尊崇亚里士多德名声的情感方面走得太远了。例如，对于亚里士多德(*De coelo*, Book iii, p. 2)，在不清晰的和无希望的言论中，就有这样的段落："无论运动着的力可能是什么，较少的和较轻的东西从相同的力接受较多的运动。……不很重的物体的速度与较重的物体的速度之比较，就像较重的物体与较轻的物体之比较。"不能认为亚里士多德清楚地区分了路程、速度和加速度，如果

105

106 我们漠视这个事实的话，那么我们就能够在质朴而正确的经验的这一表达中识别，哪一个终于导致质量概念。但是，在整个第二章说过的话之后，认为这一段落是由用机械提升重物引起的，并把它与亚里士多德就杠杆所说的东西结合起来，接着在其中看到功概念的胚芽（Duhem，在上述引文中，pp. 6，7；参见 Vailati，*Bollettino di bibliografia e storio di scienze matematiche*，Feb. and March，1906，p. 3），这似乎是不可想象的。进而，迪昂责怪斯蒂文造成他的逍遥学派的倾向。但是，在我看来，当斯蒂文使自己反对"令人惊奇的"亚里士多德学派时，是似乎做对了，只是这一点在平衡的实例中没有摹写。这正如吉尔伯特（Gilbert）和伽利略反对纯粹的位置或点的有效性假设的申明（参见 Mechanics，p. 230）一样，是无可非议的。只是从更广阔的观点看，当辨认功是决定运动的东西时，平衡的动力学推导确实得到更大的合理性和普遍性的长处。在此之前，几乎没有任何事情能够驱策反对斯蒂文根据本能经验并仿照阿基米德的方式激起的演绎。

（六）应用于流体的静力学原理

1. 对流体的考虑并不是要给静力学提供许多本质上新颖的观点，可是已知的原理的众多应用和确认都是从这里产生的，而且这107 个领域的研究大大丰富了物理经验。因此，我们将专用数页论述这个主题。

2. 为液体静力学打基础的荣誉也属于阿基米德。我们把关于浸入在液体中的物体的浮力或重量损失的众所周知的命题归功于他，关于这个发现，维特鲁威在《建筑学》第九册（*De Architectura*，Lib. Ⅸ）中给出下面的叙述：

“虽然阿基米德发现了许多显示出伟大智力的稀奇古怪的东西，但是我正要提到东西是最为异乎寻常的。当希罗（Hiero）在叙拉古赢得正在掌握的王权时，面对他的事务的幸运转变，他颁布政令定做还愿谢恩的纯金王冠，在某个神殿敬献给永生的诸神；他指示花大价钱制作它，并为这个意图指派把相称重量的金属交给工匠。在一定的时候，工匠把精心制作的精美的制品呈献给国王；王冠的重量看起来符合分配给它的黄金重量。

但是，一个告发正在流传：一些黄金被抽取了，这样造成的不足用白银弥补；希罗对这种欺诈行为极为气愤，却得不到可以检验偷窃的方法，于是请求阿基米德着手关注它。阿基米德承担了这项使命后，偶尔去澡堂，在跳进浴缸时察觉，他的身体浸入的比例与从容器排出的水的比例正好相同。在由此抓住解决比例所采用的方法时，他立即把它追究到底，乐不可支地跃出浴缸，赤身裸体地一路向家跑去，并大声叫喊，他发现了他寻找的东西——他用希腊语呐喊：εὕρηκα，εὕρηκα（我找到它了，我找到它了！）。” 108

3. 把阿基米德导向他的命题的观察相应地是，浸入在水中的物体必定使等同的水量**升起**；恰如放在天平一个盘子上的物体与另一个盘子上的水等量一样。这个在今天是最自然的和最径直的概念，也出现在阿基米德的《论漂浮物体》（*On Floating Bodies*）的专著中；不幸的是，该专著没有完整地保留下来，但是被 E. 科曼德努斯(E. Commandinus)部分地恢复。

阿基米德由以开始的假定如下：

“作为液体的基本特性可以假定，在它的部分的所有均匀的和连续的一切位置中，经受较少压力的部分被经受较大压力的部分向上施力。但是，液体的每一部分都经受来自在它之上垂直部分的压力，即使后者正在下沉或经受来自其他部分的压力。”

现在，为了简洁地描述内容，阿基米德构想整个球形的地球在组成上是流体，并把它切成棱锥，棱锥的顶点处在中心(图 59)。

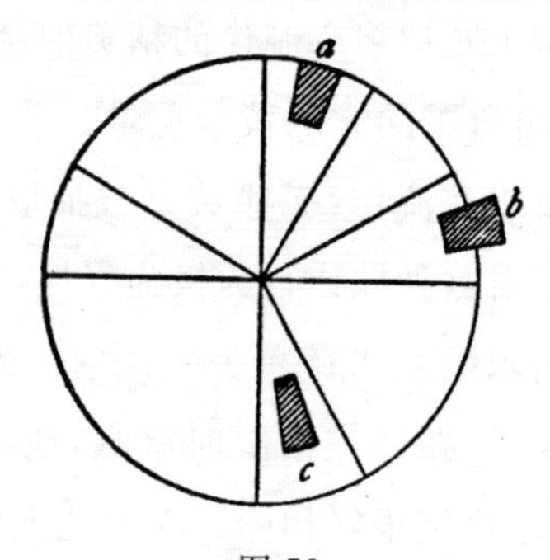

图 59

如果我们把像水这样的具有相同比重的物体 a 投入棱锥之一，那么该物体将被完全淹没，并在平衡的情况下由它的重量提供被移置的水的压力。在不扰动平衡的情况下，具有较小比重的物体 b 像它可能下沉的那样，只能够下沉到它底下的水经受来自物体重量的相同压力的点，倘若把该物体取出并淹没被水移置的部分的话。具有较大比重的物体 c 下沉到它能够下沉的那么深。可以显示出，它的重量在水中减少的量等于被移置的水的重量，倘使我们想象该物体与比重较小的另一个物体连接起来，以至形成像刚才

109

完全被淹没的水那样的、具有相同比重的第三个物体的话。

4. 在16世纪,当对阿基米德工作的研究再次着手进行时,人们几乎不理解他探讨的原理。在那个时候,要全部理解他的演绎是不可能的。

斯蒂文用他自己的方法,重新发现了最重要的流体静力学原理和由此的演绎。它原则上是两个观念,斯蒂文从中推导出他的富有成果的结论。其一十分类似于环状的链条的观念。另一个在于假定,流体在平衡时的固化不扰动它的平衡。

斯蒂文首先拟定这个原理。任何浸入在水中的水的质量 A

图 60

(图 60)在它的所有部分都处于平衡。如果 A 不受周围的水支持,让我们说应该下降,那么按照同一假定,代替 A 的、如此处在相同境况的水的部分也会不得不下降。因此,这个假定导致永恒运动的确立,这与我们的经验和我们对事物的本能知识相反。 110

因而,浸入在水中的水丧失它的整个重量。现在,如果我们想象把浸入的水的面固化,那么由这个面形成的容器——斯蒂文称它是有关面的容器(vas superficiarium)——还将遭遇相同的压力境况。要是这样形成的容器是**空的**,那么它在液体中经受向上的压力,压力等于被移置的水的重量。倘若我们用任何比重的其他实物充满固化的面,那么很清楚,物体重量的减少将等于在浸入时被移置的流体的重量。

在一个竖直放置的长方体容器中充满液体,在水平底的压力对于相同面积的底部的所有部分也是相等的。现在,当斯蒂文想象被去掉的和被刚性的浸入的物体代替的液体部分时,或者同样想象变得固化的液体部分时,容器中的压力关系将不因程序而改变。但是,我们用这种方式很容易得到对下述定律的明晰看法:容器底的压力与它的形状无关,在连通器中的压力定律也是这样,如此等等。

111　5. 伽利略借助虚位移原理,处理液体在连通器里的平衡和与此相关的问题。NN(图 61)是液体在两个连通器中平衡时的共同

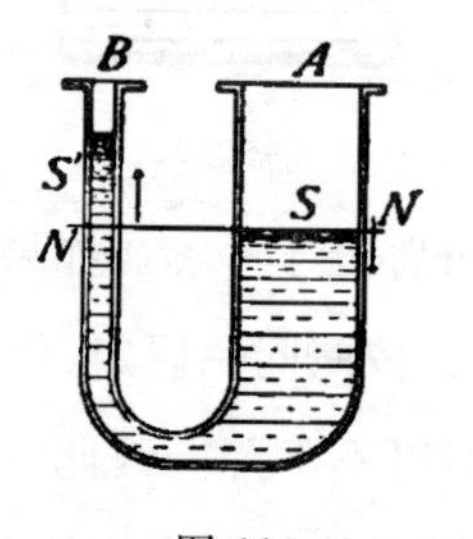

图 61

水平,伽利略通过下述观察说明这里呈现的平衡:在任何扰动的实例中,水柱的位移与水柱的横截面的面积和重量彼此成反比,就像处于平衡的机械一样。但是,这不是完全正确的。该实例并非精密地符合伽利略在机械中研究的平衡实例,这显示出不同的平衡。

就连通管中的液体而言，液体共同水平的每一个扰动都产生重心的升高。在图 61 描绘的实例中，在 A 中从画阴影的空间位移的液体的重心 S 被升高到 S'，我们可以认为没有使液体的其余部分运动。因而，在平衡的情况下，液体的重心处在它的尽可能最低的点。

6. 帕斯卡同样使用虚位移原理，但却是以更正确的方式使用的，他不顾液体的重量，而只考虑在面上的压力。如果我们想象两个连通器被活塞密封(图 62)，这些活塞负载与它们的表面积成比

图 62

例的重量，那么平衡将达到，这是因为，由于液体体积的不变性，在每一扰动中位移与重量成反比。因而，对帕斯卡来说，作为一个必然的结果，由虚位移原理**可得**：在平衡情况下，在液体表面部分上的每一个压力都以没有降低的影响传播到其他每一个表面部分，不管它究竟怎样，无论它处在什么位置。对于以这种方式**发现**该原理，并未必然引起异议。可是，我们以后将看到，更自然的和更满意的概念是把该原理视为直接给予的。

7. 现在，在这一历史概述之后，我们将再次审查液体平衡的最重要的实例，从不同的观点这样做可能是方便的。

112

经验给予我们的液体的基本特性在于，在施用最轻微的压力时弯曲。让我们想象一下一个液体体积元，我们无视它的重力——比如说极小的立方体。如果把最轻微过量的压力施加在这个立方体(我们暂且设想立方体是包含流体但不具有它的实物的、固定的几何学地点)的一个表面上，那么液体(假定先前必须处于平衡和静止)将让位并在所有方向通过立方体的其他五个表面分配。固体的立方体在它的上、下表面能够经受与在它的侧表面不同数量的压力，反过来也一样。另一方面，液体的立方体只要把相同的垂直压力施加在它的所有侧面，它就能够保持它的形状。类似的推理链条可以应用于一切多面体。在这个如此用几何学阐明的概念中，只不过包含粗糙的经验：液体的粒子屈从最轻微的压力，而且它们在高压下的时候在液体内部也保留这种特性；例如，可以观察到，在所举出的条件下，微小的重物在液体中下沉，如此等等。

113

液体还把另一个特性与它们各部分的可动性结合起来，我们现在将考虑这种特征。液体由于压力经受体积的减小，体积的减小与施加在单位面上的压力成比例。压力的每一改变都随之带来体积和密度成比例的变化。若压力减小，则体积变大，密度变小。因此，当压力增加时，液体的体积不断减小，直至达到在它内部产生的弹性与压力增加的平衡之点。

8. 较早的探究者，例如佛罗伦萨科学院的探究者，都具有这样的见解：液体是不可压缩的。不管怎样，在 1761 年，约翰・坎顿(John Canton)做了演示水的可压缩性的实验。温度计玻璃管充

满沸水后再密封(图 63)。液体到达 a。但是,由于 a 上方的空间

图 63

无空气,液体不支撑大气压。若把密封的末端打碎,则液体下沉到 b。可是,只能把这个位移的一部分归于大气压对液体的压缩。如果我们在打碎顶端前把玻璃置于气泵下并抽空管腔,那么液体将下沉到 c。这最后的现象是由于下述事实:加于玻璃外部的并减小它的容积的压力现在被消除了。在打碎顶端时,此时引入的温度计的内部压力补偿外部的压力,玻璃容积的扩大再次开始。因此,部分 bc 符合大气压对液体的实际压缩。 114

第一个进行水的压缩性精密实验的是奥斯忒(Oersted),为此他使用了非常天才的方法。温度计玻璃管 A(图 64)充满沸水,把开口一端颠倒过来插入水银容器。在它附近竖立一个充满空气的温度计管 B,同样地把开口一端颠倒过来插入水银中。然后,把整个器械置于充满水的容器,借助气泵压缩水。用这种手段,A 中的水也被压缩,在温度计玻璃毛细管中上升的水银细丝指示这个压缩。在本例中,玻璃管 A 经受的容积改变仅仅是由四面八方相等的力一起挤压它的内壁造成的。

关于这个论题的最精美的实验是由格拉西(Grassi)用勒尼奥(Regnaunt)建造的仪器进行的,并借助拉梅(Lamé)的矫正公式计

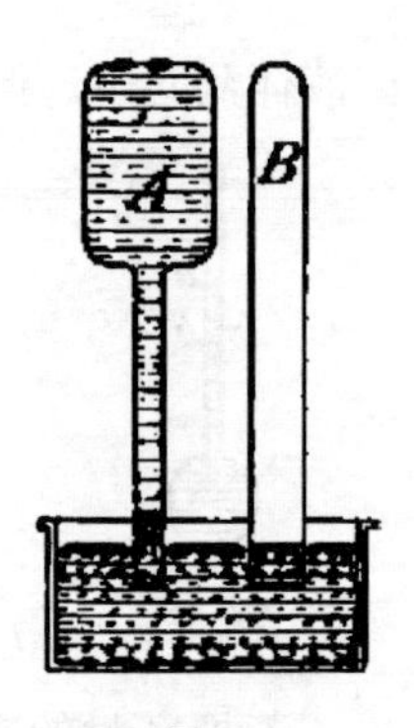

图 64

算。为了给出水的压缩性的明确观念，我们将看到，格拉西就沸水处于0°在增加一个大气压的情况下观察到，原来的体积减小达到5/10000。因而，如果我们设想容器具有1升(1000毫升)的容积，并把1平方毫米截面面积的毛细管加诸它，那么水银细丝在存在一个大气压的情况下，将在它之内上升5毫米。

115

9.从而，面压力在液体中引起物理改变(密度改变)，这能够用足够精美的手段检验，甚至可以用光学手段检验。我们总是自由地认为，液体的特性在较高压力下比在较低压力下的部分更稠密，尽管它可能是极其微小的。

现在让我们想象，在液体(在液体内部没有力作用，从而我们忽略液体的重力)中，我们有受不相等压力支配的和彼此邻接的两个部分。在较大压力下较为稠密的部分将膨胀，并挤压处在较小压力下的部分，直到弹性力由于在一个侧面减少、在另一个侧面增加而在界面建立平衡，使得两部分相等地压缩为止。

现在，如果我们努力定量地阐明我们关于这两个事实——液体的容易可动和可压缩——的心理概念，以便它们将适合形形色色的经验类别，那么我们可以得到下述命题：当在液体内部没有力作用、从而我们忽略液体的重力而存在平衡时，同一相等压力施加在该液体每一个相等的面元上，不管这些面元处境如何，不管它们处在哪里。因此，压力在所有的点是相同的，是与方向无关的。 116

在这个原理证明中，也许从来就没有以所需要的精确度进行特定的实验。但是，通过我们关于液体的经验，该命题已经变得十分熟悉，并且容易说明它。

10. 如果把液体封闭在容器中(图 65)，给容器提供截面是单

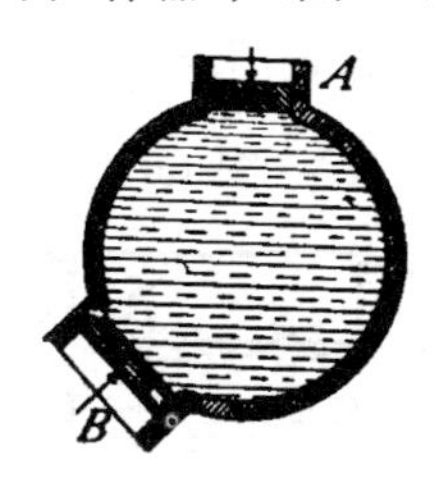

图 65

位面积的活塞 A 和暂时使之静止的活塞 B，并在活塞 A 上放置负荷 p，那么在忽略重力时，相同的压力将遍及容器的各个部分。该活塞将向下深入，容器壁将继续变形，直到到达刚性的和流动的液体的弹性力完全相互平衡之点。接着，如果我们想象具有截面 f 的活塞 B 是可移动的，那么只有力 fp 会使它保持平衡。

关于帕斯卡对以前从虚位移原理出发所讨论的命题的演绎，必须注意的是，他察觉到的位移的条件完全取决于部分的容易可移动的事实和遍及液体每一部分的压力相等。如果在液体的一部

分比在另一部分出现较大的压缩是可能的，那么位移的比率便会受到扰动，也就不再能够容许帕斯卡的演绎了。压力相等的特征是在经验中给予的特性，这是一个无法逃避的事实；我们乐意承认这一点，倘若我们回想一下，帕斯卡就液体演绎的同一定律也对气体有效，甚至在那里恒定体积大概也是不会有疑问的。这后一个事实并没有对我们的观点提出任何疑难；但是，它对帕斯卡的观点提出疑难。即使在杠杆的实例中也要附带地注意，虚位移的比率是由杠杆质地的弹性力保证的，弹性力不许可与这些关系有任何大的偏离。

117

11. 现在，我们将考虑在重力影响下液体的作用。在平衡时液体的上部面是水平的，即 NN(图 66)。当我们想到，上述面的每

图 66

一次改变都升高液体的重心，并把在 NN 下面画阴影的空间静止的、具有重心 S 的液体质量，挤到 NN 上面的、具有重心 S' 的画阴影的空间，这个事实就立即变得可以理解了。不用说，这种改变立即就因重力倒转过来。

在这里，设平衡时在容器中存在具有水平面的重液体。我们考虑(图 67)内部的一个小长方体。我们将设定，它的水平底的面积是 a，它的竖直棱的长度是 dh。因此，这个长方形的重量是

图 67

$adhs$，在这里 s 是它的比重。如果长方体不下沉，那么只有在下述条件下才是可能的：流体把更大的压力施加在下边的面上而不是上边的面上。将分别把上边的面和下边的面的压力标示为 ap 和 $a\,(p+dp)$。当 $adh\cdot s=adp$ 或 $dp/dh=s$ 时，平衡达到，在这里把 h 在向下的方向算做正的。我们由此看见，对于 h 在竖直向下的相等的增量，压力 p 相应地也必须收到相等的增量。其结果，$p=hs+q$；若上边的面的压力 q——它通常是大气压——变得等于 0，更简明地，我们有 $p=hs$，也就是压力与下边的面的深度成比例。如果我们想象把液体倒入容器，事件的这个条件还没有达到，那么每一个液体粒子于是将下沉，直到在下边被压缩的粒子由于在其中产生的弹性与上边粒子的重量相称为止。 118

从我们在这里描述的观点看，情况进而会更明显，在液体中压力的增加仅仅发生在重力作用的方向上。只有在该长方体的下边的面即底面，才存在作用于下边的液体部分的过量的弹性压力，需要用它平衡长方体的重量。沿着竖直的构成长方体面的两边，液体处于相等压缩的状态，因为没有力作用在竖直的构成的面，这能够决定对一边的压缩比对另一边的压缩要大。

如果我们想象受到相同压力作用的液体所有点的总体，那么我们将得到一个曲面——所谓的**水准曲面**。若我们在重力作用的

119 方向上移动粒子,它就要经受压力的变化。若我们在与重力作用的方向上成直角之处移动它,压力改变不发生。在后一个实例中,它依然处在同一水准曲面上,水准曲面元相应地与重力的方向成直角。

请想象一下,地球是流质的和球形的,水准曲面是同心球面,重力的方向(半径)与球面元成直角。类似的观察评论是可以容许的,即使液体粒子受到重力之外的其他力作用,例如磁力。

在某种意义上,水准曲面提供流体所受到的力的关系的示意图;这是一个进而用分析流体静力学阐明的观点。

12. 压力随重液体的面之下的深度增加,可以用一系列实验来阐明,我们主要把这些实验归功于帕斯卡。这些实验也可以阐明

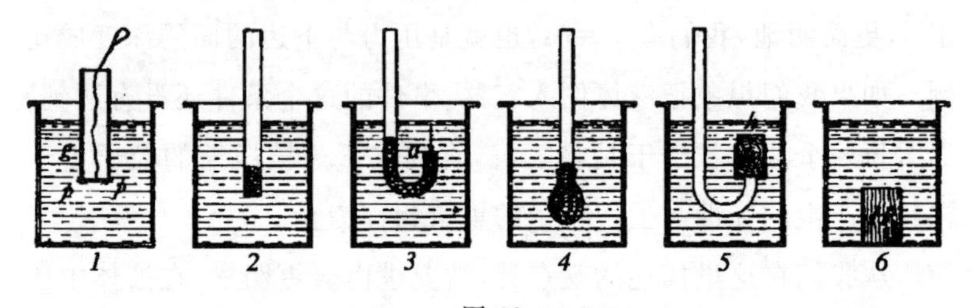

图 68

这样一个事实:压力与方向无关。在图 68 之 1 中,有一个底部磨光的、用金属圆盘 pp 封闭的空玻璃管 g,线系在圆盘上,整体插入水容器内。在浸入到足够的深度时,我们可以让线在没有受到液体压力支撑的圆盘的情况下达到下落的程度。在 2 中,金属圆盘被极小的汞柱取代。在 3 中,我们把充满水银的开口虹吸管浸入水中,我们会看见,由于在 a 处的压力,水银上升到较长的臂。在

4 中，我们看见一根管子，在它的较低的末端缚着一个充满水银的皮袋：不断地浸入迫使水银在管子升得越来越高。在 5 中，水的压力把一个木块 h 驱赶到空虹吸管的小臂。在 6 中，浸入在水银中的木块 H 附着在容器底部，并使它长时间牢固地紧贴底面，时间之长致使水银阻止在它下面取得它的通道。 120

13. 一旦我们使自己完全弄清楚，重液体内部的压力与在液面下的深度成比例地增加，那就会很容易察觉到容器底面的压力与它的形状无关的定律。不管容器（图 69）具有形状 $abcd$ 还是 eb-

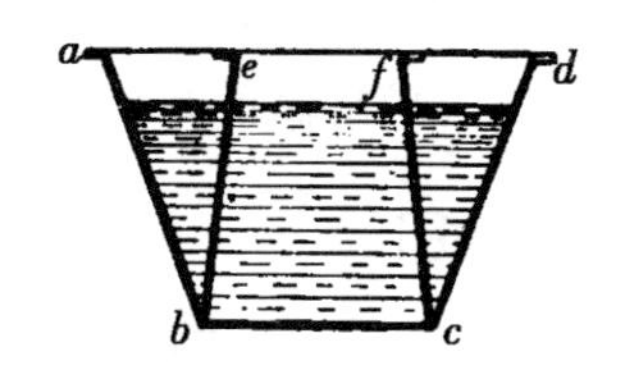

图 69

cf，当我们以相等的比率下降时，压力增加。在两个实例中，与液体接触的容器的内壁继续变形，直到达到这样一点为止：在该点内壁借助在它们之中产生的弹性力平衡流体施加的压力，也就是说取得关于毗邻的液体的压力的地位。这个事实直接证明，斯蒂文关于填补容器内壁位置的固化的流体的虚构是有正当理由的。底面上的压力依然总是 $P=Ahs$，在这里 A 指称底面的面积，h 指称在该水准之下水平的平面底面的深度，s 指称液体的比重。

在忽略容器内壁的情况下，具有相等底面面积和相等压力高度的图 70 的容器 1、2、3 在称量时重量不同，当然这个事实绝不与所提到的压力定律矛盾。如果我们考虑侧面的压力，我们将看到， 121

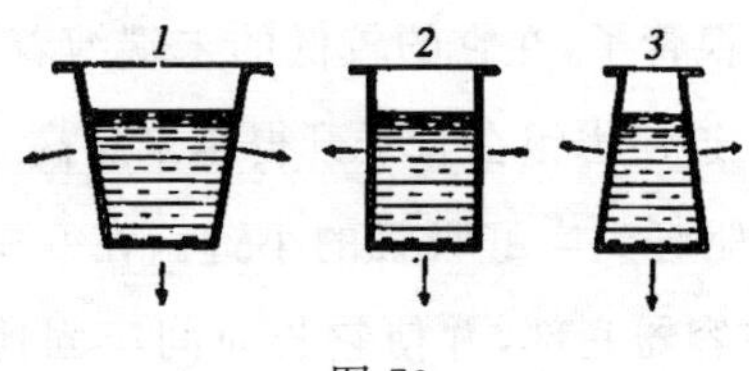

图 70

我们在实例 1 中遗忘了向下的额外分量，在实例 3 中遗忘了向上的额外分量，从而在总体上组合面的压力总是与该重量相等。

14. 虚位移原理令人赞叹地适应于获得在这个特点的实例中的明晰性和可理解性，因而我们将使用它。不管怎样，首先下面一点值得注意。若重量 q（图 71）由位置 1 下降到位置 2，严格相同大

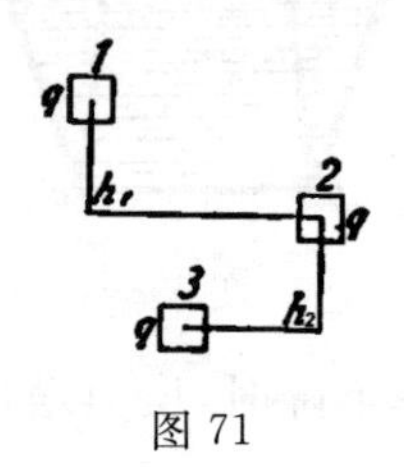

图 71

小的重量在相同的时间从 2 运动到 3，则在这个操作中所做的功是 $qh_1+qh_2=q(h_1+h_2)$；也就是说，这与重量 q 直接从 1 通过到 3，而在 2 处的重量依旧处在它的原有位置一样。很容易把该观察普遍化。

122 让我们考虑一个重的均匀的长方体，它具有竖直长度 h、底面 A 和比重 s（图 72）。设这个长方体（或者它的重心同样也）下降一段距离 dh。于是，所做的功是 $Ahs\cdot dh$，或者也是 $Adhs\cdot h$。在第一个表达中，我们构想，整个重量 Ahs 位移竖直距离 dh；在第二个表达中，我们构想重量 $Adhs$ 从上边画阴影的空间下降到下边

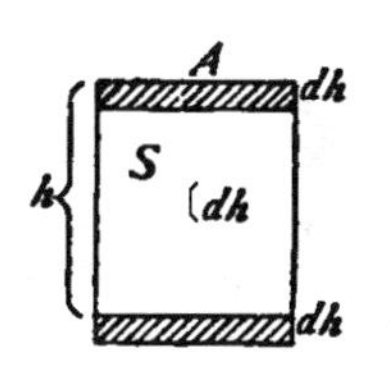

图 72

画阴影的空间即距离 h，而不顾该物体的其余部分。两种构想方法都是可容许的和等价的。

15.借助这个观察，我们便对帕斯卡的佯谬获得清楚的洞察，该佯谬是如下构成的。容器 g（图 73）固定在分开的支撑物上，它

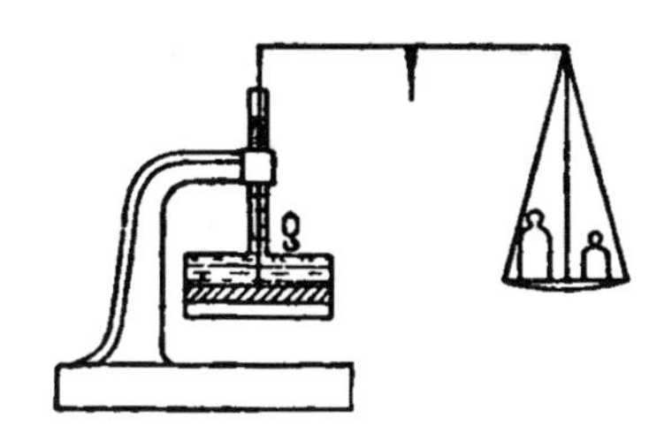

图 73

由向上的狭窄圆筒和向下的宽阔圆筒构成，在底部由可移动的活塞密封，借助通过圆筒轴的线，把活塞独立地悬挂在天平一个臂的末端。如果充满水，那么不管所用的水量多么少，为了平衡它，就必须把相当大小的几个重量放在另一个天平盘上，其重量之和将是 Ahs，在这里 A 是活塞面积，h 是液体的高度，s 是它的比重。但是，若液体冻结，质量从容器内壁松开，则十分小的重量将足以保持平衡。

让我们注意两个实例的虚位移（图 74）。在第一个实例中，假 123

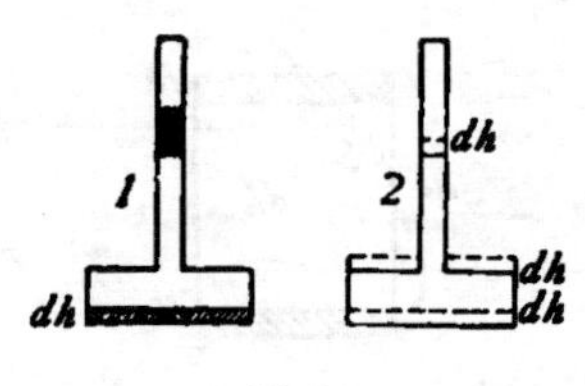

图 74

定把活塞提升距离 dh，虚量是 $Adhs \cdot h$ 或 $Ahs \cdot dh$。这样一来，不管我们认为活塞运动位移的质量通过整个压力高度被提升到液体上边的面，还是认为整个重量提升活塞位移的距离 dh，结果都归结为相同的事情。在第二个实例中，活塞位移的质量没有被提升到液体上边的面，但是却经受更小的位移，即活塞的位移。如果 A、a 分别是较大圆筒和较小圆筒的截面面积，k 和 l 是它们各自的高度，那么本例中的虚量是 $Adhs \cdot k + adhs \cdot l = (Ak + al)\ s \cdot dh$；这等价于把较小的重量 $(Ak + al)s$ 提升距离 dh。

16. 与液体侧面压力有关的定律无非是底面压力定律的稍微修正。例如，如果我们有边长 1 分米的立方体容器（图 75），它也

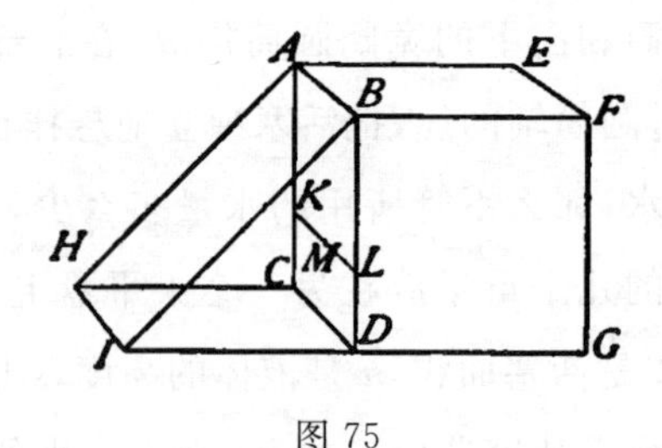

图 75

就是 1 升容积的容器，当容器充满水时，在竖直侧面内壁 $ABCD$ 任何一个上的压力可以顺利地确定。所考虑的徙动元（migratory element)在面下下降得越深,它受到的压力也会越大。于是,我们很容易察觉,侧面内壁上的压力是由在水平安置的内壁上静止的水的楔形 $ABCDHI$ 表示的,在这里 ID 与 BD 成直角,$ID=HC=AC$。侧面压力相应地等于半千克。

为了决定合压力的施加点,我们再次认为 $ABCD$ 就在它上面 124 静止的水楔形而言是水平的。我们截取 $AK=BL=\frac{2}{3}AC$,画直线 KL,在 M 把它等分;M 是所要寻找的施加点,因为穿过楔形重心的竖直线通过这个点。

把形成充满液体容器的底面的倾斜平面图形分割为在液体水平面下具有深度 h、h'、h''……的元 a、a'、a''……。在底面上的压力是

$$(ah+a\,h'+'a''h''+\cdots\cdots)s.$$

若我们称总的底面面积为 A,在液面下的重心的深度为 H,则

$$\frac{ah+a'h'+a''h''+\cdots\cdots}{a+a'+a''+\cdots\cdots}=\frac{ah+a'h'+\cdots\cdots}{A}=H,$$

在这里底面的压力是 AHs。

17.阿基米德原理能够以各种方式演绎出来。仿照斯蒂文的方式,让我们构想在液体内部它的固化部分。如前所述,这个部分会受到周围液体的支持。相应地,作用在面的压力的合力施加在被固化物体位移的液体的重心,与它的重力大小相等、方向相反。现在,如果我们把形状相同而比重不同的另一个不同的物体放在固化液体的位置,那么在面上的压力将依然是相同的。因而,现在 125 有两个力作用在该物体上:其一是施加在物体重心之处的物体的

重力，其二是向上的浮力即在被位移液体的重心之处施加的面压力的合力。所述的两个重心只有在均匀固体的实例中才重合。

如果我们把高度 h 和底面 a、具有竖直放置的棱的长方体浸入在比重 s 的液体中，那么在液体水平之下深度 h 处的上底面的压力是 aks，而下边的面的压力是 $a(k+h)s$。由于侧面压力相互抵消，向上的压力的过量 ahs 保持不变；或者，过量 $v \cdot s$ 保持不变，这里 v 指称长方体的体积。

求助虚位移原理，我们将探讨阿基米德由以开始的最接近的基本概念。设比重为 σ、底为 a 和高度为 h 的长方体（图 76）下沉

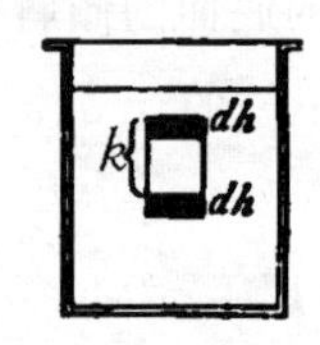

图 76

距离 dh。从图形上阴影空间移动到下阴影空间的虚量将是 $adh \cdot \sigma h$。但是，在这样做时，液体从低空间上升到高空间，它的量是 $adhsh$。因此，总虚量是 $ah(\sigma-s)dh=(p-q)dh$，在这里 p 指称物体的重量，q 指称被位移的液体的重量。126

18. 对我们来说可能出现疑问：物体在液体中的向上的压力是否受后者浸入在另一种液体中的影响。事实上，提出的正是这个问题。因此，设（图 77）把物体 K 浸入液体 A 中，并把容纳容器的液体本身浸入另一种液体 B 中。如果在确定重量在 A 中的损失时考虑 A 在 B 中的重量损失是恰当的，那么当液体 B 变得与 A

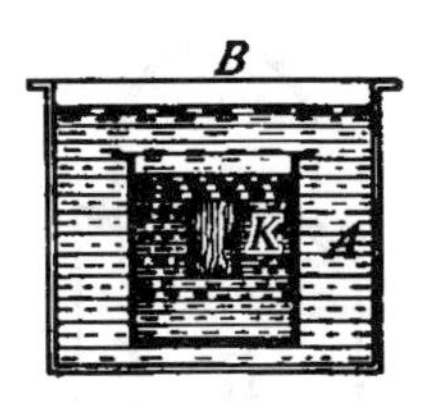

图 77

相同时，K 的重量损失必然消失。因而，浸入在 A 中的 K 会经受重量损失，而它又不会经受一点重量损失。这样的法则恐怕是荒谬的。

凭靠虚位移原理，我们很容易理解这个特点的更复杂的实例。如果首先把物体逐渐地浸入 B，接着部分地浸入 B 和部分地浸入 A，最后全部浸入 A；那么在第二个实例中考虑虚量时，必须按该物体浸入在两种液体的体积的比例考虑它们。但是，只要物体全部浸入 A，在进一步位移的 A 水平面不再升高，从而 B 不再无关紧要了。

19. 可以用一个漂亮的实验阐明阿基米德原理。从天平的一端（图 78），我们悬吊一个中空的立方体 H，在它下面悬吊一个实心的立方体 M，它能够精准地装进第一个立方体。我们把砝码放到对面的盘子，直到天平处于平衡。现在，若通过提升处在它下边的容器把 M 浸入水中，则平衡会受到扰动；但是，倘若中空的立方体充满水，它将立即复原。

逆实验如下。听任 H 悬挂在天平的一端，把盛水的容器放到对面的盘子，在其上方用细线把 M 悬吊在独立的支承上。使天平处于平衡。现在，如果降低 M 直至它浸入水中，那么天平的平衡 127

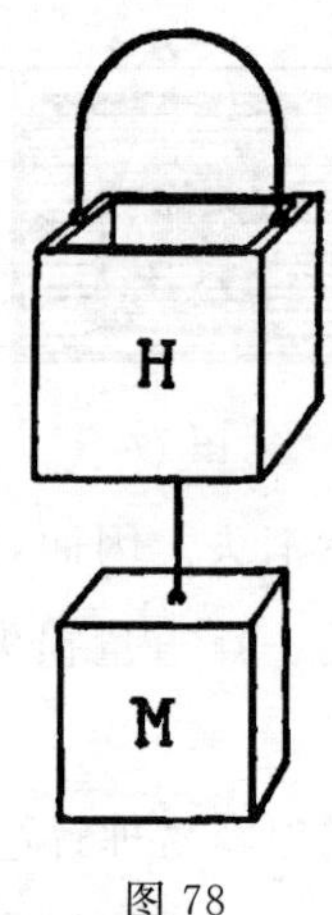

图 78

将受到扰动；但是，在给 H 充满水时，平衡将恢复。

乍看起来，这个实验似乎有点自相矛盾。无论如何，我们本能地感到，在不施加影响天平的压力的情况下，不能把 M 浸入水中。当我们深思容器中水的水平面上升，实心物体 M 平衡对应于它的水的面压力，也就是说表示和取代水的相等的体积时，便会发现该实验的悖谬特征消失了。

20.最重要的静力学原理是在研究固体时达到的。这个过程偶然地是**历史的**过程，但它绝不仅仅是可能的和**必然的**过程。阿基米德、斯蒂文、伽利略和其他人追求的不同方法，把这个观念足够清楚地摆在心智面前。事实上，在研究液体时，借助来自刚体静力学的非常简单的命题，可以达到普遍的静力学原理。斯蒂文肯定走得设法接近这样的发现。我们愿驻足一会儿，讨论这个问题。

128　让我们想象一种液体（图 79），我们忽略它的重量。设想把这

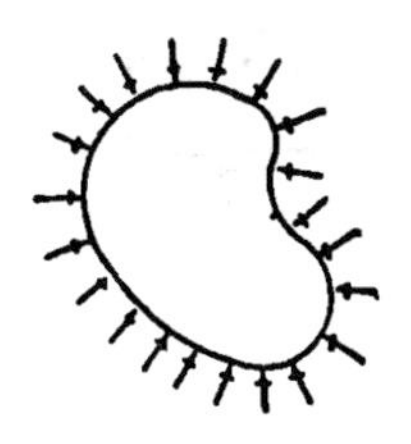

图 79

种液体封闭在容器里，并使它受到一定的压力。让我们假定，液体的一部分固化。法向力与面积元成比例地作用在闭合曲面，我们毫无困难地看到，它们的合力将总是等于 0。

如果我们用闭曲线标示闭曲面的一部分，那么我们在它的无论哪一边得到非闭的曲面。以相同（双曲率的）曲线为界的、与面积元成比例的力正交地（在相同的向指上）作用的所有曲面，对这些力的合力来说在适当的位置具有重合的边界。

现在，让我们假定，流体圆柱固化，而该圆柱则是由作为其底面的周边的任何封闭在同一平面的曲线决定的。我们可以忽略垂直于轴的两个底面。而且，可以只考虑闭曲线，而不考虑圆柱面。对于与在同一平面的曲线元成比例的法向力，由这个方法可以得到完全类似的命题。

若闭曲线成为三角形，则考虑本身将如此形成。我们用直线段在方向、向指和数量方面描绘施加在三角形之边的中点的正交合力（图 80）。所提及的线段在一点相交，该点是围绕三角形所画的圆的圆心。进而要注意，通过代表力的线段的单纯的平行位移，可以做出三角形图形，该三角形与原来的三角形相似和全等。　129

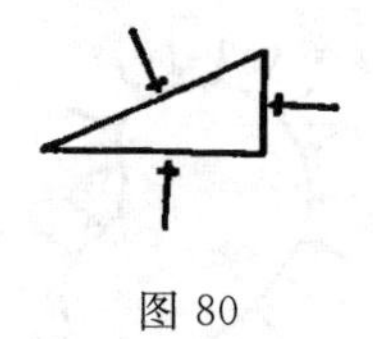

图 80

由此可得这个命题：

在作用于一点时与三角形的边成比例且在方向上平行的、在通过平行位移交叉时形成全等三角形的任何三个力，都处于平衡。我们立刻看到，这个命题只不过是力的平行四边形原理的不同形式。

如果我们想象多边形而不是三角形，我们将达到力的多边形的熟悉命题。

现在，我们在比重 κ 的液体中构想固化的部分。法向力 $a\kappa z$ 作用在包围的闭曲面的面元上，这里 z 是面元与液体水平面的距离。我们从一开始就知道该结果。

如果由 $a\kappa z$ 决定的法向力向下作用在闭曲面上，这里 a 表示面积元，z 是它距给定平面 K 的垂直距离，那么合力将是 $V\cdot\kappa$，其中表达 V 代表围住的体积。合力作用在体积的重心，垂直于所提及的平面，并指向这个平面。

在相同的条件下，设刚性的曲面以在同一平面的曲线为界，而曲线在平面上围住面积 A。作用在曲面上的合力是 R，在这里

$$R^2=(AZ\kappa)^2+(V\kappa)^2-AZV\kappa^2\cos\nu,$$

其中表达 V 指称曲面 A 的重心距 E 的距离，ν 指称 E 和 A 的法向角。

130　在最后一段的命题中，从事数学实践的读者会识别格林

(Green)定理的特殊实例，该定理在于把面积分划归为体积分，反之亦然。

因而，我们可以**看透**流体在平衡时的力系，或者要是你乐意的话，**看完**它——具有或多或少复杂性的力系，从而通过捷径抵达后验的命题。斯蒂文没有弄清楚这些命题，是比较偶然的。这里寻求的方法严格地符合他的方法。以这种方式还能够做出新的发现。

21.在液体研究中达到的这个悖论的结果，为进一步的反思和研究提供了激励。也不应该听任忽视的是，**物理－力学连续统**概念最初在液体研究的场合形成。与可能通过甚至几个固体体系的研究相比，更自由的和更富有成果的数学观察模式由此得以发展。事实上，重要的近代力学观念的起源，比如势观念的起源，都可以追溯到这个源泉。

（七）应用于气体的静力学原理

1.在液体研究中有益科学目的的相同观点可以适用于气体研究，不过要稍微修正一下。因此，在这个范围内，气体研究没有为力学提供任何非常丰富的回报。然而，从文明进步的观点看，在这个领域迈出的第一步具有显著的意义，从而一般地对科学具有高度的重要性。131

尽管常人由于他对空气阻力的经验、由于风的作用和在气囊中禁闭空气，有大量的机会察觉，空气具有物体的本性，可是这个事实并非频繁地、而且从来没有像它在固体和液体的实例中那样以明显的和无误的方式显露出来。确实，它是已知的，但并非足够熟悉得在大众思想中显而易见。在日常生活中，几乎从未想到空气的存在。

我们关于空气本性的近代概念是古代观念的直接延续。阿那克萨哥拉(Anaxagolas)由空气在密闭的皮革袋子内阻碍压缩，由集拢被水排挤的空气(以气泡的形式?)，证明空气的物质性(Aristotle, *Physics*, Ⅳ., p.9)。按照恩培多克勒(Empedocles)的看法，空气阻碍水进入浸没的、具有向下小孔的容器的内部(贡珀茨(Gomperz), *Griechische Denker*, I., p. 191)。为同一意图，拜占庭的斐罗(Philo of Byzantium)使用颠倒的容器，这个容器在其底部具有用蜂蜡密封的孔洞。在去掉蜂蜡塞子时，空气泡从那上面逃逸之前，水不会进入浸没的容器。以今天在学校惯用的几乎精确的形式，完成了整个一系列此类实验(*Philonis lib. De ingeniis spiritualibus*, in V. Rose's *Anecdota græca et latina*)。赫罗在他的《气体力学》(*Pneumatics*)中描述他的前辈的许多实验，其中有他本人的添加；在理论方面，他是斯特拉图(Strato)的信徒，而斯特拉图占据了亚里士多德和德谟克利特(Democritus)居间的位置。他说，只能够人工产生绝对的和连续的真空，尽管无数极小的真空在包括空气在内的物体的微粒之间存在，犹如空气在沙粒之间存在一样。这一点是以与我们今天的基础书籍中完全相同的样式，根据使包括空气在内的物体稀薄和浓缩(在赫罗球中空气的流入和流出)的可能性得以证明的。赫罗关于在物质微粒之间存在真空(微孔)的论据，建立在光线穿透水的事实之上。按照

132

赫罗和他的前辈的观点，人工增加真空的结果总是邻近物体的吸引和诱惑。在空气被抽空之后，具有狭窄孔眼的空容器依旧低垂到边缘。可以用手指封闭孔洞，并把容器浸入水中。“若松开手指，水将上升到所创造的真空中，尽管液体的向上运动并非按照本性进行。吸杯的现象是相同的；当把这些吸杯放在身体上时，虽然它们足够沉重，可是它们不仅不脱落，而且它们也通过身体的微孔抽出邻近的微粒。”弯曲的虹吸管也被详细处理。“通过液体紧紧跟随被抽空的空气，完成虹吸管在抽净空气时的填充，因为连续的真空是不可思议的。”要是虹吸管的两臂具有相同的长度，那就没有什么东西流出。“水像在天平上那样保持平衡。”相应地，赫罗想象水的流动，类似于以不等的长度悬吊在滑轮上的链条的移动。在我们看来由大气压维持的两个柱的连接，在他的实例中却是受到“连续真空的不可思议性”照管。可以详细地表明，水的较大质量并没有吸引和在场招引较小的质量，水不能顺从这个原理向下流动，而宁可说，现象与连通器原理协调一致。许多美妙的和天才的诀窍提供了那个时代物质文明的迷人图景，赫罗在他的《气体力学》和他的《自动机》(*Automata*)中描述过这些诀窍，设计它们与其说是激发我们的科学兴趣，还不如说部分是为了娱乐，部分是为了引起惊奇。自动的号手吹奏和神殿大门打开，伴随同时产生的轰隆声，并不是引起恰当地叫做科学所关注的事情。可是，赫罗的著作和概念对物理学知识的传播贡献良多(比较 W. 施密特(Schmidt)的 *Hero's Werke*, Leipzig, 1899 和迪尔斯(Diels)的 *System des Strato*, *Sitzungsberichte der Ber;iner Akademic*, 1893)。

133

就像我们从维特鲁威的叙述中可以学到的，虽然古人拥有基于空气压缩的像所谓的液压机关这样的器械，虽然气枪的发明可以追溯到克特西比乌斯(Ctesibius)，而且这个器械也为居里克(Guericke)所知，可是甚至迟至17世纪，人们对于空气本性持有的概念还是极度奇特的和零散的。因此，我们不必为在这个方向上头一批比较重要的实验引起的智力混乱大惊小怪。假如我们回过头把我们自己转移到这些发现的时代，帕斯卡就玻意耳(Boyle)134 气泵实验所给予的热情描绘是很容易理解的。我们没有看见、几乎没有感觉到和难得给予任何注意的一个事件在四面八方不断地包围我们，洞穿一切事物；它就是生命、燃烧和庞大的力学现象的最重要的条件；的确，还有什么能够比这样的突然发现更为令人惊奇呢。通过伟大的和惊人的揭露，也许在这个场合首先变得明显的是，物理科学并非局限于研究触摸得到的和迟钝感觉的过程。

为了形成某一费时的观念——由于这个观念空气的新概念对人们来说变得更熟悉，只要阅读论空气的一个条目就足够了，这个条目是其所处时代最具启蒙精神的人物之一伏尔泰(Voltaire)①

① 伏尔泰的条目“空气”在他的 *Questions sur lEncyvlopédie par des Amateurs* 第一卷，该条目发表在 *Collection complete des Œuvres de Mr de* ……(vol. xxi, Geneva, 1774, pp. 73～81；包含伏尔泰自己的见解的、在上述正文中提到的部分处在 pp. 77～79)。*Questions* 首次于1770～1772年间在第七卷发表，条目“空气”在第一编(1770年)。*Dictionnaire Philosophique* 首次于1764年出版，在1767～1776年的各种后继版本中大加扩充。编者德·克尔(de Kehl)在1785～1789年间把各种作品包括在单一的书名 *Dictionnaire Philosophique* 之下，即就是 *Dictionnaire Philosophique*、*Questions*、题名为 *L'Opinion par l'Alphabet* 的词典原稿、伏尔泰在鸿篇巨制 *Encyvlopédie* 中的条目和预定为 *Dictionnaire de l'Académie Française* 撰写的几个条目。条目“空气”包含在M. 伯绍(M. Beuchot)的 *Œuvres de Voltaire*(72 volumes, Paris, 1829), vol. xxvi, pp. 136～147中。

OTTO DE GUERICKE
Serenifs: ac Potentifs: Elector: Brandeb:
Confiliarius et Civitat. Magdeb. Conful.

居里克

于1764年在他的出自《百科全书》(*Encyvlopédie*)的《哲学词典》(*Dictionnaire Philosophique*)里撰写的，这一年在居里克、玻意耳和帕斯卡之后一个世纪，在卡文迪什(Cavendish)、普里斯特利(Priestley)、伏打(Volta)和拉瓦锡(Lavoisier)的发现之前不长时间；条目写道，空气是不可见的，十分普遍地是不可察觉的；我们归属于空气的一切功能都能够通过可察觉的呼气履行，我们没有根据怀疑呼气的存在。空气如何能够使我们同时听见旋律的不同音调呢？关于空气和以太存在的确定性，它们处于相同的水准。

136 2. 在伽利略时代，哲学家用所谓的害怕真空(horror vacui)——自然厌恶真空——说明空吸现象、注射器和泵的作用。自然被认为通过占有第一个邻近的事物——不管它是什么，通过立即填满包括它在内的任何已经产生的空虚的空间，具有阻碍真空形成的能力。撇开这个观点包含的无事实根据的、思辨的要素不谈，必须承认，它确实在某种程度上描述了现象。有能力阐明它的人实际上必须在现象中识别某个原理。可是，这个原理并不适合所有实例。据说，伽利略听到新近建造的、为十分长的空吸管附带提供的气泵时感到极为惊奇，因为气泵不能把水提升到大于18意大利厄尔(ells)的高度。他的第一个想法是，害怕真空(或抗拒真空(resistenza del vacuo))具有可计量的力量。他把水能够被空吸提升的最大高度称为限制性高度(altezza limitatissima)。而且，他试图直接确定能够把在底部静止的恰好紧贴的活塞从密闭的泵的活塞洞中抽出的重量。

3. 托里拆利想出利用汞柱代替水柱测量对真空的阻力的主意，他期望得到水柱长度约 1/14 的汞柱。他的期望被维维安尼(Viviani)在 1643 年以众所周知的方式完成的实验确认了，这在今天却冠以托里拆利实验的名称。把一米多一点长度的玻璃管一端密闭，并充满水银，用手指堵住开口端，在水银盘中颠倒过来，置于竖直位置。移去手指时，汞柱下降，并且总是停留在大约 76cm 137 不动。根据这个实验，情况变得完全可能，某一十分确定的压力强使液体转为真空。托里拆利马上推测，这是什么压力。

在此之前某个时候，伽利略努力确定空气的重量，他先称量只容纳空气的玻璃瓶的重量，接着通过加热部分排除空气之后，称量瓶子的重量。由此可知，空气是有重量的。但是，对于大多数人来说，害怕真空和空气的重量是关系十分疏远的概念。很可能，在托里拆利的例子中，两个观念充分接近起来，以至导致他相信，归因于害怕真空的一切现象，都可能以简单的和逻辑的方式用液柱——空气柱——的重量施加的压力来说明。因此，托里拆利发现了大气压；他也第一个借助他的汞柱观察到大气压的变化。

4. 托里拆利实验的消息在法国由梅森(Mersenne)加以传播，唤醒了帕斯卡在 1644 年的认识。实验的理论的报道大概不完善，以至帕斯卡觉得有必要独立地深思定理。(*Pesanteur de l'air.* Paris, 1663.)

他用水银和长度为 40 英尺的水管，更确切地是红酒管，重复这个实验。他通过倾斜管子很快使自己深信，液柱上部的空间确实是真空；他发觉自己不得不捍卫他的同胞激烈攻击的这个观点。

138 帕斯卡指出一种产生真空的容易的方式,即在水下用手指封闭玻璃注射器的管子,然后没有多大困难地往回抽,而他们却认为这样做是不可能得到真空的。帕斯卡附带表明,充满水的40英尺高的弯曲虹吸管不流动,但是在相对于直立姿势充分倾斜的情况下能够变得流动。用水银在较小的尺度上可以做相同的实验。同一虹吸管流动或不流动,随它处在倾斜的位置或竖直的位置而定。

在完成后者时,帕斯卡特意提及大气重量的事实和由这个重量引起的压力。他表明,像苍蝇这样的小动物,在它们本身不受伤害的情况下,能够在流体中忍受高压,只要压力在所有方向相等;他立即把这一点应用到鱼和生活在空气中的动物的例子。实际上,帕斯卡的主要功绩是,在液体压力(水压力)制约的现象和大气压制约的现象之间建立起完备的类比。

5. 帕斯卡通过一系列实验表示,水银由于大气压的缘故以相同的方式上升到不包含空气的空间,就像水由于水压的缘故以这样的方式上升到不包含水的空间一样。如果使较低端系有水银袋的管子下沉到充满水的深容器中(图81),但是浸入得让管子的上

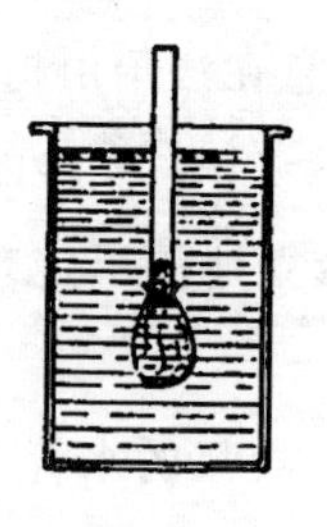

图81

端露出水，从而只包含空气，那么管子在水中下沉得越深，受到持续增加的水压作用的水银在管子将上升得越高。用虹吸管或用在其较低端开口的管子，也能够做这个实验。 139

毫无疑问，正是留心考虑这个现象，才导致帕斯卡得到这样一个观念：气压计柱在山顶比在山脚必定要低，因而能够利用它确定山的高度。他把这一观念通知他的内兄弟佩里耶(Perier)，佩里耶毫不拖延地在多姆山顶成功地完成了实验(1648 年 9 月 19 日)。

帕斯卡把与附着平板相关的现象归诸大气压，他给予这一点以原则性的说明：当突然提起平放在桌子上的大帽子时，便要经受有关的阻力。木头黏着在水银容器的底部是同类现象。

帕斯卡利用水压，模仿大气压在虹吸管中产生的流动。三臂管 abc 有两个开口的不相等的臂 a 和 b(图 82)，把它伸入到水银容器 e 和 d。接着，如果把整个布置浸入深的水容器，可是要使开口的长分支伸出上表面，那么水银将在分支 a 和 b 中逐渐地上升，

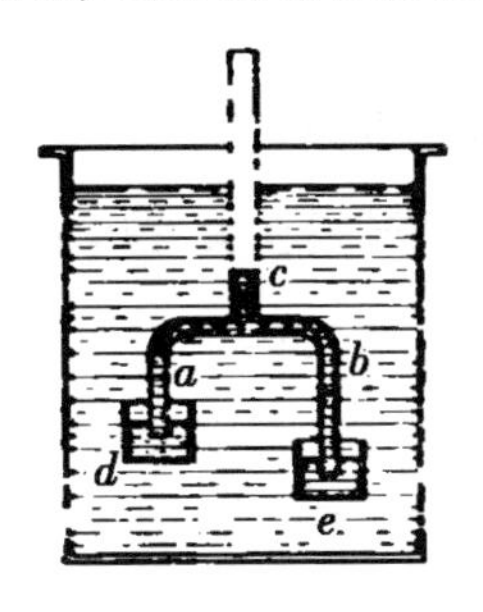

图 82

汞柱最后合二为一，水银流开始通过在上面向空气敞开的虹吸管从容器 d 向容器 e 流动。

140　托里拆利实验被帕斯卡以精巧的方式修正了。形状 $abcd$ 的管子(图 83)的长度是普通气压计管子的两倍，给它充满水银。用

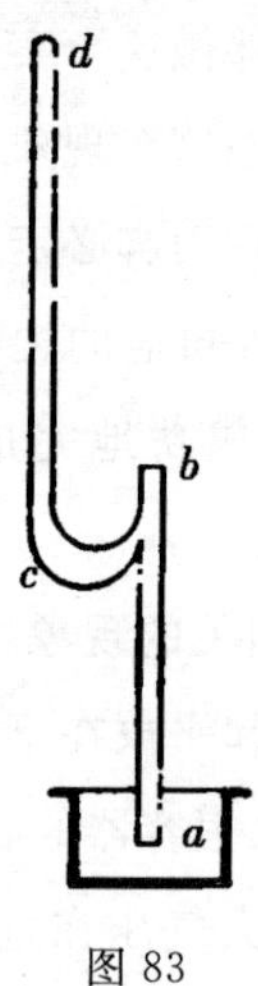

图 83

手指封闭开口 a 和 b，并把管子放在水银盘中，使一端 a 向下。现在，若敞开 a，在 cd 的水银将在 c 落入扩张的部分，在 ab 的水银将下沉到普通气压计汞柱的高度。真空在 b 产生，它向下有力地压迫封闭小孔的手指。若 b 也敞开，在 ab 的汞柱完全下沉，而在扩张部分 c 的水银由于现在暴露在大气压下，将在 cd 上升到气压计汞柱的高度。在没有气泵的情况下，几乎不可能比帕斯卡所做的那样以更简单和更精巧的方式把实验和逆实验结合起来。

6. 关于帕斯卡的高山实验，我们将增添下述简要的补充评论。设 b_0 是气压计在海平面之高，设它在海拔 m 米处下降到 kb_0，这里 k 是真分数。再向上海拔 m 米，我们必定期望得到气压计之高

$k \cdot kb_0$，由于我们在这里通过空气层，此处空气的密度与头一处的空气密度相比是 $k:1$。如果我们向上行进到海拔高度 $h=n \cdot m$，那么气压计之高将是

141

$$b_h = k^n \cdot b_0 \text{ 或者 } n = \frac{\log b_h - \log b_0}{\log k} \text{ 或者}$$

$$h = \frac{m}{\log k}(\log b_h - \log b_0).$$

我们看到，该方法的原理是十分简单的原理；它的困难唯一地是由不得不加以注意的多种多样并行的条件和矫正引起的。

7.我们把在空气静力学领域最原创的和最富有成果的成就归功于奥托·冯·居里克。总的来说，他的实验似乎受到哲学思辨的启发。他完全以他自己的方式进行；1654 年，他在雷根斯堡帝国议会首次从瓦勒里阿努斯·马格努斯(Valerianus Magnus)那里听到托里拆利实验，1650 年前后他在这个地方曾经演示过他做出的实验发现。他的建造水气压计的方法确认了这个陈述，水气压计与托里拆利的气压计全然不同。

居里克的书(*Experimenta nova, ut vocantur, Magdeburgica*, 1672)使我们了解他所处时代人们采取的狭隘观点。他通过个人的努力能够逐渐抛弃这些观点并获得比较广泛的观点，这个事实有利于为他的智力能力辩护。我们惊讶地察觉，把我们与科学的原始野蛮状态分开的时间间隔是何其之短，我们不再会感到惊异，社会秩序的原始野蛮状态还如此压制我们。

在这本书的引言和其他各个地方，居里克在他的实验研究中

142

居里克的第一个实验(*Experim. Magdeb.*)

谈到对与《圣经》分手的哥白尼(Copernicus)体系的种种反对意见(他力图使反对意见变成无效的),并讨论诸如天堂的方位、地狱的地点和审判的日期这样的论题。关于空虚空间的探究占据该著作的显著部分。 143

居里克认为空气是物体的呼气或气味,我们察觉不到这一切,是因为我们从孩童时起就习惯于它。他了解,空气通过热效应和冷效应改变它的体积,它在赫罗球(Hero's Ball)或 Pila Heronis(赫罗球)中是可压缩的;在他本人实验的基础上,他给出空气在20厄尔高度时的压力,并明确谈到它的重量,该重量迫使火焰向上。

8. 为了产生真空,居里克首次使用了充满水的木桶。把消防车的泵固定到木桶的较低端。可以想到,水随着活塞和重力的作用会下降,并被泵出。居里克期待,空虚空间能够依然存在。泵的扣件屡次证明太易于破损,由于重压在活塞上的大气压的缘故,相当大的力使得它运动。在增强扣件后,三个大力士最终完成了抽气。但是,其间空气以发出巨响的强劲气流通过木桶的结缝涌入,结果没有得到真空。在后续的实验中,把抽空水的小木桶浸没在同样充满水的较大木桶中。可是,在这个实例中,水也逐渐地强行进入较小的木桶。

鉴于以这种方式证明木材是不适合于该意图的材料,鉴于居里克在最后的实验中表示要取得成功,现在这位哲学家采用一个巨大的中空的铜球,冒险直接抽空空气。一开始,成功地和容易地进行抽取。但是,在活塞运动几个冲程之后,泵的运动变得如此困 144

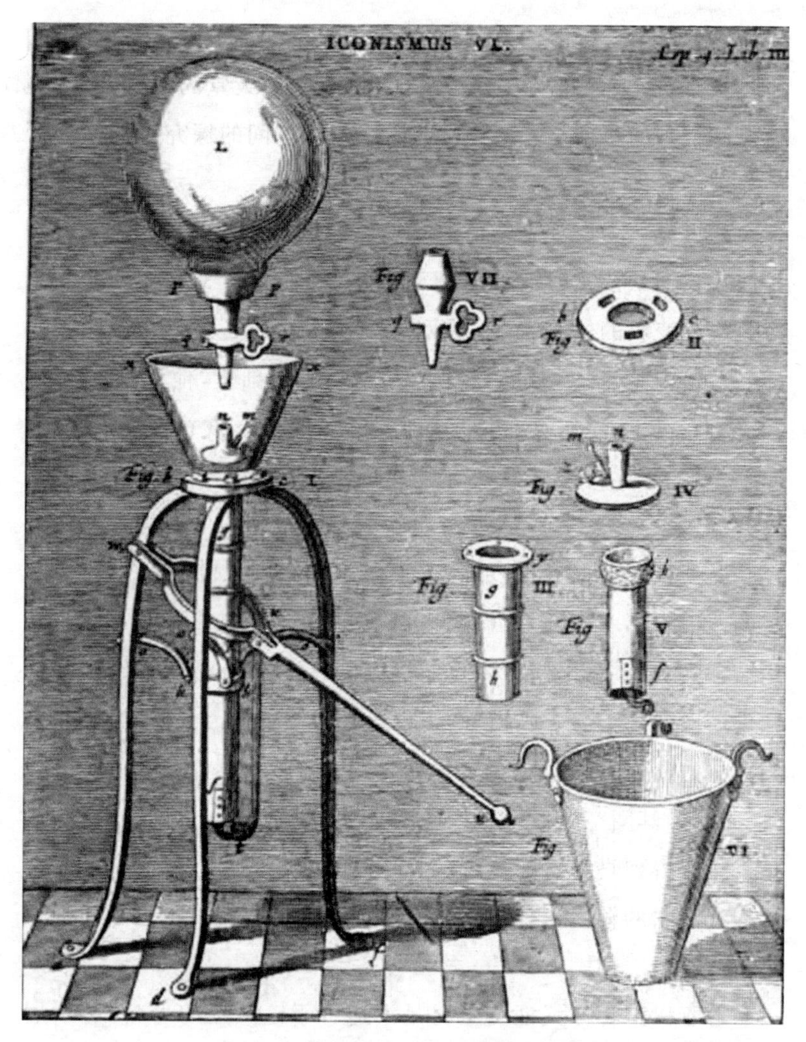

居里克的气泵(*Experim. Magdeb.*)

难,以致四个壮汉(viri quadrati)使出他们最大的力气,几乎一点也不能移动活塞。在更进一步抽气时,球突然瘪陷,伴随猛烈的噼啪声。最后，借助完美的球形铜容器，成功地产生真空。居里克描绘了空气在旋塞的空隙挤入的巨大力量。

9. 在这些实验之后，居里克建造了独立的气泵。安装一个巨大的玻璃球容器，用可分离的大塞子把它封闭，在塞子上安有管闩。通过这个管道，把必须提供给实验的物件置于容器。为了保证更为完善的密闭，必须借助它的管闩把容器放置在水下，在水下部把泵体本身置于三角支撑物上。随后，在实验中也使用了与抽空的球连接的分开的容器。 145

居里克用这个器械观察到的现象是多种多样的。正如居里克陈述的，真空中的水在撞击容器侧边发出响声，空气和水剧烈闯入突然敞开的被抽空的容器，在液体中吸收的气体在抽空时逃逸，它们的芳香气味释放出来，这一切都立即被注意到了。点燃的蜡烛在抽空空气时熄灭了，正像居里克猜测的，这是因为它从空气中获取它的滋养。恰如他引人注目地评论的，燃烧不是毁灭，而是空气的转化。

铃在真空中不响。鸟在真空中死亡。许多鱼肿胀起来，并最终爆裂。葡萄在真空中保鲜达半年以上。

把浸入水中的长管子与抽空的圆筒连接起来，就构成一个水气压计。上升的水柱是19～20厄尔高；居里克用大气压原理说明了所有归因于害怕真空的效应。 146

一个重要的实验在于先称量充满空气的容器，后称量抽空空气的容器。结果发现空气的重量随着环境的变化而变化；也就是说，随着温度和气压计的海拔高度而变化。按照居里克的看法，在空气和水之间并不存在确定的重量比率。

但是,对当代世界留下最深刻的印象是由与大气压相关的实验造成的。由两个相互紧紧扣在一起的半球形成的抽空的球,要用十六匹马的拉力才能拉开,并伴随猛烈的噼啪声。把同样的球悬挂在秤杆上,并使负重的秤盘连接到较低的一半。

大泵的气缸被活塞密封。把绳索缚在活塞上,绳索通向滑轮,并被分为多支,许多人拉绳子。把汽缸与抽空的容器一连接,拉绳子的人就摔倒在地。以类似的方式,可以提升庞大的重物。

居里克提到作为某种已知的东西的压缩空气枪,并独立地建造一个器械,可以恰当地把它叫做稀薄空气枪。子弹通过突然抽空枪管,靠内部的大气压驱动,在枪管的末端把封闭它的皮革阀推到一边,从而以显著的速度继续它的飞行。

把密闭的容器带到山顶并打开,容器漏出空气;以相同的方式带下山,它们吸入空气。从这些实验以及其他实验中,居里克发现空气是有弹性的。

147

10. 早在 1654 年,居里克的研究已经部分地用实验演示了,英国人罗伯特·玻意耳在 1660 年把该研究继续下去。玻意耳必须提供的新实验没有几个。他观察光在真空中的传播和磁铁通过它的作用;借助凸透镜点燃易燃物;把气压计放在气泵的承受器之下,第一个建造平衡流体压力计["静流体压力计"]。他首次观察在抽空空气时被加热的流体的沸腾和水的冻结。

关于在今日广为人知的气泵实验,可以提及落体实验,该实验直率地确认伽利略的观点:当消除了空气阻力时,轻物体和重物体以相同的速度下落。把铅制的枪弹和纸片放在抽空的玻璃管中，使管子处于竖直位置，相对于水平轴迅速转动 180°角，将会看见两个物体同时达到管底。

就定量的数据而言，我们将提及下述情况。由汞的比重 13.60，很容易计算支持 76 厘米汞柱的大气压是 1 平方厘米 1.0336千克。在巴黎海拔 6 米处，1000 立方厘米的纯净的、干燥的空气在 0℃和 760 毫米汞柱压力下的重量是 1.293 克；以水作参考，相应的比重是 0.001293。

11. 居里克只知道空气的**一种**类型。因此，我们可以想象，当布莱克(Black)在 1755 年发现碳酸气(固定的空气(fixed air))时，148 当卡文迪什在 1766 年发现氢气(易燃的空气(inflammable air))时，它所激起的兴奋；不久，其他类似的发现接踵而至。气体的不相似的物理性质是十分引人注目的。法拉第(Faraday)用漂亮的演讲实验演示了，它们的重量大相径庭。如果我们把两个烧杯 A、

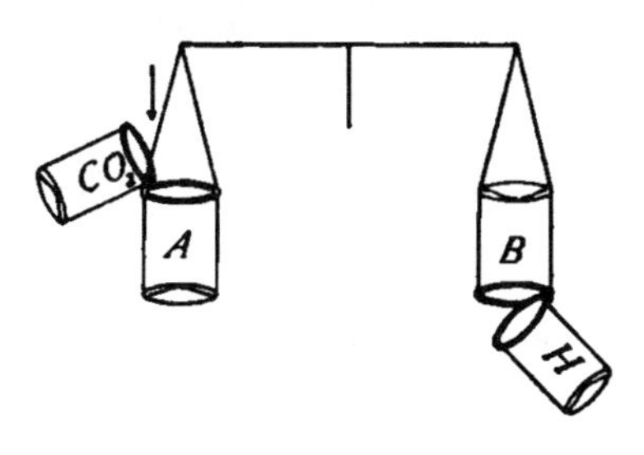

图 84

B 悬挂在处于平衡的天平(图 84)，一个烧杯处在直立位置，另一个烧杯的开口向下，那么我们可以把重的碳酸气从上面倾入一个

烧杯，把轻的氢气从下面注入另一个烧杯。在两个例子中，天平在箭头的方向转动。在今天，正如我们所知，用傅科(Foucault)和特普勒(Toeppler)的光学方法，能够使气体的倾注变得直接可见。

12. 在托里拆利发现之后不久，便做出在实践中利用这样产生的真空的尝试。人们试验所谓的水银气泵。但是，直到本世纪之前，这样的器械还不成功。现在，通常使用的水银气泵实际上是气压计，气压计末端提供大的区域，并如此加以连接，使末端的水准差可以轻易改变。水银代替普通气泵的活塞。

13. 居里克观察到的一个性质即气体的膨胀力，被玻意耳、后来被马略特(Mariotte)更为准确地加以研究。二人发现的定律如下：若 V 被称为给定量的空气的体积，P 是在容纳容器的单位面积上施加的压力，则积 $P \cdot V$ 总是＝常数。若容纳的空气量的体积减小一半，则空气将对单位面积施加双倍的压力；若容纳的空气量的体积加倍，则压力将降低到一半；如此等等，不一而足。正如若干英国作者最近坚持的，他们认为玻意耳而非马略特是通常以马略特的名字流传的定律的发现者，这是完全正确的。这不仅是真实的，而且还必须补充说，玻意耳了解该定律并非精确地成立，而这个事实似乎逃脱了马略特的注意。

149

在弄清这个定律时，马略特寻求的方法倒是很简单的。他用水银不完全地充满托里拆利管，测量容纳的空气的体积，接着做托里拆利实验(图 85)。这样便得到空气的新体积，通过减小汞柱与

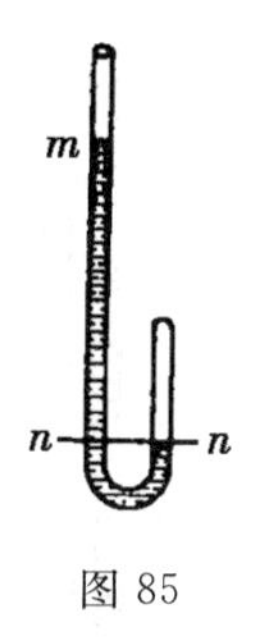

图 85

气压计高度的高差，也可以得到等量空气现在经受的新压力。

为了压缩空气，马略特利用带有水银臂的虹吸管。容纳空气的较小的臂在上端密封；注入水银的较长的臂在上端敞开。空气的体积可在标有刻度的管子读出，把气压计高度添加到水银的水准差。在今天，两个实验装置可用最简单的方式完成，即通过把在顶端封闭的圆筒玻璃管（图 86）rr 扣到竖直的标尺上，并用生橡胶管 kk 把它与第二个开口玻璃管 $r'r'$ 连接起来，$r'r'$ 可以向标尺上方和下方移动。若给管子部分充满水银，不管两个水银面的水准差是多少，都可以通过移动 $r'r'$ 产生，从而观察到包含在 rr 中的空气体积的相应变化。 150

在马略特研究的时节，使他突然想到的是，任何少量的空气能够完全与其余的大气隔离，因而不受后者的重量的影响，也支撑气压计柱；举一个例子，仿佛在那里气压计管的敞开臂被封闭一样。当然，马略特立即发现，对这个现象的简单说明是这样的：空气在围封前必须被压缩到它的张力已经平衡大气重力的压力的程度；也就是说，被压缩到它施加等效的弹性压力的程度。

在这里，我们不愿涉及气泵的安排和使用的细节，从玻意耳和

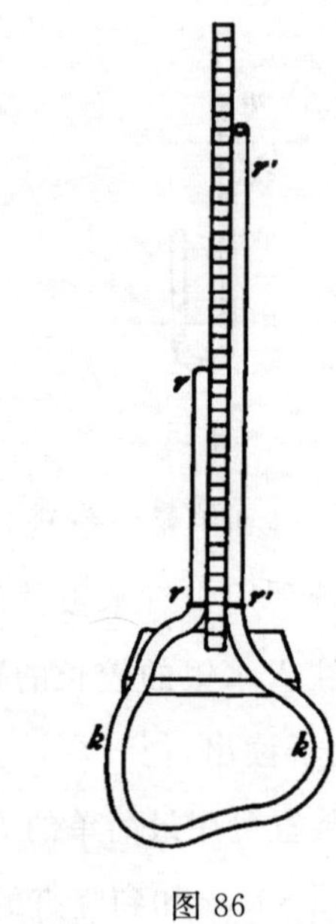

图 86

马略特的定律很容易理解这一点。

14. 对我们来说，唯一遗留的是要看到，空气静力学的发现提供了如此之多新颖的和惊异的东西，以至有价值的智力激励都出自科学。

第二章　动力学原理的发展

（一）伽利略的成就

1. 现在，我们转而讨论动力学的基本原理。这完全是近代科学。古人的力学思索，特别是希腊人的力学思索，全部与静力学有关。仅仅在最不成功的路线上，他们的思考延伸到动力学。我们可以不费气力地辨认这一断言的正确性，即使我们只是片刻考虑一下在伽利略时代亚里士多德学派的人拥有的几个命题。为了说明重物下降和轻物上升（例如在液体中），便假定每一个客体都寻求它的**处所**（place）：重物的处所在下面，轻物的处所在上面。运动被一分为二：其一是作为下降运动的自然运动，其二是例如像抛射体运动这样的极端运动（violent motion）。从少数几个表面的经验和观察，哲学家就断定，重物下落得比较快，较轻的物体下落得比较慢，或者更准确地讲，重量较大的物体下落得比较快，重量较小的物体下落得比较慢。由此可以足够明显地看出，希腊人的动力学知识是无足轻重的。而且，亚里士多德的观点甚至在中世纪前的古代就碰到反对者。尤其是亚里士多德的有悖常理的见解，即被抛射出去的物体的继续运动是借助**空气**引起的，同时也使

伽利略

空气运动，这显然为批评者提供了明显的攻击之点。按照沃尔威 152 尔的研究，公元 6 世纪的一位作家菲洛波努斯(Philoponos)就明确辩驳这个观点——与每一个健全的本能相反的观点。既然空气操纵每一事物，那么运动的手为什么必须接触石块呢？菲洛波努 153 斯询问的这个自然的问题，并非没有对列奥纳多、卡尔达诺、贝内德蒂、焦尔达诺·布鲁诺(Giordano Bruno)和伽利略施加影响。菲洛波努斯也反驳较大重量下落得较快的断言，并提及观察资料。最后，菲洛波努斯显示出近代的特征：他否认任何趋向**位置本身**(position in itself)的力量，而把保持它们的秩序的努力赋予物体(参见 Wohlwill，"Ein Vorgänger Galilei's im 6. Jahrhundert，" *Physik. Zeitschrift von Riecke und Simon*，7. Jahrg，No. 1，pp. 23～32.)。

伽利略的最重要的前辈之一是列奥纳多·达·芬奇(1452～1519)，我们在另一处已经提到他。就列奥纳多的成就而言，在当时不可能影响科学的发展，其理由在于，这些成就通过 1797 年的文图里(Venturi)版本才首次变得为人所知。列奥纳多了解顺斜面下降的时间和斜面高度的比率。人们也屡屡把惯性定律的知识归功于他。对任何正常的人来说，都不会否认一度开始的运动持续下去的某种类别的本能知识。但是，列奥纳多似乎比这走得更远。他知道，可以把一张纸从阻止它的一叠纸中抽出而不扰动其他纸张；他了解，阻力越小，运动的物体运动得越远；不过，他相信物体将运动与冲力(impulse)成比例的距离，而且他在任何地方都没有明确谈到，当统统消除阻力时运动的持续性。(比较 Wohlwill，*Bibliotheca Mathematica*，Stockholm，1888，p. 19.)

伽利略的直接前辈贝内德蒂(1530～1590)懂得,落体是被加

154 速的,并说明加速度是由于重力的冲力的累积作用,恰如石块借助投石器的抛射力的增加被归结为冲力的聚集一样。按照贝内德蒂的观点,这样的冲力具有迫使物体在直线上向前的倾向。被水平地抛射的物体比较慢地趋近地球;因而,地球的重力似乎被部分地削减了。旋转的陀螺不跌倒,而处在它的轴的端点,因为它的部分相对于轴具有切向的和垂直的飞离倾向,而且决不趋近地面。在没有获得与该问题有关的充分明晰性的情况下,贝内德蒂未把抛射体的连续运动归因于空气的影响,而归因于挤压力(virtus impressa)(G. Benedetti, *Sulle proporzioni dei motu locali*, *Venice*, 1553; *Divers. speculat. math. et physic. liber*, Turin, 1585.)。

2. 在其青年时代(在比萨)的著作中,伽利略似乎是亚里士多德的反对者,因为他向“神圣的”阿基米德表示敬意,这一点通过最近经过校勘的版本已经变得众所周知;而且,作为贝内德蒂的直接继承人,他在向自己提出问题的方式、通常也在他的表达方法两个方面都追随贝内德蒂,然而他却没有引用贝内德蒂。像贝内德蒂一样,他猜想,逐渐减小在抛射体的实例中的“挤压力”(vis impressa)。若抛射体向上,则挤压力转变为“轻”(lightness);鉴于这种轻减小,重力便受到向下引导的增加的优势,下落的运动便加速。由于这一观念,伽利略赞同公元前2世纪的古代天文学家喜帕恰斯(Hipparchus),但是却没有公正评判贝内德蒂关于下落加

155 速度的观点。例如,按照喜帕恰斯和伽利略的看法,当挤压力全部

被克服时，下落的运动必定**匀速的**。

在这本书的先前版本中，伽利略的研究的表达基于他的1638年的最后著作《论数学证明》(*Discorsi e dimostrazioni matematiche*)。[①] 可是，他的后来变得为人所知的原初注释在他的发展过程却导致不同的观点。关于这些观点，我基本上采纳了E.沃尔威尔的结论(*Galilei und sein Kampf für die Kopernikanische Lehre*, Hamburg and Leipzig, 1909)。伽利略在定居帕多瓦的更为成熟老练和富有成果的时期，他丢开关于“为什么”(why)的疑问，而探究能够观察到的许多运动的“如何”(how)。对抛射体路线的考虑和它作为水平的匀速水平运动和下落的加速运动的组合的概念，使他能够识别这个路线是抛物线，因而下落通过的空间与下落时间的平方成比例。关于斜面的静力学研究导致考虑沿着这样的斜面下落，也导致观察振动的摆。从以前理解的关于摆的观察和经验似乎可以看出，沿着一系列斜面下落的物体，借助如此获得的速度，只能够在任何一系列其他斜面上升高到原来的高度。换句话说，通过下落获得的速度仅仅取决于下落的距离。最后，伽利略达到匀加速运动的定义，而匀加速运动具有下落运动的特性，反过来，所有把他导向他的观点的辅助定理都能够从匀加速运动演绎 156 地推导出来。

① 有A. J.冯·厄廷根(A. J. von Oettingen)翻译的 *Discorsi e dimostrazioni matematiche* 的方便的德文注释版本，它在 *Ostwald's Klassiker der exakten Wissenschaften*, Nos. pp. 11, 24, 25；亨利·克鲁(Henry Crew)和阿尔丰索·德萨尔维奥(Alfonso de Salvio)的英译本冠以书名 *Dialoques concerning Two New Sciences*, New York, 1914.

专注于贝内德蒂的研究的G.瓦伊拉蒂(Atti della R. Acad. Di Torino,XXXIII.,1898)发现,贝内德蒂的主要功绩是,他使亚里士多德的观点受到数学的和批判的审查和矫正,努力揭露它们的内在矛盾,从而为进一步的进步铺平道路。他熟悉,亚里士多德的假定即落体的速度反比于周围媒质的密度,是站不住脚的,只有在特例中才是可能的。设下降速度与$(p-q)$成比例,在这里p是物体的重量,q是由于媒质向上的冲力。若在双倍密度的媒质中只产生一半的下降速度,则方程$p-q=2(p-2q)$必须存在,这个关系只有在$p=3q$的实例中才是可能的。就贝内德蒂而言,轻物体本身并不存在;他甚至把重量和向上的冲力归因于空气。依照他的见解,相同质料的不同大小的物体以相同的速度下落。通过构想起初不连接、然后连接起来的相互并排下落的相等物体,贝内德蒂达到这个结果,在这里连接不能改变运动。在这方面,他接近伽利略的概念,除了后者对该问题采纳更为深刻的观点之外。不过,贝内德蒂也陷入许多错误之中。例如,他相信相同大小和相同形状的物体的下降速度与它们的重量成比例,即与它们的密度成比例。他就物体在通过地球钻通的管道内在地心附近振荡的深思是有趣的,几乎没有包含受到批评的东西。这样一来,他没有充分解谜,但是却准备了解决的途径,尤其是准备了惯性定律发现的途径。

157

3.关于匀加速运动的定义,伽利略长时间犹豫不决。他起初把在其中速度增加与下降路程的长度成比例叫做匀加速运动;按照来自1604年间的一个片段(*Edizione Nazionale*,VIII,pp.

373～374)和在同一时间写给萨尔皮(Sarpi)的信件,他坚持认为,这个概念符合所有事实,可是他在这里犯了错误。依照沃尔威尔的见解,在1609年前后,他不可能克服错误,不可能用速度与运动**时间**的比例定义匀加速运动。当时,他基于不充足的根据离开了他的起初的观点,恰如他较早时候基于不充足的根据接受它一样。像在这本书年代较久的版本中那样,后来提到对这一切的自然说明。我们现在将要考虑,伽利略把什么遗产留给近代思想家。在这里,情况似乎很清楚,他任凭自己受这样的假定引导:在今天能够构想这些假定是来自他的落体定律的或多或少直接的推论;这也许最雄辩地表明他作为研究者的天才和他的发现者的本能。现在,不管伽利略是通过考虑抛射体的抛物线还是用另外的方式达到落体的匀加速运动的知识,我们都不能怀疑,他**同样也**在实验上检验了该定律。伽利略在《论数学证明》中的学说的主要倡导者萨尔维亚蒂(Salviati)向我们保证,他屡次参与实验,并且非常准确地描述了这些实验(*Leopere di Galilei*, *Edizione Nazionale*, VIII, pp. 212～213.)。

用任何直接的手段难以证明,获得的速度与下降时间成比例。158 可是,通过无论什么研究距离随时间增加的定律,却是比较容易的;因而,他从他的假定演绎距离和时间之间的关系,并用实验检验这一点。演绎是简单的、独特的和正确的。他画(图87)一条直线,在直线上分割相继的部分,对他来说这些部分表示流逝的时间。在这些部分的端点,他作垂线(纵坐标),这些垂线表示获得的速度。**因此**,线 OA 的任何部分 OG 标示流逝的下降**时间**,相应的垂线 GH 标示在这样的时间获得的速度。

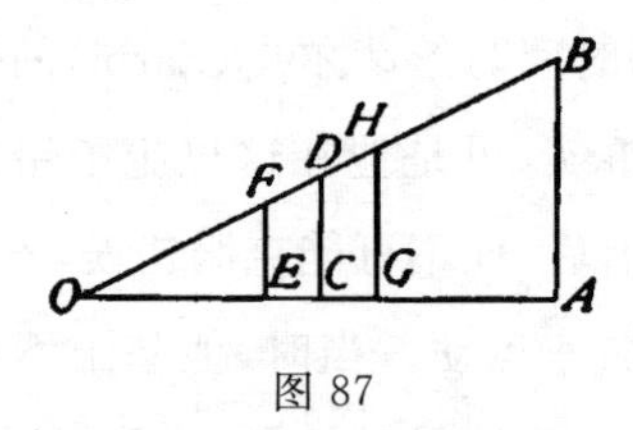

图 87

现在，如果我们把我们的注意力集中在速度的进展，那么我们将随伽利略观察到下述事实：也就是说，在瞬时 C，在流逝的下降时间 OA 的那一半 OC，速度 CD 也是末速度 AB 的一半。

此时，如果我们审查距瞬时 C 时间相等、方向相反的两个瞬时 E 和 G，我们将观察到，速度 HG 超过平均速度 CD，超过的量与 EF 没有达到它的量相同。对于每一个在 C 之前的瞬时，都存在相应的距它相等的在 C 之后的瞬时。因此，在运动的第一半，无论经受什么损失，与具有一半末速度的**匀速**运动比较，这样的损失在第二半都会得以弥补。因而，我们可以把下落通过的距离看做是以一半末速度**匀速地**画出的。相应地，若我们使末速度 v 与下降时间 t 成比例，我们会得到 $v=gt$，在这里 g 表示在单位时间获得的末速度——所谓的加速度。因此，下降通过的空间 s 由方程 $s=(gt/2)t$ 或 $s=gt^2/2$ 给出。按照假定，在相等的时间间隔内相等的速度连续产生的这类运动，我们称其为**匀加速运动**。

159

如果我们选择下降时间、末速度和横越的距离，那么我们便得到下表：

$t.$	$v.$	$s.$
1	$1g.$	$1\times1\cdot\frac{g}{2}$
2	$2g.$	$2\times2\cdot\frac{g}{2}$

3	$3g.$	$3\times3\cdot\frac{g}{2}$
4	$4g.$	$4\times4\cdot\frac{g}{2}$
…	…	…
	$tg.$	$t\times t\cdot\frac{g}{2}$

4.所得到的 t 和 s 之间的关系为实验证明留下余地；伽利略以我们现在将要描述的方式完成了这个实验证明。

我们首先必须注意，在伽利略时代，在我们现在如此熟悉的这个论题上，没有一点知识和观念，可是伽利略不得不为我们创造这些观念和手段。因此，他不可能像我们今天做的那样行进，而被迫追求不同的方法。他起初力图延缓下降运动，以便可以更准确地观察它。他使球沿斜面（沟槽）向下滚动，观察球的运动情况；假定 160 在这里只是运动的速度可能变小，但是下降定律的形式将依然不用修正。从上端开始，如果在沟槽上标示距离 1、4、9、16……，那么假定用数字 1、2、3、4……将可以代表各自的下降时间，补充说一句，这是一个被确认的结果。伽利略以十分巧妙的方式完成了所需要的时间的观察。在他的时代，没有近代类型的时钟：用伽利略奠定其基础的动力学知识，首次使这样的计时变得可能了。所使用的机械时钟是很不准确的，只有测量大时间间隔才可以利用它。而且，机械时钟主要是使用的水钟和沙漏，它们在外形上还是古人流传下来的样子。当时，伽利略构造了这个类型的非常简单的时钟，他特别把它调整得测量小时间间隔；在那些日子，这不是惯常的事情。它是由横向尺度很大的水容器组成的，在底部有一个用手指封闭的小孔。球一开始沿斜面滚下，伽利略就移开他的手指，容许水流到天平上；当球到达它的路程的终端时，他堵住小孔。因为容器的横向大尺度，液体的压力高度没有可察觉的变化，所以从小孔排出的水的重量与时间成比例。以这种方式实际上表明，时间单纯地增加，而下落通过的空间平方地增加。就这样，实验确认了从伽利略假定出发的推论，随之确认了假定本身。

161 如果我们要理解伽利略一长串想法的话，那么我们必须记住，他在诉诸实验之前，就已经拥有本能的经验。自由落体下落得越长和越远，用肉眼越难追踪；它们对接收它们的手的冲击同样地越厉害；它们打击的声音越响亮。相应地，速度随流逝的时间和横越的空间增加。但是，就科学的意图而言，我们对感觉经验的事实的心理表象必须服从**概念的**系统阐述(formulation)。只有如此，才可以利用这些表象借助抽象的数学法则发现未知的特性，而这些特性被想象成依赖于具有确定的和可归属的算术值的某些初始特性；或者，才可以利用它们完成仅仅部分给定的东西。通过隔离和强调认为具有重要性的东西，通过忽略是次要的东西，通过**抽象**，通过理想化，达到这种系统阐述。实验决定选择的形式是否适合事实。没有某种预先构想的见解，实验是不可能的，因为它的形式是由该见解决定的。如果我们事先对我们要做的事情没有某种模糊的想法，我们能够如何实验并根据什么实验呢？实验必须履行的**完备的**功能完全是由我们在先的经验决定的。实验确认、修正或推翻我们的模糊想法。在类似的困境中，近代的探究者也许会询问：v 属于什么函数？v 是 t 的什么函数？伽利略以他的天才的和原始的方式询问：v 与 s 成比例，v 与 t 成比例吗？就这样，伽利略综合性地**暗中摸索**他前进的道路，但是不管怎样他达到他的目的地。系统的、例行的方法是研究的最后结果，在天才迈出的头一批步伐的处理方法中不可能完美地发展。（比较文章"Ueber Gedankenexperimente," *Zeitschrift für den phys. Und chem. Unterricht*, 1897, I.; *Erkenntnis und Irrtum*, 2nd ed. Leipzig 1906.）162

5. 为了形成斜面概念和自由下降概念之间存在的关系的某种概念，伽利略做出假定：通过斜面的高度下落的物体与通过斜面的长度下落的物体得到相同的末速度。这是一个能够作为相当大胆的假定而打动我们的假定；但是，以伽利略阐述和使用它的方式，它是十分自然的。我们将努力说明引导他达到它的路径。他说：若物体自由下落，则它的速度与时间成比例地增加。此时，当物体到达下面的点时，让我们想象它的速度反转并向上；很清楚，该物体接着将上升。我们观察到，在这个实例中它的运动是映像，可以这么说，它的运动具有它在第一个实例中的运动。于是，鉴于它的速度与下降时间成比例地增加，它现在反过来以那个比例减少。当该物体继续上升与它下降的时间一样长，而达到它起初由以开始下降的高度时，它的速度将减小到零。因此，我们看出，物体借助它在下降时获得的速度，将正好上升到与它下降同样的**高度**。相应地，如果沿斜面下落的物体，当把它置于不同的斜面时，能够获得可以使它上升得比它下落由以开始的点要高一些，那么我们就可能仅仅通过重力影响物体的高度。因而，在这个假定中包含着，物体在下降时获得的速度仅仅依赖于下降通过的**竖直**高度，而 163

与路程的斜度无关;这无非是对下述**事实**的无矛盾的理解和认识:重物不具有上升的倾向,而仅仅具有下落的倾向。如果我们竟然假定,与物体通过它的高度下落相比,以种种方式沿斜面长度下落的物体达到较大的速度,那么我们只可能不得不让该物体以获得的速度通过另一个倾斜面或竖直面,以便使它上升到比它由以下落的高度还要大的竖直高度。再者,如果在斜面上获得的速度较小,那么我们只可能不得不颠倒该过程,以便获得相同的结果。在两个例子中,通过适当地安排斜面,能够迫使重物仅仅借助它自己的重量连续向上——这种事态完全与我们关于重物本性的本能知识相矛盾。

6. 在这个实例中,伽利略没有止于对他的假定仅仅做哲学的和逻辑的讨论,而是通过与经验比较检验它。

他采用了有游丝的单摆(图 88),单摆与重球连接。在拉长摆

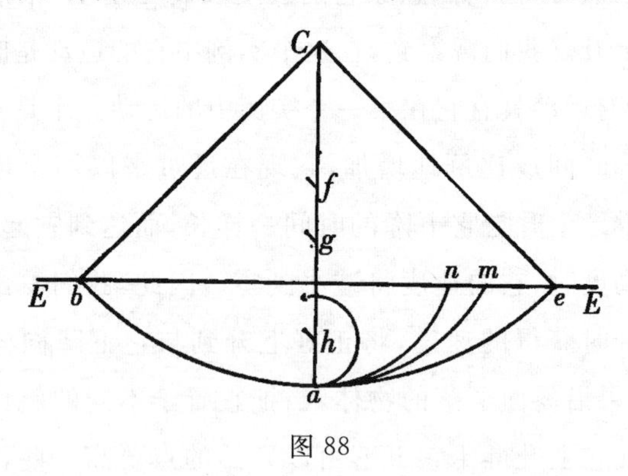

图 88

的全长时把它提升到给定高度的水准,然后让它下落,它在对面上升到同一水准。伽利略说,如果它不是**精确地**如此,那么空气的阻

力必然是亏损的原因。这从下述事实可以推断出来：在软木球的实例中比它在重金属球的实例中亏损较大。不管怎样，撇开这一点，物体在对面上升到相同的高度。现在，认为摆在圆弧的运动是沿着一系列不同斜度的斜面下降的运动，是可以容许的。此时，我们能够和伽利略一起使物体在不同的弧，即在一系列不同的斜面上升高。我们是如此完成这个任务的：在摆竖直垂下时，通过在细线的一侧钉钉子 f 或 g，而钉子将防止线的任何给定的部分参与第二半运动。当细线到达平衡线并撞击钉子时，通过 ba 下落的球将开始沿着一系列不同的斜面上升，画出弧 am 或 an。现在，若斜面的斜度对下降速度有任何影响，那么物体就不能上升到它由以下落的同一水平线水准。但是，它上升到该水准。由于向下把钉子钉得足够低，我们可以像我们乐意那么多地把摆缩短到振荡之半；若向下把钉子 h 钉得如此低，以致细线的半径不能达到平面 E，则球将完全翻转过来，并把细线缠绕在钉子上；因为当它达到它能够抵达的最大高度时，它还有剩余速度留下来。

164
165

7. 如果我们这样假定，在斜面上达到相同的末速度，不管物体通过高度下落还是通过斜面下落——在这个假定中，没有包含比物体借助它下落时获得的速度恰恰上升到它下落的高度更多的东西——那么我们将与伽利略一起很容易察觉到，沿着斜面的高度和长度下降的时间在于高度和长度的简单比例；或者，相同的东西是，加速度反比于下降时间。因而，沿高度的加速度与沿长度的加速度具有长度与高度的比例。设 AB（图 89）是斜面的高度，AC 是斜面的长度。二者将以匀加速运动下降，在时间 t 和 t_1 具有末速

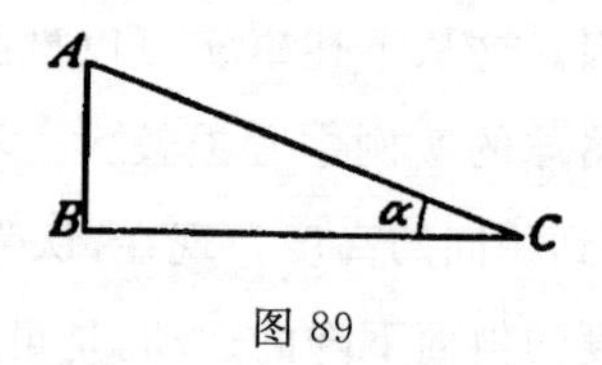

图 89

度 v。因此，

$$AB=\frac{v}{2}t \text{ 和 } AC=\frac{v}{2}t_1,\ \frac{AB}{AC}=\frac{t}{t_1}.$$

若把沿着高度和长度的加速度分别称为 g 和 g_1，则我们也有

$$v=gt \text{ 和 } v=g_1 t_1,\text{在这里 } \frac{g_1}{g}=\frac{t}{t_1}=\frac{AB}{AC}=\sin\alpha.$$

以这种方式，我们能够从斜面上的加速度演绎自由下降的加速度。

166　从这个命题，伽利略演绎几个推论，其中一些已经进入我们的基础教科书。沿着高度和长度的加速度与高度和长度成反比。现在，如果我们使一个物体沿着斜面的长度下落，同时使另一个物体沿着它的高度自由下落，并询问在相等的时间间隔两个物体越过的距离是什么，那么只要让从垂直于长度的 B 下落，该问题的答案便很容易找到(图 90)。这样截断的部分 AD 将是一个物体在

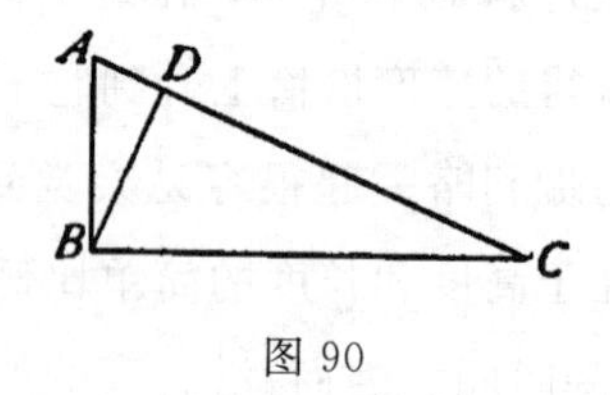

图 90

斜面上越过的距离，而第二个物体通过斜面的高度自由下落。

如果我们在作为直径的 AB 上画圆(图 91)，该圆将通过 D，

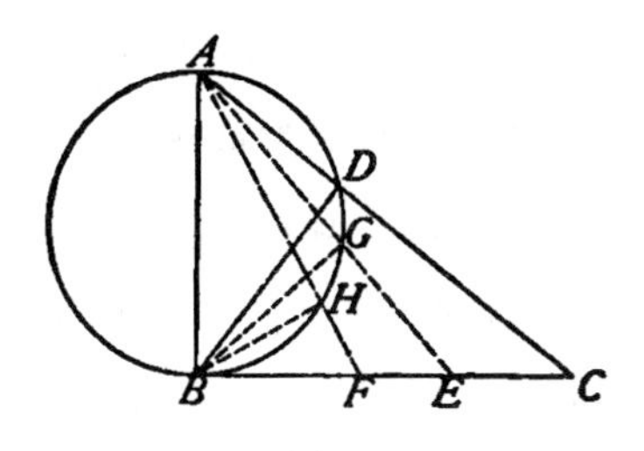

图 91

因为 D 是直角。于是会看见，我们能够想象通过 A 的、具有任何倾斜度的任何数目的斜面 AE、AF，而且在每一个实例中，作为竖直直径本身的落体将在相同的时间越过从直径的上端在这个圆上所画的弦 AG、AH。显而易见，只是由于长度和斜度在这里是基本的，我们也可以从该直径的较低端画上述的弦，并一般地说：圆的竖直直径是由下落的质点在相同的时间画出的，以至于通过无论哪一端的任何弦都是如此画出的。 167

我们将介绍另一个推论，这个推论通常不再以伽利略给予它的优美形式收编在基本的阐述中。我们想象在竖面上从公共点辐射的、处于与水平线不同倾斜度数目的沟槽(图 92)。我们把同样

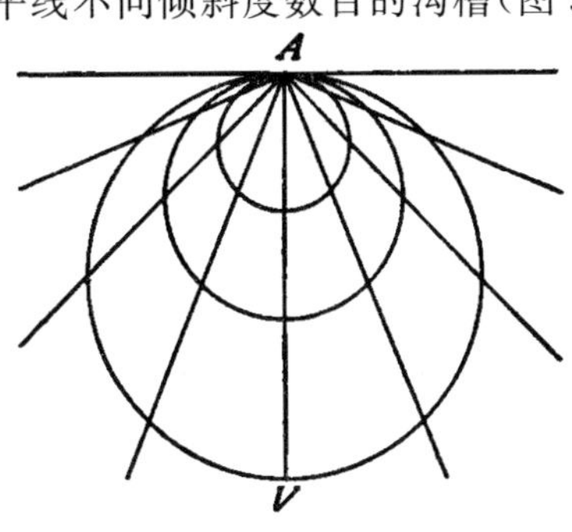

图 92

数目的重物放在它们的公共端 A，使它们同时开始它们的下降运动。在任一时间瞬时，物体将总是形成圆。在较长的时间流逝之后，会发现它们处在较大半径的圆上，而半径与时间的平方成比例地增加。如果我们想象在空间而不是在平面辐射的沟槽，那么落体将总是形成球，球的半径与时间的平方成比例地增加。通过想象图形绕竖直的 AV 旋转，便会察觉到这一点。

8. 我们看到，伽利略并非仅仅为我们提供物体下落的**理论**，而且在完全没有预先形成见解的情况下，他研究和确立了下落的**实际事实**，这一点值得再次扼要地加以注意。

在这个场合，由于逐渐地使他的思想**适应**事实，处处在逻辑上遵守他已经得到的观念，他想出一个概念，也许他本人不像他的后继者那样过多地把这个概念看做新定律。伽利略为了最大的科学利益，在他的所有推理中遵循一个原理，这个原理可以近似地称为**连续性原理**。一旦我们达到适用特殊实例的理论，我们便逐渐地行进，在思想上尽一切可能修正那个实例的条件，并在这样做时始终努力尽其所能地紧密依附原先得到的概念。为了以最小的理智和情感耗费，导致对**最简单的**、也是可以达到的一切自然现象的理解，没有更可靠地预测的程序性方法。

一个特例将比任何一般的评论更清楚地表明，我们意指什么。伽利略考虑(图 93)一个物体，该物体正沿着斜面 AB 下落，并且以这样获得的速度比如被置于第二个斜面 BC，从而登上这个斜面。在所有斜面 BC、BD 等等之上，它上升到通过 A 的水平面。但是，正如它在 BD 上比它在 BC 上以较小的**加速度**下落一样，如

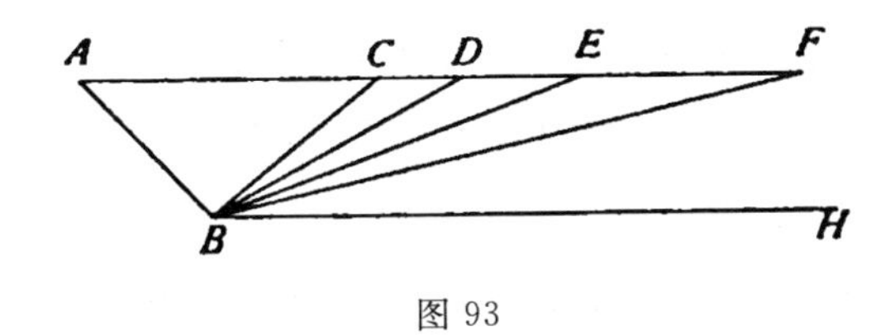

图 93

此类似地，它将在 BD 上比它将在 BC 上以较小的**减速度**（retardation）上升。斜面 BC、BD、BE、BF 越接近水平面 BH，物体在这些斜面上的减速度会越小，它在它们上面运动得会越长和越远。在水平面 BH 上，减速度**完全**消失（不用说，这是忽略了摩擦和空气的阻力），物体将继续以**恒定的**速度运动得无限长和无限远。就这样，在推进到所描述的问题的有限实例时，伽利略发现所谓的惯性定律；按照该定律，在没有力的影响的情况下，就是在没有改变运动的特殊境况影响的情况下，物体将永远保持它的速度（和方向）。我们不久将重提这个论题。 169

在《民族心理学杂志》（*Zeitschrift für Völkerpsychologie*，1884，XIV.，pp. 365～410 和 XV.，pp. 70～135，337～387.）冠以标题"惯性定律的发现"（Die Entdeckung des Beharrunggesetzes）的详尽无遗的研究中，E. 沃尔威尔表明，不仅伽利略的前辈和同代人，甚至伽利略本人，为接受惯性定律，只是**非常渐进地**放弃了亚里士多德的概念。即使在伽利略的心智中，匀速圆周运动和匀速水平运动还占据独特的位置。沃尔威尔的研究是非常令人满意的，它表明伽利略在他自己的新观念中还未达到明察秋毫的程度，倾向于频频返回可以被期待的旧观念。

实际上，从我自己的阐述中，读者也许会推断，在伽利略的心智中，惯性定律并不具有它后来获得的明晰性和普遍性的程度。（比较“*Erhaltung der Arbeit*，” p. 47.）无论如何，关于我刚才描述的阐明，不管沃尔威尔和波斯克的见解，我还是相信我已经指出的要点：对伽利略及其后继者双方而言，该要点必定以最有利的眼光给出了从旧概念向新概念的**转变**。多少东西对于绝对理解是够格的，可以从下述事实推测：巴利亚尼（Baliani）毫无困难地能够从伽利略关于所获得的速度不会消灭的陈述——沃尔威尔本人指出的一个事实（p. 112）——得出。根本不用奇怪，在处理**重**物的运动时，伽利略把他的惯性定律唯一地应用于水平运动。可是，他知道，**不具有重量**的滑膛枪弹球能够在枪管的方向在它的路线上直线地继续飞行。（*Dialogues on the Two World-Systems*，德译本，Leipzig，1891，p. 184.）他在用它的普遍术语阐述乍看起来似乎是如此令人吃惊的定律时犹豫不决，也就不会使人大惊小怪了。

9. 因而，伽利略实际上发现存在的下落运动，是速度与时间成比例地增加的运动——所谓的匀加速运动。

正如有人在某个时候所做的，尝试从重力的恒定作用推导落体的匀加速运动，是时代错误，是十足非历史的。“重力是恒定的力；**因而**，在相等的时间元它引起相等速度增加；于是，所产生的运动是匀加速的。”任何像这样的阐明只能是非历史的，只会以虚假的眼光表达整个发现，其理由在于，像我们今天持有的力的概念是伽利略第一个创造的。在伽利略之前，**力**仅仅是作为**压力**为人所知。现在，没有一个不从经验学习它的人能够知道压力一般地产生运动,更不用说能够知道压力**以什么方式**进入运动;由它决定的不是位置,也不是速度,而是加速度。这不能在哲学上从概念即它本身演绎出来。就它可以提出猜测。但是,唯有经验能够确定地使我们了解它。 171

10. 因此,决定运动的条件,也就是力,直接产生加速度,用任何手段都无法使之自明。对物理学的其他领域投以一瞥,立即会使这一点变得很清楚。由温度差决定的不是补偿的**加速度**,而是补偿的**速度**。

正是**加速度**,是决定运动的条件即力的直接结果,这是伽利略在自然现象中**察觉到**的一个事实。在他之前的其他人也察觉到许多事情。一切事物寻求它的处所断言,也包括正确的观察。不过,该观察并不适用于所有实例,它不是包罗万象的。如果我们把石块抛向天空,那么它就不再寻求它在下面的处所。但是,朝向地面的加速度,向上运动的减速度,伽利略察觉到的事实还是存在的。他的观察依然是正确的;它更普遍地有效;它把**更多**的东西包含在**任何人**的智力努力中。

11. 我们已经评论过,伽利略完全是附带地发现了所谓的惯性定律。正像我们想要说的,没有力作用的物体保持它的方向和速度不变。这个惯性定律的命运是不可思议的。在伽利略的思想中,它似乎从来也没有起重要作用。但是,伽利略的后继者,特别是惠更斯和牛顿,把它作为一个独立的定律加以详尽阐明。一些人甚至使惯性成为物质的普遍特性。不过,我们将很容易察觉,惯

172 性定律根本不是独立的定律，而是隐含地包括在伽利略的这样一个知觉中：运动的决定性的一切条件即力，产生**加速度**。

事实上，如果力不决定位置，不决定速度，而决定加速度即速度的**变化**，那么可以推断，在不存在力的地方，不会存在速度的变化。以独立的形式阐述这一点是不必要的。在面对所呈现的大量新材料时，初学者也要压倒伟大的研究者，这种窘促只能导致他们把**同一**事实设想为两个不同的事实，并两次详细阐明它。

无论怎样，把惯性描述成自明的，或者从普遍命题"原因的结果持续"(the effect of a cause persists)推导它，统统是错误的。唯有竭力追求僵化逻辑的错误能够导致我们如此离开正道。在目前的领域中，没有用像人们刚才引用的教条命题完成的东西。我们很容易使自己确信，相反的命题"结果的原因持续"(cessante causa cessat effectus)[①]同样有理由支持。如果我们把需要的速度叫做"结果"，那么第一个命题是正确的；如果我们把加速度叫做"结果"，那么第二个命题成立。

12. 现在，我们愿从另一个侧面审查伽利略的研究。他以他那个时代熟悉的概念，即主要在实践技艺中发展的概念，开始他的研究。这种类型的一个概念是速度概念，从考虑匀速运动很容易得到这个概念。如果物体在每一秒时间越过相同的距离 c，那么在 t 秒末越过的距离将是 $s=ct$。我们称在一秒时间越过的距离 c 是
173 速度，并从审查距离和相应时间的任何份额借助方程 $c=s/t$ 得到

① 其意是，一旦没有[这种]原因，也就没有[这种]效果。——中译者注

它，也就是说，用流逝的时间的度量数去除越过的距离的度量数得到它。

此时，在没有心照不宣地修正和扩展传统的速度观念的情况下，伽利略无法完成他的研究。为清晰起见，让我们通过在方向 OA 上画流逝的时间作为横坐标，在方向 AB 上画越过的距离作为纵坐标，在（图 94）1 中描述匀速运动，在 2 中描述可变的运动。

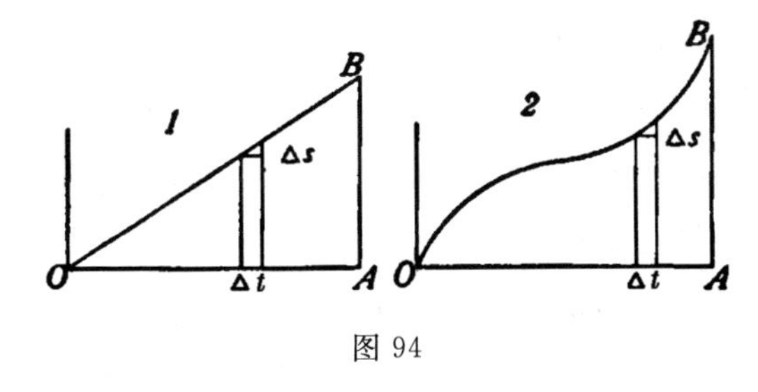

图 94

现在在 1 中，无论距离增量是多少，我们可以用相应的时间增量去除，在所有实例中我们针对速度 c 得到**相同的**值。但是，如果我们在 2 中继续这样做，我们会得到截然不同的值，因此在这个实例中，像通常理解的“速度”一词就不再是毫不含糊的了。不过，如果我们考虑在充分小的时间元内距离的增量，在 2 中的曲线元在这里趋近于直线，那么我们可以认为距离的增量是均匀的。于是，我们可以把在这个运动元中的速度定义为时间元除相应的距离元之商 $\Delta s/\Delta t$。更确切地讲，在任何瞬时的速度被定义为，在该元变成无限小时比率 $\Delta s/\Delta t$ 采取的值——用 ds/dt 标示的值。这个新概念把旧概念作为一个特例包括进来，而且直接可以应用于匀速运动。虽然直到伽利略之后很长时间，像这样扩展的这个观念的确切的系统阐述还没有发生，但是我们仍然看到，他在他的推理 174

中使用它。

13. 把伽利略导向的崭新概念是**加速度**观念。在匀加速运动中，按照像在空间随时间增加的匀速运动中相同的规律，速度随时间增加。若我们称 v 是在时间 t 获得的速度，则 $v=gt$。在这里，g 表示在单位时间速度的增加或加速度，我们也可以从方程 $g=v/t$ 得到它。当开始研究可变加速运动时，这个加速度概念不得不经历类似于速度概念的扩展。如果在 1 和 2 中，把时间再次画成横坐标，而现在把**速度**画成纵坐标，那么我们可以重新通过先前推理的整个系列，并把加速度定义为 dv/dt，在这里 dv 表示速度的无限小增量，dt 表示相应的时间增量。在微分记法中，针对**直线**运动的加速度，我们有 $\varphi=dv/dt=d^2s/d^2t$。

而且，在这里发展的观念是容许图示的。如果我们把时间画成横坐标，把距离画成纵坐标，那么我们将察觉，距离曲线的斜率度量在每一瞬时的速度。如果我们以类似的方式表达时间和速度，那么我们看到，速度曲线的斜率度量该瞬时的加速度。实际上，后一个斜率的进程也能够在距离曲线中追踪，这一点可以从下

175

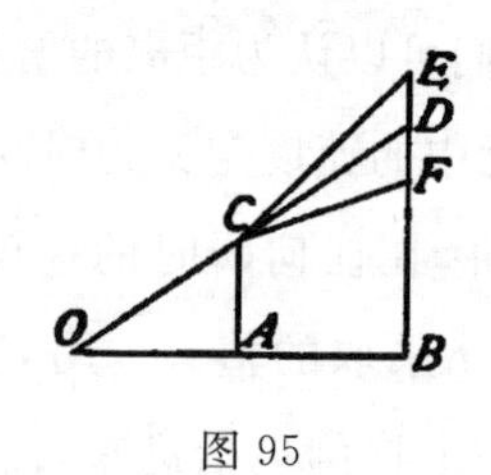

图 95

述考虑察觉出来。以通常的方式(图 95)，让我们想象用直线 OCD 描绘的匀速运动。让我们把在第二半时间速度变得较大的运动

OCE 与它比较，并把速度以相同的比例变得较小的另一个运动 OCF 与它比较。相应地，在第一个实例中，针对时间 $OB=2OA$，我们必须作大于 $BD=2AC$ 的纵坐标；在第二个实例中，我们必须作小于 BD 的纵坐标。于是，我们毫无困难地看到，距离之凸到时间横坐标轴的曲线对应于加速运动，距离之凹到时间横坐标轴的曲线对应于减速运动。如果我们想象一支铅笔做任何类型的竖直运动，在它运动时，使一张纸在它前面从右向左均匀地划过，于是铅笔完成图 96 中的图样，我们将能够从图样辨识运动的独特性。在 a 铅

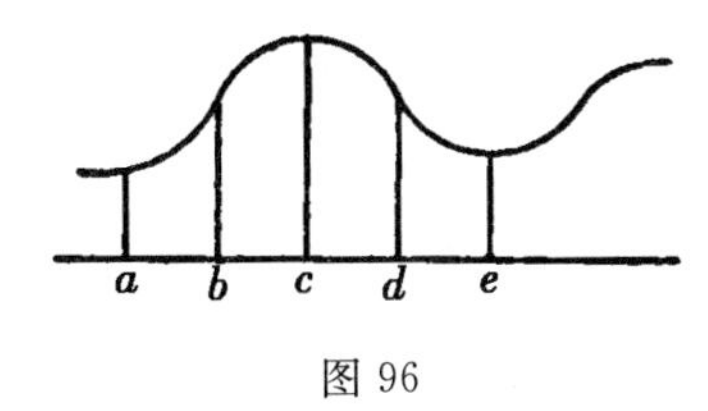

图 96

笔的速度向上，在 b 它较大，在 c 它等于 0，在 d 它向上，在 e 它再次等于 0。在 a、b、d、e 加速度向上，在 c 加速度向下；在 c 和 e 它最大。

14. 伽利略发现的东西的扼要描述最好用时间、所要求的速度和所越过的距离的一览表　176

$t.$	$v.$	$s.$
1	$1g.$	$1\cdot\frac{g}{2}$
2	$2g.$	$4\cdot\frac{g}{2}$
3	$3g.$	$9\cdot\frac{g}{2}$
…	…	…
t	$tg.$	$t^2\cdot\frac{g}{2}$

完成。但是，数字是如此简单的定律——人们立即可以辨认出来——的必然结果，致使没有什么东西妨碍我们用**它的作图法则**代替一览表。如果我们审查把第一列和第二列关联起来的关系，我们会发现，可以用方程 $v=gt$ 表达它，通过对它做最后分析，该方程无非是就一览表头两列作图的缩写说明。关于第一列和第三列的关系由方程 $s=gt^2/2$ 给予。第二列和第三列的关联用 $s=v^2/2g$ 描述。

在三个关系

$$v=gt$$

$$s=\frac{gt^2}{2}$$

$$s=\frac{v^2}{2g}$$

中，严格地讲，伽利略仅仅使用过头两个。惠更斯是对第三个关系表达较高赏识的第一人，他在这样做时为重要的进展奠定了基础。

177 15. 与这个十分有价值的一览表相关，我们可以补充一点评论。先前已经陈述，物体借助它在下落时获得的速度，能够再次上升到它原来的高度，在这样做时它的速度减小，减小的方式与它在下落时增加的方式相同。现在，自由落体在双倍的下降时间获得双倍的速度，但是在这双倍的时间下落通过四倍的单一距离。因此，我们给予其竖直向上双倍速度的物体，将上升两倍长的时间，但是与给予单一速度的物体相比，却上升**四倍**的高度。

在伽利略之后不长时间受到注意的是，在物体的速度中存在对应于力的某种内在的东西，也就是说，存在能够用来克服力的某种东西、某种“效能”(efficacy)——正如它被贴切命名的。受到争论的唯一之点是，把这种效能看做是与**速度**成比例，还是与**速度的平方**成比例。笛卡儿主义者支持前者，莱布尼兹(Leibniz)主义者支持后者。但是，人们将察觉到，该问题未卷入无论什么争论。具有双倍速度的物体克服给定的力通过双倍时间，但是通过**四倍**距离。因此，就时间而论，它的效能与速度成比例；就距离而论，它的效能与速度平方成比例。达朗伯(D'Alembert)引起对这一误解的注意，尽管没有用十分明确的术语。不过，特别要注意的是，惠更斯在这个问题上的思想是完全清楚的。

16. 在今天，用来证实落体定律的实验步骤在某种程度上与伽利略的步骤不同。两种方法都可以使用。两者之中的任何一个落体运动，由于它的急剧性都难以直接观察，要在不改变规律的情况下延缓它，以便容易观察；或者，根本不改变落体的运动，但是要把我们的观察工具改善得精密灵敏一些。伽利略的倾斜沟槽和阿特伍德(Atwood)机基于第一个原则。阿特伍德机(图 97)由容易滑 178

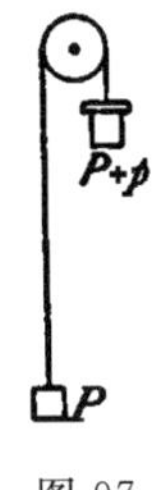

图 97

动的滑轮组成，把细线绕在滑轮上，使两个相等的重物系在细线的末端。如果我们在重物之一 P 上放置第三个小重物 p，由于添加的重物，将产生匀加速运动，所具有的加速度是 $(p/\overline{2P+p})g$——当我们讨论“质量”概念时，会方便地得到这个结果。现在，借助与滑轮相关的标有刻度的竖直标准，很容易表明，在时间 1、2、3、4……越过距离 1、4、9、16……。把小重物 p 的形状设计得超过 P 的外形，通过在落体通过的环上接住 p，研究对应于任何给定时间的末速度，此后运动在没有加速度的情况下继续。

莫兰(Morin)的仪器基于不同的原则。把书写铅笔缚在一个物体上，通过时钟机构使一张竖直纸均匀地越过铅笔，物体在纸上画水平直线。若把两个运动组合起来，将产生抛物线，其中水平的横坐标对应于流逝的时间，竖直的纵坐标对应于划过的下降距离。179 对于横坐标 1、2、3、4……，我们得到纵坐标 1、4、9、16……。通过非本质的修正，莫兰使用了带有直立轴的急剧旋转的圆柱形滚筒代替平面纸张，物体在直立轴旁边沿引导线下落。拉博德(Labor-180 de)、利皮希(Lippich)和冯·巴博(Von Babo)独立地发明出基于同一原则的不同仪器。涂满灯黑的一片玻璃(图 98a)自由下落，而在其第一次通过平衡位置时开始下降运动的水平振动的竖直杆，借助羽毛制牙签在涂满灯黑的玻璃表面勾画曲线。由于与增加的下降速度结合在一起的杆的振动周期始终不变，杆勾画的波动变得越来越长。于是(图 98)，$bc=3ab$，$cd=5ab$，$de=7ab$，如此等等。落体定律由此清楚地显示出来，由于 $ab+cb=4ab$，$ab+bc+cd=9ab$，如此等等。速度定律由在点 a、b、c、d 的切线的斜率确认，如此等等。若已知杆的振荡时间，则 g 的值由具有显著精确度的这类实验决定。

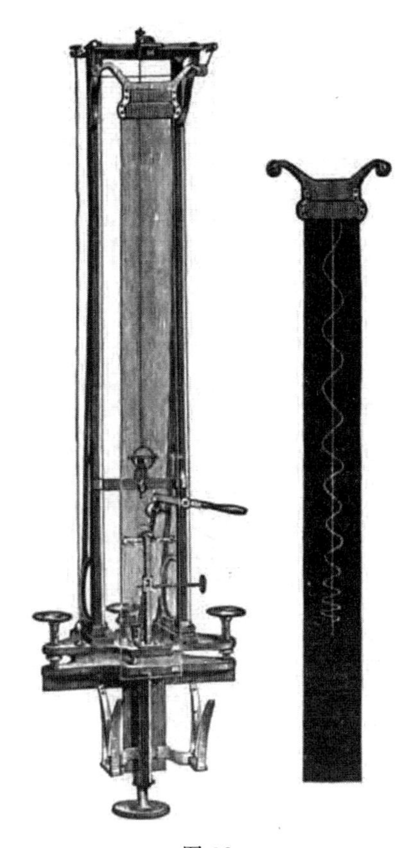

图 98a

为了测量时间的微小部分，惠斯通(Wheatstone)使用了急剧运转的所谓瞬时计的时钟机构，使它在时间开始时运动，在时间结束时停止。希普(Hipp)通过简单地用离合器使光指针射入齿轮和射出齿轮——齿轮具有运动的转动装置，转动装置由调到高音调的、作为擒纵机构起作用的钢振动簧片控制——有利地改进了这个方法。现在，物体一开始下落，电流就中断，从而光指针射向

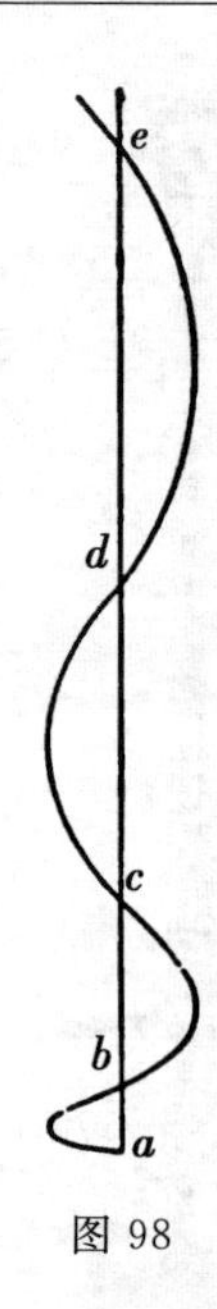

图 98

齿轮；物体一在下面撞击平台，电流就接通，从而光指针射离齿轮；若是这样，我们就能够通过光指针越过的距离读出下降时间。

17. 在伽利略的进一步的成就中，我们也提到他关于摆运动的观念，以及对较大重量的物体下落得快、较小重量的物体下落得慢的观点的驳斥。我们将在另一个场合重提这两点。不过，在这里可以陈述一下，伽利略在发现摆振动的周期不变时，立即把摆应用到病床处的脉搏测量，以及提议把它用于天文学观察，他本人在某种程度上在那里利用它。

181

18. 他的关于抛射体运动的研究具有更大的意义。按照伽利略的观点,自由落体持续地经历朝向地球的竖直加速度 g。如果在它的运动开始时它具有竖直速度 c,它在时间 t 结束时的速度将是 $v=c+gt$。向上的初速度在这里必须算作负的。在时间 t 结束时越过的距离用方程 $s=a+ct+\frac{1}{2}gt^2$ 表示,在这里 ct 和 $\frac{1}{2}gt^2$ 是分别对应于匀速运动和匀加速运动越过的距离部分。当我们把距物体在时间 t 通过的点的距离算做等于 0 时,设定常数 $a=0$。伽利略一旦达到他的动力学的基本概念,他很容易识别,水平抛射的实例是两个**独立的**运动——水平匀速运动和竖直匀加速运动——

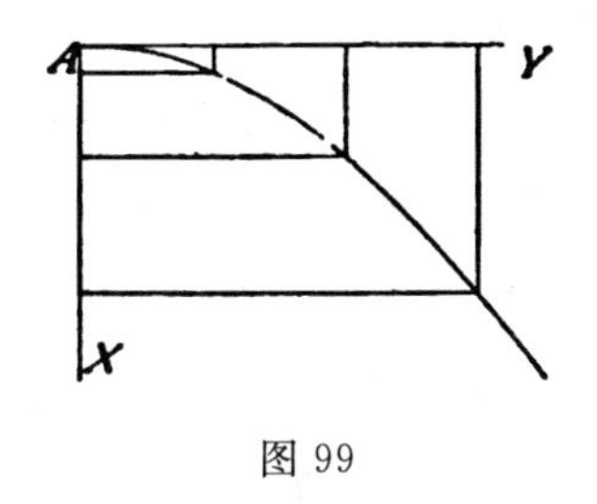

图 99

的组合。于是,他开始利用**运动的平行四边形**原理(图 99)。甚至倾斜的抛射也不再呈现最微小的困难。 182

如果物体得到水平速度 c,它在时间 t 在水平方向上划过的距离是 $y=ct$,而同时它在竖直方向下落的距离是 $x=gt^2/2$。不同的决定运动的境况没有相互施加影响,由它们决定的运动**彼此独立地**发生。通过对该现象的专心致志的观察,导致伽利略达到这个假定;假定本身证明是真实的。

当把上述两个运动合成时,通过利用上面给出的两个方程,我们发现物体划过的曲线是表达式 $y=\sqrt{(2c^2/g)x}$ 。它是具有等于 c^2/g 参数的阿波罗尼乌斯(Appolonius)抛物线,它的轴是竖直的(图 100)。

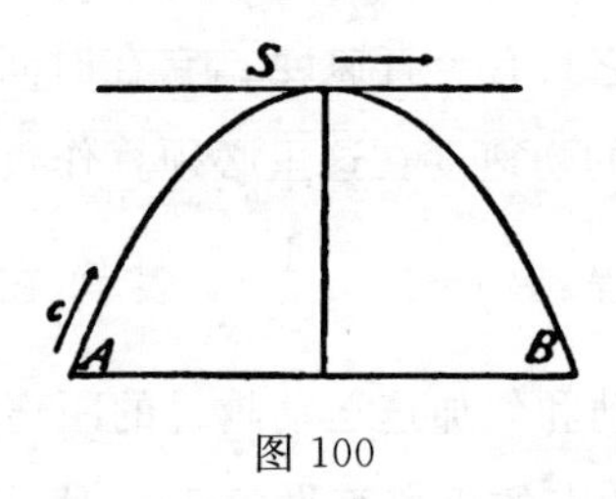

图 100

我们与伽利略一起不费气力地察觉,**倾斜的**抛射没有包含新东西。给予处在与水平线成角度 α 的物体以速度 c,把 c 分解为水平分量 $c \cdot \cos\alpha$ 和竖直分量 $c \cdot \sin\alpha$。由于后一个速度,物体在时间间隔 t 上升,这个时间间隔与它为了在竖直下落时获得这个速度所要花费的时间相同。因此,$c \cdot \sin\alpha = gt$。当它达到它的最高处时,它的初速度的竖直分量变为零,从点 S 起它作为水平抛射继续它的运动。如果我们审查任何两个在时间上相等远离的时期,即在通过 S 之前和之后的时期,我们将看到,物体在这两个时期相等远离通过 S 的垂线,并处在通过 S 的水平线下面相同的距离。因此,该曲线是关于通过 S 的竖直线对称的。它是具有直立轴和参数 $(c \cdot \cos\alpha)^2/g$ 的抛物线。

183

为了找到所谓的抛射的射程,我们必须简单地考虑一下在物体升起和下落时间的水平运动。就上升而言,按照上面给出的方程,这个时间是 $t = c \cdot \sin\alpha/g$;就下降而言,时间是相同的。因此,对水平速度来说,越过的距离是

$$w = c\cos\alpha \cdot 2\,\frac{c\sin\alpha}{g} = \frac{c^2}{g}\,2\sin\alpha\cos\alpha = \frac{c^2}{g}\sin 2\alpha.$$

因而,当 $\alpha = 45°$ 时,抛射的射程最大;对于任何两个角度 $\alpha =$

$45^\circ \pm \beta^\circ$，抛射的射程一样大。

19. 在分析抛射体的运动时，直到我们审查伽利略的前辈在这个领域的努力之前，我们无法适当地估价他的成就的分量。圣巴克(Santbach)(1561 年)具有这样的见解：炮弹在直线上加速向前，直到它的速度耗尽，接着在竖直方向落到地面。塔尔塔利亚(1537 年)用直线、圆弧，最后还有弧的竖直切线，合成抛射体的路线。正如里维努斯(Rivius)后来(1582 年)更为明确地陈述的，他完全意识到，精确察看的路线在所有点是曲线，因为重力的偏斜作用从来不停止；但是，他也不能达到完备的分析。路线的初始部分被完好地计算出来，从而激起虚幻的印象：抛射的速度使重力的作用无效，甚至贝内德蒂作为一位受害者也陷入这一幻想。我们在曲线的初始部分未观察到任何**下降**，并忘记考虑相应的下降**时间**的短暂。由于类似的忽略，水的喷射可以设想是在空气中悬挂的固体的现象，倘若人们不留心这样的事实的话：它是由急速交替的微小粒子的质量构成。同样的幻想在离心摆中、在陀螺中、在机车中因急剧转动而变僵硬的艾特肯(Aitken)柔韧链条中(*Philosophical Magazine*，1878)也能遇见；机车安全地跨越有缺陷的桥梁奔跑，它通过桥梁会发出爆裂声，即便在静止时也是如此，但是由于下降时间短促和它起作用的时间不足，它依然使桥梁未受损伤。通过透彻的分析，这些现象中没有一个比最普通的事件更为令人惊奇。正如瓦伊拉蒂评论的，在 14 世纪火器的迅速扩散，给予抛射体运动的研究以显著的冲击，一般而言也间接地给予机器的研究以显著的冲击。本质上相同的条件出现在古代弩炮的实例 184

中和用手猛掷投射物中，但是新颖的和给人深刻印象的现象形式，无疑对于人们的好奇心施加了巨大的魅力。

20. 辨认力的相互**独立**，或者识别在自然界发生的决定运动的条件，是相当重要的，这一点在关于抛射的研究中达到并找到了。

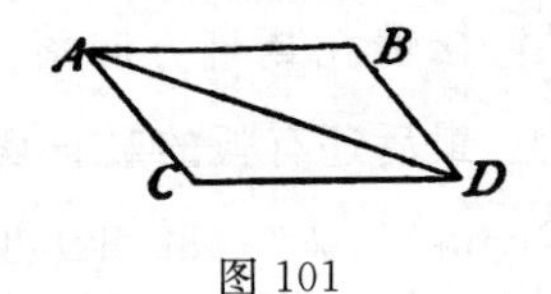

图 101

物体可能在方向 AB 运动(图 101)，而这个运动在其中发生的空间在方向 AC 上被移动。于是，物体从 A 走到 D。现在，如果同时决定运动 AB 和 AC 的两个条件不相互影响，那么也会发生这种情况。很容易看到，我们用平行四边形不仅可以合成发生的位移，而且可以合成同时发生的速度和加速度。

185

伽利略的抛射体运动概念作为两个截然不同的和独立的运动的合成过程，对于整个一群类似的重要认识论过程来说都是有启发性的。我们可以说，察觉两个条件 A 和 B 相互**不独立**是重要的，正像察觉两个条件 A 和 C 相互**独立**是重要的一样。唯有第一个察觉，才能使我们冷静地追踪第二种关系。只要想一想，假定不存在的因果关系，对中世纪研究构成了多么严重的障碍。牛顿关于力的平行四边形的发现，索弗尔(Sauveur)的弦振动合成，傅里叶(Fourier)的热扰动合成，都类似于伽利略的发现。经过后来的这种探究，由相互独立的部分的现象合成一个现象的方法，借助把通解表示为特解之和，贯穿在物理学的每一个角落。

P. 福尔克曼把现象分解为相互独立的部分的特征恰当地概括为**隔离**(isolation),而把由这样的部分合成现象的特征恰当地概括为**叠加**(superposition)。两个过程组合起来,能使我们逐渐地在思想上理解或重构**作为一个整体**的东西,否则我们就不可能把握它。

“拥有大量现象的大自然只有在最罕见的实例中才呈现统一的面貌;在大多数例子中,它显示十足的合成特征;……因而,科学的职责之一是,把现象构想为由部分现象的集合组成,起初在它们的纯粹性方面研究这些部分现象。直到我们了解,每一个条件在作为一个整体的现象中分担到什么范围,我们才能获得对整体的掌握。……”(参见 P. Volkmann, *Erkenntnisstheoretische Grundzüge der Naturwissenschaft*, 1896, p. 70. 也可参见我的 *Principles of Heat*, German edition, pp. 123, 151, 452.) 186

21. 现在,如果我们询问,伽利略把对事物本性的什么洞察遗赠给我们,或者至少以持久的方式用典型简单的例子推进了对事物本性的什么洞察,那么我们发现:

(1)在静力学关联中强调功的概念。用机械不省功。

(2)在动力学关联中推进功的概念。当忽略阻力时,通过下落得到的速度仅仅依赖于下落通过的距离。

(3)惯性定律。

(4)运动叠加原理。

22. 伽利略的创造性活动扩展得远远超过力学的界限;我们只

可能想起，他建造温度计，他概述测定光速的方法[1]，他直接证明音程振动的数值比率，他说明同步振动。他听说望远镜，这足以使187他用两个透镜和一个风琴管重新发现和改进望远镜。紧接着，他借助他的工具发现了月球的山脉，他测量的月球的高度，带有卫星的木星像太阳系的小模型，土星的特殊形态，火星的周相，太阳的斑点和旋转。对于哥白尼(Copernicus)来说，这些都是新的、十分强有力的证据。人们认为，他关于动物和机器在几何学上类似、关于骨骼的形状和坚固性的思想，也刺激了新的数学方法的发展。此外，沃尔威尔和戈德贝克(Goldbeck)("Galilei's Atomisik," *Biblioth. Math.*, 3rd series, III, 1902, part 1.)最近表明，这位革命性的思想家并非完全与古代和中世纪的影响无关。尤其是，《对话》(*Discorsi*)的第一天包含关于伽利略的原子论思考的冗长阐述，这些思考清楚地站在亚里士多德的对立面，这一点明显地接近赫罗(Hero)的立场。这些沉思导致他异乎寻常地讨论连续统，并基于有限和无限猜测神秘主义和数学的结合，这一方面使我们想起库萨的尼古拉(Nicholas of Cusa)，另一方面使我们想起几乎没有摆脱神秘主义的近代数学研究。[2] 伽利略在他的所有思想中未能达到完备的明晰性，这就像他拥有悖论一样，无须使我们感到

① 参见 E. Mach, *Popular Scientific Lectures*, 3rd ed., Chicago and London, 1898, pp. 50～54.

② 参见《对话》头两天的德译本，在 *Ostwald's Klassiker*, №11。其他日子在№24 和№25 中，尤其是在 pp. 30～32。此外，戈德贝克在上面正文提到的文章，是 E. 卡斯纳(E. Kasner)论"Galileo and the Modern Concept of Infinity"一文，该文可在 *Jahrbuch über die Fortschritte der Mathematik*, vol. xxxvi, 1905, p. 49 找到。也可参见克鲁(Crew)和德萨尔维奥(de Salvio)的《对话》pp. 26～40 的译文。

奇怪,每一个思想家都必定经历过悖论的扰乱和澄清的力量。

23. 关于加速运动的知识,伽利略做出了最大贡献。为完备起见,我们愿意提及P. 迪昂的研究(“De l’accélération produite par une force constante; notes pour server à l’histoire de la dynamique,” *Congrès international de philosophie*, Geneva, 1905, p. 859)。在不讨论迪昂传达的许多在历史上有趣的细节的情况下,我们在这里仅仅增添下述议论。按照亚里士多德学派字面上的学说,恒力决定恒速度。但是,由于不断增加的下落速度甚至几乎无法逃脱粗略的观察,从而出现使这种加速与维持该领域学说和谐一致的困难。在亚里士多德的见解中,物体在趋近地面时变得较重。正像塔尔塔利亚表达的,当旅行者接近他的目的地时,他便加速行进。在一个时刻被视为阻碍的空气,在另一个时刻被视为动力;为了使矛盾变得比较可以忍受,就认为空气在一个时刻起一种作用,而在另一个时刻起另一种作用。按照评注者辛普利丘(Simplicius)的观点,在物体和地面之间的空气阻碍空间,在下落运动开始时比在这个运动结束时要大。列奥纳多的“前辈”发现,对于已经运动的物体而言,一旦处于运动的空气阻碍较小。观察倾斜或水平抛射的石块和划过几乎是直线的初始线的朴素观察者,都接受这个自然的印象:重力是被运动的冲力消除的(*Mech.*, pp. 151～153)。因此,自然运动和受迫运动之间有所区别。列奥纳多、塔尔塔利亚、卡尔达诺、伽利略和托里拆利关于抛射体的考虑表明,人们认为根本不同的两种运动交替的观念如何逐渐让位于它们的混合和同时的观念。列奥纳多熟悉下落的加速运动,并

188

189

猜测速度的增加与时间成比例，他把这归因于空气阻力相继减小；但是，他不知道如何确定下落通过的空间对时间的正确相依性。大约在16世纪中期，首次出现这样的思想：重力连续把冲力传递给落体，这些冲力被添加到已经存在的和逐渐减小的外加力中。A. 皮科洛米尼（A. Piccolomini）、J. C. 斯卡利杰（J. C. Scaliger）和J. B. 贝内德蒂信奉这种观点。列奥纳多完全顺带地注意到，射箭不仅在于弓的最大张力，而且也在于在不同的位置接触弦（Duhem，在上述引文中，p. 882）。但是，只是当伽利略放弃外加力逐渐和自发减小的假定，把这种减小归结为阻力，而且在没有考虑它的原因的情况下用实验研究下落运动时，下落的匀加速运动的定律才能够以纯粹定量的形式出现。

进而，迪昂的历史阐述导致这样一个事实：在近代动力学的发展中，笛卡儿独立于伽利略做出了比人们通常想象的、比我设想的还要大的贡献（*Mech.*，Chap. III）。对于这一说法，我感到十分可喜。笛卡儿在寓居荷兰期间（1617～1619），忙于与贝克曼（Beeckmann）合作，忙于联系卡尔达诺的研究，可能也忙于联系斯卡利杰的研究，即落体的加速度。1629年，在伽利略发表前，他写信给梅森；作为信件的结果，他透彻地识别出惯性定律（E. Wohlwill，*Die Entdeckung des Beharrungsgesetzes*，pp. 142，143 认为，伽利略间接地激励了他是可能的）。笛卡儿也辨认出在恒力影响下的匀加速运动，只是在划过的路程依赖于时间的定律方面犯了错误。伽利略和笛卡儿的思想相互完备。伽利略用现象逻辑研究下降运动，没有探究它的原因，而笛卡儿从恒力推导这种运动。很自然，在两种研究中，建构的和思辨的成分是活跃的，这种成分

190

对伽利略而言与具体的实例保持接近，而对笛卡儿而言它早就作为更普遍的经验起作用了。在他的《哲学原理》(*Principles of Philosophy*)中，笛卡儿肯定观察过运动的传递和正在撞击的物体的运动丧失，并察觉到普遍的哲学结果：(1)在不把运动给予其他物体的情况下，不会存在运动的丧失(惯性)；(2)每一个运动或者是原初的，或者是从其他地方传递的；(3)原初的运动的量是不可消灭的。从这个立场出发，他能够想象，每一个其来源不可察觉的明显自发的运动，都是不可见的碰撞引起的。

也许与迪昂相反，我归属于伽利略方法的巨大进展，在于仔细地和完备地阐述纯粹的事实。在这一阐述中，在能够通过思索猜测或廓清的"力"的表达背后，没有留下隐蔽的东西。在这一点上，即使在现时意见也有分歧。 191

(二)惠更斯的成就 192

1. 惠更斯在每一方面必定与伽利略并驾齐驱。也许，假如他的哲学才能与伽利略的才能相比有所逊色的话，那么这种欠缺也被他富余的几何学能力补偿。惠更斯不仅继续伽利略开创的研究，而且他也在**几个质量的动力学**中解决了头一批问题，而伽利略却彻底地把自己局限于**单个**物体的动力学。

在他 1673 年问世的《摆钟》(*Horologium Oscillatorium*)中，可以最充分地看出惠更斯成就的丰硕。在书中首次处理的最重要论题是：振动中心理论，摆钟的发明和建造，擒纵件的发明，用摆的观察确定重力加速度 g，关于使用秒摆长度作为长度单位的命题， 193

惠更斯

诞生于 1629 年 4 月 14 日

逝世于 1695 年 6 月 8 日

关于离心力的定理，摆线的力学和几何学特性，渐屈线学说，曲率圆理论。

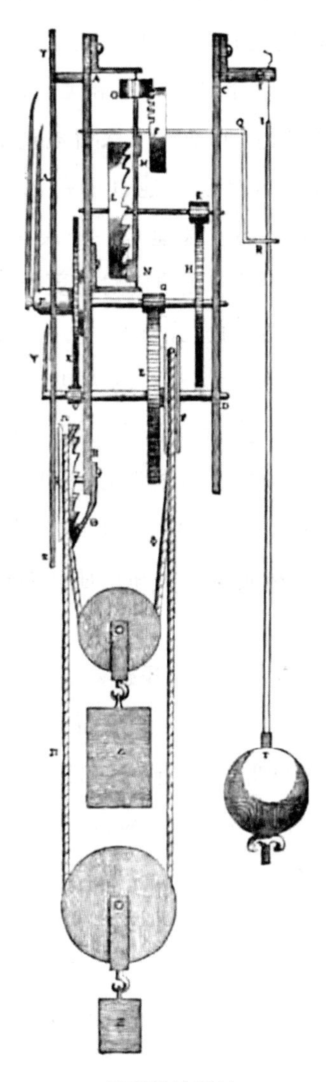

惠更斯的摆钟

2. 关于他的工作呈现的形式，必须注意的是，惠更斯与伽利略以它的十全十美一起分享崇高典雅的和无与伦比的坦诚。在导致他做出发现的方法的叙述中，他毫无保留地直率，从而总是带领他的读者充分理解他的工作情况。他也没有隐瞒这些方法的动机。从现在起一千年，如果人们发现他是一个人，那么同样会看到，他是什么风度的人。不管怎样，在我们对惠更斯成就的讨论中，我们必须以在某种程度上不同的方式进行，这种方式与我们在伽利略的实例中追寻的方式有别。伽利略的方法因其典型的简单性，能够以几乎不加修正的形式给出。对于惠更斯来说，这是不可能的。后者处理比较复杂的问题；他的数学方法和记号变得不充分和不方便。因此，为简洁起见，我们将以近代形式再造我们处理的所有概念，不过保留了惠更斯实质性的和特征性的观念。

3. 我们由关于离心力的研究开始。一旦我们随着伽利略认出力决定加速度，就不可避免地迫使归属每一个速度的**变化**，因而也归属每一个运动**方向**的变化（由于方向是由相互垂直的三个速度分量确定的）。因此，如果任何系到细绳的物体，比如说石块，在圆194 周上均匀地旋转，那么只有假定存在使该物体偏离直线路线的恒力，它完成的曲线运动才是可以理解的。细绳的张力在这个力中；由于它物体才不断地偏离直线路线，并引起接近圆心的运动。因而，这个张力表示向心力。另一方面，轴或固定的中心受到细绳张力的作用，在这方面细绳的张力似乎是离心力。

让我们设想我们有一个物体，赋予它以速度，由于不断指向中心的加速度，维持它在圆周均匀地运动。研究这个加速度依赖的

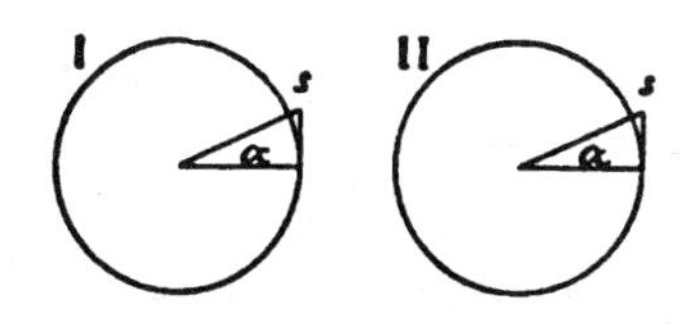

图 102

条件，正是我们的意图。我们想象(图 102)由两个物体均匀旋转行进的两个相等的圆；在圆Ⅰ和圆Ⅱ相互拥有的比例是 1∶2。在这两个圆上，如果我们考虑对应于某一非常小的角度 α 的任何相同的弧元，那么物体由于离心加速度从直线路线离开(切线)的相应的距离元 s 也将是相同的。如果我们称 φ_1 和 φ_2 是各自的加速度，τ 和 $\tau/2$ 是相对于角度的时间元，那么根据伽利略定律我们发现， 195

$$\varphi_1 = \frac{2s}{\tau^2}, \varphi_2 = 4\frac{2s}{\tau^2}, \text{这就是说 } \varphi_2 = 4\varphi_1.$$

因此通过概括，在相等的圆上，向心加速度与运动速度的平方成比例。

让我们现在考虑在圆Ⅰ和圆Ⅱ上的运动(图 103)，它们的半

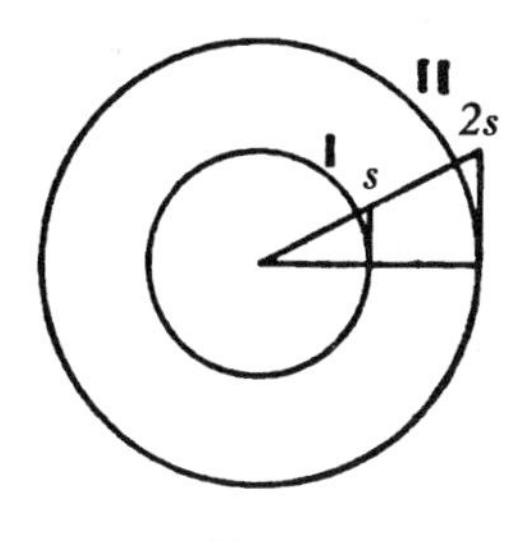

图 103

径相互是 1∶2，让我们认为运动速度比也是 1∶2，以至在相等的

时间越过同样的弧元。φ_1、φ_2、s、$2s$ 标示加速度和越过的距离元；τ 是对两个实例相等的时间元。于是，

$$\varphi_1=\frac{2s}{\tau^2},\varphi_2=\frac{4s}{\tau^2},\text{这就是说 }\varphi_2=2\varphi_1.$$

现在，若我们在Ⅱ中把运动速度减小一半，以至在Ⅰ和Ⅱ中的速度变得相等，从而 φ_2 将减小为1/4，这就是说减小为 $\varphi_1/2$。经过概括，我们得到这个法则：当圆周运动的速度**相同**时，向心加速度与划过的圆的半径成反比。

4. 早期的研究者由于遵循古人的概念，他们一般以麻烦的比例形式获得他们的命题。我们将追踪不同的方法。设力在时间元 τ 期间作用于具有速度 v 的可移动的物体，该力把加速度 φ 给予垂直于它的运动方向的物体（图104）。于是，新的速度分量变成

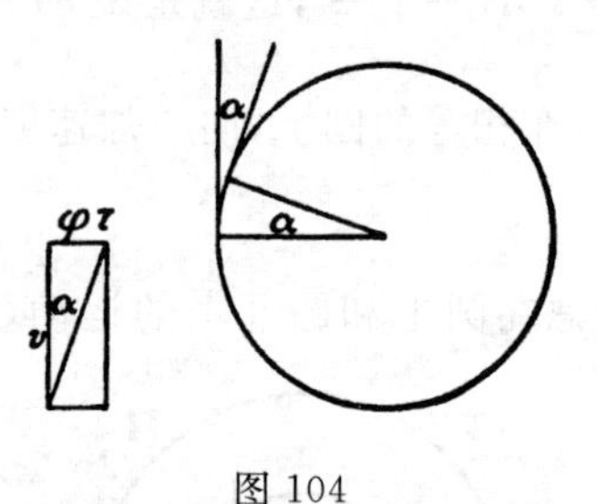

图104

$\varphi\tau$，它与第一个速度的合成产生新的运动方向，致使与原来的方向形成角度 α。从这个结果出发，通过构想在半径 r 的圆上发生的运动，并因**角度元小**而设 $\tan\alpha=\alpha$，作为在圆上的匀速运动的向心加速度表达如下：

196

$$\frac{\varphi\tau}{v}=\tan\alpha=\alpha=\frac{v\tau}{r}\text{ 或者 }\varphi=\frac{v^2}{r}.$$

受到恒向心加速度制约的在圆上的匀速运动的观念有点小悖谬。佯谬在于,假定在没有实际趋近中心和没有速度增加的情况下朝向中心的加速度。当我们思索,在没有这种向心加速度的情况下物体会不断地远离中心运动(图 105),加速度的方向不断地

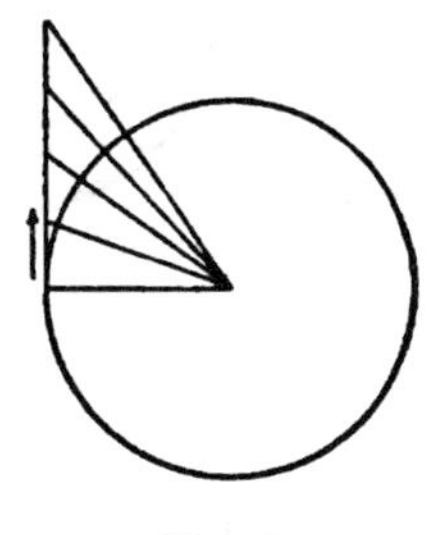

图 105

改变,速度的变化(这一点在讨论活劲原理时将出现)与相互加速的物体趋近相关——这种情况在这里没有发生时,上述佯谬就减轻了。更复杂的椭圆中心运动的实例可按这个指导解释。

也可以提及一下,有关离心力表达式的清楚演绎基于哈密顿(Hamilton)的速矢端迹。如果物体在半径 r 的圆上匀速运动(图 105a),那么细绳的拉力把在路程的点 A 的速度 v 转向在点 B 相同数量但不同方向的速度 v。如果就数量和方向从作为圆心 O (图 105b)画出物体相继获得的所有速度,那么这些线将表示圆的半径 v 之和。由于使 OM 转向 ON,必须添加垂直于它的分量 MN。在旋转周期 T,速度在半径 r 的方向均匀地增加 $2\pi v$ 的量。因此,径加速度的数值度量是 $\varphi=\frac{2\pi v}{T}$;由于 $vT=2\pi r$,因而也有 $\varphi=\frac{v^2}{r}$。 197

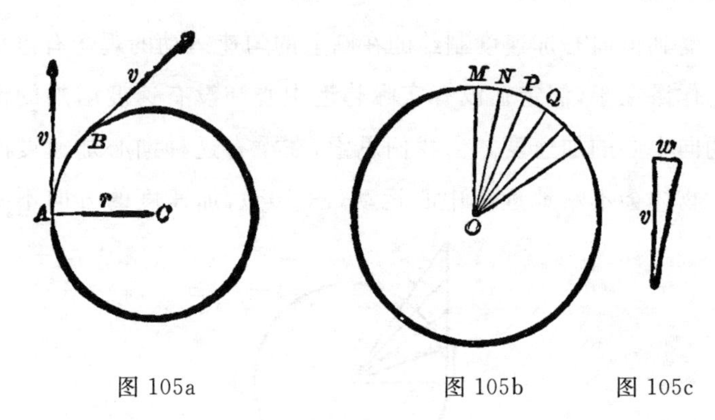

图 105a　　图 105b　　图 105c

若把十分小的分量 w 添加到 $OM=v$，则合量严格地是较大的

198 速度 $\sqrt{v^2+w^2}=v+\dfrac{w^2}{2v}$，正如近似开平方可以显示的。但是，通过**连续的**偏转，$\dfrac{w^2}{2v}$ 相对于 v 变为零；由此，只是速度的方向而不是速度的数量改变。

5. 关于向心加速度或离心加速度的表达式 $\varphi=v^2r$，能够很容易地以稍微不同的形式提出。若 T 标示圆周运动的周期时间，即在画出周长时占用的时间，则 $vT=2r\pi$，因而 $\varphi=4r\pi^2/T^2$，以后我们将使用这种形式的表达式。如果在圆上运动的几个物体具有相同的周期时间，使它们在它们的路程上拥有的各自的向心加速度与半径成比例，这一点从后一个表达式看是显而易见的。

6. 我们将理所当然地认为，读者熟悉阐明在这里描述的考虑的现象：例如使物体旋转的强度不够的细绳的断裂，柔软转动球变得扁平，等等。惠更斯能够借助他的概念立即说明整个一系列事实。例如,里歇尔(Richer)(1671～1873 年)从巴黎带到卡宴的摆钟显示它的运动延迟,惠更斯推断,由于在赤道转动的地球具有较大的离心加速度,这样确立的重力加速度 g 明显减小;这个说明立刻使观察变得可以理解了。

基于其历史兴趣,在这里可以注意惠更斯实施的实验。当牛顿发表了他的万有引力理论时,惠更斯属于那些不能顺从超距作用观念的大多数人。他持有用涡旋能够说明引力的见解。如果我们把若干较轻的物体封闭在充满液体的容器中,比方说把木球封闭在水中,并使容器绕它的轴旋转,那么球立即会向轴运动。例如(图 106),如果我们借助旋转仪器上的支枢 Z 放置包含木球 KK 199

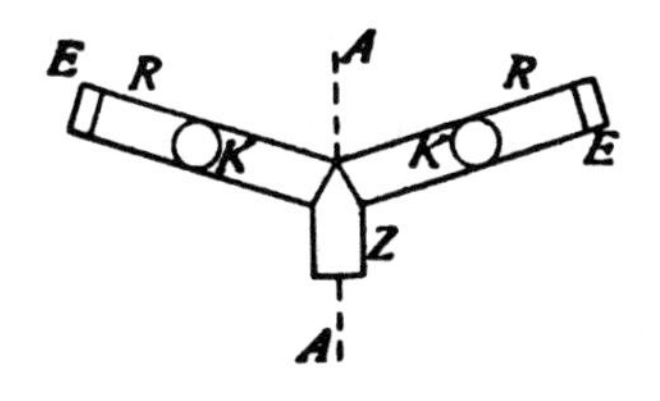

图 106

的玻璃圆筒 RR,并使支枢 Z 绕它的竖直轴旋转,那么球会即时地在离开轴的方向上跑向圆筒。但是,如果给管子充满水,每次旋转将迫使漂浮在末端 EE 的球接近轴。用与阿基米德原理的类比,很容易说明这个现象。木球受到与浮力可以比较的向心冲击,浮力与作用在被置换的液体上的离心力数量相等而方向相反。甚至笛卡儿想到,以这种方式说明在涡旋媒质中漂浮的物体的向心冲击。但是,惠更斯正确地评论说,按照这个假设,我们应该设想**最轻的**物体受到**最大的**向心冲击,一切重物体大概毫无例外地必定比涡旋媒质要轻。惠更斯进而观察到,相似的现象也必然在物体的实例中呈现出来，不管它们可能是什么，它们也不参与旋转运动；也就是说，例如在不受离心力影响的涡旋媒质中，它们可以在没有离心力的情况下存在。举个例子，由无论什么材料构成的、而仅仅沿着稳定轴——比如金属线——可运动的球，在旋转媒质中都被迫接近转动轴。

惠更斯把封蜡的小粒子放在盛水的封闭容器中，封蜡比水稍200 重，从而与容器底部接触。若旋转容器，封蜡粒子就会聚集在容器的外边缘。接着，如果我们突然使容器静止，那么水将继续转动，而接触底部、因而在它们运动中被更迅速地抑制的封蜡粒子，现在将被迫接近容器的轴。在这个过程中，惠更斯看到引力的精密摹本。只在一个方向旋转的以太似乎满足他的需要。最终他认为，它能够随之快速移动一切东西。因此他假定，以太粒子在所有方向急剧加速；他的理论是，在封闭的空间中，与径向运动相对照，圆周运动会自行占优势。在他看来，为了说明重力，这种以太似乎是合适的。在惠更斯的《论万有引力的原因》(*On the Cause Gravitation*, German trans. of Mewes, berlin, 1893)的小册子中，可以找到这个重力的动力理论的详细阐明。也可参见拉斯维茨(Lasswitz)的《原子论的历史》(*Geschichte der Atomistik*)1890年第II卷第344页。

7. 在我们进行到惠更斯关于振动中心的研究之前，我们愿向读者一般地描述一下摆动运动和振荡运动(pendulous and oscillatory motion)，这将明显地补偿它们在严格性方面缺乏的东西。

摆运动(pendulun motion)的许多特性已为伽利略所知。他形成了我们现在将要给出的概念，或者他至少接近于这样做了，这从他的《对话》中的许多零散提及的论题可以推断出来。长度 l 的单摆锤在半径 l 的圆上摆动（图 107）。如果我们给予摆以十分微 201

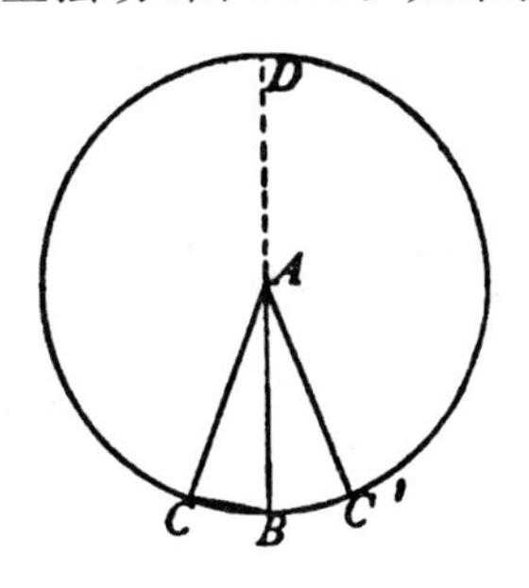

图 107

小的偏移，那么它将在它的振动中在十分小的弧上运动，而弧近似地与属于弧的弦重合。但是，这个弦是在它之上——就像在斜面上一样（参见本章第一节 § 7）——运动的下落质点画出的，与此同时竖直直径 $BD=2l$。若把下降时间叫做 t，我们将有 $2l=\frac{1}{2}gt^2$，这就是 $t=2\sqrt{l/g}$。但是，由于从 B 在 BC' 上面的连续运动占据相等的时间间隔，对于从 C 到 C' 的振动时间 T，我们必须给出 $T=4\sqrt{l/g}$。可以看到，即使从像这样粗略的概念，也可以得到正确的摆定律的**形式**。正如我们所知，非常小的振动的时间的精确表达式是 $T=\pi\sqrt{l/g}$。

再者，可以把摆锤的运动视为在斜面上连续下降的运动。如果使摆线与垂线成角度 α，那么摆锤在平衡位置的方向得到加速度 $g\cdot\sin\alpha$。当 α 很小时，$g\cdot\alpha$ 是这个加速度的表达；换句话说，加速度总是与偏移的大小成比例而与指向偏移的方向相反。在偏移很小时,可以忽略路程的曲率。

8. 从这些预备出发,我们可以进而以比较类似的方式研究振荡运动。一个物体在直线 OA 上自由运动(图 108),不断地在朝

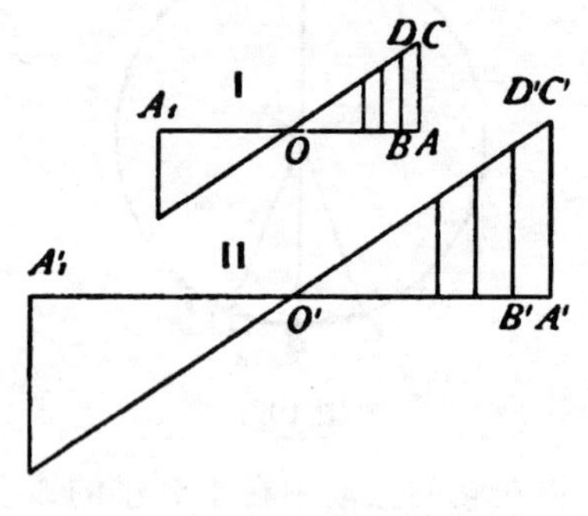

图 108

202 向点 O 的方向得到与它距 O 的距离成比例的加速度。我们将用在所考虑的位置所做的纵坐标表示这些加速度。向上的纵坐标标示向左的加速度,向下的纵坐标代表向右的加速度。在 A 处面对自己左边的物体将以变化的加速度朝向 O 运动,通过 O 到 A_1,在这里 $OA_1=OA$,然后返回 O,如此再继续它的运动。首先,可以不费力地证明,振动周期(通过 AOA_1 运动的时间)与振动的振幅(距离 OA)无关。为了表明这一点,让我们想象在Ⅰ和Ⅱ中所进行的相同的振动,它具有单振动振幅和双振动振幅。鉴于加速度从一点到另一点变化,我们必须把 OA 和 $O'A'$ 分割为非常大的相等数目的元。于是,$O'A'$ 的每一个元 $A'B'$ 是相应的 OA 的元 AB 的两倍大。

初始加速度 φ 和 φ' 所处的关系是 $\varphi'=2\varphi$。因而,元 AB 和

$A'B'=2AB$ 是由它们在相同的时间 τ 的各自加速度 φ 和 2φ 描绘。对第一个元而言，在Ⅰ和Ⅱ中的末速度 v 和 v' 将是 $v=\varphi\tau$ 和 $v'=2\varphi\tau$，这就是 $v'=2v$。因此，在 B 和 B' 的加速度和初速度再次是 1∶2。从而，下一个相继的对应元将在相同的时间被描绘。而且，对于每一对相继的元，相同的断言也有效。因此笼统地讲，会很容易察觉到，振动周期与它的振幅或宽度无关。 203

接下来，让我们构想两个具有相等偏移的振荡运动Ⅰ和Ⅱ（图

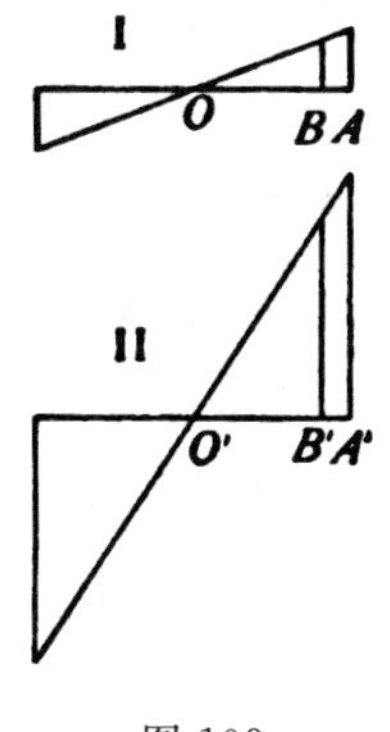

图 109

109）；但是在Ⅱ中，让四倍的加速度对应于距 O 相同的距离。把振动的振幅 AO 和 $O'A'=OA$ 分割为非常大数目的部分。而且，这些部分在Ⅰ和Ⅱ中相等。在 A 和 A' 的初始加速度是 φ 和 4φ；所描画的距离元是 $AB=A'B'=s$；而时间分别是 τ 和 τ'。于是，我们得到 $\tau=\sqrt{2s/\varphi}$，$\tau'=\sqrt{2s/4\varphi}=\tau/2$。元 $A'B'$ 相应地在同元 AB 时间的一半时间内越过。在 B 和 B' 的末速度 v 和 v' 可借助方程 $v=\varphi\tau$ 和 $v'=4\varphi(\tau/2)=2v$ 找到。因此，在 B 和 B' 的末速度相互是 1∶2，而加速度再次是 1∶4，继第一个之后的Ⅱ的元将再次在

对应于Ⅰ的时间的一半时间内越过。概括起来，我们得到：对于相等的偏移，振动的时间反比于加速度的平方根。

9. 最后描述的考虑，可以用牛顿首先使用的概念方法以非常节略和非常明显的形式给出。牛顿称这些材料系统是**类似的**，它们在几何学上具有类似的位形，它们的同调质量彼此拥有相同的比率。他进而说，当同调点在成比例的时间内描画类似的路程时，这种类型的系统完成类似的运动。为了与今天的几何学术语相符，不应该容许我们把这种类型的（五维的）数学结构称为**类似的**，除非它们的同调线性维以及时间和质量相互拥有**相同的**比率。可以近似地把该结构命名为彼此**仿射的**。

204

不过，我们将保留该名称指称在动学上(phronomically)**类似的结构**，并在跟随而来的考虑中完全不计及质量。

于是，在两个这样类似的运动中，

同调路程是 s 和 αs，

同调时间是 t 和 βt；

在这里同调速度是 $v=\frac{s}{t}$ 和 $\gamma v=\frac{\alpha}{\beta}\frac{s}{t}$，

同调加速度是 $\varphi=\frac{2s}{t^2}$ 和 $s\varphi=\frac{\alpha}{\beta^2}\frac{2s}{t^2}$.

现在，在上面针对任何两个不同的振幅 1 和 α 陈述的条件下，物体完成的所有振动将很容易认出是**类似的**运动。注意在这个实例中，同调加速度是 $\varepsilon=\alpha$，于是我们有 $\alpha=\alpha/\beta^2$。为此，同调时间——这就是说振动的时间——的比率是 $\beta=\pm1$。从而我们得到定律：振动周期与振幅无关。

在两个振荡运动中，如果我们针对振幅之间的比率 $1:\alpha$ 和加速度之间的比率 $1:\alpha\mu$ 出发，那么我们将就这个实例得到 $\varepsilon=\alpha\mu=\alpha/\beta^2$，因此 $\beta=\frac{\pm 1}{\sqrt{\mu}}$；用以得到振动的第二个定律。

两个匀速圆周运动总是在动学上是类似的。设它们的半径比率是 $1:\alpha$，它们的速度比率是 $1:\gamma$。于是，它们的加速度比率是 $\varepsilon=\alpha/\beta^2$，由于 $\gamma=\alpha/\beta$，也就是 $\varepsilon=\gamma^2/\alpha$；由此得到相对于向心加速度的定理。 205

可惜的是，描述力学的和动学的**仿射性**的这种类型的研究，并没有广泛地受到培植，因为它们允诺最漂亮地和最明晰地扩展可以想象的洞察。

10. 在刚才讨论的那种类型的匀速圆周运动和振荡运动之间，存在重要的关系，我们现在将考虑这个关系。我们设想原点在圆

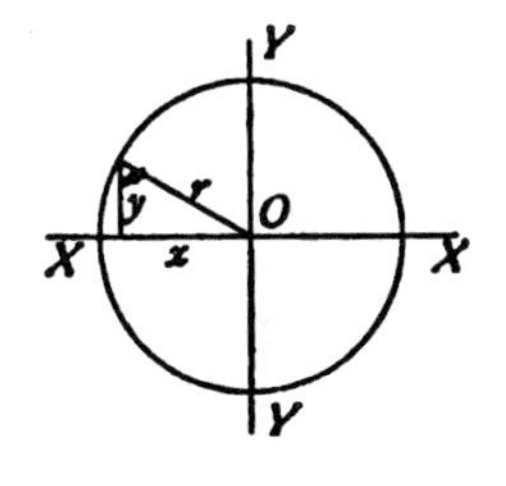

图 110

心 O 的直角坐标系(图 110)，我们构想一个物体匀速地环绕圆周运动。我们在 X 和 Y 方向上分解制约这个运动的向心加速度 φ；并观察到，运动的 X 分量只受加速度的 X 分量的影响。我们可以认为两个运动和两个加速度是彼此独立的。

现在,运动的两个分量是在 O 周围往复振荡的运动。在方向 O 的加速度分量 $\varphi\ (x/r)$ 或 $(\varphi/r)\ x$ 对应于偏移 X。因此,加速度与偏移**成比例**。相应地,运动属于刚刚研究的类型。一个完全往复运动的时间也是圆周运动的周期时间。不过,关于后者,我们知道 $\varphi=4r\pi^2/T^2$,或者同样地,$T=2\pi\sqrt{r/\varphi}$。现在,φ/r 是关于 $x=1$ 的加速度,即对应于单位偏移的加速度,我们将简明地用 f 标记。因此,就振荡运动,我们可以给出 $T=2\pi\sqrt{1/f}$,或就单一的往运动或单一的复运动——计算时间的共同方法,我们于是得到 $T=\pi\sqrt{1/f}$。

206

11. 现在,这个结果可以直接应用于**非常小的**偏移的摆振动,在这里忽略了路程的曲率,坚持已经发展的概念是可能的。就伸张角度 α 而言,我们得到 $l\alpha$ 作为摆锤距平衡位置的距离,$g\alpha$ 作为对应的加速度,在这里

$$f=\frac{g\alpha}{l\alpha}=\frac{g}{l}\text{ 和 }T=\pi\sqrt{\frac{l}{g}}\,.$$

这个公式告诉我们,振动时间正比于摆的长度的平方根,而反比于重力加速度的平方根。因此,四倍长度的秒摆将在两秒钟完成它的振动。从地球表面移动等于地球半径的距离、从而经受 $g/4$ 加速度的秒摆,同样会在两秒钟完成它的振动。

12. 可以很容易用实验证实振动时间对摆的长度的相依。如果(图 111)把维持振动面不变的摆 a、b、c 用双线悬挂起来,它们具有长度 1、4、9,那么相对于 b 的一个振动 a 将完成两个振动,相

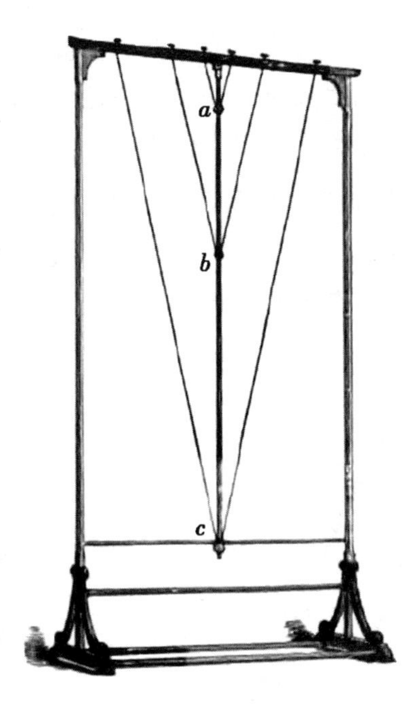

图 111

对于 c 的一个振动 a 将完成三个振动。

振动时间对重力加速度 g 的相依的证实更困难一些，因为后 207 者不能任意地改变。但是，证明能够受到只容许作用在摆上的 g

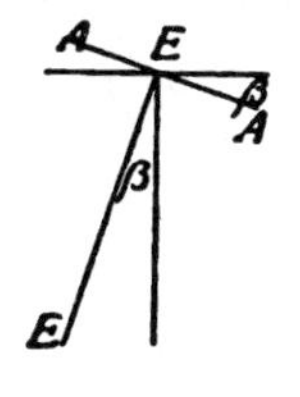

图 112

的一个分量的影响。如果(图 112)我们想象摆的振动轴 AA 固定在竖直放置的纸平面上，那么 EE 将是振动平面与纸平面之交，同样也是与摆的平衡位置之交。轴与水平平面，振动平面与竖直平面，构成角 β；为此，加速度 $g \cdot \cos\beta$ 是在这个平面作用的加速度。208 如果摆在它的振动平面上接受小伸张 α，那么对应的加速度将是 $(g \cdot \cos\beta)\ \alpha$；由此，振动时间是 $T=\pi\sqrt{l/g\cos\beta}$。

我们从这个结果看到，随着 β 增大，加速度 $g \cdot \cos\beta$ 减小，从而振动时间增大。用在图 113 描绘的仪器，可以很容易地做实验。

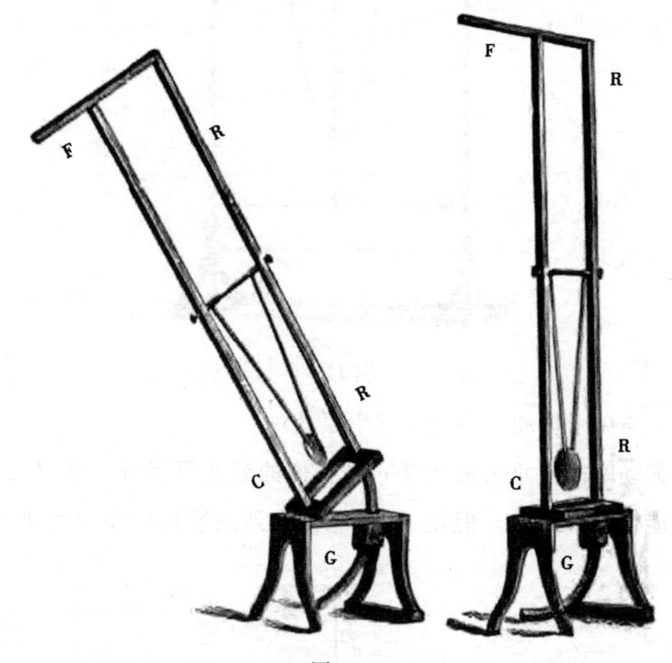

图 113

框架 RR 可以自由地绕 C 处的折叶转动；能够使它倾斜和放置在 209 它的面上。倾斜的角度由调节螺钉夹住的标有刻度的弧 G 固定。β 的每一增加都增加振动时间。如果振动平面变成水平的，此时位置 R 停留在底部 F，那么振动时间变为无限大。在这个实例中，摆不再返回任何确定的位置，而是在相同的方向上画出几个完整的绕转，直到它的整个速度因摩擦而消失。

13. 如果摆的运动在平面上不发生，那么摆线将描画锥面。惠更斯也研究了锥动摆的运动。我们将审查这种运动的一个简单的

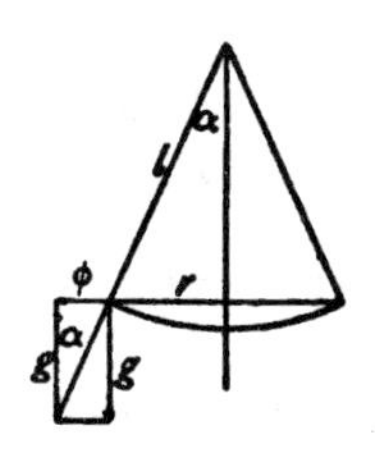

图 114

实例。我们想象(图 114)长度 l 的摆，把它从竖直方向移动角度 α，把速度 v 给予在与伸张面成直角的摆锤，并释放摆。如果产生的离心加速度 φ 精确地平衡重力加速度 g，也就是说，如果合加速度落在摆线的方向上，那么摆锤将在水平圆上运动。可是，在这个实例中，$\varphi/g=\tan\alpha$。若 T 代表描画一个绕转花费的时间即周期时间，则 $\varphi=4r\pi^2/T^2$ 或 $T=2\pi\sqrt{r/\varphi}$。现在，在 r/φ 之处引进值 $l\sin\alpha/g\tan\alpha = l\cos\alpha/g$，我们就摆的周期时间得到 $T=2\pi\sqrt{l\cos\alpha/g}$。就绕转的速度 v 来说，我们发现 $v=\sqrt{r\alpha}$；由于 $\varphi\tan\alpha$，随之可得 $v=\sqrt{gl\sin\alpha\tan\alpha}$。对于锥动摆的每一个小伸张，我们可以给出 $T=2\pi\sqrt{l/g}$；当我们深思锥动摆一个的绕转对应于普通摆的两个绕转时，这与摆的正则公式一致。 210

14. 惠更斯借助摆的观察，第一个着手精确地确定重力加速度

g。对于具有小摆锤的单摆，从公式 $T=\pi\sqrt{l/g}$，我们直接得到 $g=\pi^2 l/T^2$。就纬度 45°而言，我们用米和秒量度得到 g 是 9.806。

就暂时的心理估计来说，它足以使我们想起，重力加速度的粗略数值等于 10 米/秒^2。

15. 每一个好思考的初学者都会向自己提出一个问题：如何能够用是**加速度**度量的数去除是**长度**度量的数，并求商的平方根，找到振动的期间即振动的**时间**。但是，在这里，要记住的事实是 $g=2s/t^2$，这是长度除以时间的平方。因此，实际上我们拥有的公式是 $T=\pi\sqrt{(l/2s)t^2}$。而且，由于 $l/2s$ 是两个长度的比率，因此我们在根号下具有的数相应地是时间的平方。毫无疑义，只有当我们在确定 g 时也采用秒作为时间单位，我们会找到以秒计的 T。

在公式 $g=\pi^2 l/T^2$ 中，按照加速度的本性，我们直接看出，g 是长度除以时间的平方。

16. 惠更斯的最重要的成就是他解决确定振动中心的问题。只要我们必须处理**单个**物体动力学，伽利略原理就充分足够了。但是，在刚才提到的问题中，我们不得不确定相互影响的**几个**物体的运动。在不诉诸**新**原理的情况下，无法做到这一点。惠更斯实际上发现了这样一个原理。

211

我们知道，长摆完成它们的振动比短摆要慢。让我们想象一个重物绕轴自由转动，它的重心在轴之外；这样的物体将相当于复摆。如果这类摆的每一个物质质点只是处在距轴相同的距离，那

么它具有它自己的振动周期。但是，由于各部分连接在一起，整个物体只能以单一的、确定的振动周期振动。如果我们自己想象一

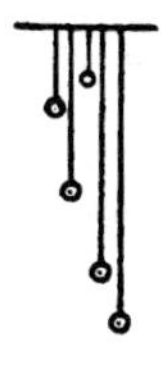

图 115

下几个不等长度的摆(图 115)，那么较短的摆摆动得较快，较长的摆摆动得较慢。如果把所有的摆结合在一起，那么必然可以推定，较长的摆会加速，较短的摆会减速，结果振动的平均时间将变短。因此，必定存在长度上居于最短的摆和最长的摆之间的，具有与复摆相同振动时间的单摆。如果我们在复摆上画出这个摆的长度，我们会找到一点，该点在它与其他点的关联中保持相同的振动周期——若把它分开并让它自行其是，它能够这样做。这个点是振动中心。梅森是提出确定振动中心的第一人。笛卡儿尝试解决它，不过他的解答是仓促的和不足的。

17. 惠更斯是第一个给出普遍答案的人。除了惠更斯，这个时代的几乎一切伟大的探究者都致力于这个问题，我们可以说，近代力学最重要的原理的发展与它相关。　212

惠更斯由以提出的、比整个问题重要得多的**新**观念，是这样一个观念。无论以什么方式，摆的物质质点都可以通过相互作用改变彼此的运动；在每一个实例中，在摆下降时获得的速度只能是这样的：借助这些速度，质点的重心都能够上升得恰好和它由以**下落**

的点一样**高**，而不管重心仍然在连接中还是和它们的连接消除。由于在这个原理的正确性上他怀疑他的同代人，他发觉自己不得不注意，在这个原理中隐含的唯一假定是，重物不会自行地向上运动。对于下落的物质质点的连接系统的重心而言，如果有可能在它的连接解除后上升得比它由以下落的点要高，那么通过再现该过程，可以使重物借助它们的重量上升到我们希望的任何高度。如果在连接解除后重心将上升到小于它由以下落的高度，那么我们只能逆转运动，以产生相同的结果。因此，惠更斯断定，没有一个人老是怀疑；相反地，每一个人已经**本能地**知觉它。不过，惠更斯给予这个本能的知觉以**抽象的概念的**形式。而且，他没有忘记指出，根据这个观点，确立永恒运动的努力毫无结果。可以识别出，刚刚发展的原理是**伽利略观念之一的概括**。

213　18. 让我们现在看一看，该原理在确定振动中心时做什么。为简单性的缘故，设 OA（图 116）是线性摆，它由在示意图中用点标出的巨大数目的质量构成。在 OA 松开，它将通过 B 向 OA' 摆动，在这里 $AB = BA'$。它的重心在第二侧将恰恰上升到它在第一侧

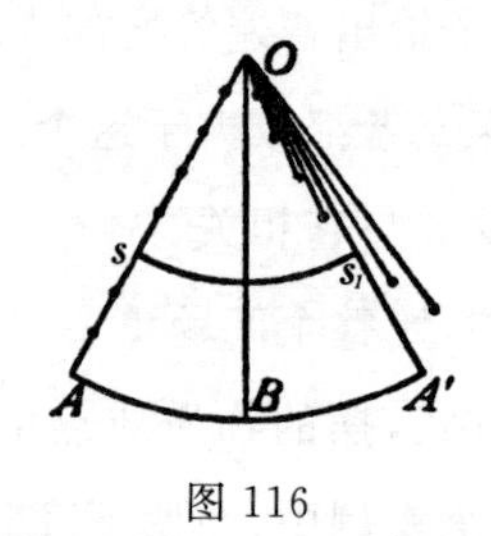

图 116

下落一样的高度。迄今，由此不会出现什么。但是，如果我们在位

置 OB 突然使个体质量摆脱它们的连接，那么这些质量借助它们的连接强加给它们的速度，相对于重心也能够达到相同的高度。如果我们在它们各自达到的**最高高度**阻止自由的向外摆动的质量，那么将在线 OA' 之下找到较短的摆，而较长的摆将越过它，但是系统的重心将在处于它的先前位置的 OA' 上找到。

现在，让我们注意，强加的速度与距轴的距离成比例；因此，只要给出**一个**，便可以决定一切，而且给出了重心上升的高度。所以反过来，任何物质质点的速度也被已知的重心高度确定。但是，如果我们了解在一个摆中对应于给定的上升距离的速度，那么我们就知道它的整个运动。

19. 预先提出这些评论，我们进入问题本身。在线性复摆上

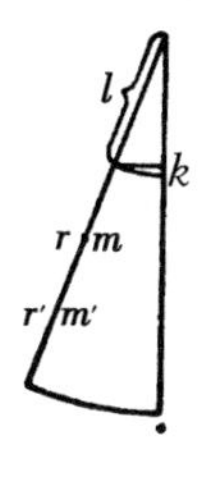

图 117

（图 117），从轴度量起，我们切掉一部分等于 1。如果摆从它的最大的偏移位置运动到平衡位置，在从轴算起距离等于 1 的点将通过高度 k 下落。在这个实例中，在距离 r、r'、r''……处的质量 m、m'、m''……将下落距离 rk、$r'k$、$r''k$……，而且重心下降的距离将是 214

$$\frac{mrk + m'r'k + m''r''k + \cdots\cdots}{m + m' + m'' + \cdots\cdots} = k\,\frac{\sum mr}{\sum m}.$$

设在距轴的距离1处的点在通过平衡位置时获得速度 v,这一点还没有确定。在连接解除后,它的上升高度将是 $v^2/2g$。于是,其他物质质点上升的对应高度将是 $(rv)^2/2g$、$(r'v)^2/2g$、$(r''v)^2/2g$……。被释放的质量的重心的上升高度将是

$$\frac{m\frac{(rv)^2}{2g}+m'\frac{(r'v)^2}{2g}+m''\frac{(r''v)^2}{2g}+\cdots\cdots}{m+m'+m''+\cdots\cdots}=\frac{v^2\sum mr^2}{2g\sum m}.$$

根据惠更斯的基本原理,则有

$$k\frac{\sum mr}{\sum m}=\frac{v^2}{2g}\frac{\sum mr^2}{\sum m}\cdots\cdots\cdots\cdots(a)$$

从这个关系出发,在下降的距离 k 和速度 v 之间是可以演绎的。不过,由于相同偏移的所有摆运动在动学上是类似的,在这里所考虑的运动以这个结果完全被确定。

与所考虑的复摆相比,单摆具有相同的振动周期;为了找到单摆的长度,要注意的是,像在它的未受阻碍的实例中一样,在它的下降距离和它的速度之间必定得到相同的关系。若 y 是这个摆的长度,ky 是速度;为此,

215

$$\frac{(vy)^2}{2g}=ky,\text{或者}$$

$$y\cdot\frac{v^2}{2g}=k\cdots\cdots\cdots\cdots(b).$$

用方程(b)乘方程(a),我们得到

$$y=\frac{\sum mr^2}{\sum m}.$$

使用动学相似原理,我们也可以以这种方式行进。我们从

(*a*)得

$$v=\sqrt{2gk}\sqrt{\frac{\sum mr}{\sum mr^2}}.$$

长度1的单摆在相应的境况下具有速度

$$v_1=\sqrt{2gk}.$$

把复摆的振动时间称为T,我们得到长度1的单摆振动时间$T_1=\pi\sqrt{1/g}$,从而支持相等偏移的假定

$$\frac{T}{T_1}=\frac{v_1}{v};\text{由此 } T=\pi\sqrt{\frac{\sum mr^2}{g\sum mr}}.$$

20. 我们在惠更斯原理中毫无困难地看到,辨认**功**是**速度的决定性的**条件,或者更确切地讲,辨认所谓的活劲是速度的决定性的条件。就随速度v、$v_{,}$、$v_{,,}$……而受影响的质量m、$m_{,}$、$m_{,,}$……系统的活劲或活力而言,我们理解和①

216

$$\frac{mv^2}{2}+\frac{m_{,}v_{,}^{\,2}}{2}+\frac{m_{,,}v_{,,}^{\,2}}{2}+\cdots\cdots$$

惠更斯的基本原理等价于活劲原理。关于它的表达形式,较晚的探究者没有给该观念添加如此之多的东西。

如果我们一般地想象任何重量系统p、$p_{,}$、$p_{,,}$……,它们不管连接还是不连接都下落通过高度h、$h_{,}$、$h_{,,}$……,并由此获得速度

① 这不是英语作者通常的定义,他们遵循比较古老的权威,使活劲是这个量的两倍。——英译者注

v、$v_{\prime}$、$v_{\prime\prime}$……，那么根据惠更斯的概念，在该系统的重心的**下降**距离和**上升**距离之间存在相等的关系，因而下述方程成立

$$\frac{ph+p'h'+p''h''+\cdots\cdots}{p+p'+p''+\cdots\cdots}=\frac{p\dfrac{v^2}{2g}+p'\dfrac{v'^2}{2g}+p''\dfrac{v''^2}{2g}+\cdots\cdots}{p+p'+p''+\cdots\cdots},$$

$$\text{或者}\sum ph=\frac{1}{g}\sum\frac{pv^2}{2}.$$

如果我们达到惠更斯在他的研究中还不具有的"质量"的概念，那么我们可以用质量 m 取代 p/g，从而得到形式 $\sum ph=\frac{1}{2}\sum mv^2$，就非恒力来说，这很容易推广。

21. 借助活力原理，我们能够确定无论什么摆的无限小振动的期间。我们让摆从重心 s(图 118)垂直于轴下落；比如说，垂线的

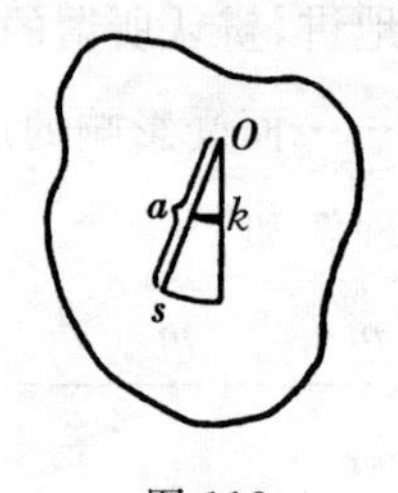

图 118

217 长度是 a。从轴度量起，我们在垂线上划分长度等于 1。设所讨论的点距平衡位置的下降距离是 k，所获得的速度是 v。由于在下降时所做的功由重心的位置决定，我们有

下降时做的功＝活劲：

$$Akg\,M=\frac{v^2}{2}\sum mr^2.$$

在这里，我们称 M 是摆的总质量，并预期活劲表达式。依据类似于在先前实例中的推导，我们得到 $T=\pi\sqrt{\sum mr^2/agM}$。

22. 我们看到，任何摆的无限小振动的期间由两个因子确定——表达式$\sum mr^2$的值，欧拉称其为**转动惯量**，惠更斯在没有任何特别名称的情况下使用它，并用 agM 的值。后者的表达式是摆的重量和重心距轴的距离之积 ag，我们愿意简要地把它命名为**静矩**。如果给出这两个值，那么就可确定具有相同振动周期的单摆(等时摆)的长度和振动中心的位置。

为了确定所提到的摆的长度，惠更斯在缺乏后来发现的分析方法的情况下，使用了非常天才的几何学步骤，我们将用一两个例子阐明它。设问题是确定均匀的、物质的和沉重的矩形 $ABCD$ 的振动时间，它在轴 AB 上摆动(图 119)。把矩形分割为微小的面 218

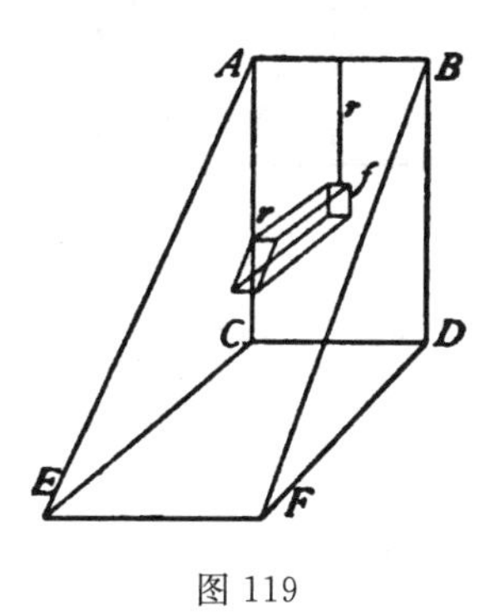

图 119

元 f、$f_{\prime}$、$f_{\prime\prime}$……，它们距轴的距离是 r、$r_{\prime}$、$r_{\prime\prime}$……，等时单摆的长度的表达式或振动中心距轴的距离，由下面的方程给出

$$\frac{fr^2+f_{,}r_{,}^{2}+f_{\prime\prime}r_{\prime\prime}^{2}+\cdots\cdots}{fr+f_{,}r_{,}+f_{\prime\prime}r_{\prime\prime}+\cdots\cdots}.$$

让我们在 $ABCD$ 上在 C 和 D 作垂线 $CE=DF=AC=BD$，并想象均匀的劈 $ABCDEF$。现在，寻找这个劈的重心距通过 AB 平行于 $CDEF$ 的平面的距离。在这样做时，我们必须考虑极小的柱 fr、$f_{,}r_{,}$、$f_{\prime\prime}r_{\prime\prime}$……和它们距所提到的平面的距离 r、$r_{,}$、$r_{\prime\prime}$……。如此进行时，我们就所需要的重心的距离得到表达式

$$\frac{fr\cdot r+f_{,}r_{,}\cdot r_{,}+f_{\prime\prime}r_{\prime\prime}\cdot r_{\prime\prime}+\cdots\cdots}{fr+f_{,}r_{,}+f_{\prime\prime}r_{\prime\prime}+\cdots\cdots}.$$

也就是与前面相同的表达式。因而，矩形的振动中心和劈的重心处在距轴相同的距离 $\frac{2}{3}AC$。

把这个观念贯彻到底，我们很容易察觉下述断定的正确性（图

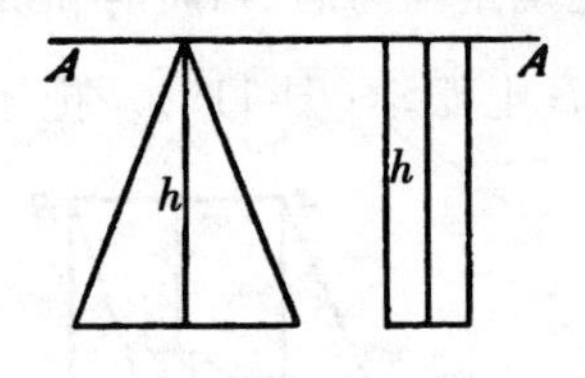

图 120

120）。对于高度 h、绕它的一个边摆动的均匀矩形来说，重心距轴的距离是 $h/2$，振动中心的距离是 $\frac{2}{3}h$。对于高度 h、其轴通过平行于底的顶点的均匀三角形来说，重心距轴的距离是 $\frac{2}{3}h$，振动中心的距离是 $\frac{3}{4}h$。我们称矩形和三角形的转动惯量为 Δ_1、Δ_2，称它们各自的质量为 M_1、M_2，我们得到

219

$$\frac{2}{3}h=\frac{\Delta_1}{\frac{h}{2}M_1},\ \frac{3}{4}h=\frac{\Delta_2}{\frac{2h}{3}M_2}.$$

$$\text{因而 }\Delta_1=\frac{h^2M_1}{3},\Delta_2=\frac{h^2M_2}{2}.$$

借助这个优美的几何学概念,能够解决许多问题,今天用例行的形式处理它们确实更为方便。

23. 现在,我们将讨论与转动惯量有关的命题,惠更斯以稍微不同的方式使用它。设 O(图 121)是任何给定物体的重心。作直

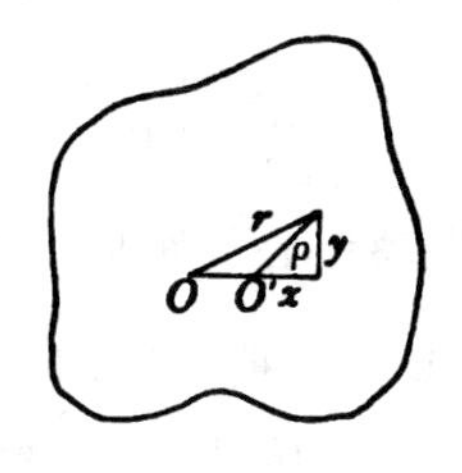

图 121

角坐标系的这个原点,并假定关于 Z 轴的转动惯量已被确定。若 m 是质量元,r 是它距 Z 轴的距离元,那么这个转动惯量是 $\Delta=\sum mr^2$。我们现在把平行于它自己的转动轴移动到 O',即在 X 方向的距离 a。通过这个位移,把距离 r 转换为新的距离 ρ,而新的转动惯量是　220

$$\Theta=\sum m\rho^2=\sum m[(x-a)^2+y^2]=\sum m(x^2+y^2)-2a\sum mx+a^2\sum m;$$

$$\text{或者,由于}\sum m(x^2+y^2)=\sum mr^2=\Delta,$$

命名总质量 $M=\sum m$,回忆重心的特性 $\sum mx=0$,于是

$$\Theta=\Delta+a^2M.$$

因此,从通过重心对于一个轴的转动惯量,可以很容易推导出平行于第一个轴的任何其他轴的转动惯量。

24.附加的观察在这里显露出来。振动中心的距离由方程 $l=(\Delta+a^2M)$ 给出,在这里 Δ、M 和 a 具有它们原来的意义。量 Δ 和 M 对于任何一个给定的物体来说都是不变的。因此,只要 a 依然是相同的值,l 也将依然不变。对于一切处在距重心**相同**距离的**平行轴**,像摆一样的物体具有相同的振动周期。若我们令 $\Delta/M=\chi$,则

$$l=\frac{\chi}{a}+a.$$

现在,由于 l 标示振动中心的距离,a 标示重心距轴的距离,因而振动中心总是比重心远离轴,远离的距离是 χ/a。因此,χ/a 是振动中心距重心的距离。如果我们通过振动中心放置平行于原来轴的第二轴,从而 a 变为 χ/a,我们现在得到摆长

221

$$l=\frac{\chi}{\frac{\chi}{a}}+\frac{\chi}{a}=a+\frac{\chi}{a}=l.$$

因此,对于通过振动中心的第二个平行轴来说,振动时间依然是相同的,因而对于每一个处在距重心与距振动中心相同距离 χ/a 的平行轴而言,振动时间也相同。

对应于相同振动周期的、具有距重心的距离 a 和 χ/a 的所有平行轴的全体,从而在两个共轴圆柱中实现了。在不影响振动周期的情况下,每一个母线作为轴是与每一个其他母线可以互换的。

25. 为了获得在两个轴圆柱之间存在的关系的清晰观点，正像我们将要简要称呼它们的，让我们开始考虑如下。我们令 $\Delta=\kappa^2 M$，于是

$$l=\frac{\kappa^2}{a}+a.$$

如果我们寻求对应于给定 l 的 a，因而对于给定的振动时间，我们得到

$$a=\frac{l}{2}\pm\sqrt{\frac{l^2}{4}-k^2}.$$

因此一般地，两个 a 值在这里对应于 l 的一个值。只有在 $\sqrt{l^2/4-k^2}=0$ 即在 $l=2k$ 的实例中，两个值才在 $a=k$ 中巧合。

如果我们用 α 和 β 标示对应于每一个 l 的 a 的两个值，那么　222

$$l=\frac{k^2+\alpha^2}{\alpha}=\frac{k^2+\beta^2}{\beta}\text{，或者}$$

$$\beta(k^2+\alpha^2)=\alpha(k^2+\beta^2),$$

$$k^2(\beta-\alpha)=\alpha\beta(\beta-\alpha),$$

$$k^2=\alpha\cdot\beta.$$

因此，在任何摆动的物体中，如果我们知道两个具有相同振动周期和距重心不同距离 α 和 β 的平行轴，就对于任何悬挂点我们能够给出振动中心的例子而言，情况就是这样，那么我们能够作 k 的图。我们按顺序在直线上画出(图 122)α 和 β，在作为直径的 $\alpha+\beta$ 上画半圆，并在两个分度的连结点作垂线。在这个垂线上，半圆切割 k。另一方面，如果我们知道 k，那么对于每一个 α 的值，比如说 λ，可以得到值 μ，这将给出与 λ 相同的振动周期。我们以 λ 和 k 为边作直角(图 123)，用直线连结它们的端点，我们在 k 的端点作垂

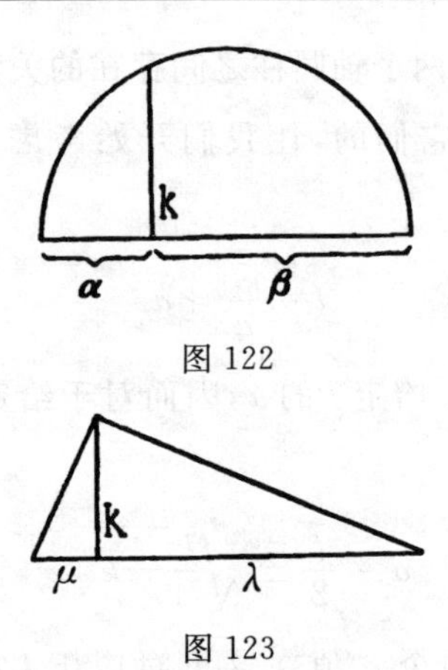

图 122

图 123

直于直线的垂线，垂线在 λ 的延长线上切割部分 μ。

现在，让我们想象具有重心 O 的无论什么物体(图 124)。我

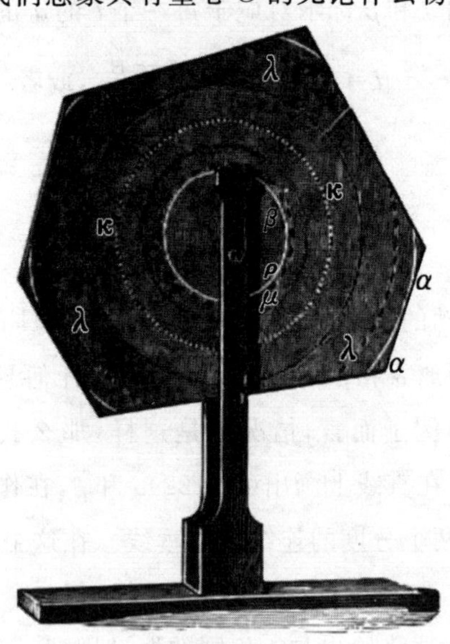

图 124

们把它置于所画的平面上，使它绕与纸面成直角的一切可能的平行轴摆动。我们发现，通过圆 α 的所有轴就振动周期而言都是相互可交换的，对于通过圆 β 的所有轴也是这样。如果我们采用类似的圆 λ 以代替 α，那么在 β 之处，我们将得到较大的圆 μ。以这个方式继续下去，两个圆最终都与半径 k 的圆相遇。 223

26. 我们根据健全的理由详细叙述了前面的问题。首先，它们服务于我们以清晰的眼光展示惠更斯研究的杰出结果的意图。我们给予的一切实际上都包含在惠更斯的论著中，尽管形式稍微不同；或者，这一切至少如此近似地在惠更斯的论著之中呈现出来，以至在没有些许困难的情况下能够补充它。它只有很少一部分进入近代的基础教科书。在我们的基本处理中这样体现的命题之一，涉及悬挂点和振动中心的可互换性。不过，通常的描述并非详尽无遗。正如我们所知，卡特尔(Kater)船长运用这个原理确定秒摆的精确长度。 224

就"转动惯量"概念的本性而言，在前面段落出现的要点也有助于给我们提供启发。在原则之点，这个概念没有给我们提供洞察，而在没有它的情况下我们便无法获得洞察。但是，由于我们借助它**节省**个人考虑构成系统的质点，或一劳永逸地解决它们，我们才通过较短的和较易的道路达到我们的目标。因此，这个观念在力学**经济**中具有高度的重要性。在欧拉和泽格纳(Segner)较少成功地尝试类似的目标之后，普安索(Poinsot)进一步发展了属于这个课题的观念，并通过他的惯性椭球和中心椭球加以简化。

27. 惠更斯关于旋轮线的几何特性和力学特性的研究重要性较少。从近代时计制造术的实践来看,圆滚摆作为不必要的东西被遗漏了,惠更斯在其中认识到的不是振动时间和振幅的近似独立,而是精确独立。因此,我们在这里不进行这些研究,可是它们可以呈现出许多在几何学上漂亮的东西。

相对于形形色色的物理学理论而论,时计制造术的技艺、实践225 屈光学,尤其是机械学,作为惠更斯的功绩是伟大的,而他的主要成绩依旧是他对于用来解决振动中心问题的原理的阐明,这个成绩要求最伟大的勇气,也伴随最伟大的结果。不管怎样,正是这个原理,是他阐明的唯一原理,它没有受到他的较少远见的同代人的恰当评价,也在此后长时期没有受到赏识。我们希望,我们在这里以正确的眼光把这个原理作为与活劲原理等价的东西定位。

28. 对我们来说,不可能着手考虑惠更斯在物理学本身中的非凡成就。但是,可以简要地指明几点。他是波动说的创造者,该理论最终推翻了牛顿的微粒论。事实上,引导他的尝试的,恰恰是没有被牛顿注意的光现象的那些特征。关于物理学,他以极大的热情采纳了笛卡儿的观念,即一切事物都可以用力学说明,虽然他对它的错误不是无动于衷,而是尖锐地和正确地批评了这些错误。他对力学说明的偏好也使他成为牛顿超距作用的反对者。他希望,用压力和碰撞即接触作用代替超距作用。在他努力这样做时,他阐明了像磁流那样的一些特殊概念,磁流概念起初无法与有影响的牛顿理论竞争,但是最近在法拉第和麦克斯韦(Maxwell)的努力下,使它恢复了它的充分权利。作为几何学家和数学家,惠更斯也名列前茅，在这方面只需要提及一下他的机遇对策论。他的天文观察，他在理论屈光学和实践屈光学中的成就，十分显著地推进了这些领域。作为技术专家，他是动力机的发明者，动力机的观 226 念在近代燃气机中成为现实。作为生理学家，他推测用透镜的形变调节眼睛。在这里，这一切事情几乎无法提及。随着通过惠更斯的著作的完备版本更充分地了解他的劳作，我们对他的看法也在成长。博斯哈(J. Bosscha)在一本小册子中描绘了他的科学生涯在各个阶段的简明的和可敬的梗概，其书名是《克里斯蒂安·惠更斯，在他逝世200周年纪念会上的讲演》(*Christian Huyghens, Rede am 200. Ged ächtinisstage seines Lebensendes*)，这是1895年在莱比锡出版的恩格尔曼(Engelmann)的德译本。

(三)牛顿的成就

1. 就我们的课题而言，牛顿的功绩是双重的。首先，他通过他的**万有引力**的发现，大大扩展了力学物理学(mechanical physics)的范围。其次，他完**成了现在普遍接受的力学原理的完备的形式阐述**。自他的时代以来，没有陈述本质上新的原理。自他那时起，在力学中完成的一切，都是力学在牛顿定律基础上的演绎的、形式的和数学的发展。

2. 让我们对牛顿在**物理学**领域的成就投以一瞥。开普勒(Kepler)从第谷·布拉厄(Tycho Brahe)和他自己的观察资料出发，演绎出行星绕太阳运动的三个经验定律，牛顿用他的新观点使这些定律变得明白易懂。开普勒定律如下：

1)行星在椭圆轨道上绕太阳运动，太阳处在椭圆的一个焦点上。

227 2)连接每一个行星与太阳的矢径在相等的时间划过相等的面积。

3)行星距太阳的平均距离的立方与它们绕转的时间的平方成比例。

由于牛顿清楚地理解伽利略和惠更斯的学说，他必定看出，**曲线**运动隐含**偏转**加速度。由此，为了说明行星运动现象，必须假定加速度不断地指向行星轨道的凹边。

现在，开普勒第二定律即面积定律立即被朝向太阳的行星恒加速度的假定说明了；或者更确切地讲，这个加速度是同一事实的

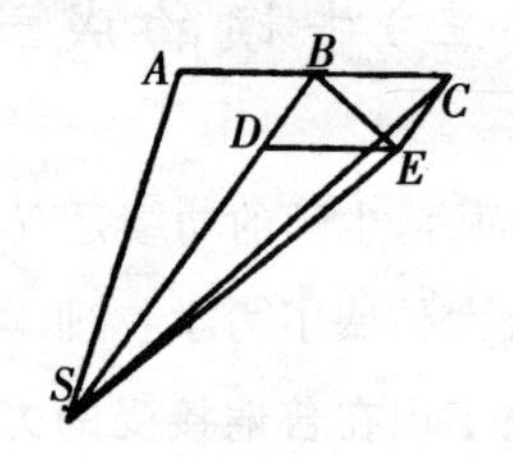

图 125

另外形式的表达。若矢径在时间元划过面积 ABS(图 125)，则在下一个相等的时间元在不假定加速度时，将划过面积 BCS，在这里 $BC=AB$，并处在 AB 的延长线上。但是，若在第一个时间元的中心加速度产生速度——借助该速度将在相等的间隔越过距离 BD，则扫过的下一个相继的面积不是 BCS，而是 BES，在这里 CE 平行且等于 BD。但是，很明显，$BES=BCS=ABS$。因而，面积

定律以另外的样态构成中心加速度。

在如此断定中心加速度的事实时，**第三**定律导致我们发现它的特征。由于行星在稍微不同于圆的椭圆上运动，为简单性起见，我们可以假定，它们的轨道实际上是圆。若 R_1、R_2、R_3 是半径，T_1、T_2、T_3 是行星各自绕转的时间，可以如下写出开普勒第三定律： 228

$$\frac{R_1{}^3}{T_1{}^2}=\frac{R_2{}^3}{T_2{}^2}=\frac{R_3{}^3}{T_3{}^2}\cdots\cdots=\text{常数。}$$

但是，我们知道，在圆上运动的中心加速度是 $\varphi=4R\pi^2/T^2$，或者 $T^2=4\pi^2R/\varphi$。代换这个值，我们得到

$$\varphi_1R_1{}^2=\varphi_2R_2{}^2=\varphi_3R_3{}^2=\text{常数，或者}$$

$$\varphi=\text{常数}/R^2\text{；}$$

这就是说，按照中心加速度反比于距离平方的假定，我们从已知的中心运动定律得到开普勒第三定律；反之亦然。

再者，虽然不容易以基本的形式提出证明，但是当达到中心加速度与距离的平方成反比的观念时，证明这个加速度是对在圆锥曲线上的运动的另一种表达，以及行星在椭圆上的运动是它的特例，只不过是数学分析的事务。

3. 但是，除了开普勒、伽利略和惠更斯为之充分开辟道路的、刚才讨论的**智力**成绩外，牛顿还有另外的成就依然需要评价，这一点无论在哪方面都可能被低估了。这就是**想象**的成就。实际上，我们毫不犹豫地说，这最后一个是一切之中最重要的。制约行星绕太阳、卫星绕行星的曲线运动的加速度，具有什么性质呢？

229 牛顿以大无畏的思想首次在月球的例子中察觉，这种加速度在实质方面不同于我们如此熟悉的重力加速度。也许正是在伽利略的实例中运用得这么多的连续性原理，导致他做出他的发现。他惯于——而且这种习惯对于一切真正伟大的研究者来说似乎是共同的——尽可能紧密地依附曾经形成的概念，甚至在呈现改变条件的实例中也是这样，以便维护他在自然过程中看到的自然告诉我们的概念的一致性。在任何一个时刻和任何一个处所，是自然特性的东西处处不断地反复发生，尽管它可能在显著程度上不尽相同。如果观察到重力的引力不仅在地球表面。而且也在高山和深坑占优势，那么习惯于他的信念连续性的物理探究者构想，这种引力在比我们易于接近的更高处和更深处也起作用。他问自己：地上的重力这种作用的界限在哪里？它的作用能够延伸到月球吗？关于这个疑问，需要想象力的伟大飞腾，属于牛顿智力天才的伟大科学成就，无非是这种想象力的必然结果。

罗森贝格尔(Rosenberger)(*Newton und seine physikalischen Principien*，1895)正确地陈述，万有引力的观念并非起源于牛顿，而牛顿有许多值得高度报答的前辈。但是，可以保险地断定，就他们之中的所有人而言，该观念是一个猜测的、摸索的疑问，是对问题的不完善把握，在牛顿之前还没有一个人如此全面地和有力地抓住这个概念；以至想象力的罕见技艺高于和超越伟大的数230 学问题，它还继续为牛顿增光，罗森贝格尔不大情愿地承认这一点。

在牛顿的先驱中，首先可以提及哥白尼。哥白尼(1543 年)说："我至少具有这样的看法，即重力无非是宇宙主宰的神圣天意埋置在粒子中的自然倾向,这些粒子借助天意以圆球形状聚集在一起,形成它们自己合适的统一和完整。而且,必须假定,这种习性在太阳、月球和其他行星中是固有的。”类似地,开普勒(1609年)像在他之前的吉尔伯特(1600年)一样设想,重力是磁引力的类似物。借助这种类比,似乎把胡克(Hooke)导向重力随距离减小的概念;而且,在把它的作用描绘为出于一种辐射类型时,他甚至暗示它的作用与距离的平方相逆的观念。他还力图借助弹簧秤和摆钟,通过称量悬挂在距威斯敏斯特教堂顶端不同高度的物体(正好在约利(Jolly)的较近代的方法之后),来决定它的效应的减少(1686年),这当然没有结果。在他看来,锥动摆极好地适应于阐明行星运动。就这样,胡克实际上最接近牛顿的概念,虽然他从来没有完全达到后者观点的高度。

在两本有启发性的著作(*Kepler's Lehre von der Gravitation*, *Halle*, 1896; *Die Gravitation bei Galileo u. Borelli*, Berlin,1897)中,E. 戈德贝克一方面就开普勒,另一方面就伽利略和博雷利(Borelli)研究早期引力学说史。不管开普勒对经院哲学家的和亚里士多德学派的人的概念如何看待,他具有足够的洞察力, 231 从而看到行星系现象呈现的真实物理问题;按照他的观点,随着地球在它绕太阳的运动中猛拉月球,与之同时月球反过来拖动潮汐波,恰如吸引重物一样。对于行星来说,也可以在太阳中寻找运动的来源,无形的杠杆从太阳延伸,致使行星随太阳旋转,并携带遥远的行星比接近的行星较慢地转动。依据这种观点,能使开普勒推测,太阳的旋转周期比水星的绕转周期少88天。有时,也把太阳想象为一个旋转的磁体,磁行星被安置在它的对面。在伽利略的宇宙概念中,形式的、数学的和审美的观点处于支配地位。他拒绝每一个吸引假定,甚至在开普勒那里觅得像儿童一般的观念。对他来说,行星系还没有形成真正的物理学问题。可是,他却与吉尔伯特一起假定,无形的几何点不能够施加物理作用,他十分热衷证明重物地上的本性。博雷利(在他的论木星的卫星的著作中)设想,行星漂浮在不同密度的以太层之间,它们具有趋近它们的中心物体的**自然**倾向(避免引力术语),这种倾向被由旋转产生的离心力抵消。博雷利利用非常类似于我们在第207页图106描述的实验阐明他的理论。正如将要看到的,他十分接近牛顿。尽管他的理论是笛卡儿理论和牛顿理论的组合。

232 牛顿在月球的实例中首先发现,与控制石块下降的相同加速度防止这个天体在直线上运动时远离地球,另一方面,它的切向速度防止它落向地球。于是,在他看来,月球的运动似乎突然以全新的眼光显现出来,但是又处在十分熟悉的观点之下。在新概念囊括了先前关系非常疏远的对象方面,它是富有吸引力的;在它包含最熟悉的要素方面,它是令人信服的。这说明它可以及时应用于其他领域,并全盘赢得它的结果的特征。

牛顿用他的新概念不仅解决了行星系的千年之谜,而且也用它提供了说明若干其他重要现象的钥匙。归因于地上的重力的加速度延伸到月球和空间的所有其他部分,归因于其他天体的加速度也以相同的方式如此延伸,我们必须用连续性原理把相同的特性归属于这一点,延伸到空间的一切部分,也包括地球在内。但是,如果万有引力对地球来说不是特殊的,那么在地球**中心**也不能排除它的席位。地球的每一部分不管多么小,都分享万有引力。

地球的每一部分吸引其他每一部分，或决定其他每一部分的加速度。物理观点的广阔和自由就这样达到了，人们在牛顿时代之前并不拥有这一切。

关于星球对其他物体上的作用的一长串命题超越该星球，处在该星球上或处在该星球内；就地球形状的探究，尤其是有关它因旋转而变扁平的探究，仿佛自发地从这个观点涌现出来。潮汐之谜被意外地说明，它是由于月球对地上的水的可动质量施于加速度的缘故，尽管很久以前人们曾经猜测潮汐与月球的关联。 233

牛顿如下阐明地上的重力与决定天上的天体运动的万有引力的等价性。他想象从高山之巅投掷的水平速度相继增加的石块。忽略空气的阻力，石块相继划出的抛物线将在长度上增加，直到它们最终变得一起离开地球，而石块会转变为环绕地球的卫星。牛顿从普遍重力的**事实**开始。对现象的说明不是现成的，他说构造假设不是他的习惯。不管怎样，他无法如此轻易地使问题得以解决，这一点从他给本特利(Bentley)的众所周知的信件来看是显而易见的。重力在物质中是内在的和天生的，以至一个物体可以直接通过空虚空间作用于另一个物体，这对他来说似乎是荒诞不经的。但是，他不能决定居间的能动作用是物质的还是非物质的(精神的?)。像他的前辈和后继者一样，牛顿感到需要用像接触作用这样的手段说明万有引力。可是，牛顿以超距作用力作为演绎基础在天文学上达到的巨大成功，很快就非常显著地改变了局面。在这些力的起源不久几乎完全消失之后，探究者便习惯于作为他们说明的出发点和激励探究的这些力。现在，通过构想由虚空间隙隔离的和相互超距作用的粒子组成的物体，尝试把这些力引入

234 物理学的一切领域。最后，甚至物体对压迫和冲击的阻力，也就是说，甚至接触力，都用粒子之间的超距作用力说明。事实上，描述前者的函数比描述后者的函数更为复杂。

无疑地，超距作用力的学说受到拉普拉斯（Laplace）及其同代人的珍重。法拉第的公正的和坦率的概念和麦克斯韦关于这些概念的数学公式，再次扭转了潮流而有利于接触力。若干困难在天文学家的心智中引起对牛顿定律的精确性的怀疑，找到了它在量上的稍微变化。不过，在已经证明电以有限的速度传播之后，像与类似万有引力作用相关的事态的疑问再次自然地出现了。事实上，万有引力与超距作用的电力具有密切的相似性，除了在我们所知的一个方面不同，在万有引力的实例中只出现吸引，而不出现排斥。弗普尔（Föppl）（“Ueber eine Erweiterung des Gravitationsgesetzes,” *Sitzungsber. D. Münch. Akad.*, 1897, p. 6 et seq.）相信，在没有变得卷入矛盾的情况下，我们也可以就万有引力假定负质量——负质量相互吸引而正质量彼此排斥，因此也可以假定类似于电场的**有限的**万有引力场。德鲁德（Drude）（在他 1897 年为德国自然科学家会议所做的关于超距作用的报告中）列举了许多确立万有引力传播速度的实验，这远远地返回到拉普拉斯。不

235 得不把结果看做否定的结果，因为可以被考虑的速度彼此不一致，虽然它们全部是光速的好多倍。只有保罗·格贝尔（Paul Gerber）（“Ueber die räumlicje u. zeitliche Ausbreitung der Gravitation,” *Zeitschrift f. Math. U. Phys.*, 1898, Ⅱ）从水星的近日点运动每百年 41 秒发现，引力传播的速度与光速相同。这可能表明支持作为传播媒质的以太。（比较 W. Wien, “Ueber die

Möglichkeit einer elektromagnetischen Begründung der Mechanik," *Archives Néerlandaises*, The Hague, 1900, V, p. 96.)

4. 对力学新观念的反应是迅速随之而来的结果。根据新观点，**同一**物体按照它在空间的位置变得倾向于极其多样的加速度，这立即启示**可变**重量的观念，不过也指向恒定物体的**一个**特征性的性质。就这样，首次把**质量**和**重量**概念清楚地区分开来。辨认出加速度的多样性，导致牛顿用专门的实验确定这样的事实：重力加速度与物体的化学构成无关；由此，为阐明质量和重量的关系赢得了新的优势位置，一会儿我们将更加详细地表明这一点。最后，比以前任何时候更为可能的是，就牛顿的工作情况而言，伽利略的**力的观念**的**普适可应用性**在心智留下印象。人们不再愿意相信，这个观念只能应用于落体现象和最直接与此相关的过程。普遍化就这样自行地、在没有引起特殊注意的情况下实现了。

5. 现在，让我们比较详细地讨论一下牛顿的成就，因为它们与**力学原理**有关。在这样做时，我们首先将全部致力于牛顿的观念，力求有说服力地使读者的心智相信它们，并把我们的批判完全局限于引导性的评论，从而为接下来的一节留出对细节的批评。仔细阅读牛顿的著作（*Philosophiae Naturalis Principia Mathematica*, London, 1687），下述事情作为超越伽利略和惠更斯的主要进展立即打动我们： 236

1）力的概念的普遍化。

2）质量概念的引入。

3)对力的平行四边形原理明确而普遍的阐述。

4)作用和反作用定律的陈述。

6.关于第一点,对已经说过的话没有什么可增添的了。牛顿把决定运动的所有条件想象为决定**加速度**的条件,不管它们是地上的重力、还是行星的引力、拟或磁体的作用等等。什么考虑导致这一巨大的和直接的普遍化,几乎是无法证明的。关于力的每一个类型的特定实验都无法圆满地实施。另一方面,通过压或拉显现的一切力对于加速度而言也将是相等的。(参见 *Erkenntnis und Irrtum*,2rd ed.,1906,pp. 140,135.)

牛顿反复的和强调的声明,即他不关心关于现象的原因的假设,而仅仅关注**实际事实**的研究和变换的陈述——这一思想方向在他的"我不做假设"(hypotheses non fingo)的话语中明确而扼要地表达出来——这给他打上了**最高**级的哲学家的印记。他不想用他的观念的独创性来一鸣惊人或使人想入非非:他的目的是认识**自然**。[①]

237

① 这在牛顿为自然探究者的行为形成的法则(*regulae philosophandi*,哲学中的推理法则)中引人注目地表明了:

"法则一:不容许接纳自然事物的原因多于其真实存在的和足以说明这些事物的现象的原因。

法则二:因此,对于相同类型的自然效应,我们必须尽可能地归属于相同的原因;例如,对于人和动物的呼吸,对于在欧洲和美洲石块的下落,对于我们的炉灶火光和太阳光,对于在地球上和行星上的光反射。

法则三:必须把既不能增加也不能减少、且在我们实验所及的范围之内发现属于所有物体的那些质,视为一切物体普遍的质。[在这里接着列举在所有教科书中都收录

7. 关于"质量"概念，必须注意到，牛顿的系统阐述——把质量定义为物体的物质的量，用它的体积和密度之积来度量——是不幸的。鉴于我们只能定义密度是单位体积的质量，循环是明显的。牛顿显然感到，在每一个物体中都存在一种固有的特性，它的运动的量是借以决定和察觉的，从而这必然不同于重量。他称它为质量，我们还这样称呼；但是，在正确陈述这个知觉时，他没有成功。我们以后将重提这一点，并愿意停留在这里，仅仅做出下面的初步评论。

8. 在牛顿的处理中有足够数目的众多实验，清楚地指出截然不同于重量的特性的存在，由此决定它所属物体的运动的量。巴利亚尼在他的《论重力运动》(*De motu gravium*，1638)的序言中，按照G. 瓦伊拉蒂的观点，在作为力量(agens)的重量和作为忍耐(patiens)的重量之间做出区分，因此他是牛顿的先驱。如果(图126)我们把飞轮系在绳子上并试图借助滑轮提升它，那么我们感觉到飞轮的**重量**。可是，如果把轮子安放在理想的圆柱轴上并使之完好平衡，它将不再依靠它的重量呈现任何确定的位置。无论 238

的物体的特性。]

根据实验和天文观察，如果情况似乎普遍是，地球附近的一切物体相对于地球是重的，这与它们各自包含的物质的量成比例；月球相对于地球且与它的质量成比例地重，而且我们的海洋相对于月球也是这样；所有行星相互之间如此，彗星相对于太阳亦如是；那么我们必须遵照这个法则宣称，**一切**物体彼此之间都是重的。

法则四：在实验物理学中，必须把从现象通过归纳收集的命题或视为精确地真实的，或视为非常接近真实的，尽管还有其他相反的假设，直到可以使其变得更精确的其他现象出现，或者使其他现象变得隶属于例外为止。

必须依附这个法则，从而不可以用假设废除归纳的结果。"

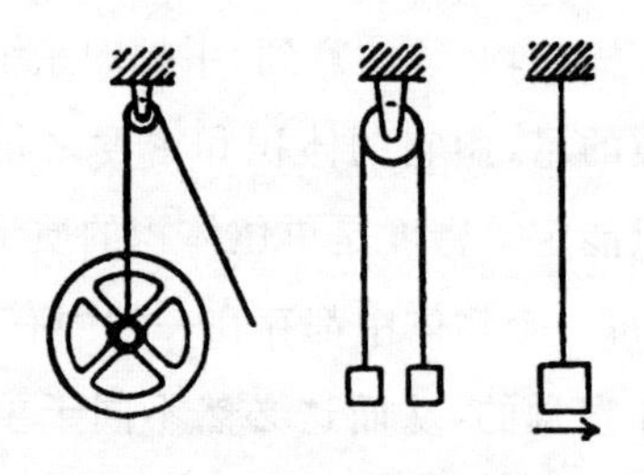

图 126

如何，在我们努力使轮子运动或者试图使处于运动的轮子停止时，我们都可以感觉到强大的阻力。这就是命名为惯性或惯性“力”——正如我们已经看到的和将要在下面进一步说明的，这一步是不必要的——的物质的独特性质之阐明。两个同时上升的相等的负荷由它们的重量提供阻力。把它们系在细绳的末端，而细绳通过滑轮，它们就可以对任何运动提供阻力；或者更确切地讲，由于它们的质量，它们对滑轮速度的任何变化提供阻力。作为摆悬挂在十分长的细线上的大重量，能够用非常小的气力使它停止在稍微偏离平衡线的角度处。迫使摆进入平衡位置的重量分量是很小的。可是，尽管这样，如果我们突然试图使重量运动或使它停止，那么我们还会经受显著的阻力。刚刚受到气球维持的重量反239 抗对运动的可察觉的阻力，虽然我们不再必须克服它的重力。对此要补充的是，同一物体在不同的地理纬度和不同的空间部分经受很不相等的重力加速度，我们可以清楚地识别，质量作为一种特性而存在，这种特性截然不同于决定加速度——特定的力把加速度传递给它所属的物体——的量的重量。

可以注意到，对牛顿而言，由于他的特殊发展，质量作为物质的量的概念**在心理学上**是十分自然的概念。关于物质概念的起源，爱挑剔的探究者不可能指望牛顿时代的科学家。该概念是完全本能地发展的；人们发现它是十全十美的论据，并以绝对的单纯坦率地采纳它。就力的概念来说，情况也一模一样。但是，力似乎与物质结合在一起。而且，鉴于牛顿赋予一切物质粒子以严格等价的万有引力，鉴于他认为这种力作为组成天体的个体粒子的力之和是由天体相互施加的，因此很自然，这些力似乎与物质的量不可分离地结合在一起。罗森贝格尔在他的著作《牛顿及其物理学原理》（*Newton und seine physikalischen Principien*, Leipzig, 1895，尤其是第 192 页）引起对这个事实的注意。

我在其他地方（*Analysis of Sensations*, Chicago, 1897）尽力表明，我们如何从不同感觉之间的**关联**的恒久性，被导向我们称之为**实物**（substance）的**绝对恒久性**的假定，最明显的和最突出的例子，是可以与它的环境区分的可动物体的例子。而且，看到这样的 240 物体可以分为均匀的部分，其中每一部分都呈现恒久的特性复合，这诱使我们形成在量上不变的某种实物的概念，我们称其为**物质**（matter）。但是，我们从一个物体移除的东西，使它再次在其他某个地方出现。物质的量作为一个整体证明是**恒久的**。不过，严格地看，使我们关心的是和物体具有特性恰好同样多的实物的量，除了体现物体几个特性——**质量**只是其中**一个**特性——的关联恒久性的功能以外，留给**物质**的没有其他功能。（比较我的 *Principle of Heat*, German edition, 1896, p. 425.）

9. 不管怎样，在某些条件下，物体的质量可以用它的重量来度量，牛顿对此的证明是重要的。让我们假定（图 127）物体静止在

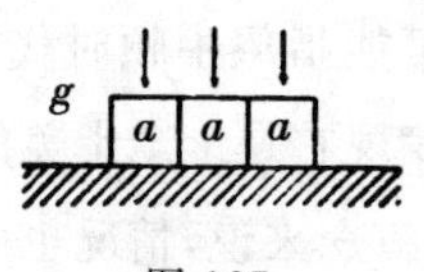

图 127

支撑物上，它以它的重量对支撑物施加压力。明显的推断是，2 或 3 这样的物体，或者这样的物体 1/2 或 1/3，将产生相应的 2、3、1/2或 1/3 倍大的压力。如果我们想象下降的加速度增加、减少或完全消除，那么我们期望，压力也将增加、减少或完全消除。于是，我们**看到**，可以归因于重量的压力随“物质的量”和下降加速度的量值一起增加、减少和完全消失。以可以想象的最简单的方式，我们认为压力 p 在量上可以用物质的量 m 和下降的加速度 g 之积即 $p=mg$ 来描述。现在，设想我们有两个物体，它们分别施加重量压力 p、p'，我们把“物质的量”m、m'归因于它们，并使它们受到下降加速度 g、g'；于是，$p=mg$ 和 $p'=m'g'$。此时，如果我们能够证明，与物体的物质的（化学的）构成无关，在地球表面上的每一个相同的点 $g=g'$，那么我们将获得 $m/m'=p/p'$；也就是说，在地球表面的同一地点，都可以**用重量度量质量**。

241

现在，牛顿用具有相等长度但不同材料的、显示相等振动时间的摆的实验，确立了这个事实——g 与物体的化学构成无关。在这些实验中，他仔细地顾及因空气阻力引起的扰动；通过用不同的材料制作尺寸精确相同的球形摆锤，用适当挖空的球使摆锤的重量相等，以消除这个最后的因素。因此，可以认为一切物体都受到相同 g 的影响，正如牛顿指出的，它们的物质的量或质量能够用它们的重量度量。

如果我们想象在物体的集合和磁体之间放置的刚性隔板，那么若磁体足够强有力的话，物体或者至少物体的大多数将在隔板上施加压力。但是，没有一个人想到，以我们使用归因于重量的压力的方式，使用这种磁压力作为质量的量度。磁体在不同的物体产生极其显著的不相等的加速度，排除任何这样的观念。此外，读者会注意到，这个齐全的论据具有附加的可疑特征：直到这时仅仅作为**必然性**被**命名**和被**感觉**、但是并未下**定义**的质量概念，是由该论据假定的。 242

10. 我们把对力的合成原理的清晰阐明归功于牛顿。[①] 如果

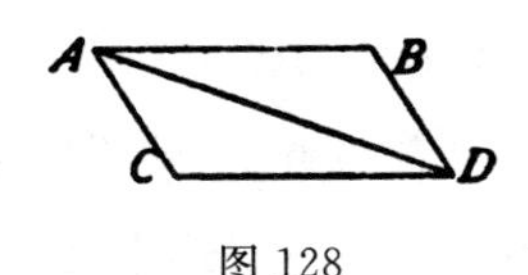

图 128

两个力同时作用在一个物体上（图 128），在相同的时间间隔，其中一个力可以产生运动 AB，另一个力可以产生运动 AC；由于两个力和由它们产生的运动是**相互独立的**，那么物体将在这个时间间隔运动到 AD。这个概念在每一个方面都是自然的，独到地刻画出所卷入的本质之点的特征。它一点也不包含后来引入力的合成学说的人为而勉强的特征。

我们可以用稍微不同的方式表达这个命题，从而使它更接近它的近代形式。在相同的时间，不同的力施加给同一物体的加速

---

① 关于力的合成学说，罗贝瓦尔（1668 年）和拉米（1687 年）的成就在这里也必须提及。瓦里尼翁已经涉及了。（参见正文第 66 页）

度是这个力的量度。但是,在相等的时间划出的路程与加速度成比例。因此,后者也可以作为力的量度。我们可以相应地说:如果与线段 AB 和 AC 成比例的两个力在 AB 和 AC 方向上作用于物体 A,那么作为结果发生的运动也能够用第三个力产生,该力仅仅作用于在 AB 和 AC 上所做的平行四边形的对角线的方向,且与这个对角线成比例。因此,后一个力可以代替其他两个力。这样一来,若 φ 和 ψ 是在 AB 和 AC 方向上引起的两个加速度,则对于任何确定的时间间隔 t,$AB=\varphi t^2/2$,$AC=\psi t^2/2$。现在,如果我们 243 想象,AD 在相同的时间间隔由决定加速度 χ 的单一力产生,那么我们得到

$$AD=\chi t^2/2 \text{ 和 } AB : AC : AD=\varphi : \psi : \chi.$$

只要我们察觉力是相互独立的事实,就很容易从伽利略的力的概念达到力的平行四边形原理。没有这个独立假定,要抽象地和哲学地达成该原理的任何努力都是徒劳的。

11. 也许牛顿对于原理的最重要的成就是就**作用与反作用相等**定律、压力和反压力相等定律的明晰而普遍的阐述。只靠伽利略原理,不能解决关于彼此施加影响的物体的运动的疑问。需要新原理定义这种相互作用。惠更斯在他的振动中心研究中求助这样一个原理。这个原理就是牛顿的作用与反作用定律。

按照牛顿的看法,压或拉另一个物体的物体,在严格相同的程度上也受到另一个物体的压或拉。压力和反压力、力和反力,总是彼此相等的。鉴于牛顿定义力的度量是在单位时间引起的运动的量或动量(质量×速度),因而可得,相互作用的物体在相等的时间

间隔彼此传递相等的和相反的运动的量(动量),或者接受与它们的质量相互成比例的相反的速度。

现在,虽然牛顿定律在这里表达的形式中似乎简单得多、直接得多,而且乍看起来比惠更斯定律更可采纳,但是人们会发现,它 244 包含未加分析的经验或本能的成分绝不少。毋庸置疑,促使原理阐明的原先的激励具有纯粹本能的性质。我们知道,直到我们力图使物体运动之前,我们没有经受任何阻力。我们尽力越迅速地投掷重石块离我们而去,它就越多地向后推动我们的身体。压力和反压力联合行动。利用牛顿本人的说明,如果我们想象在两个物体之间拉直的绳子,或者在它们之间扩张或压缩的螺旋弹簧,那么压力和反压力相等的假定是十分直接的。

在静力学领域,存在为数甚多的本能的知觉,包括压力和反压力相等在内。人不能在他的椅子上通过上拉提升自己,这一琐细的经验就具有这种特征。牛顿引用物理学家雷恩(Wren)、惠更斯和沃利斯(Wallis)作为他的原理使用的前辈,在这一引用的附注中,他也提出类似的深思。他想象地球被一个平面分开,地球的单一部分相互吸引。假如一部分对另一部分的压力不等于反压力,就会迫使地球在较大压力的方向运动。但是,就我们的经验而论,物体的运动只能由外在于它的其他物体决定。而且,我们可以把所提到的分割平面放置在我们选择的任何场所,因此结果引起的运动的方向无法精确地决定。

12. 当我们尝试在动力学上使用作用与反作用相等原理时,质 245 量概念的难以清楚辨认就获得十分明显的形式。压力与反压力可以是相等的。但是，我们从何处知道，相等的压力以与质量成相反比率产生速度？实际上，牛顿确实感到有必要用实验确证这个原理。为了支持他的命题，他在附注中引用雷恩的碰撞实验，并迫使他自己做独立的实验。他把磁铁封闭在一个密封的容器中，把铁片封闭在另一个容器中，把二者放进水盆里，听任它们相互作用。容器相互趋近、碰撞、紧紧靠在一起，此后继续保持静止。这个结果是压力和反压力相等以及相等和相反的动量的证据（正如我们以后在开始讨论碰撞定律时将要获悉的）。

13.读者已经感觉到，牛顿对于质量和反作用原理的各种阐明连贯地缠绕在一起，它们相互支持。处于它们基础的经验是：本能地知觉压力和反压力相关；辨认出物体为了改变与它们的重量无关的速度呈现阻力，观察到较大重量的物体在相等的压力下收到较小的速度。牛顿对在力学中要求的**什么样的**基本概念和原理的感觉是值得赞美的。正像我们以后将要详细指出的，他的阐明的**形式**留下许多被渴望的东西。不过，我们没有权利为此缘故而低估它的成就的重要性，因为他不得不克服的困难属于令人生畏的类型，他并不比任何其他研究者少回避它们。

246

14.牛顿的成就不限于是这本书的课题的领域。甚至他的《原理》也处理不属于力学本身的问题。在那里处理了连同在摩擦力的影响下的在阻抗媒质中的运动和流体的运动，首次在理论上推导出声音传播的速度。牛顿的光学著作包含一系列最重要的发现。他演示了棱镜分光，白光由不同颜色的、不等可折射性的光线合成，他就此给出光的周期性的证据，并确定周期长度是颜色和可折射性的函数。牛顿也是把握光偏振的基本之点的第一人。其他研究导致他确立他的冷却定律，以及在这个定律之上建立的测温原理或测高温原理。[①] 在他的论光学的论文和著作[②]中，牛顿十分坦率地和毫无拘束地和盘托出导致他的发现的路线。他的这些头一批出版物把他卷入明显令人不快的论战，这对他在《原理》中的阐述有所影响。在《原理》中，他给出了以综合形式发现的定理的证据，而没有透露把他引向这些定理的方法。在牛顿和莱布尼兹之间以及在他们各自的追随者之间，就微积分发现的优先权展开了尖刻的争论，这主要是由牛顿的流数方法的较迟发表引起的。今天十分清楚，牛顿和莱布尼兹都受到他们的前辈的激励，而不需要相互借用；也十分清楚，发现已经充分准备好了，从而能够使它们以不同的形式出现。开普勒、伽利略、笛卡儿、费马(Fermat)、罗贝瓦尔、卡瓦列里(Cavalieri)、古尔丁(Guldin)、沃利斯和巴罗

247

① 参见 Mach, *Die Principien der Wärmelehre*, 2nd ed., Leipzig, 1900, pp. 58～61.

② 牛顿的 *Opticks*；或者 *Treatise of the Reflections, Refractions, Inflections, and Colors of Light*；也有 1704 年在伦敦出版的 *Treatise of the Species and Magnitude of Curvilinear Figures*，而且在 1717 年、1718 年、1721 年和 1730 年再次增补，但是没有数学附加。塞缪尔·克拉克(Samuel Clarke)翻译的拉丁译本在伦敦初版于 1706 年；W. 阿本德罗特(W. Abendroth)翻译的有用的、做注释的德译本于 1898 年在 *Ostwald's Klassiker der exakten Wissenschaften*, Nos. 96, 97 中出版。牛顿的 *Optical Lectures read in the Publick Schools of the University of Cambridge Anno Domini*, 1669 年从原来的拉丁文译成英文，在牛顿逝世后的 1728 年在伦敦出版。拉丁文本 1729 年在伦敦出版。牛顿论光学的论文在 *Philosophical Transactions*, vols. vi～xi 中刊行，在 1672 年开始。

(Barrow)的准备工作,使牛顿和莱布尼兹二人易受影响。[①]

(四)反作用原理讨论和阐明

1. 现在,我们将花一段时间全部致力于牛顿的观念,力图使我们的心智和情感更清楚地确信反作用原理。若两个质量 M 和 m

图 129

相互作用(图 129),按照牛顿的观点,则它们彼此给予**相反的**速度

248 V 和 v,这两个速度与它们的质量成反比,从而

$$MV+mv=0.$$

可以用下面的考虑,使这个原理显得更为明晰。我们首先想象两个绝对**相等的**、在化学构成上也绝对一样的物体 a(图 130)。

图 130

我们让这些物体彼此相对,并促使它们相互作用;在假定排除任何第三个物体和旁观者的影响时,那么在物体连线的方向上**相等的**和相反的速度的传递是仅有的**唯一**被确定的相互作用。

现在,让我们在 A(图 131)把这样的物体 a 聚集在一起形成

① 关于牛顿的数学和物理学成就,我们可以提到 M. Cantor, *Vorlesungen über Geschichte der Mathematik*, III, 2nd ed., Leipzig, 1901, pp. 156～328 和 F. Rosenberger 的出色的汇集 *Isaac Newton und seine physikalischen Principien*, Leipzig, 1895.

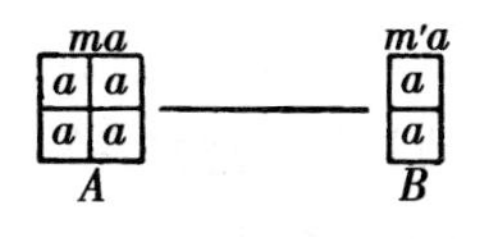

图 131

m,在 B 把这样的物体 a 放在它们对面形成 m'。于是,在我们面前,我们具有物质的量或质量相互成比例 $m:m'$的物体。我们设想群体之间的距离这样大,使得我们可以忽略物体的广延。现在,让我们把每两个物体相互给予的加速度视为彼此独立的。于是,A 的每一部分由于 B 的作用的缘故收到加速度 $m'a$,B 的每一部分由于 A 的作用的缘故收到加速度 ma——因此这些加速度将与质量成反比。

2. 现在,让我们想象用某种弹性连接与质量 m 接合的质量 M

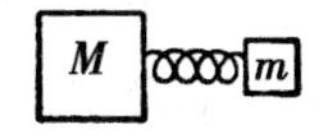

图 132

(图 132)。两个质量由在一切方面相等的物体 a 构成。设质量 m 249 从某个**外部**来源收到加速度 φ。立即出现连接的畸变,由于这种畸变,一方面 m 减速,另一方面 M 加速。当两个质量开始以相同的加速度运动时,连接的所有**进一步**的畸变终止。若我们称 α 是 M 的加速度,β 是 m 的加速度的减少,则 $\alpha=\varphi-\beta$,在这里与在先的 $\alpha M=\beta m$ 一致。由此可得,

$$\alpha+\beta=\alpha+\frac{\alpha M}{m}=\varphi,\text{或者 }\alpha=\frac{m\varphi}{M+m}.$$

如果我们不得不更为详尽无遗地进入这个最后的事变的细

节，那么我们会发现，两个质量除了它们的前进运动外，一般地也完成彼此之间的振动运动。如果连接在稍微畸变时产生强大的张力，那就不可能达到任何大的振动振幅，而且正如我们实际所做的那样，我们完全可以忽略振动运动。

如果审查一下决定整个系统的加速度的表达式 $m\varphi/\overline{M+m}$，那么可以看到，积 $m\varphi$ 在它的确定中起决定性的作用。因此，牛顿研究了质量与施加给它的加速度之积，这个积具有“运动力”(moving force)的名称。另一方面，$M+m$ 表示刚性系统的整个质量。相应地，我们得到运动力 p 作用于其上的任何质量 m' 的加速度，形成表达式 p/m'。

250　3. 为了达到这个结果，根本没有必要使两个连接的质量在它们的所有部分直接相互作用。让我们说，我们有连接在一起的三

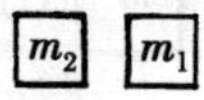

m_3　m_2　m_1

图 133

个质量 m_1、m_2、m_3（图 133），在这里假定 m_1 仅仅作用于 m_2，m_3 仅仅作用于 m_2，设质量 m_1 从某个外部来源收到加速度 φ。在随之而来的畸变时，

质量	m_3	m_2	m_1
收到加速度	$+\delta$	$+\beta$	$+\varphi$
		$-\gamma$	$-\alpha$

在这里，把所有向右的加速度算做正的，把所有向左的加速度算做负的，显而易见，

当 $\delta=\beta-\gamma, \delta=\varphi-\alpha$ 时，

畸变终止增加，这里 $\delta m_3=\gamma m_2$，$\alpha m_1=\beta m_2$。

这些方程的解产生所有质量收到的共同加速度，即

$$\delta=\frac{m_1\varphi}{m_1+m_2+m_3},$$

这个结果与以前的形式严格相同。因此，当磁铁作用在与木片接合在一起的铁片时，我们不需要为确定铁片的运动直接或间接地（通过木头的其他粒子）使木头的什么粒子畸变而烦恼。

在某种程度上，我们提供的考虑也许将有助于，使牛顿的阐明对力学的巨大重要性给我们留下清晰的印象。在随后的地方，它们也将有利于使这些阐明的欠缺变得很明显。

4. 现在，让我们转向几个用做阐明反作用原理的物理学例子。251 比如说，我们考虑在桌子 T 上的负荷 L（图 134）。负荷**恰恰如此**

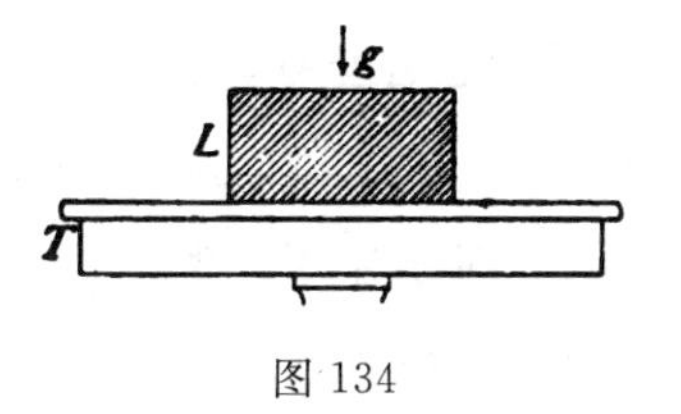

图 134

之多地且仅仅如此之多地压桌子，就像桌子反过来这么多地压负荷一样，这是**阻止**负荷下落的东西。若 p 是重量，m 是质量，g 是重力加速度，那么根据牛顿的概念 $p=mg$。如果让桌子以自由下降的加速度 g 竖直地下落，那么在它上面的所有压力将终止。于是，我们发现，桌子上的压力由负荷相对于桌子的相对加速度决定。如果桌子以加速度 γ 下落或上升，那么在它上面的压力分别

是 $m(g-\gamma)$ 和 $m(g+\gamma)$。然而,请注意,升起或下降的**恒定速度**没有产生关系的改变。相对**加速度**是确定的。

伽利略很有理由了解这种关系。他不仅用实验拒绝亚里士多德学派信徒的学说,即重量较大的物体比重量较小的物体下落得快,而且用逻辑论据把对手逼入困境。亚里士多德说,重物体比轻物体下落得快,是因为上面的部分压倒下面的部分,加速它们的下降。伽利略回答,在那个实例中,若系在较大物体上的小物体在其自身具有较小的急速下降的特性,则它必定阻滞较大的物体,因此,较大的物体下落得比较小的物体更慢。伽利略说,整个基本假定是错误的,因为落体的一部分在任何情况下不能够用它的重量压另一部分。

252 具有振动时间 $T=\pi\sqrt{l/g}$ 的摆,若它的轴收到向下的加速度 γ,则会获得振动时间 $T=\pi\sqrt{l\sqrt{g-\gamma}}$;若让它自由下落,则会获得无限的振动时间,也就是说会停止摆动。

当我们从高处跳跃或下落时,我们自己都经历特殊的感觉,这必然是由于我们身体的一部分对另一部分——血液等等——的重力压力的不连续引起的。在把我们突然转移到类似的行星上,我们也会有类似的感觉,仿佛地面在我们下方正在下沉。在较大的行星上会产生不断上升的感觉,与在地震时感觉到的感觉相似。

5. 所提到的条件可用波根多夫(Poggendorff)建造的器械(图135c)十分漂亮地加以阐明。在两端负荷重量 P 的细绳(图 135a)通过滑轮 c,滑轮 c 系在天平臂的末端。把重量 p 放在第一次提

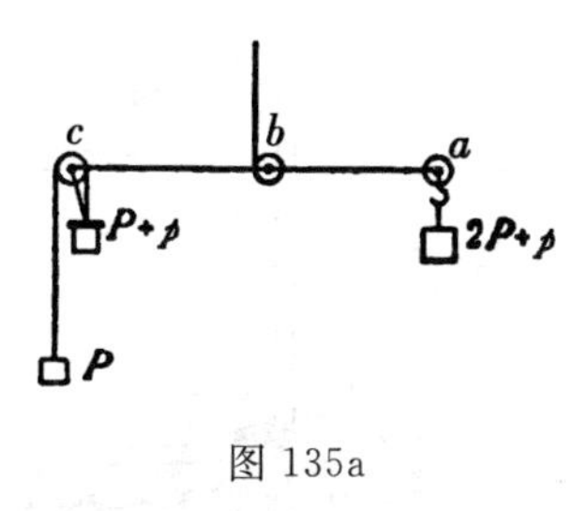

图 135a

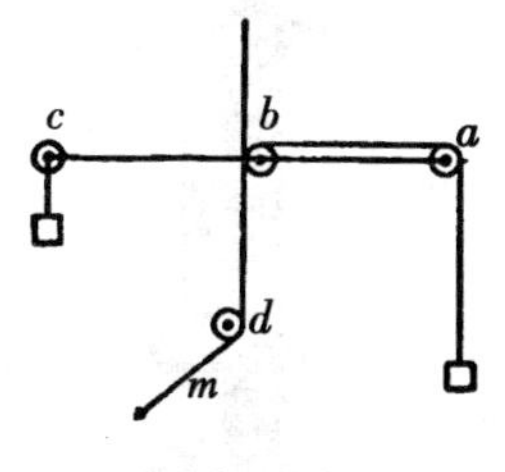

图 135b

到的重量之一上，并用细线拴到滑轮轴上。现在，滑轮支撑重量 $2P+p$。烧断维持额外重量的细线，匀加速运动以加速度 γ 开始，$P+p$ 以此加速度下降，P 以此加速度上升。滑轮的负荷由此减少，天平的转动指明这一点。正在上升的重量 P 补偿了正在下降的重量 P，而添加的额外重量现在称量的重量不是 p，却是 $(p/g)(g-\gamma)$。而且，由于 $\gamma=(p/\overline{2P+p})g$，我们现在认为滑轮上的负荷不是 p，而是 $p(2P/\overline{2P+g})$。由于正在下降的重量只是部分地在它的下降运动中受到阻碍，因而它仅仅给滑轮施加一部分压力。 253

我们可以改变一下实验。我们使在带有重量 P 的一端负荷的细线，在上面通过像图 135b 标示的器械的滑轮 a、b、c，在 m 处拴住无负荷的端点，并使天平平衡。如果我们在 m 处继续拉细线，这不能**直接**影响天平，因为细线的方向精确地通过它的轴。但是，a 一侧立即下垂。细线的松弛使 a 上升。重物的**无加速的**运 254

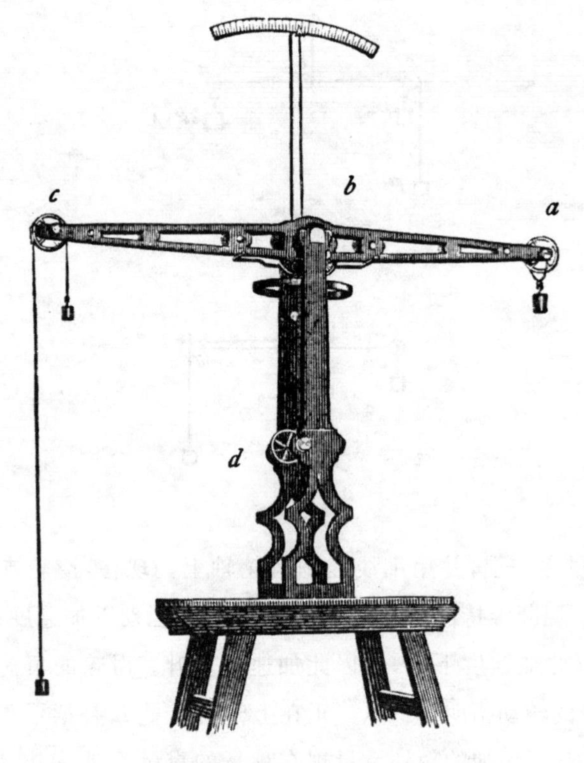

图 135c

动不会扰动平衡。不过，在**没有**加速度的情况下，我们不能从静止转化为运动。

6. 乍看起来，打动我们的现象是，比浸没它们的液体有较大或较小比重的微小物体，若它们足够小，则在液体中依然悬浮很长时间。我们立即察觉，这种类型的粒子不得不克服液体的摩擦力。如果用所标示的三个截面把图 136 立方体分割为八个部分，把各

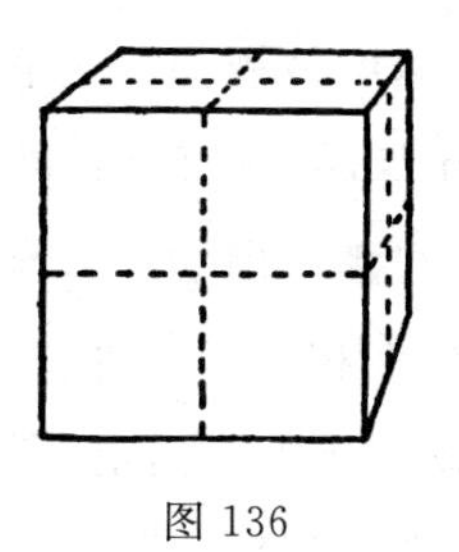

图 136

部分放成一排，那么它们的质量和额外重量将依然是相同的，但是它们的截面——摩擦力与之连在一起——和多余的面积将加倍。

关于这个现象，有时提出这样的看法：所描述的类型的悬浮粒子不影响浸没在液体的气体比重计指示的比重，因为这些粒子本身就是气体比重计。但是，可以很容易看到，如果悬浮粒子以恒定的速度上升或下落，正像在十分小的粒子中直接发生的那样，那么对天平和气体比重计的影响必定是相同的。如果我们想象气体比重计绕它的平衡位置振动，那么将很明显，液体与它容纳的东西一起随之运动。因此，应用虚位移原理，我们不再能够怀疑，气体比重计必须指示平均比重。通过紧接着的考虑，我们可以确信下述 255 法则是站不住脚的：根据这个法则，假定气体比重计仅仅指示液体的比重，而不指示悬浮粒子的比重。在液体 A 中，引进较重的液体 B 的较小的量，并以微滴分布。让我们假定，气体比重计仅仅指示 A 的比重。现在，容纳越来越多的液体 B，最终它的量恰好与我们拥有的 A 一样多，那么我们不再能够说，气体比重计必须指出在另一种液体中悬浮的到底是哪一种液体和哪一个比重。

7. 给人以深刻印象的类型的现象是潮汐现象，在这种现象中所涉及的物体的相对加速度被视为是由它们的相互压力决定的。在这里，我们将进入这个课题，仅仅就它可以有助于阐述我们正在考虑的观点加以论述。在潮汐周期和月球周期的重合中，在满月和新月时潮汐的增强中，在相应于月球中天阻滞的潮汐每日阻滞（大约五十分钟）中，如此等等不一而足，潮汐现象与月球运动的关联要求得到承认。事实上，很早就想到两个事件的关联。在牛顿时代，人们想象一种类型的大气压力波，借助它假定处于运动的月球产生潮汐波。

潮汐现象在每一个初次看到它的强烈程度的人的身上，都造成不可抗拒的印象。因此，我们没有必要惊奇，它是一切时代活跃地从事研究的课题。亚历山大大帝的武士由于他们的家乡在地中海地区，几乎没有潮汐现象的微弱观念，因此他们在印度河口看见强大的涨落时很吃惊；我们是从库尔提乌斯·鲁富斯（Curtius Rufus）的叙述（*De Rebus Gestis Alexandri Magni*）中获悉这一点的，在这里我们逐字逐句引用他的话语：

256

"(34)此刻，在他们的水道里行进得有点缓慢，由于河水遇到海水而减缓流动，他们终于到达河中央的第二个岛屿。在这里，他们使舰船停靠在岸边，登陆后分散寻找食物，对等待他们的大灾祸全无意识。

(35)大约过了三个小时，此时海洋在它的持续涨潮和退潮中开始倒灌到河流，并全力顶着河水溯流而进。此后，只不过乍看起来突然停止，接着更加猛烈地长驱直入，最终在相反的方向以比奔腾的山涧还要大的力量回流。这群人都不了解海洋的本性，严重的凶兆和上帝发怒的迹象在所发生的事情中呈现。随着激烈程度的不断增强，海水源源涌来，覆盖不久前还是干涸的原野。舰船飘起来了，整个舰队在岸上做事的人面前散开，无法返回原处，人们为这个未曾料到的灾难惊恐、沮丧。但是，在受到强烈惊吓时，他们手忙脚乱，欲速则不达。一些人用篙向岸边推船；另一些人还没有等到调整他们的桨手就搁浅了。许多人在匆忙逃离时不等候他们的同伴，几乎不能使庞大的、难以控制的三桅帆船移动；一些船过分挤靠，无法容纳争先恐后挣扎登船的大群人马。不同的意见 257 分歧妨碍一切。一些人哭喊着想强行登船，另一些人呼喊着非要下船，人们的指挥相互冲突，大家都渴求不同的目的，从而使每一个人丧失看或听的可能性。即使掌舵人也无能为力；因为他们的呐喊既无法被争斗的众人听见，他们的命令也不能被惊恐不安和晕头转向的全体船员注意。舰船横冲直撞，它们与船桨相互击碎，彼此前后颠簸。人们也许会认为，它不是在这里行动的同一个部队的舰队，而是处于战斗中的两个敌对舰队。船头撞击船尾；在混乱中抛到前桅的人，自己又被蜂拥而至的人抛进混乱之中；争斗的众人的绝望拼命有时达到肉搏战的程度。

(36)潮汐已经淹没河岸周围的原野，直到只有小丘像小岛一样耸立在水上为止。这些小丘是所有放弃乘船的人游向的地方。散乱的舰船部分沉没在有洼地的深水中，盥洗室部分搁浅在浅滩，随波浪覆盖这个区域的不同表面而定。接着，新的更大的恐惧占有他们。海浪开始后退，海水以强大而绵长的滚滚浪潮流回原处，留下不久前被有咸味的波浪浸没的、未覆盖的和干净的陆地。大水这样遗弃的船只倾倒了，一些倾倒在它们的船头上，一些倾倒在它们的船舷上。行李、兵器、破碎的木板和船桨满地狼藉。士兵既 258

不敢冒险待在陆地,也不敢继续停留在船上,因为每时每刻他们都预料某种比迄今降临在他们头上更糟糕的新东西。他们几乎不能相信,他们看见的事情实际上发生了——干涸陆地上的失事船只的残骸,河流中的海洋。他们的不幸似乎还没有到头。由于全然不知道潮汐会短暂地回到大海,并再次使他们的舰船漂浮起来,他们受神的启示预言了饥饿和最可怕的危难。在旷野上,令人毛骨悚然的动物在附近匍匐爬行,平息的洪水使它们留在原处。

(37)夜幕降临,甚至首领在为些微的救援希望而悲伤不已。但是,他的焦虑不能动摇他的不可战胜的精神。他坚持整夜值班,派遣骑手到河口:只要他们看见河水转向和倒流,他们就可以返回并宣布它的到来。他也指示,应该把损坏的舰船加以修补,应该把被潮汐打翻的舰船扶正;他命令,当海浪再次淹没陆地时,大家都必须留在附近。就这样,他在值班和告诫中度过一整夜后,骑手全速返回,潮汐迅速地接踵而至。起初,洪水临近,轻微的浪涌在船下缓慢行进,淹没旷野,不一会儿整个舰队摇动起来。岸边充满士兵和水手的欢呼和喝彩声,他们欣喜若狂地庆祝他们没有料到的营救。他们好奇地询问:'可是,大海从哪里如此突然地送回这么多的水?它们在先前的日子退往何处?这种时而反抗、时而顺从时间支配的自然力的本性是什么?'正如首领从已经发生的事情推断的,潮汐返回的固定时间是在日出之后;为了抢在这个时间之先,他在半夜出发,随同几只船行进到河流下游,并通过河口,在最终发现他自己在他的希望的目标时,还向外海航行 400 斯塔德[①]

259

① 斯塔德(stade)是古希腊的长度单位,约为 607～738 英尺。——中译者注

到大洋。接着，他为海神祭献了牺牲，转而返回他的舰队。”

8. 在潮汐说明中必须注意的基本点是，地球作为一个刚体只能够接受朝向月球的**一个**确定的加速度，而最接近和最远离月球的侧面的水的可动粒子却能够获得各种加速度。

让我们考虑，在地球 E 上有三个点 A、B、C，月球 M 处在地球

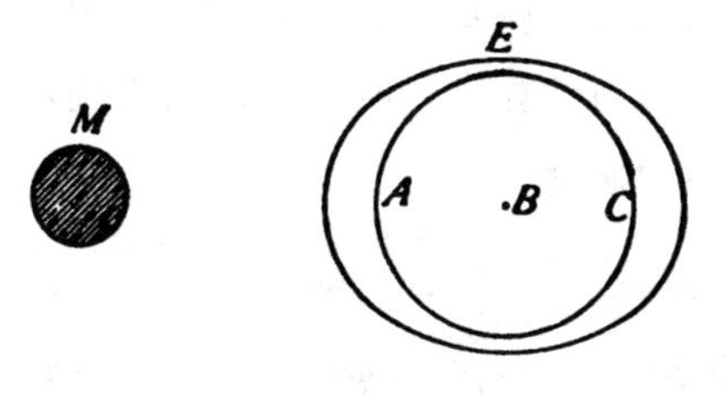

图 137

的对面（图 137）。如果我们认为在月球方向的三个加速度是自由点的话，那么它们各自是 $\varphi+\Delta\varphi$、φ、$\varphi-\Delta\varphi$。可是，作为一个整体的地球像刚体一样具有加速度 φ。我们将称朝向地心的是 g。现在，指定向左的所有加速度为负，指定向右的所有加速度为正，我们可得下表：

260

A	B	C
$-(\varphi+\Delta\varphi)$	$-\varphi$	$-(\varphi-\Delta\varphi)$
$+g$		$-g$
$-\varphi$	$-\varphi$	$-\varphi$
$g-\Delta\varphi$	0	$-(g-\Delta\varphi)$，

在这里第一行和第二行的符号表示在纵列前头的**自由**点接收的加

速度，第三行的符号表示在地球的对应点的加速度，第四行的符号表示朝向地球的自由点的加速度之差或合成。从这个结果可以看出，在 A 和 C 处的水的重量减少严格相同的量。水将在 A 和 C 处上升(图 137)。潮汐波会每天两次在这些点产生。

并非总是充分受到强调的事实是，假使月球和地球不以相互朝向的加速运动影响，而是相对固定和静止，现象就会是本质不同的现象。如果我们为理解这个实例修改一下所介绍的考虑，那么我们必须针对在前面计算中的刚性地球仅仅提出 $\varphi=0$。于是，我们就自由点得到加速度：

自由点	A	C
加速度	$-(\varphi+\Delta\varphi)$	$-(\varphi-\Delta\varphi)$
	$+g$	$-g$
或者…………………	$(g-\Delta\varphi)-\varphi$	$-(g-\Delta\varphi)-\varphi$
或者…………………	$g'-\varphi$	$-(g'+\varphi)$，

在这里 $g'=g-\Delta\varphi$。因此，在这样的实例中，在 A 处水的重量会减小，在 C 处水的重量会增大；在 A 处水的高度会增加，在 C 处水的高度会减少。水只能够在面对月球一侧时升高。(图 138)

261

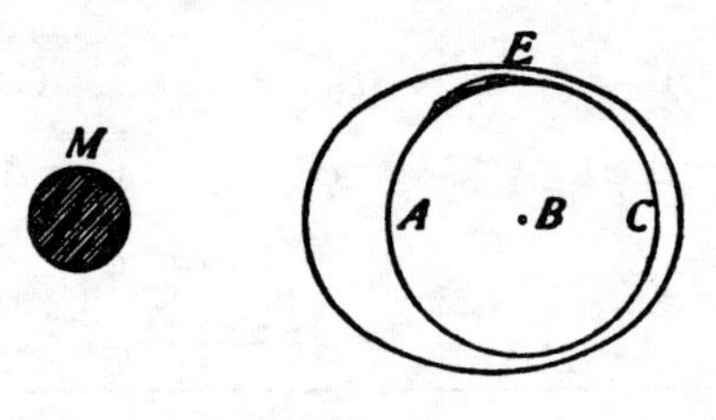

图 138

9. 也许几乎不值得花时间阐明最适宜用演绎法，用只能费劲完成的实验达到的命题。但是，这样的实验没有超过可能性的限度。如果我们设想小铁球 K 作为绕磁铁的极 P 的锥动摆而摆动（图 139），并用磁性的铁的硫酸盐溶液覆盖小球，如果磁铁充分强

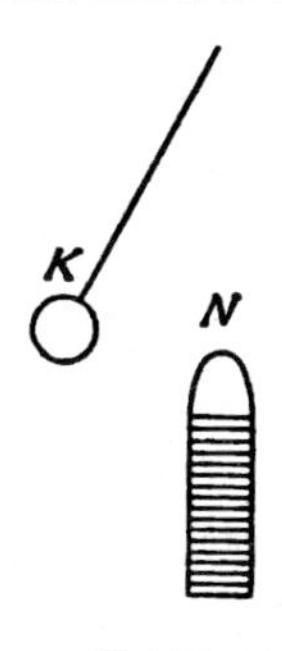

图 139

有力，那么流体滴就可以代表潮汐现象。但是，如果我们设想小球相对于磁铁的极是固定的和处于静止，那么在面对磁铁极的侧面和与磁铁极反向的侧面**二者**之上，由于流体滴逐渐减小为一点，肯定找不到它，但是它依旧只是悬挂在小球朝向磁铁极的一侧。

10. 当然，我们不必想象，整个潮汐波是由月球的作用立即产生的。我们宁可相信潮汐是由月球**维持的**振动运动。例如，如果我们均匀地和连续地沿着圆形水道的水的表面之上扫过一个扇形，那么由于这种柔和的和恒定连续的推动，会立即产生随着扇形而来的显著数量的波。潮汐以类似的方式产生。但是，在后者的实例中，发生的事情长久地伴随着陆地的不规则的形成、扰动的周期变化等等。 262

11. 关于牛顿之前阐明的潮汐理论，可以简要地只提一下伽利略的理论。伽利略说明，潮汐是由于地球的固体部分和液体部分的相对运动。他认为这个事实是地球运动的直接证据和有利于哥白尼体系的主要论据。如果地球（图 140）从西向东转动，它同时

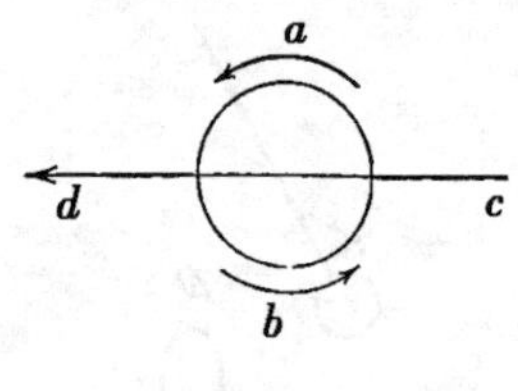

图 140

受到前进运动的影响，那么地球在 a 处的地球部分将以两个速度之和运动，在 b 处的部分将以两个速度之差运动。海洋底部的水不能追随这种速度足够急剧地变化，其行为像来回迅速摇荡的平面中的水，或者像以急剧改变的速度划动的小帆船中的水：水时而在前头时而在后边积聚。这实质上是伽利略在《关于两个世界体系的对话》（*Dialogue on the Two World Systems*）中提出的观点。在他看来，开普勒假定的月球吸引力的观点似乎是神秘的和幼稚的。他具有这样的见解：应该把它归类为“同情”和“厌恶”的范畴，它像下述学说一样很容易为反驳留下余地：按照该学说，潮汐是由辐射和随之发生的水的膨胀造成的。按照他的理论，潮汐一天仅发生一次，这当然没有逃脱伽利略的注意。可是，提及所包含的困难，他欺骗自己，相信他本人通过考虑水的自然振荡和它的运动所属的改变，能够说明每日的、每月的和每年的周期。相对运动原理是这个理论的正确的特征，但是如此不适当地应用它，只能导致虚假的理论。我们将首先使我们自己信服，假定被卷入的条件不会

263

有归因于它们的效应。构想一个均匀的水球；因旋转除了相应的扁圆形效应之外，我们不可能预期任何其他效应。现在，假定水球此外还获得前进的匀速运动。它的变化部分此刻依然像以前那样相互处于相对静止状态。按照我们的观点，这是由于所述实例在任何基本方面与先前的实例没有差别，由于可以构想水球的前进运动被所有周围的物体在相反方向的运动代替。即使对于倾向于认为该运动是“绝对”运动的人来说，匀速前进运动也没有在各部分的相互关系上产生改变。现在，让我们使水球固定在某些点，而水球各部分相互之间没有运动倾向，以至在这些点出现带有液体水的海床。未扰动的匀速转动将继续，因而伽利略的理论是错误的。

不过，伽利略的观念乍一看似乎是貌似真实的；如何说明佯谬呢？它完全是由于惯性定律的**负**概念。如果我们问水经受什么加速度，那么一切事情都清楚了。没有重量的水在转动开始时会被猛掷出去；另一方面，有重量的水会描画绕地心的有心运动。由于它的微小的转动速度，它会被迫越来越多地朝向地心；加之处在下面的质量的阻力恰恰足够抵消它的向心加速度，以便剩余部分与特定的切向速度联合起来充分形成圆运动。从这种观点审视它，一切疑问和模糊之处都消失得无影无踪。不过，必须公正地补充说，这对伽利略来说几乎是不可能的，除非他的天才是鬼使神差的，以致走进问题的根底。他大概会被迫使行动在惠更斯和牛顿的伟大智力成就之先。 264

值得注意的是，伽利略在没有为新坐标系烦扰他自己的情况下，在他的理论中处理空间的第一个动力学问题。他以最朴素的方式考虑作为新参照系的固定恒星。

（五）反作用原理和质量概念批判

1. 前面的讨论已使我们熟悉牛顿的思想，现在我们充分准备着手批判性地审查它们。我们将使我们自己主要限于这一点，限于考虑质量概念和反作用原理。在这样审查时，不能把二者分开；在它们之中包含牛顿成就的要旨。

265

2. 首先，我们没有发现，“物质的量”的表达适合于说明和阐明质量概念，由于这个表达本身不具有所需要的明晰性。即使我们像许多作者所做的那样追溯到假设的原子的细目，情况也是如此。我们在这样做时，只能使站不住脚的概念复杂化。即使我们把若干相等的、化学上同质的物体放在一起，倘若这是理所当然的话，我们也不能把某种明晰的观念与“物质的量”联系起来，而我们觉察到的还是，物体给予运动的阻力随这种量而增加。但是，我们一旦设想化学异质性时，假定还存在可用同一标准度量的某种东西、我们称之为物质的量的某种东西，就可能受到力学经验的暗示，可是无论如何它是一个需要加以辩护的假定。因此，当我们就因重量而产生的压力与牛顿一致做出假定 $p=mg$、$p'=m'g$，并依照这样的假定提出 $p/p'=m/m'$ 时，我们实际上在这样完成的操作中使用了还没有加以辩护的**假定**，即不同的物体可以用**同一**标准度量。

事实上，我们可以**任意安置** $m/m'=p/p'$；即可以把质量的比率定义为当 g 相同时，因重量而产生的压力的比率。但是，我们接着不得不**证明**，在反作用原理和在其他关系中使用这种质量概念**有根据**。

3. 把两个在各个方面完全相等的物体（图 140a）相互对置，与 266

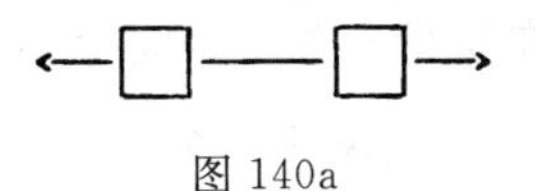

图 140a

对称原理一致，我们期待它们将在它们连线的方向上产生大小相等和方向相反的加速度。但是，如果这些物体显露形状、化学构成的任何差异——不管这种差异多么微小，或者在任何其他方面是不同的，那么对称原理都会离开我们，**除非我们预先假定或知道**形状的同一性或化学构成的同一性、或者所述的东西可能是别的无论什么并不是决定性的。不管怎样，如果力学经验清楚地和毋庸置疑地表明，在具有特殊的和独特的性质的物体中存在确定的**加速度**，那么就没有什么东西妨碍我们任意地确立下述定义：

所有具有相等质量的、相互作用的物体，彼此产生大小相等、方向相反的加速度。

在这个定义中，我们仅仅指定或**命名**了事物的实际关系。在一般的实例中，我们类似地进行。物体 A 和 B 作为它们相互作用

←A　　　B→
$-\varphi$　　　$+\varphi'$

图 140b

的结果分别收到加速度 $-\varphi$ 和 $+\varphi'$（图 140b），在这里加速度的向指由符号标示。我们于是说，B 具有 φ/φ' 倍的 A 的质量。**如果我们采用 A 作为我们的单位，那么我们就把给予 A 以 m 倍加速度的**

质量 m 归属于那个物体，该加速度是 A 在反作用中给予它的。质量的比率是对应的加速度的负反比。这些加速度总是具有相反的符号，因此按照我们的定义只有正质量，这是实验告诉我们的、而

267 且唯有实验才能告诉我们的要点。在我们的质量概念中，没有包含理论；“物质的量”在质量概念中是完全不必要的；它包含的一切就是事实的严格的确立、标示和命名。

H. 施特赖因茨的反对意见（*Die physikalischen Grundlagen der Mechanik*, Leipzig, 1883, p. 117）是，满足我的定义的质量的比较只能用天文学工具实现，我不能赞同它。这些页和第 248 页上的阐明驳斥了这个反对意见。质量在碰撞时，以及在受到电力和磁力时，在阿特伍德机上用线连接时，都相互产生加速度。在我的《物理学的要素》（*Elements of Physics*，德文第二版，第 27 页）中，我已经表明，如何能够以非常初级的和通俗的方式，用实验在离心机上确定质量比。因此，可以认为上述批评被驳倒了。

我的定义是竭力建立**现象的相互依赖**和消除形而上学的晦涩的结果，因此所下的定义不亚于其他已经做出的定义。关于观念“电的量”（“On the Fundamental Concepts of Electrostatics,” *Popular Scientific Lectures*）、“温度”、“热的量”（*Zeitschrift für den physikalischen und chemischen Unterricht*，Berlin，1888，No. 1）等等，我精确地追求相同的路线。无论如何，关于质量概念，另一个困难与这里采纳的观点结合在一切，倘若我们在对其他物理学概念——比如热理论的概念——的分析中想要严格批判性的话，也必须仔细留神。麦克斯韦在他对温度概念的研究中提到

268 这一点，我在大约同一时期就热概念也是这么做的。我愿在这里

提及在我的《热理论原理》(*Principles of Heat*, Leipzig, 1896)中,尤其是在第41页和第190页中,就这个主题所做的讨论。

4. 现在,我们希望考虑这个困难,因为消除它对于形成完全明晰的质量概念是必要的。我们考虑物体的集合 A、B、C、D……,并把它们全体与作为单位的 A 比较。

$$A、\quad B、\quad C、\quad D、\quad E、\quad F$$
$$1、\quad m、\quad m'、\quad m''、\quad m'''、\quad m''''.$$

于是,我们找到各自的质量值 1、m、m'、m''……,如此等等。疑问现在出现了:如果我们选择 B 作为我们比较的标准(作为我们的单位),我们将就 C 得到质量值 m'/m,就 D 得到质量值 m''/m,或者也许会产生截然不同的值吗? 在与 A 的相互作用时作为相等的质量起作用的两个物体 B、C,在彼此相互作用时也作为相等的质量起作用吗? 不管发生什么事情,都不存在这样的**逻辑的**必然性:对于第三个质量是相等的两个质量也应当是彼此相等的。因为在这里使我们关心的不是数学的疑问,而是**物理学的**疑问。通过求助类似的关系,可以使这个疑问变得十分清楚。我们在彼此旁边安置重量比例 a、b、c 的物体 A、B、C,它们以该比例成为化学组合 AB 和 AC。现在,根本没有**逻辑的**必然性去假定,物体 B、C 的重量 b、c 的相同比例也将成为化学组合 BC。可是,经验告知我们,它们确实如此。如果我们在彼此旁边以它们与物体 A 组合的重量比例安置任何其他物体集合,那么它们也将以相同的重量比例相互结合。但是,不尝试它的人不可能知道这一点。而且,这恰恰是与物体的质量值一致的实例。　269

如果我们不得不假定用来决定其质量值的、对质量值施加任何影响的物体的组合顺序,那么我们会发现,这样的假定的后果导致与经验冲突。例如,让我们设想,我们有三个弹性物体 A、B、C,它们在绝对光滑的和刚性的圆环上可以移动(图 141)。我们预

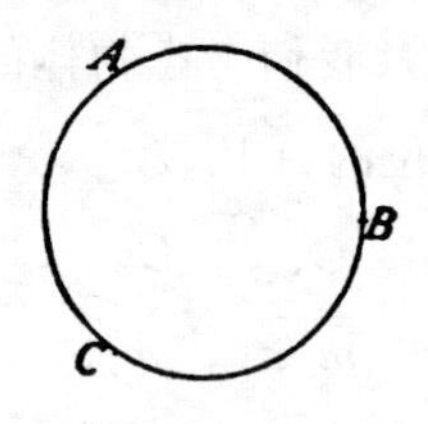

图 141

设,A 和 B 在它们的相互关系中表现得像相等的质量,B 和 C 的表现也相同。于是,倘若我们希望避免与经验冲突的话,那么也迫使我们假定,C 和 A 在它们的相互关系中像相等的质量起作用。若我们给予 A 以速度,则 A 将通过碰撞把这个速度传递给 B,B 传递给 C。但是,若 C 必须比如说对作为较大的质量 A 作用,则 A 在碰撞时会获得比它原来具有的速度更大的速度,而 C 还会保留它所拥有的剩余速度。随着在表针方向的每一次旋转,系统的活劲都会增加。若 C 与 A 相比是较小的质量,则反转的运动会产生相同的结果。但是,这种类型的活劲持续增加与我们的经验存在明显的差异。

5. 当质量概念以刚才详细阐述的方式达到时,使得反作用原理的特殊阐述变得不必要了。正如我们在前一页陈述的,在质量概念和反作用原理中,**两次**阐明同一事实;这是多余的。如果两个质量 1 和 2 相互作用,那么我们的质量定义本身断定,它们相互给

270

予相反的加速度,加速度彼此之间分别是 2∶1。

6. 在重力加速度不可能变化的地方,能够用**重量度量质量**,这个事实也可以从我们的质量定义中演绎出来。我们能够立即感觉到压力的任何增加或减少,但是这种感觉仅仅向我们提供不精密的和不确定的压力量值。压力的精密的和有用的度量出自这样的观察:每一个压力都可以用若干相似的和可公度的重量的压力代替。每一个压力能够用这种类型的重量的压力平衡。设两个物体

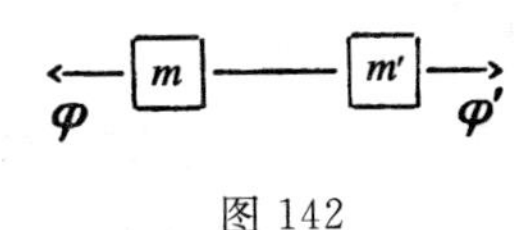

图 142

m 和 m'(图 142)在相反的方向受到由外部环境决定的加速度的影响。此外,设用细绳把物体连接起来。若平衡占优势,则 m 的加速度 φ 和 m' 的加速度 φ' 因**相互作用**严格地平衡。就这个实例而言,相应地 $m\varphi=m'\varphi'$。因此,当 $\varphi=\varphi'$ 时——在物体任凭重力加速度摆布时情况就是这样,我们在平衡的实例中也有 $m=m'$。我们是借助细绳直接使物体相互作用,还是使它们处在天平的两个秤盘上相互作用,显然是不重要的。从我们的定义看,在不求助或参照"物质的量"的情况下,质量能够用重量度量的事实是显而易见的。

7. 因此,只要我们在物体中**察觉**由加速度决定的特殊性质的存在——经验把我们的注意力引向该事实,我们关于它的任务随着这个**事实**的辨认和毫不含糊的指明而终结。超越对这个事实的 271

辨认，我们将一无所获，每一次超越它的冒险只会产生晦涩。一旦我们使自己弄清楚在质量概念中没有包含无论什么类型的理论、而仅仅包含经验事实时，所有的担忧都一扫而光。迄今，该概念是有效的。在未来动摇它是非常不可几的，而不是不可能的，正像建立在经验之上的恒定的热量被新经验修正一样。

在1883年的第一版，在开始讨论电磁质量很久以前，这一段已经发表了。

8. 在这里，我乐意提一下兰帕(A. Lampa)1911年在期刊《落拓斯》(*Lotos*，布拉格)[①]第303页发表的"质量概念的推导"("Eine Ableitung des Massenbegriffs")，尤其是要提及在第306页以下对处理这个疑问的普适方法的出色说明。

(六)牛顿关于时间、空间和运动的观点

1. 在牛顿直接增补到他的定义的附注中，他描述了他关于时间和空间的观点，我们必须更详细地审查这些观点。为此目的，我们只想逐字逐句引用对概括牛顿观点的特征来说是绝对必要的段落。

272　"迄今，我的目标必定是说明一些观念，后来不得不把某些几乎不熟悉的词汇用于这些观念。由于时间、空间、处所(place)、运

① Lotos(lotus)的意思是"古代东方纯洁和美的象征"，"佛教的象征"，"莲"。它也是希腊神话中的落拓枣树、落拓枣，据说食后即做极乐之梦。——中译者注

动是众所周知的词汇，我没有定义它们。可是，必须加以注意的是，这些量只有在它们与可感知的对象的关系中才能设想是通俗的。由此产生对它们的某些偏见，为了消除这些偏见，分别把它们区分为绝对的和相对的、真实的和表观的、数学的和普通的，也许是方便的。

Ⅰ.绝对的、真实的和数学的时间，在与外部任何事物无关的情况下自行且因其本性均匀地川流不息。也称其为**期间**（duration）。

相对的、表观的和普通的时间，是绝对时间（期间）的某种可感知的和外部的量度，它是由物体的运动估量的，或是精确的量度或是不均等的量度，通常利用它代替真实的时间；比如，小时、日、月、年。……

为测量时间起见，通常认为是相等的自然日实际上是不相等的。天文学家为了可以用更真实的时间量度天体运动，他们矫正这种不相等。情况也许是，不存在能够用来精确量度时间的相等的运动。所有运动都能够加速和减速。但是，**绝对**时间的流动不能变化。期间或事物的持续存在总是相同的，不管运动是迅速，还是缓慢或不存在。”

2.情况似乎是，在这里引用的评论中，仿佛牛顿还处在中世纪哲学的影响下，好像他不忠实于他只研究实际事实的决心。当我们说事物 A 随时间变化，我们仅仅意味着，决定事物 A 的条件依赖于决定另一个事物 B 的条件。当摆振动的偏移**依赖于**地球的位置时，摆振动**最终**发生。可是，由于我们在观察摆时没有必要考 273

虑它对地球位置的依赖，而可以把它与任何其他事物（当然其条件也依赖于地球的位置）比较，因而容易产生虚幻的概念：我们把它与之比较的**一切**事物都是非本质的事物。不仅如此，我们可以在注意摆运动时完全忽略其他外部事物，并且发现，就它的每一个位置而言，我们的思想和感觉是不同的。因而，时间似乎是某种特殊的和独立的东西，摆的位置依赖于时间的行进，而我们为比较而分类的和随意选择的事物好像扮演完全附带的角色。但是，我们必须不要忘记，世界上的一切事物都是相互关联的和彼此依赖的，而且我们自己和我们的思想也是自然界的一部分。用**时间量度**事物的变化完全超出我们的能力。截然相反，时间是一种抽象，我们借助事物的变化达到这种抽象；因为并未把我们局限于任何一个**确定的**量度，从而我们可以使一切相互关联。之所以称一个运动是匀速的，是因为在这个运动中所描画的相等的空间增量与我们用以形成比较的某个运动——比如地球的转动——描画的相等的空间增量相当。一个运动可以相对于另一个运动是匀速的。询问运动**单独**是否是匀速的，是毫无意义的。尽管我们说"绝对时间"——**与变化无关的时间**，可是这同样是没有正当理由的。这种绝对时间能够不借助与运动比较而度量；因此，它既无实践价值，也无科学价值；没有一个人理直气壮地说他了解它的一切。它是一个无根据的形而上学概念。

274 从心理学、历史和语言科学（用年代学划分的名称）的观点看，也许不难表明，我们是处在并通过事物的相互依赖达到我们的时间观念的。在这些观念中，表达了事物最深刻的和最普遍的关联。当运动迟早发生时，它依赖于地球的运动。这一点并未被力学运动能够逆反的事实驳倒。若干不变的量可能如此相关，以至一个集合在它不影响其他集合的情况下经受变化。自然表现得像机器。各个单独的部分相互决定。可是，在机器中一部分的位置决定**所有**其他部分的位置，而在自然中得到更为复杂的关系。这些关系凭借 n 个数目的量的概念来描述，这些量满足较小的 n' 数目的方程。若 $n=n'$，则自然可能是不变的。若 $n'=n-1$，则用一个量可以控制所有其余的量。如果在自然中得到这后一个关系，那么在由任何一个单个运动完成这一点的时刻，时间都能够逆反。但是，事物的真实状态是由 n 和 n' 之间的不同关系描述的。所述的量部分地相互决定；但是，它们比在最后引用的实例中保留较大的非决定性或自由度。我们自己感到，我们是自然地部分决定的、部分非决定的组成元素。就自然的变换只有一部分依赖于我们并能够被我们逆反而言，时间似乎是不可逆的，属于过去的时间无可挽回地流逝了。

通过把包含在我们记忆范围中的东西和包含在我们感觉范围中的东西关联起来，我们达到时间观念——为了简要地和通俗地 275 表达它。当我们说时间在确定的方向或向指流动时，我们意味着，物理事件一般地（因此生理事件也）在确定的向指发生。[①] 温度差，电的差异，一般地程度的差异，若听任它们自行其是，一切差异都变小而不是变大。如果我们注视两个不同温度的物体，使它们接触，并完全任其自然，那么我们将发现，与较小的温差在感觉领

① 关于时间和空间感觉的生理本性，参见 *Analyse der Emfindungen*, 6th ed. [English ed. *The Analysis of Sensations* (1914)]; *Erkenntnis und Irrtum*, 2th ed.

域存在对照，较大的温差领域只可能在我们的记忆领域存在，而不是相反。事物的特殊的和深刻的关联在这一切中简单地得以表达。要求现在充分地阐明这个问题，就是以思辨哲学的方式行动在所有未来专门研究的结果之先，也就是说行动在完美的物理科学之先。

像在热现象的研究中，我们采纳**任意选中的体积指标**作为我们的温度度量，该指标与我们的热感觉几乎平行对应地变化，而且不会对我们的感官造成不可控制的扰乱，同样出于类似的理由，我们挑选**任意选中的运动**(地球转动的角度或自由物体的路程)作为我们的时间度量，该度量与我们的时间感觉几乎平行对应地行进。如果我们一旦使我们自己明白，我们仅仅关注查明现象的**相互依赖**，正如我早在 1865 年(*Ueber den Zeitsinn des Ohres*, *Sitzungberichte der Wiener Akademie*)和 1866 年(*Fichte's Zeitschrift für Philosophie*)指出的，一切形而上学的晦涩都消失了。(比较 J. Epstein, *Die logischen Principien der Zeitmessung*, Berlin, 1887.)

276

我也曾竭力(*Principles of Heat*, German edition, p. 51)指出人的一种自然倾向的理由，即他在不知道那些概念发展的情况下，使对他来说具有重大价值的、尤其是他本能地达到的概念实体化。我在那里就温度概念列举的考虑都很容易应用到时间概念，并使牛顿的"绝对"时间概念变得可以理解。在那里(第 338 页)也提及在能量概念和时间不可逆性之间得到的关联，并且推进这样的观点：如果宇宙的熵永远有可能决定的话，它实际上也许代表一种对时间的绝对度量。最后，在这里提到佩佐尔特的讨论("Das

Gesetz der Eindeutigkeit," *Vierteljahrsschrift für wissenschaftliche Philosophie*, 1894, p. 146)和我自己的书《认识与谬误》(*Erkenntnis und Irrtum*, 2th ed., Leipzig, 1906, pp. 434～448)。

3. 就空间和运动，牛顿也发展了类似于关于时间的观点。我们在这里摘录几个概括他的立场的段落。

"Ⅱ. 绝对空间以它自己的本性且与外部任何事物无关地总是类似的和不可移动的。

相对空间是绝对空间的某种可移动的维度或度量，我们的感觉借助它相对于其他物体的位置决定它，通常认为它是不可移动的[绝对的]空间。……

277

Ⅳ. 绝对运动是物体从一个绝对处所[①]到另一个绝对处所的平移；相对运动是物体从一个相对处所到另一个相对处所的平移。……

……就这样，我们在日常事务中使用**相对的**处所和运动，而不使用**绝对的**处所和运动；这没有任何不便。但是，在物理学专题论文中，我们应该从感觉抽象。由于使其他物体的处所和运动能够参照的物体，实际上不可能处于静止。……

把绝对运动和相对运动彼此区分开来的效应是离心力，或者是在圆运动中产生离轴后退倾向的那些力。在纯粹是相对的圆运

① 按照牛顿的观点，物体的处所(place)或 locus(**地点**)不是它的位置(position)，而是它占据的**空间的那一部分**。它或者是绝对的，或者是相对的。——英译者注

动中，不存在这样的力；但是，在真实的和绝对的圆运动中，它们存在，而且它们按照[绝对]运动的量或者较大、或者较小。

例如，如果用长绳子悬挂起来的水桶不断转动，绳子最后被扭紧，接着给它装满水；并使它与水一起保持静止；过后，由于第二个力的作用，它突然绕相反的路线开始旋转，并继续下去，而绳子本身在这个运动的某个时间不扭紧了；水面起初是水平的，恰如它在容器开始运动之前那样；但是接下来，容器通过逐渐地把它的运动传递给水，将使水开始明显地转动，而且水将逐渐地从中间退出，在容器的边缘隆起，从而它的表面呈现凹形。（我亲自做过这个实验。）

278 ……起初，当容器中的水的**相对**运动**最大**时，这个运动不产生离轴后退的无论什么倾向；水没有尽力朝向圆周运动直到在容器边缘隆起，而依然是水平的，为此它的**真实的**圆运动还没有开始。但是此后，当水的相对运动减小时，水在容器边缘隆起指明离轴后退的努力；这种努力揭示出水连续增大的实在的运动，直到水在容器中**相对地**处于静止时，它达到它的最大程度。……

发现并有效地区分特定物体的**真实**运动与表观运动，的确是非常困难的事情。就物体在其中实际运动的不可动空间的部分而言，并未受到我们感官的观察。

可是，这个实例并非统统是绝望的；因为存在某些标志指导我们，这些标志部分地是从与真实运动有差异的表观运动中抽象出来的，部分地是从成为真实运动的原因和结果的力抽象出来的。例如，如果两个球借助把它们连接在一起的绳子彼此保持固定的距离，它们绕它们的公共重心转动，人们从绳子简单的张力可以发现，球具有从它们运动轴后退的倾向，并在这个基础上能够计算它们的圆运动的量。再者，如果把任何相等的力同时施加在球的交变面上，以增大或减小它们的圆运动，从绳子张力的增加或减少，我们可以推断它们的运动的增加或减少；由此也可以发现，为了使球的运动增加到最大程度，必须把力施加在什么面；也就是它们的实在的面，或者在圆运动中作为必然结果出现的面。但是，只要我们知道哪一个面随后，从而知道哪一个面在先，我们就同样能够知道运动的方向。以这种方式，我们既可以找到圆运动的数量，也可以找到圆运动的方向，甚至把在无边无际真空中的圆运动也考虑了，在那里不存在能够使球与之比较的外部的或可感的事物。……”

279

在物质的空间系统中，存在受到彼此之间相互关系约束的、具有不同速度的质量，这些质量向我们呈现力。我们只能决定，当我们知道必须携带这些质量达到的速度时，这些力有多大。如果**所有**质量未静止，那么**正在静止的**质量也是力。例如，想想牛顿的旋转水桶，水在其中还没有转动。如果质量 m 具有速度 ν_1，必须携带它达到速度 ν_2，在它上面不得不施用的力是 $p=m\ (\nu_1-\nu_2)$，或者不得不消耗的功是 $ps=m\ (\nu_1{}^2-\nu_2{}^2)$。**所有**质量和**所有**速度，从而**所有**力，都是相对的。不存在我们可能遇见的，我们被迫做出的，或者我们从中能够得到任何智力优势或其他好处的关于相对的和绝对的决定。当真正的近代作者为了区分相对运动和绝对运动，被牛顿从水桶推导出来的论据引入歧途时，他们没有深思，世界体系仅仅是**一次**给予我们的，托勒密或哥白尼的观点是**我们的**解释，而这二者是同等实际的。请尝试固定牛顿水桶，并转动恒星的星空，然后证明离心力不存在吧。

280 4. 几乎没有必要加以评论，在这里介绍的思考中，牛顿再次违背了他表达的仅仅研究**实际事实**的意图。没有一个人有能力断定关于绝对空间和绝对运动的东西；它们是纯粹的思维产物，是纯粹的智力构造，从而不能在经验中产生。正如我们已经详尽表明的，我们的一切力学原理都是关于物体的相对位置和相对运动的经验知识。即使在目前辨认它们是有效的领域，不能并且没有在未预先交付实验检验的情况下就接纳它们。没有一个人有理由把这些原理推广到经验界限之外。事实上，这样的推广是无意义的，没有一个人具有所需要的知识这样利用它。

我们必须假定，由哥白尼开创的凝视世界体系的观点的改变，在伽利略和牛顿的思想上留下了深刻的痕迹。但是，当伽利略在他的潮汐理论中非常朴素地选择恒星天球作为新坐标系的基础时，我们看到牛顿就给定的恒星是表观地处于静止还是实际上处于静止表达的怀疑（*Principia*, 1687, p. 11）。在他看来，这似乎造成在真实的（绝对的）运动和表观的（相对的）运动之间区分的困难。由此，他也被迫建立**绝对空间**概念。通过在这个方向进一步的研究，即用绳子连接在一起的旋转球讨论和旋转水桶讨论（pp. 9, 11），他确信他能够证明绝对运动，尽管他不能证明任何绝对平移。所谓绝对转动，他理解为相对于恒星的转动，在这里总是能够

281 找到离心力。牛顿在定义末尾的附注中说："但是，我们必须怎样从它们的原因、结果和表观差异选择真实的运动，反过来又怎样呢；从真实的运动或表观的运动，我们如何达到它们的原因和结果

的知识呢，这将在下一段时间更加详细地说明。”恒星的静止的天球似乎在牛顿身上也造成某种印象。对他来说，自然的参照系是具有任何匀速运动或匀速平移而没有转动(相对于恒星的天球)的参照系。[①] 但是，牛顿为现在能够越过可以用实验检验的危险较少的疑问而感到高兴，在引号中引用的话语难道没有给出这样的印象吗？

让我们详细地考察一下这个问题。当我们说，物体 K 只是由于另一个物体 K'的影响而改变它的方向和速度时，除非其他物体 A、B、C……参照估计物体 K 的运动而存在，否则我们就是断言一个不可能达到的概念。因此，我们实际上仅仅是认识到物体 K 同 A、B、C 的关系。如果我们现在突然无视 A、B、C……，并试图谈论物体 K 在绝对空间中的行为，那么我们就使我们自己犯下双重的错误。首先，在 A、B、C……不存在时，我们无法知道 K 如何行动；其次，缺乏一切手段判断 K 的行为，并检验我们所做的断言——因此后者会丧失一切科学意义。

两个相互受引力作用的物体 K 和 K'，在它们连线的方向上相互给予与它们的质量 m、m'成反比的加速度。在这个命题中，282 不仅包含物体 K 和 K'的相互关系，而且也包含它们与其他物体的相互关系。由于该命题不仅断定 K 和 K'彼此之间经受由 $\chi(\overline{\mathrm{m}+\mathrm{m}}/r^2)$标示的加速度，而且也断定在连线的方向上 K 经历

① *Principia*, p. 11, Coroll, V：“包含在给定空间中的物体的运动在它们之间是相同的，不管这个空间是静止的，还是匀速地在直线上向前运动而没有任何圆运动。”

加速度 $-\chi m'/r^2$，K' 经历加速度 $+m/r^2$；这是只能通过其他物体存在而断定的事实。

物体 K 的运动只能参照其他物体 A、B、C……才能估计。但是，由于在我们的处理中我们总是拥有足够数目的物体，它们相互之间是相对地固定的，或者仅仅缓慢地改变它们的位置；在这样的参照中，没有使我们局限于一个**确定的**物体，而能够有选择地时而不计这个物体、时而不计那个物体。以这样的方式，可以确信这些物体一般是无差异的。

实际上，孤立的物体 A、B、C……在确定 K 的运动时，也许只起辅助作用，这个运动是由 K 所在的**媒质**决定的。在这样的实例中，我们应该用牛顿的绝对空间代替这种媒质。牛顿肯定没有这种观念。此外，可以很容易证明，大气并不是这种决定运动的媒质。因此，比如说，我们也许不得不想象充满整个空间的某种其他媒质，关于这种媒质的构成和它与处于其中的物体的动力学关系，我们现在还没有适当的认识。这样的事态本身恐怕不属于不可能性。众所周知，从最近的流体动力学研究看，在无摩擦的流体中，刚性物体只是在它的速度**变化**时才经受阻力。确实，这个结果在理论上可由惯性概念推导出来；但是相反地，也可以把它视为我们必须由以出发的原始事实。实际上在现时，虽然用这个概念没有必须完成的东西，但是关于这种假设性的媒质，我们还是希望在未来获悉更多的知识；而且，从科学的观点看，与绝对空间的绝望观念相比，它也许在每一个方面都是更有价值的获得物。当我们沉思，我们不能废止孤立的物体 A、B、C……时，也就是不能用实验决定它们所起的作用是基本的还是辅助的时——以至它们迄今是

283

运动取向和力学事实摹写的唯一的和仅有的合格手段——就会发现,把所有运动看做是由这些物体决定的,暂时是合宜的。

5. 现在,让我们审查一下,牛顿貌似以健全的理由把他的绝对运动和相对运动的区分基于之点。若地球受到绕它的轴的**绝对**转动的影响,则在地球产生离心力:它呈现扁圆形状,重力加速度在赤道减小,傅科摆的平面转动等等。如果地球处于静止,而且其他天体受到绕它的绝对运动的影响,以至产生相同的**相对**运动,这一切现象便消失了。实际上,如果我们从头开始,从绝对空间的观念出发,情况就是这样。但是,如果我们站在事实的基础上,我们会发现,我们只知道**相对的**空间和运动。**相对而言**,若不考虑未知的和被忽略的空间媒质,宇宙的运动是相同的,而不管我们采纳托勒密的观点模式还是哥白尼的观点模式。事实上,两种观点是同等 284 **正确的**,只是后者更简单、更**实用**。宇宙不是随静止的地球和运动的地球**两次**给定的;而是随它的唯一可确定的**相对**运动仅仅**一次**给定的。因此,它不容许我们谈论,如果地球不转动,事物将会如何。我们可以用不同的方式解释给予我们的一种情况。可是,如果我们如此解释使我们陷入与经验相冲突的地位,我们的解释是完全错误的。实际上,力学原理能够这样构想,甚至就相对转动而言也出现离心力。

牛顿的旋转水容器实验只是告诉我们,水相对于容器边缘的相对转动**没有**产生显著的离心力,而这样力**是**由它相对于地球的质量和其他天体的质量产生的。如果容器边缘在厚度和质量上增加，直到边缘最终有几里格[①]厚时，那就没有一个人有能力说，该实验的结果会怎样。只有一个实验摆在我们面前，我们的任务是使它与我们已知的其他事实一致，而不是使它与我们想象力的任意虚构一致。

6. 当牛顿审查伽利略发现的力学原理时，作为演绎推导的简单而精确的惯性定律的巨大价值不可能逃脱他的注意。他不会想起放弃它的帮助。但是，惯性定律以如此朴素的方式涉及假定是处于静止的地球，使得他不能接受该定律。由于在牛顿的实例中，地球的转动是不可争辩的；它在没有丝毫怀疑的情况下转动。伽285利略的幸运发现只能对小时间和小空间近似适用，在这样的时空中转动没有受到质疑。牛顿关于行星运动的结论不是这样，鉴于它们涉及恒星，似乎符合惯性定律。现在，为了拥有普遍正确的参照系，牛顿大胆提出《原理》的第五推论(第一版第 19 页)。他想象瞬时的地上坐标系，它被牢牢地固定在没有任何绕恒星转动的空间中，惯性定律对它而言是正确的。实际上，在不干涉它的适用性的情况下，他能够把相对于上述瞬时地上坐标系的任何初始位置和任何匀速平移给予这个坐标系。因此，牛顿的力的定律没有改变；唯有初始位置和初始速度——积分常数——可以改变。根据这种观点，牛顿给出伽利略惯性定律的假设性推广的**精确**意义。我们看到，还原到绝对空间绝不是必要的，因为像在每一个其他实例中一样，参照系恰恰是相对地确定的。不管他对绝对的东西的

① 里格(lergue)在英美约为 3 英里或 3 海里。——中译者注

形而上学喜爱，牛顿受到**自然研究者的鉴赏力**的正确引导。这一点必须特别加以注意，由于在本书的先前版本中没有充分地强调它。这个猜想在将来多么久远地、多么准确地有效，当然是未定的。

地上物体相对于地球的表现可以划归为地球相对于遥远天体的表现。如果我们不得不宣称，我们就运动的物体了解得比最后提到的、实验给定的它们相对于天体的这一表现还要多，那么我们就应该使我们自己对欺诈负责。因此，当我们说，物体**在空间中**保持它的不变的方向和速度时，我们的断言无非是对**整个宇宙**的节略参照。这样的节略的表达是该原理原来的作者允许的，因为他知道，尽管事情如此，但是在执行它意指的方向方面没有困难。但是，若提到那种类型的困难出现，他是无能为力采取补救办法的；例如，若有需要，相对固定的物体还是缺乏的。 286

7. 现在，让我们不去使运动的物体 K 参照作为就坐标系来说的空间，而是直接观看它与宇宙的物体的关系，只有借助宇宙物体才能确定这样的坐标系。彼此非常遥远的、相对于其他远离的恒星以恒定的方向和速度运动的物体，与时间成比例地改变他们的相互距离。我们也可以说，所有十分遥远的物体——忽略所有相互的和另外的力——与那些距离成比例地改变它们的相互距离。彼此之间处在短距离的、相对于固定物体以恒定的方向和速度运动的两个物体，显示更复杂的关系。如果我们可以认为两个物体是相互依赖的，并称 r 是距离，t 是时间，a 是依赖于方向和速度的常数，那么能够得到公式：$d^2r/dt^2=(1/r)[a^2-(dr/dt)^2]$。把两个物体视为彼此独立的，并考虑它们的方向和速度相对于其他物体的恒定性，明显地要**简单得多、清楚得多**。

不说质量 μ 在空间的方向和速度依然是恒定的，我们也可以使用这样的表达：质量相对于质量 m、m'、m''……在距离 r、r'、r''……处的平均加速度是等于 0，或者 $d^2(\sum mr/\sum m)/dt^2=0$。只要我们考虑充分数目的充分远离和充分巨大的质量，后者的表达就等价于前者。明显彼此有关系的更靠近的小质量的相互影响自然被排除。添加的条件给出方向和速度的恒定性，这一点会立即看到，倘若我们通过 μ 作顶圆锥的图的话，该圆锥切割不同的空间部分，并相对于这些分离部分的质量形成条件。实际上，我们可以针对围绕 μ 的**整个**空间提出 $d^2(\sum mr/\sum m)/dt^2=0$。但是，这个实例中的方程没有就 μ 的运动断言什么，由于它对所有各种运动都有效，在这里 μ 是被无限数目的质量环绕的。如果两个质量 μ_1、μ_2 相互施加与它们的距离 r 有关的力，那么 $d^2r/dt^2=(\mu_1+\mu_2)f(r)$。不过，在同一时间，相对于宇宙的质量，两个质量重心的加速度或质量系统的平均加速度依然等于 0；也就是说，

$$\frac{d^2}{dt^2}\left[\mu_1\frac{\sum mr_1}{\sum m}+\mu_2\frac{\sum mr_2}{\sum m}\right]=0.$$

当我们深思，进入加速度的时间因子只不过是宇宙物体的距离（或转动角度）的量度的量时，我们看到，即使在我们明显处理仅仅**两个**质量相互作用的最简单的实例中，忽略世界的其余事物也是**不可能的**。自然并不是由迫使我们从它们开始的要素开始的。对我们来说，肯定幸运的是，我们能够不时地使我们的眼睛避开万有的压倒优势的统一，并容许眼睛停留在个别的细节。但是，通过

透彻地考虑暂时忽略思索的事物，我们不应该遗漏最后完成和矫正我们的观点。

8. 刚才描述的考虑表明，使惯性定律参照特殊的绝对空间是不必要的。相反地，人们察觉到，在通常措辞中相互施加力和不施加力的质量相对于加速度处于完全类似的关系。实际上，我们可以把**所有**质量看做是相互联系的。**加速度**在质量的关系中起着重要的作用，这一点必须作为一个经验事实接受下来；不管怎样，这并没有排除通过把这个事实与包括新观点发现在内的其他事实比较，来**阐明**它的尝试。在一切自然过程中，某些量 u 的**差异**起着决定性的作用。温度的差异、势函数的差异等等，引起在于这些差异均等的自然过程。对于均等特征来说是决定性的熟悉表达式 d^2u/dx^2、d^2u/dy^2、d^2u/dz^2，可以看做是任何点的条件离开它的环境的条件的平均值的量度——该点倾向于环境的平均。可以类比地构想质量的加速度。彼此没有处于特别的力关系的质量之间的巨大距离，**相互成比例地**变化。因此，如果我们画某一距离 ρ 为横坐标，画另一个距离 r 为纵坐标，那么我们得到直线（图 143）。 289

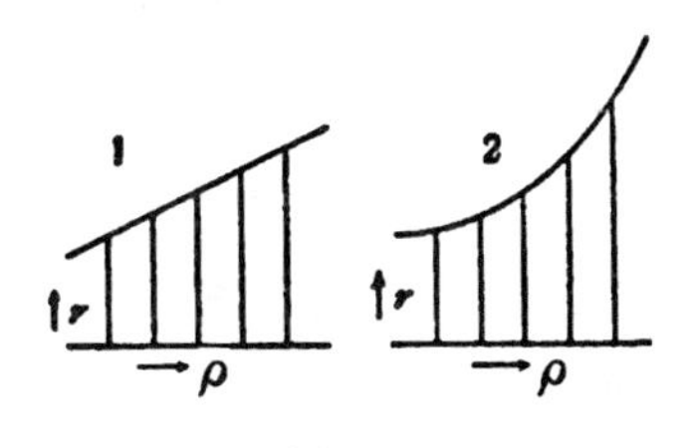

图 143

从而，对应于确定的 ρ 值的每一个 r 纵坐标，代表邻近的纵坐标的平均值。如果在物体之间存在力关系，那么某个值 d^2r/dt^2 便由它决定，我们可以与上面的评论一致地用形式为 $d^2r/d\rho^2$ 表达式取而代之。因此，根据力关系，便产生 r 纵坐标**离开邻近纵坐标的平均值**；若假定没有得到力关系，这就不会存在。这个提示在这里就足够了。

9. 在前文，我们已经尝试给惯性定律以不同于通常使用的表达。只要足够数目的物体明显地在空间确定，这个表达式将像通常的表达式一样完成相同的任务。它一样地很容易应用，它也遭遇相同的困难。在一个实例中我们不能达到绝对空间，在另一个实例中只有有限数目的质量在我们知识所及的范围之内，因而所标示的假定并未完全实行。假如恒星相互之间不得不做急剧运动的话，那么就不可能说新表达式是否还能够代表事物的真实条件。从给予我们的特殊实例不能建构一般的经验。相反地，我们必须**等待**，直到这样的经验显露出来。也许，当我们的物理天文学知识已经扩展时，在天上空间的某处可能提供它，在那里比在我们的四周发生更猛烈的、更复杂的运动。无论如何，我们沉思的最重要的结果是，**恰恰貌似最简单的力学原理，也具有十分复杂的特征；这些原理建立在未完成的经验、也许永远不能充分完成的经验上；考虑到我们环境尚且可以的稳定性，它们的确在实践中足够可靠，从而作为数学演绎的根据；但是，绝不能把它们看做在数学上已经确立的真理，而只能看做不仅容许经验不断支配，而且实际上也需要经验不断支配的原理。**

290

我不相信，在最近过去的十年出版的绝对空间辩护者的论著能够宣称除黑体字段落以外的任何东西，这些段落在1883年的德文第一版发表了(pp. 221, 222)。这个知觉有价值之处在于，它对科学的进展来说是吉利的。

10. 在古代和近代，常常讨论惯性定律，在原则之点易受这样的严重异议影响的绝对空间的空洞概念，几乎总是以混乱的方式与它混合在一起。在这里，我们仅限于提及关于这个课题的更为近代的讨论。

首先，我们必须提到C.诺伊曼(C. Neumann)的论著：1870年的《关于伽利略－牛顿理论的原理》(*Ueber die Principien der Galilei-Newton'schen Theorie*)和"关于α体"("Über den Körper Alpha," *Ber. Der königl. Sächs. Ges. Der Wiss.*, 1910, Ⅲ)。作者在前一个专题著作的第22页预示，与α体的关系是与没有转动的、在直线上匀速行进的坐标轴的关系一样的，从而他的陈述与我们已经提到的牛顿的第五推论相符。可是，我不相信，虚构α体、维护绝对运动和相对运动之间的区分、与这种区分相关的佯谬(pp. 27, 28)特别有助于厘清这个问题。在1910年的出版物(pp. 70, note 1)中，诺伊曼把他提出的东西称为假设性的，对牛顿第五推论的认识的本质进步正在这里。在同一出版物中，显露朗格的立场同样在本质上与他本人的立场一致。

291

H.施特赖因茨(*Die physikalischen Grundlagen der Mechanik*, 1883)接受了牛顿在绝对运动和相对运动之间的区分，但是他也达到在牛顿第五推论中表达的观点。我反驳施特赖因茨对我的观点的批评所说的话，包含在本书以前的版本，在这里就不赘述了。

现在，我们愿意考虑一下 L. 朗格："关于伽利略惯性定律的科学理解"("Über die wissenschaftliche Fassung der Galilei'schen Beharrungsgesetzes," *Wundt's Philos. Studien*, Ⅱ, 1885, pp. 266～297, 539～545; *Ber. d. königl. Sächs. Ges. der Wiss.*, *math.-physik. Klasse*, 1885, pp. 333～351),《运动概念的历史发展》(*Die Geschichtlich Entwicklung des Bewegungsbegriffs.* Leipzig, 1886),《自然研究论坛面前的惯性系》(*Das Inertialsystem vor dem Forum der Naturforschung*, Leipzig, 1902)。

L. 朗格从普遍的牛顿惯性定律站得住脚的假定出发，并寻求必须使它参照的坐标系(1885)。相对于任何运动点 P_1——该点甚至可以在曲线上运动，我们能够这样令坐标系运动，使得 P_1 在这个坐标系中描画出直线 G_1。如果我们也具有第二个运动点 P_2，那么我们还使坐标系如此运动，以至描画出第二条直线 G_2，只要最短的距离 G_1G_2 不超过 P_1P_2 能够永远具有的最短距离就行。292 该坐标系还能够绕 P_1P_2 转动。如果我们选择第三条直线 G_3，致使借助任何第三个运动点 P_3 能够形成的所有直线 P_1、P_2、P_3，可以用在 G_1、G_2、G_3 上的点来描画，那么 P_3 也能够在 G_3 上向前移动。因而，至多就三个点而言，这三个点在直线上行进所在的坐标系纯粹是约定。现在，朗格借助交托给它们自己的三个有形的点，在这里看见惯性定律的基本内容；能够找到这样一个坐标系，相对于它四个或任意多的交托给它们自己的有形的点在直线上运动，描画出相互成比例的路程。从而，自然界的过程是在运动学上可能多样的实例的简化和限制。

这个有希望的思想及其结果获得数学家、物理学家和天文学家的诸多赞赏。（参见 H. Seeliger 在 *Vierteljahrsschrift der astronom. Ges.*，XXII，p. 252 中对朗格工作的叙述；H. Seeliger，"Über die sogenannte absolute Bewegung，" *Sitzungsber. Der Münchener Akad. Der Wiss.*，1906，p. 85.）现在，J. 佩佐尔特（"Die Gebiete der absoluten und der relativen Bewegung，" Ostwald's *Annalen der Naturphilosophie*，VII，1908，pp. 29～62）在朗格的思想中发现某些困难，这些困难也扰乱了其他人，而且没有迅速地把它们放在一边。为此缘故，我们在这里将中断我们对朗格的坐标系或惯性系的评论，直到云雾消散为止。泽利格尝试确定惯性系与使用中的以经验为根据的天文坐标系的关系，并相信他能够说，以经验为根据的坐标系绕惯性系转动不能在一个世纪多于几弧秒。也可参见 A. 安丁（A. Anding）的"关于坐标和时间"（"Über Koordinaten und Zeit，" in the *Encyklopädie der mathematischen Wissenschaften*，VI，2，1）。 293

11."绝对运动"是一种毫无内容的、不能在科学中使用的概念，这种观点在三十年前作为奇怪的东西几乎冲击了每一个人，但是现在却受到许多值得敬重的研究者的支持。一些"相对主义者"是：斯特洛（Stallo）、J. 汤姆孙（Thomson）、路德维希·朗格、洛夫、克莱因彼得（Kleinpeter）、J. G. 麦格雷戈（J. G. MacGregor）、芒雄（mansion）、佩佐尔特、皮尔逊（Pearson）。若干相对主义者十分迅速地成长起来，上面列举的名单肯定已经不完全。也许不久就没有相反观点的重要支持者了。但是，如果不能接受不可思议的绝对空间和绝对时间的假设，那么疑问就产生了：我们能够以什么方式把可理解的意义给予惯性定律呢？麦格雷戈在一篇出色的论文（*Phil. Mag.*, XXXVI, 1893, p. 223）[①]中表示对朗格工作异乎寻常的赏识，在这里我们能够列举两个方面：(1)重新考虑惯性定律基于的和引出它的正当性限度的事实，并最后考虑新的系统阐述的历史的和批判的方式；(2)惯性定律在它的旧形式中充分教导我们运动的和正确的坐标系从这些运动推出的假定。

关于第一种方法，在我看来似乎是，牛顿本人就他在第五推论中指出的参照系给出第一个例子，在上面常常提到这个推论。很明显，我们必须计及因我们经验的扩展变成必要的表达的修改。第二个途径**在心理上**与作为最精密的自然科学的力学享有的巨大信任十分密切地关联在一起。实际上，这个途径常常后接或多或少的成功。W. 汤姆孙(W. Thomson)和 P. G. 泰特(P. G. Tait)(*Treatise on Natural Philosophy*, I, part 1, 1879, § 248)[②]评论道，两个质点同时从同一处所发射，然后听任其以这样的方式运动，以至连接它们的线依然是平行于它自身。因而，若同时从同一处所发射四个点 O、P、Q 和 R，它们然后没有进一步受力支配，那么线 OP、OQ 和 OR 总是给出固定的方向。J. 汤姆孙在两篇文章(*Proc. Roy. Soc. Edinb.*, 1884, pp. 568, 730)中尝试建构对应于惯性定律的参照系，在其中他辨认出关于均匀性和直线性的假定是**部分地约定的**。泰特(loc. cit., p. 743)受到 J. 汤姆孙的激

294

① 这篇论文“论动力学的假设”(On Hypotheses of Dynamics)是由洛奇(O. Lodge)对麦格雷戈的先前论文的评论引起的。

② 参见 § § 267, 245.

励，用四元法参与同一问题的解答。我们在同一路线也找到麦格雷戈（"The Fundamental Hypotheses of Abstract Dynamics," Trans. *Roy. Soc. Of Canada*, X, 1892, §iii, especially pp. 5～6)。

在路德维希·朗格的实例中，相同的心理动机肯定是活跃的，他在尽力正确地解释牛顿惯性定律方面是最幸运的。在1885年的文特（Wundt）的《哲学研究》（*Philos. Studien*）的两篇文章中，他做了这件事情。

更近一些，朗格（*Philos. Studien*, XX, 1902）发表了批评性的论文，他在论文中按照他的原理，也发展了获得**新**坐标系的方法，由于更准确的天文观察，当时使用的相对于恒星的粗糙参照不再足够了。我认为，关于朗格表达的**理论的**和形式的价值，关于目前恒星天空是唯一实际可以使用的参照系这一事实，关于通过逐渐矫正获得新坐标系的方法，在朗格和我本人之间没有意义的差别。依旧存在的、也许将总是存在的差别在于这样的事实：朗格作为一位**数学家**处理该问题，而我关注这个课题的**物理学**方面。　295

朗格以某种自信假定，**他的**表达对于大尺度的天体运动也许依然是可靠的。我不能分享这种自信。我们生活于其中的四周，由于它们与恒星几乎不变的方向角，在我看来好像是极其特殊的实例，我不敢从这个实例推进到截然不同的实例。虽然我期望迄今天文观测将仅仅需要微小的矫正，但是就我们人而言，我认为惯性定律很可能在它的简单的牛顿形式中只具有依赖于空间和时间的意义。请容许我更普遍地加以评论。我们用地球转动的角度度量时间，可是用任何其他行星转动的角度恰好能够同样完善地度量它。不过，为此缘故，我们不能相信，倘若所参照的地球或远离的行星将突然经历角速度出其不意的变化，物理现象的**时间**进程必定会受到扰动。我认为依赖不是直接的，从而时间的取向是**外在的**。没有一个人会相信，在听任它们自行其是的、匀速地在直线上运动的不受影响的物体的系统中——在这里一切物体都组合起来确定坐标系，一个物体的偶然扰动，比如说通过碰撞，作为结果将直接引起其他物体的扰动。在这里，取向也是外在的。尽管我们为此必须十分欣慰，尤其是当清洗了它的无意义性，直到自然研究者必然感到需要进一步的洞察，即需要**直接**关联的知识，譬如说宇宙的质量的知识之时。在这里，对整个物质原理的洞察作为理想将徘徊在他的面前，加速运动和惯性运动以**相同的**方式起因于这些原理。从开普勒的发现到牛顿的万有引力定律的进步，以及由此给予以处理电的超距作用的方式促进对引力的物理理解的发现，在这里可以作为模型服务。我们甚至必须让思想自由驰骋：我们看见的和我们偶然用以使我们自己取向的质量，也许并非实际上是决定性的质量。为此，我们甚至务必不要低估像弗里德伦德尔(Friedländer)[①]和弗普尔[②]那样的实验观念，即使我们还没有从它们之中获悉任何直接的结果。虽然研究者乐于探索他能够直接达到的东西，但是不时地对没有研究的东西的纵深投以一瞥，也不会损害他。

---

① B. and J. Friedländer, *Absolute und relative Bewegung*, Berlin, 1896.

② “Über einen Kreiselversuch zur Mesung der Umdrehungsgeschwinndigkeit der Erde,” *Sitzungsber. Der Münchener Akad.*, 1904, p. 5; “Über Absolute und relative Bewegung,” ibid., 1904, p. 383.

12. J. R. 许茨(J. R. Schütz)的一篇基本小论文("Prinzip der absoluten Erhaltung der Energie," *Göttinger Nachrichten math,-puysik. Klasse*, 1897)用简单的例子表明,能够从所讲过的原理得到牛顿定律。术语"绝对的"仅仅意味着表达,必须使该原理摆脱不确定性和任意性。若我们想象该原理应用于弹性质量 m_1 和 m_2 以点的形式对心碰撞,两个质量具有初速度 u_1 和 u_2 以及末速度 v_1 和 v_2,我们则有 297

$$m_1 u_1^2 + m_2 u_2^2 = m_1 v_1^2 + m_2 v_2^2.$$

如果我们假定,能量原理对于在与 u 和 v 相同向指取向的任何平移速度 c 都成立,那么我们能够由 u_1 和 u_2 计算 v_1 和 v_2。于是,我们有

$$m_1(u_1+c)^2 + m_2(u_2+c)^2 = m_1(v_1+c)^2 + m_2(v_2+c)^2.$$

若我们从第二个方程减去第一个方程,我们便获得反作用原理的方程

$$m_1 u_1 + m_2 u_2 = m_1 v_1 + m_2 v_2,$$

在其中 c 消失了。从第一个和第三个方程我们能够计算 v_1 和 v_2。依据对"绝对的"能量原理的类似处理,我们得到牛顿的关于质量点(mass-point)的力的方程,最后得到反作用定律,包括它的运动量的守恒和重心守恒的推论在内。这篇论文的研究可取之处很多,因为甚至质量概念也能够借助能量原理推导出来。参见第八节论"动力学发展回顾"。

(七)对牛顿的阐明的要略评论

298

1. 因为我们已经足够精细地讨论了细节,我们可以再次概括

地评述一下牛顿的阐明的形式和处置。牛顿就他的工作预先提出几个定义，紧随其后他给出运动定律。我们将首先着手处理前者。

“**定义**Ⅰ。任何物质的量是由它的密度和体积结合起来对它的度量。……在接着的讨论中我愿用术语**质量**或**物体**理解的东西就是这个量。它可以由上述物体的重量确定。因为我借助高度精确的摆实验发现，物体的质量与它的重量成比例；此后将表明这一点。

定义Ⅱ。运动的量是它的由速度和物质的量结合起来的度量。

定义Ⅲ。物质的固有的力[vis insita，即惯性]是一种抵抗能力，每一个物体由于在其中存在这种能力，而保持它的静止或匀速直线运动状态。

定义Ⅳ。外加力是施加在物体上的改变或倾向改变它的静止或匀速直线运动状态的任何作用。

定义Ⅴ。向心力是借以把物体拉向或推向或以任何方式倾向达到作为中心的某点的任何力。

定义Ⅵ。向心力的绝对量是它随着通过周围的空间从中心传播它的原因的效验增加和减少的量度。

299 **定义**Ⅶ。向心力的加速度的量是它的与它在给定时间产生的速度成比例的量度。

定义Ⅷ。向心力的运动的量是它的与它在给定时间产生的运动成比例的量度[参见定义Ⅱ]。

为简洁起见，可以把这样区分的力的三个量或量度称为绝对力、加速度力和运动力，而为区分起见，分别把它们归属于力的中心、物体的处所和趋向中心的物体:这就是说,我把运动力归属于物体,这是整体朝向中心的努力,由几个部分的共同努力引起;我把加速度力归属于物体的处所,这是起源于中心的和贯穿一切向周围几个处所扩散的、处在这些处所的运动物体中的一种效验;我把绝对力归属于中心,这是赋予某种原因的力,没有它运动力便不能向周围空间传播,不论这最后的原因是某种中心物体(例如在磁力中心的天然磁石,在引力中心的地球),还是任何其他不可见的事物。这至少是力的数学概念;关于它们的原因和场所,我在这个地方不予考虑。

因此,加速度力对运动力的关系,就像速度对运动量的关系。因为运动的量由速度和物质的量引起;运动力由加速度力和同一物质的量引起;加速度力在物体的几个质点上的效应之和是整体 300 的原动力。因此,在地球表面附近,加速度重力或受重力作用的力在所有物体中是相同的,重力的原动力或重量与如同物体[质量]那样。但是,如果我们上升到较高的区域,在那里重力的加速度力变得较小,那么重量会同等地减少,却总是与质量和重力的加速度力结合起来成比例。于是,在这些区域,重力的加速度力是一半大,物体的重量将减少一半。进而,我把加速度力和原动力在相同的意义上应用于吸引和排斥。我不加区分地和无差别地、相互代换地使用吸引、排斥或任何种类的朝向中心的倾向之表达,是考虑到不是在物理学的意义上使用这些力,而是在数学上使用的。因此,当我在任何时候碰巧说中心吸引,或者说中心力起作用时,读者不必从我可能使用的这种类型的任何表达推断,我自己要着手说明作用的种类或模式,或者在其中的原因或物理理由,或者推断我在真实的意义或物理的意义上把力归属于中心(这只不过是数学点)。”

2. 正如我们已经提出的,定义Ⅰ是一个伪定义。质量的概念并没有由于把质量说成是体积乘密度之积而变得更清楚一些,因为密度本身坦白地表示单位体积的质量。质量的真实定义只能够从物体的动力学关系演绎出来。

定义Ⅱ仅仅阐明计算的模式,没有不得不引起的反对意见。无论如何,定义Ⅲ(**惯性**)由于力的定义Ⅳ－Ⅷ而变成多余的,因为301 惯性包括在力是加速度力的事实中,并在该事实中给出。

定义Ⅳ把力定义为物体的加速度的原因或加速度的倾向。这个定义的后一部分受到下述事实的辩护:在加速度也不能出现的实例中,对其做出反应的其他引力像物体的压力和膨胀作用等一样发生。朝向确定的中心的加速度的原因在定义Ⅴ中被定义为向心力,这与在定义Ⅵ、Ⅶ和Ⅷ中定义为绝对力、加速度力和原动力是有区别的。我们可以说,我们愿在一个定义还是几个定义中体现力的观念的解释,是品味和形式的事情。在原则之点,牛顿的定义没有反对的余地。

3. 紧接着的是三个运动公理或运动定律,牛顿如下陈述它们:

“**定律Ⅰ**。每一个物体都保持它的静止或匀速直线运动状态,除非由于外加力迫使它改变这一状态为止。

定律Ⅱ。运动的[即动量的]改变与外加的运动力成比例,并发生在施加这样的力的直线方向上。

定律Ⅲ。反作用与作用总是相等的和相反的;这就是说,两个物体的相互作用总是量值相等和方向正好相反。”

牛顿把若干推论附加在这三个定律上。第一个和第二个推论与力的平行四边形原理有关；第二个推论与在物体相互作用时产生的运动的量有关；第四个推论与重心的运动不因物体的相互作用而改变的事实有关；第五个和第六个推论与相对运动有关。 302

4. 我们很容易察觉到，定律Ⅰ和定律Ⅱ包含在先前的力的定义中。根据后者，没有力就没有加速度，结果就只有静止或匀速直线运动。而且，在确立加速度是力的量度之后，再去说运动的变化与力成比例，这完全是不必要的同义反复。可以充分地说，作为前提的定义并不是任意的数学定义，而要符合实验给出的物体的特性。第三定律显然包含某种新东西。但是，我们看到，没有正确的质量观念它就是无法理解的，而质量观念本身只能从动力学实验得到，这又使第三定律变得毫无必要。

在牛顿的命题中，成为赘述的和同义反复的东西，在心理学上是可以理解的，倘若我们想象，研究者从他的熟悉的静力学观念起步，正处在建立基本的动力学命题的行动过程中的话。在一个时期，力作为拉力和压力处于考虑的焦点；在另一个时期，力作为加速度的决定因素处于考虑的焦点。一方面，虽然他借助对一切力都是共同的压力的观念，辨认出所有的力也决定加速度，但是另一方面，这种双重的概念也导致他对新的基本命题做出分裂的和远离统一的描述。参见《认识与谬误》(*Erkenntnis und Irrtum*, 2nd ed., pp. 140, 315)。

第一个推论确实包含某种新东西。但是,它把加速度视为在物体 K 中由相互**自明地**独立的不同物体 M、N、P 决定的,而这恰
303 恰是应该明晰地识别是**经验事实**的东西。第二个推论是在第一个推论中阐明的定律的简单应用。同样地,余下的推论是从在先的概念和定律的简单演绎,也就是出自它的数学结果。

5. 即使我们绝对固守牛顿的观点,而不管所提到的复杂性和不明确的特征——这并未被缩略的名称"时间"和"空间"消除而只是隐藏起来,也有可能用简单得多的、安排得更为秩序井然的和更加令人满意的命题代替牛顿的阐明。在我们看来,这样的命题也许如下:

a. **实验命题**。相互对置的物体在实验物理学详细说明的某些情况下,在它们连线的方向上引起相反的**加速度**。(惯性原理包括在个命题中。)

b. **定义**。任何两个物体的质量比是这些物体相互引起的加速度的负反比。

c. **实验命题**。物体的质量与制约产生的相互加速度的物理状态的(物体的)特征无关,不管这些状态是电状态、磁状态等等;而且,不管它们是间接地还是直接地达到的,它们依然是相同的。

d. **实验命题**。任何数目的物体 A、B、C……在物体 K 上引起的加速度是相互独立的。(力的平行四边形原理直接来源于这个命题。)

e. **定义**。运动力是物体的质量值与在该物体引起的加速度之
304 乘积。

定理 a 到 e 在我的"关于质量的定义"的短文("Über die Definition der Masse")中给出,它收录在卡尔(Carl)的《实验物理学参考书》(*Repertorium der Experimentalphysik*, IV, 1868)中;在《功守恒》(*Erhaltung der Arbeit*, 1872, 2nd ed., Leipzig, 1909)中重印。也可参见彭加勒(Poincaré)的《科学与假设》(*La Science et l'hypothèse*, Paris, pp. 110 et seg.)。

于是,余下的"动量"、"活劲"等等的代数表达的任意定义也许作为必然结果出现。但是,这些定义绝不是必需的。上面提出的命题满足简单性和极度节俭的要求,按照科学经济的理由,必须强求它们这样。此外,它们是明显的和清楚的;因为关于它们中的任何一个,无论涉及其意义还是其来源,不可能存在疑问;并且我们总是知道,它不是断言经验,就是断言任意的约定。

6. 总的看来,我们可以说,牛顿以令人赞叹的方式觉察到**充分有把握**容许在其上进一步建设的概念和原理。很可能在某种程度上,他的学科的困难和新奇迫使他在当时世界的心智中达到最大的广度,从而达到与表象的某种分离,其结果似乎几次阐述了力学过程的同一性质。不管怎样,在某种程度上,正像可以证明的,他本人并未完全厘清他的原理的引入,尤其是他的原理的来源。可是,这丝毫不能使他的智力伟大黯然失色。必须获取新观点的他,从一开始当然不像不费气力地从他那里接受它的他们那样牢靠地掌握它。如果他发现了未来数代人能够在其上从事建设的真理,他就做得足够了。因为由此而来的每一个新的推论,都立即提供新的洞察、新的控制手段、我们视野的扩展和我们观察领域的澄

305

清。像部队的指挥员一样，伟大的发现者不能停下来就实况进行次要的探究，以此坚持他赢得优势的每一个岗位。所要解决的问题的重大没有为此留下时间。但是在后来的时期，情况就不同了。牛顿完全可以期望随后的两百年，他们应该进一步审查和确认他的工作的基础；而在较长的科学平静时期可能到来时，该学科的原理与从它们推导出的一切相比，甚至可以获得更高的哲学兴趣。于是，像刚才处理的问题出现了，也许在这里对解答它们已经做出小小的贡献。我同著名的物理学家像汤姆孙(Thomson)(Lord Kelvin，开尔文勋爵)一起崇敬和赞美牛顿。但是，我们只对理解他的下述看法有困难：牛顿的学说依然是能够给予的最佳的和最高程度的哲学基础。

(八)动力学发展回顾

1. 动力学以与静力学类比的方式发展。观察到物体运动的不同特例，人们试图以法则的形式表述这些观察。但是，正像从斜面或杠杆平衡的实例的观察中，由于测量不准确，几乎不能运用数学推导精密的和普遍可靠的平衡法则一样，针对运动的实例也不能完成对应的事情。首先，观察仅仅导致运动定律的猜测，这些定律以其特殊的简单性和精确性作为**假设**而预设，以便尝试物体的行为是否能够从这些假设逻辑地推导出来。只有当这些假设表明它们本身在许多简单的和复杂的实例中都牢固地成立，我们才能赞同保留它们。彭加勒当时在他的《科学与假设》中，正确地称力学的基本假设为**约定**，这一点可以另外的方式非常令人满意地加以证明。

如果我们在审查中穿越动力学发展适逢的时期，由伽利略开始、惠更斯继续和牛顿终结的时期，那么将发现它的主要成果是察觉到，物体彼此之间相互确定依赖于一定的空间环境和物质环境的**加速度**，并且存在**质量**。这些事实的察觉体现在数目如此之大的原理中，其理由完全是历史的理由；察觉不是立即达到的，而是缓慢地和渐进地达到的。事实上，只有**一个**伟大的事实得以确立。物体的不同部分彼此无关地和相互独立地决定加速度的对子、每一对的尺度和特征，而对子的关系则显示恒定的比率。

即使伽利略、惠更斯和牛顿这样有能力的人，也不能立即察觉这个事实。甚至他们只能一点一滴地发现它，正像在落体定律、在特殊的惯性定律、在力的平行四边形原理、在质量概念等等中表达的那样。今天，在理解整个事实的统一时，不再有任何困难了。唯有交流的要求能够证明它在几个截然不同的原理中零碎的呈现是正当的，而原理的数目实际上仅仅由科学的品味决定。尤其值得注意的是，参考上面就时间、惯性之类的观念陈述的思索，在准确地估量之后，无疑会使我们信服，整个事实在它的所有方面还没有完美地得以理解。 307

正如牛顿明确陈述的，所达到的观点与自然现象“未知的原因”毫无关系。当今力学中被称为**力**的，并不是潜藏在自然过程中的某种东西，而是可测量的、实际的运动环境，是质量与加速度之乘积。同样地，当我们谈论物体的吸引或排斥时，没有必要思索所产生的运动的任何潜在的原因。我们用术语引力只是突出由运动条件决定的事件与我们的意志冲动的结果之间实际存在的**相似**。在两个实例中，或者实际运动发生，或者当运动受到某种其他运动环境抵抗时，产生畸变、物体的压缩等等。

2. 在这里依天才人物而定的工作是，留意力学过程的某些决定性的成分的关联。这种关联形式的精确建立宁可说是吃力的研究的任务，这种研究创造了力学的不同概念和原理。只有通过审查这些原理和概念的历史起源，我们才能确定它们的真正的价值和意义。在这里，偶然的环境给予它们的发展以特有的方向，在另外的条件下方向可能是大相径庭的，这也许是不会错的。关于这一点，将给出例子。

308

在伽利略接受末速度依赖于时间的熟悉事实，并把它交付实验检验之前，正像我们已经看到的，他尝试过不同的假设，进而使末速度与所描画的**空间**成比例。他确信，他能够从下落通过的空间与下落时间的平方之比做出断定。(*Ediz. Nazionale*, VIII, pp. 373, 374.)

后来，按照荒谬推理的常例，他想象这个假定包含自相矛盾(*Dialogo* 3)。他的推理是，借助所获得的双倍的末速度，在与单一的下降距离相同的时间内，必然越过两倍的任何给定的下降距离。但是，由于首先必须越过头一半，将不得不瞬时越过剩下的一半，这在一个时间间隔内是不可测量的。由此很容易得出，物体的下降一般地是瞬时的。

在这个推理中包含的谬误是显而易见的。当然，伽利略并不精通智力上的积分，而且在没有合适的解决问题的方法在他的掌控之中的情况下，他的事实无论如何是复杂的，因此不管何时出现这样的实例，他都不能不陷入错误。如果我们称 s 为距离，t 为时间，那么伽利略的假定用今天的语言应该读作 $ds/dt=as$，由此可得 $s=A\varepsilon^{at}$，其中 a 是经验常数，A 是积分常数。这是一个与伽利略引出的结论截然不同的结论。确实，它不符合经验，而伽利略可能会对这样一个结果表示反对：一般地作为运动的条件，当 t 等于 0 时，它使 s 与 0 不同。但是，该假定本身绝不是**自相**矛盾的。 309

让我们设想，开普勒向他自己提出相同的问题。伽利略总是寻求事情的最简单的答案，并立即反对不符合的假设，而开普勒的程序模式却是全然不同的。在最复杂的假定面前，他不畏缩，而是持续地通过逐渐修正他原来的假设，使用他的方式成功地达到他的目标，他发现行星运动定律的历史充分地表明了这一点。很可能，在发现假定 $ds/dt=as$ 不会起作用时，开普勒乐于尝试若干其他假定，在它们之中也许有正确的假定 $ds/dt=a\sqrt{s}$。但是，由此会产生本质上不同的动力学科学的发展进程。

在伽利略的第二个无限小猜测即速度与下落时间成比例中，伽利略作图的三角形面（图 87）以漂亮的和直觉的方式呈现出所描画的路线。另一方面，就第一个猜测而言，类似的三角形却没有动学的含义，因此积分是不成功的。

只是逐渐地并伴随巨大的困难，“功”的概念才得到它的现在的重要地位；而且，按照我们判断，的确必须把不得不克服的困难和障碍归因于上面提到的微不足道的历史环境。由于最初弄清速度和时间的相互依赖是偶然发生的，它只能是作为原来的可能出现的关系 $v=gt$，作为下一个紧接着的方程 $s=gt^2$ 和作为关系较远的推论 $gs=v^2/2$。在引进质量（m）和力（p）的概念时，其中 $p=mg$，我们用 m 乘三个方程得到 $mv=pt$、$ms=pt^2/2$、$ps=$ 310

$mv^2/2$——力学的基本方程。因此不可避免地，力和动量(mv)概念好像比功(ps)和活劲(mv^2)概念更原始。于是不足为奇，无论在哪里出现功的观念，人们总是力图用历史上较古老的概念代替它。在这个事实中，莱布尼兹学派和笛卡儿学派的全部争论找到它的完备的说明，达朗伯在某种意义上首次调停了这个争论。

从公正的观点看，像查问末速度和距离的相互依赖一样，我们恰好拥有相同的权利查问末速度和时间的相互依赖，并用实验回答疑问。第二个查问导致我们达到实验的真理：对置的特定物体在特定的**时间**内相互给予确定的速度增量。第一个查问告诉我们，对置的特定物体就特定的彼此**位移**而言相互给予确定的速度增量。两个命题同样有正当的理由，可以把二者看做是同等原初的。

在我们自己的时代，迈尔(J. R. Mayer)的例子使这个观点的正确性成为真实的。迈尔这位具有伽利略标志的近代心智，完全311 不受该学派影响的心智，出于他自己独立的自发性，实际追求最后定名的方法，用它产生了科学的扩展，这一扩展直到后来该学派也没有以较少完备的和较少简单的形式完成。对迈尔来说，**功**是原初的概念。他把在该学派的力学中被称为功的东西叫做力。迈尔的错误是，他把他的方法视为唯一正确的方法。

3. 因此，正如使我们中意的，我们可以把下降**时间**或下降**距离**视为速度的决定性因素。如果我们专注于第一种环境，那么力的概念似乎是原初概念，功的概念是导出概念。如果我们首先研究第二个事实的影响，那么功的概念是原初概念。在观察下降运动达到更复杂的关系的观念转移中，识别出力依赖于物体之间的距离，即识别出力是距离的函数 $f(r)$。于是，通过距离元 dr 所做的功是 $f(r)dr$。根据第二种研究方法，功也可以作为距离的函数 $F(r)$ 得到；但是，在这个实例中，我们仅仅知道形式为 $dF(r)/dr$ 的力，这就是说作为有限的比值：(功的增量)/(距离的增量)。

伽利略通过优先选择这两种方法的头一个有所建树。牛顿同样偏爱它。惠更斯追求第二种方法，但是没有完全把他自己局限于它。笛卡儿仿照他自己的样式发展了伽利略的观念。但是，与牛顿和惠更斯的成绩比较，他的成绩是无足轻重的，他们的影响早就消失得无影无踪。在惠更斯和牛顿之后，两个思想领域的混合、它们的总是未受注意的依赖和等价，导致形形色色的大错和混乱，312 尤其是在已经提到的笛卡儿学派和莱布尼兹学派关于力的度量的争论中。可是，在最近的时期，探究者变得时而偏爱一个，时而偏爱另一个。就这样，伽利略－牛顿的观念由于受到普安索学派的偏爱而得以培育，伽利略－惠更斯的观念由于受到彭赛列(Poncelet)学派的偏爱而得以培育。

4. 牛顿几乎毫无例外地用力、质量和动量的概念操作。他的质量概念的价值的含义使他凌驾于他的前辈和同代人之上。质量和重量是不同的概念，这在伽利略身上没有发生。惠更斯在他的所有考虑中把重量当做质量；例如，在他的振动中心的研究中。甚至在专题著作《论碰撞》(*De Percussione*)(*On Impact*)中，当惠更斯意指较大的质量或较小的质量时，他总是说较大的物体("corpus majus")和较小的物体("corpus minus")。直到物理学家发现同一物体由于重力的作用接受不同的加速度之前，都没有导致他们形成质量概念。这个发现的第一个时机是里歇尔的摆观察(1671～1673年)，惠更斯由此立即引出恰当的推论，而第二个场合是把动力学定律扩展到天体。第一点的重要性可以从下述事实推断：牛顿为了证明质量和重量在地球的同一地点成比例，亲自在不同材料的摆上进行精确的观察(*Principia*, Lib. II, Set. VI, *De Motu et Resistentia Corporum Funependulorum*)。在约翰·313 伯努利的实例中，在质量和重量之间的首次区分(在 *Meditatio de Natura Centri Oscillationis*. *Opera Omnia*, Lausanne and Geneva, T. II, p. 168 中)也是根据下述事实做出的：同一物体能够接受不同的重力加速度。从而，借助力、质量和动量的观念，牛顿处理包含几个物体相互关系在内的所有动力学问题。

5. 为解决这些问题，惠更斯追求不同的方法。伽利略以前发现，物体借助它下降时获得的速度上升到与它由以下落的高度严格相同的高度。惠更斯由于把该原理推广(在他的 *Horologium Oscillatorium*)到这样的效应——任何物体系统的重心借助它下降时获得的速度会上升到与它由以下落的高度严格相同的高度，达到功和活劲等价的原理。当然，他得到的方案的名字直到此后很长时间才得以使用。

当时的世界以几乎普遍的怀疑抵制惠更斯的功原理。人们满足于使用它的杰出结果。他们总是努力用其他东西代替它的演绎。甚至在约翰·伯努利和达尼埃尔·伯努利扩展了该原理之后，与其说证明它是有价值的，还不如说它是毫无成果的。

我们看到，由于伽利略－牛顿原理的较大简单性和明显较大的证据，人们偏爱它们，而不大喜欢伽利略－惠更斯原理。只是在下述实例中不可避免地急需使用后者：因为要费力地注意所要求的细节，使用前者是不可能的；正像在约翰·伯努利和达尼埃尔·伯努利研究流体运动的实例中那样。　314

如果我们周密地考察一下这个事情，会发现相同的简单性和证据像属于牛顿命题一样地属于惠更斯原理。物体的速度是由下降**时间**决定或由下降**距离**决定，这些是同等自然的和同等简单的假定。在两种实例中，定律的**形式**是由经验提供的。因此，作为起点，$pt=mv$ 和 $ps=mv^2/2$ 同样完好地适合。

6. 当我们进入几个物体运动的研究中，我们在两个实例中被迫选取具有相等程度可靠性的第二条行进道路。牛顿的质量观念受到下述事实的辩护：若放弃它，支配事件的所有法则便会完结；我们也许立即不得不预期来自我们的最共同的和最粗糙的经验的矛盾；我们的力学环境的面相会变得难以理解。必须就惠更斯的功原理说相同的事情。如果我们放弃定理 $\sum ps=\sum mv^2/2$，那么物体借助它们本身的重量还能够上升得较高；所有已知的力学事件的法则将完结。一样地进入一种观点和另一种观点的发现的本能因素已经讨论过了。

当然，两个观念领域在很大程度上是相互独立地成长起来的。但是，鉴于二者不断地接触的事实，毫不奇怪，它们变得彼此并入，而且惠更斯的观念似乎不大完备。就牛顿的力、质量和动量而言，他是非常充分的。就功、质量和活劲来说，惠更斯也许同样充足。　315

但是，由于他在他的时代完全不具有质量的观念，这个观念在随后的应用中不得不从其他领域借入。可是，也能够避免这样做。倘若就牛顿而言，能够把两个物体的质量比定义为相同的力产生的速度的反比的话；倘若对惠更斯来说，能够逻辑地和一致地把它定义为相同的功产生的速度的平方的反比的话。

观念的两个领域顾及相同现象截然不同的因素彼此之间的相互依赖。牛顿的观点更为完备，以至于它能够给我们关于每一个质量的信息。但是，要这样做必须进入众多的细节。惠更斯的观点提供整个系统的法则。它只是方便，但是当质量的**相对速度**先前独立地已知时，它于是极其方便。

7. 这样一来，便导致我们看到，在动力学的发展中正如在静力学的发展中一样，力学现象各种各样的特征的关联在不同时期吸引探究者的注意。我们可以认为系统的动量是由力决定的；或者另一方面，我们可以认为它的活劲是由功决定的。在选择上述标准时，探究者个人具有很大的余地。从上面所述的论据来看，深信下述情况将是可能的：假如开普勒开始就落体运动首先研究，或者316 假如伽利略在他的首次猜测中未犯错误，我们力学观念的体系也许可以是不同的。我们也会辨认出，不仅被后来的教师接受和培育的观念的知识对于历史地理解一门科学是必要的，而且探究者抛弃的和短暂的思想，不只如此，甚至明显错误的概念，也可能是非常重要的和十分有益的。历史地研究一门科学的发展是最需要的，免得在其中铭记的原理变成一知半解的指令体系，或者更糟糕，变成**偏见**的体系。历史的研究通过表明现存的哪一个东西在很大程度上是**约定的**和**偶然的**，不仅推进了对于现有的东西的理解，而且也在我们面前带来新的可能性。从不同的思想路线在其会聚的较高视点来看，我们可以用更为自由的眼光察看我们周围的情况，并在未知面前发现路线。

情况表明，我们的力学科学的目前形式基于历史的偶然性。在陆军中校阿尔特曼（Lieut.-Col. Hartmann）的“力的物理学定义”（“Définition physique de la force,” *Congrès international de philosophie*, Geneva, 1905, p. 728）和《数学教育》（*L'enseignement Mathématique*, Paris and Geneva, 1904, p. 425）的评论中，他以非常富有启发性的方式也表明了这一点。这位作者指出不同概念的通常解释的统一性。

在我们讨论过的一切动力学命题中，**速度**起着重要的作用。按照我们的观点，在正确无误地考虑之后，其理由在于，宇宙的每一个单一的物体都与宇宙中的其他物体处于某种确定的关系之中；任何一个物体，从而也可以说任何几个物体，都不能认为是完全孤立的。我们没有仅仅一瞥就了解一切事物的能力，这种无能 317 迫使我们考虑几个物体，并暂时在某些方面忽略其他物体，这是引入速度完成的步骤，因而也是引入时间完成的步骤。我们不能认为下述情况是不可能的：利用 C. 诺伊曼的表达，**积分**定律将在某一天代替现在构成力学科学的数学元的定律或微分定律，我们将具有物体的**位置**相互依赖的直接知识。在这样的事件中，力的概念将变成多余的。

(九)赫兹的力学

1. 此前的第八节“动力学发展回顾”是在1883年写的。特别是在第7段,它包含着力学未来体系的最普遍的纲领,必须注意赫兹在1894年出版的《力学》(*Mechanics*)[①],它标志着在所指出的方向上的明显进展。在我们安排的有限篇幅里,给出这本书中包含的丰富资料的合适概念是不可能的,此外详述力学的新体系也不是我们的意图,而仅仅追踪一下与力学有关的观念的发展。事实上,每一个对力学问题感兴趣的人都必须阅读赫兹的书。

318 2. 赫兹以对先验的力学体系的批判展开他的著作,他的批判包含十分值得注意的认识论考虑,从我们的观点(既不与康德的概念混淆,也不与大多数物理学家的原子论的力学概念混淆)来看,这些考虑需要某些修正。我们自觉地和特意地由客体形成的有启发性的图像(image)[②](或者更确切地讲也许是概念)不得不如此选择,使得“在思想上作为必然结局从它们而来的结果”与“在自然中作为必然结局从它们而来的结果”一致。这就对这些图像或概念提出要求:它们在逻辑上必须是可采纳的(admissible),也就是说避免了自相矛盾;它们必须是正确的(correct),即必须符合客体

① H. Hertz, *Die Principien der Mechanik in neuem Zusammenhange dargestellt*, Leipzig, 1894.

② 赫兹在古英语idea的哲学使用的意义上运用术语Bild(image or picture),并把它用于与任何领域有关的观念体系或概念体系。

之间得到的关系；最后，它们必须是恰当的(appropriate)，并包含尽可能少的不相干的特征。诚然，我们的概念是由我们自觉地和特意地形成的，然而它们不是完全任意地形成的，而是在我们方面努力使我们的观念适应我们感觉的环境的后果。概念相互一致是在逻辑上必然的需要，进而这种逻辑的必然性是**我们**认识到的唯一必然性。对在自然界中获得的必然性的信念仅仅在下述实例中出现：在那里我们的概念足够严密地适应自然，以至保证逻辑推理和事实之间的符合。但是，我们观念的适当适应的假定，在任何时候都能够受到经验的反驳。赫兹的恰当性标准与我们的经济标准重合。

319 赫兹批判伽利略－牛顿的力学体系、尤其是批判力的概念缺乏明晰性(第7、14、15页)，这种批判在我们看来好像仅仅在有逻辑缺陷的阐明的实例中才有正当的理由，赫兹无疑从他的学生时代起就考虑像这样的事情。他在另外的段落(第9、47页)收回他的批判；或者无论如何，他缓和批判。但是，不能把某一个别解释的逻辑缺陷归咎于诸如此类的体系。毫无疑问，今天不容许(第7页)“仅仅谈论以一种样子作用的力，或者仅仅谈论在向心力的实例中作用的力，由于两次计及惯性作用，一次作为质量计及，再次作为力计及。”但是，这两者都不是必要的，因为惠更斯和牛顿在这一点上是一清二楚的。要把力的特征概括为频繁地“空转的轮子”，概括为频繁地致使意义不明显，几乎是不能容许的。在任何事件中，与“隐秘的质量”和“隐秘的运动”相比，“力”在这一点上决定性地处于优势。在桌子上静止的铁屑的实例中，在平衡中的力，即铁屑的重量和桌子的弹性二者都是很容易证明的。

关于能量力学(energic mechanics)的实例,也不像赫兹愿意坚持说的那么坏;至于他对最小原理使用的批判,即它卷入意图的假定并预设指向未来的倾向,目前的工作在另一段落十分清楚地表明,最小原理的简明含义包含在与意图含义截然不同的特性中。每一个力学体系都包含与未来的关联,因为一切都必须利用时间、速度等概念。

3. 不管怎样,虽然在其所有的严密性上不能接受赫兹对现存力学体系的批判,但是必须把他自己的新颖观点看做是向前迈出了一大步。在消除力的概念后,出于只考虑给实际能够观察的东西以表达的观念,赫兹仅仅从时间、空间和质量的概念出发。可以认为,他使用的唯一原理是惯性定律和高斯的最小约束原理的组合。自由质量匀速直线运动。按照高斯原理,如果以它们尽可能少地背离这种运动的任何方式使它们处于关联,那么它们的**实际**运动比任何**可以设想**的运动更接近**自由**运动。赫兹说,质量作为它们的关联的结果在**最径直的**路线上运动。在他的体系中,质量的运动与匀速性和直线性的每一偏离不是由于力,而是由于与其他质量的稳固关联。而且,在那里这样的物质是不可见的,他用隐秘的运动构想隐秘的质量。一切物理力都被构想为这样的作用的效应。在他的体系中,力、力函数、能量只不过是从属的和辅助的概念。

现在,让我们一个一个地考察一下最重要之点,并询问在什么范围为它们准备了这条路线。消除力的概念可以用下面的方式达到。把一切关联构想为用决定关联需求的运动的力代替，正是伽利略-牛顿力学体系的普遍观念的一部分；相反地，可以构想每一个仿佛是力的事物都是由于关联。如果第一个观念频繁地在比较古老的体系出现，这在历史上是比较简单和比较直接的体系，那么在赫兹的实例中，后者则是比较突出的。如果我们深思一下，在两个实例中，无论预设力还是关联，对于系统的每一个瞬时形态而言，质量坐标之间的线性微分方程都给出质量运动的实际相互依赖，于是可以认为这些方程的存在是基本的东西——由经验确立的东西。实际上，物理学逐渐使自己习惯于把用微分方程摹写事实看做是它的恰当目的，这也是本书(1883 年)第五章采纳的观点。但是，在我们没有被迫着手对力或关联做任何进一步解释的情况下，由于这些事情而认识到赫兹的数学阐明的普遍可应用性。 321

可以把赫兹的基本定律描述为一种通过质量关联修正的普遍化的惯性定律。就比较简单的实例来说，这个观点是自然的观点，无疑常常把自己强加于注意。事实上，在本书(第三章)中，就把重心守恒原理和面积守恒原理实际描述为普遍化的惯性定律。如果我们沉思一下，根据高斯原理，质量的**关联**决定与它能够为自己描画的那些运动的偏离的最小值，那么在我们认为所有力都起因于关联时，我们将达到赫兹的基本定律。在断绝一切关联时，唯有按照惯性定律运动的孤立的质量作为终极的元素遗留下来。于是，关联提供与匀速直线运动尽可能小的偏离。

高斯十分清楚地断言，从来也没有发现实质上新颖的力学原理。而且，赫兹原理也仅仅在形式上是新的，因为它等价于拉格朗日方程。该原理包括的最小条件不涉及任何谜一般的意图,但是322它的含义与一切最小定律的含义是相同的。唯有在动力学上被决定的东西发生(第三章)。在动力学上未决定与实际运动偏离;这种偏离不是现存的;因此,实际运动是独一无二的,或者按照佩佐尔特引人注目的标示,它被唯一地决定。①

几乎没有必要评论,力学问题的物理方面不仅没有通过这样的形式的、数学的力学体系的精制加以处理,而且甚至没有如此之多地触及。自由质量匀速地在直线上运动。具有不同速度和方向的质量若有关联,它们则在速度方面相互影响,即彼此决定加速度。这些物理经验与纯粹几何学的和算术的定理一起进入阐述,为此只有后者绝不会是足够的;因此之故,仅仅在数学和几何学上唯一决定的东西,在力学上也不会唯一地决定。可是,我们在第二章的相当长的段落里讨论了,上述的物理学原理根本不是自明的,甚至它们的精确意义决不容易确定。

4. 在赫兹给予力学以漂亮的、理想的形式中,它的物理内容萎323缩到几乎明显难以察觉的残余之中。简直毋庸置疑的是,假如笛卡儿生活在今天,他也许会在赫兹的力学中比在拉格朗日的"四维解析几何"中更多地看到他自己的理想。因为笛卡儿基于运动一开始就是不可消灭的假定,力求把整个力学和物理学还原为运动

① 参见佩佐尔特的出色的文章"Des Gesetz der Eindeutigkeit,"(*Vierteljahrsschrift für wissenschaftliche Philosophie*, XIX., page 146,尤其是 page 186)。在这篇文章中也提到 R. 亨克(R. Henke)在他的小册子(*Ueber die Methode der Kleinsten Quadrate*, Leipzig,1894)中接近赫兹的观点。

的几何学,他在反对经院哲学的隐秘的质时,不承认物质的除广延和运动以外的特性。

5. 不难分析导致赫兹达到他的体系的心理境况。在探究者成功地把超距作用的电力和磁力描绘为在媒质中运动的结果之后,必定再次唤醒就万有引力、若有可能的话就无论什么力完成相同结果的欲望。发现是否一般地可以消除力的概念,这个观念是十分自然的。不能否认,当我们借助单一的完备图景能够控制一切现象在媒质中与包含在其中的大质量一起出现时,我们的概念基于与它们所处的水平截然不同的水平上,此时就加速度而言,只有这些孤立质量的关系是已知的。甚至那些使自己信服处于接触部分的相互作用并非比超距作用更好理解的人,也不愿意承认这一点。物理学发展中的目前趋势完全处在这个方向上。

如果我们不满足于以它的普遍形式留存隐秘的质量和运动的假定,而愿单个地和详细地努力研究它们,那么应该责成我们,至少在我们的物理学知识的目前状态下,甚至在最简单的实例中,诉诸异想天开的、甚至频频受到质疑的虚构,而**给予的**加速度也许比虚构远为可取。例如,如果质量 m 在半径 r 的圆上以速度 v 匀速地运动,而我们习惯于把这归诸于由圆心发出的向心力 $\frac{mv^2}{r}$,那么代替这一点,我们可以构想该质量在距离 $2r$ 处稳固地与相同大小的、具有相反速度的质量关联在一起。惠更斯的向心冲力也许是用关联代替力的另一个例子。作为一个理想的纲领,赫兹的力学比较简单、比较漂亮,但是就实际意图而言,我们目前的力学体系

324

更可取，赫兹本人(第 47 页)以他特有的直言不讳承认这一点。[①]

(十)回应对作者在第一章和第二章表达的观点的批评

1. 本书头两章所提出的观点是我在很久以前完成的。一开始，它们几乎毫无例外地受到冷漠的拒斥，只是逐渐地赢得支持者。我最初在题为“论质量的定义”(*On the Definition of Mass*)的五页八开的简短通报中陈述了我的《力学》(*Mechanics*)的所有基本特征。这些特征就是在本书第 302 页给出的定理。这篇通报被波根多夫的《编年史》(*Poggendorff's Annalen*)拒绝，直到一年后(1868 年)才在卡尔的《参考书》(*Repertorium*)中印出。在 1871 年发表的一次讲演中，我以物理学特有的精确性普遍地勾勒出我的自然科学认识论观点。在那里，因果概念被函数概念取代；宣布现象相互依赖的决定、实际事实的经济说明是目标，宣布物理概念是唯一达到目的的手段。我不再愿意把这次讲演内容发表的责任强加在任何编者身上，相同的讲演在 1872 年作为独立的小册子出版了。[②] 1874 年，当基尔霍夫在他的《力学》(*Mechanics*)中公布了

325

① 比较 J. 克拉森(J. Classen)的“Die Principien der Mechanik bei Hertz und Boltzmann”(*Jahrbuch der Hamburhischen wissenschaftlichen Anstalten*, XV., p. 1, Hamburg, 1898)。

② *Erhaktung der Arbeit*, Prague, 1872：“应该补充的是，《功守恒定律的历史和根源》(*Die Geschichte und die Wurzel des Satzes von der Erhaltung der Arbeit*)的第二版 1909 年在莱比锡问世；此外，正如已经提到的，冠以标题《能量守恒原理的历史和根源》(*History and Root of the Principle of the Conservation of Energy*)的英译本 1911 年在芝加哥和伦敦出版。”

他的“摹写”理论和其他学说——这只是部分类似于我的观点——并且还引起他的同事的“普遍惊讶”时，我变得听天由命。但是，人们感受到的正是基尔霍夫的巨大权威，而且这种权威的后果无疑是，我的《力学》在1883年出版时并未激起如此之多的惊奇。鉴于基尔霍夫提供的巨大帮助，公众竟然认为并且部分地依然认为，我对物理学原理的解释是基尔霍夫观点的继续和精致化，这对我来说是完全无关紧要的事情；然而事实上，我的解释不仅就发表的日期来说要早一些，而且也比较彻底。①

总的来说，对我的观点的赞同似乎增长着，并逐渐扩展到我的工作的更广泛的部分。平静地等待和纯粹地观察所阐述的观念的哪一部分能够发觉是可以接受的，这也许更符合我对论战性的讨论的反感。但是，我不能使我的读者对现有的分歧依旧茫无头绪，我也不得不向他们指出一条道路，他们沿着这条道路能在本书之外找到他们的智力方位，即便完全撇开我对反对者的尊重也要求考虑他们的批评。这些反对者人数众多且五行八作：历史学家，哲学家，形而上学家，逻辑学家，教育家，数学家和物理学家。我不能在任何优越的程度上以这些资格中的任何一个自居。我以一个对理解物理学观念的成长兴味盎然的资格，只能在这里选择最重要的批评，并回答它们。我希望，这样做也能使其他人容易找到他们在这一领域的道路，并形成他们自己的判断。 326

作为我的反对者，P. 福尔克曼在他的关于物理学认识论的

① 参见第一版序。

论著[①]中,只是在对某些个别观点的批评中露面,特别是他通过坚持旧体系和偏爱它们露面。事实上,把我们分开的,正是后者的特点;因为在其他方面,福尔克曼的观点与我的观点有许多相像之处。他接受我的观念适应、经济原理和比较原理,即使他的阐述与我的阐述在个别特征上有所不同,且在术语上有所变化。就我的本分而言,我在他的论著中发现恰当强调的、巧妙叙述的、重要的隔离和叠加原理,而且愿意接受它们。我也乐于承认,在一开始是不十分确定的概念,必须通过"知识的循环",通过注意力的"振荡"(oscillation),获得它们的"回溯巩固"(retroactive consolidation)。我也赞同福尔克曼,从最后这个观点看,牛顿在他的时代完成了可能完成的几乎最好的工作;但是,我不能赞同福尔克曼的是,当他分享汤姆孙和泰特的见解时,甚至在面临今日实质上不同的认识论需要时,牛顿的成就是权威性的和值得模仿的。相反地,在我看来似乎是,如果容许福尔克曼的"巩固"过程完全转向,那么必然导致在任何基本点与我自己的阐明没有差别的阐明。我以真诚的愉悦跟踪 G. 海曼斯清晰的和客观的讨论[②],可是我的反形而上学立场把我们分开,不管是否辨认它是有正当理由的。我与赫夫勒(Höfler)[③]

327

① *Erkenntnisstheoretische Grundzüge der Naturwissenschaft*, Leipzig, 1896. *Ueber Newton's Philosophia Naturalis*, Königsberg, 1898. *Einführung in das Studium der theoretischen Physik*, Leipzig, 1900. 我们参照的是最后定名的著作。

② *Die Gesetze und Elemente des wissenschaftlichen Denkens*, II., Leibzig, 1894.

③ *Studien zur gegenwärtigen Philosophie der Mathematischen Mechanik*, Leibzig, 1900.

和波斯克[①]的差异大体与个别观点有关。就原理而论，我恰好采纳与佩佐尔特[②]相同的观点，我只是在较次要的重要性的问题上有差别。其他人的诸多批评，或者涉及刚才提到的作者的论据，或者受到类似理由的支持，出于对读者的尊重不能详细地加以处理。通过选择几个个别的、但却是重要的观点，可以充分地描绘这些差异的特征。 328

2. 在接受我的质量定义时，好像还是发现了特殊的困难。施特赖因茨(比较第276页)在对它的批评中注意到，它唯一地基于重力，尽管在我对该定义的第一次阐述(1868年)中明确地排除了这一点。无论如何，这个批评再三提出，甚至最近由福尔克曼提出(在上述引文中第18页)。我的定义只是关注这样的事实：相互有关系的物体彼此决定速度的变化(加速度)，而不考虑这种关系是所谓的超距作用，还是刚性的关联或弹性的关联。为了能够以十足的把握形成定义，且不用担心在不牢靠的基础上建设，人们不需要知道比这更多的东西。像赫夫勒的下述断言(在上述引文中第77页)就是不正确的：这个定义隐含地假定**同一个**力作用在两个质量上。它甚至没有假定力的概念，因为力的概念随后建立在质量概念的基础上；另外，它完全独立地给出作用和反作用原理，而没有掉进牛顿的逻辑错误。在这种安排中，没有把一个概念放错

---

① *Vierteljahrsschrift für wissenschaftlichen Philosophie*, Leibzig, 1884, p. 385.

② "Das Gesetz der Eindeutigkeit" (*Vierteljahrsschrift für wissenschaftlichen Philosophie*, XIX., p. 146).

地方，也没有使它依靠另一个概念，而这个概念却有在它之下倒塌的危险。正如我接受的，这是唯一可以实际服务于福尔克曼的“循环”和“震荡”的目的。在我们借助加速度定义了质量后，从我们的定义便不难得到明显新颖的不同概念，诸如“加速度的容量”、“运动能量的容量”(Höfler，在上述引文中第70页)。要在动力学上就质量概念完成任何事情，正如我最有力地坚持的，所述的概念必须是**动力学**概念。不能用物质的量自然而然地构造动力学，但是至多能够人为地和任意地把动力学归于它(在上述引文中第71、72页)。物质的量独自从来也不是质量，它既不是热容量，也不是燃烧热，亦不是营养价值，或者不是任何种类的事物。“质量”也不起热的作用，而仅仅起动力学的作用(比较 Höfler，在上述引文中第71、72页)。另一方面，不同的物理量相互成比例，两个或三个单位质量的物体借助动力学定义形成两倍或三倍质量的物体，借助热的定义这也类似于热容量的实例。我们本能地渴望包含事物的量的概念，对此赫夫勒无疑试图给予表达，这对日常意图确实足够了，这种渴望是某种人们不可能想起否定的东西。但是，科学的“物质的量”的概念应该恰当地从所提及的单一物理量的比例演绎出来，而不是恰好相反在“物质的量”上建立概念。借助重量测量质量十分自然地起因于我的定义，而在通常的概念中，或者直率地认为用同一动力学尺度可以测量物质的量是理所当然的，或者必须预先由特殊的经验——相等的重量在所有环境下像相等的质量一样起作用——给出证明。依我之见，自牛顿以来，在这里首次把质量概念交付彻底的分析。因为历史学家、数学家和物理学家似乎都把这个问题作为一个容易的和几乎自明的问题处理。相反

地，它具有基础性的意义，值得我的反对者注意。 330

3. 许多批评是由我对惯性定律的处理构成的。我相信，我在某种程度上像波斯克所做的(1884年)那样已经表明(1868年)，像因果律一样，这个定律从普遍原理的任何演绎都是不能接受的，这个观点现在赢得了某种支持(比较Heymans，在上述引文中第432页)。肯定无疑，不能认为仅仅在如此短的时间受到普遍承认的原理是先验自明的。海曼斯(在上述引文中第427页)正确地注意到，几个世纪前把公理的确实性归因于定律的正好相反的形式。海曼斯仅仅在把惯性定律归属于绝对空间的事实中，进而在惯性定律及其正好相反的古老形式内、在听任物体其自行其是的条件下假定某种**恒定的**东西的事实中，看到超经验的成分(在上述引文中第433页)。关于第一点，我们将有话进一步要说；至于后者，在没有形而上学帮助的情况下，它在心理学上是可以理解的；因为唯有恒定的特征才有能力或在智力上、或在实践中满足我们——这是我们不断地寻求它们的理由。现在，从完全无偏见的观点考察一下这个问题，会发现这些公理的确实性的实例是十分特殊的实例。人惯于与亚里士多德一起徒劳地努力说服普通人，由手中投掷的石块必然会在放开它后马上处于静止，倘若不是由于空气在后面猛推并迫使它向前的话。但是，他大概恰好不信任伽利略的无限均匀运动的理论。另一方面，贝内德蒂的冲击压力(vis im- 331
pressa)逐渐减小的理论可以被普通人无矛盾地接受，它属于无偏见思维的和从古代的先入之见解放出来的时期。事实上，这个理论是对经验的直接深思，而第一个提到的、在相反的方向使经验理想化的理论则是技术性的专门推理的产物。它们把公理确实性的错觉施加在学者的心智上，由于来自他的思考的这些成分的扰乱，可能使他完全习惯的思维训练突然陷入失常。对我而言，从心理学的观点看，探究者面对惯性定律的行为似乎用这种境况可以合适地说明，我倾向于容许把该原理称为公理、公设还是普遍真理的问题暂时搁置起来。海曼斯、波斯克和佩佐尔特都赞成，在惯性定律中寻找经验的成分和超经验的成分。按照海曼斯（在上述引文中第438页）的观点，经验只是为应用先验正确的原理提供机会。波斯克认为，该原理的经验起源并未排除它的先验的正确性（在上述引文中第401、402页）。佩佐尔特也仅仅部分地从经验演绎惯性定律，并在它的继续存在中把它视为是由唯一决定的定律给予的。我相信，在这里如下阐述这个危若累卵的争议时，我与佩佐尔特没有分歧：告知我们现象相互之间实际存在什么特定的依赖、决定事物的是什么，首先要依经验而定，而且只有经验才能够在这一点指导我们。如果使我们信服，我们在这方面受到充分指导，那么当有适当的资料在手头，我们认为继续等待进一步的经验是不必要的；对我们来说，现象被决定，而且由于只有这个现象是决定，因此它被唯一地决定。换句话说，如果我通过经验发现，物体决定相互的加速度，那么在没有这样决定的物体的所有环境中，我们将以唯一的决定期望匀速直线运动。就这样，惯性定律在没有迫使我们和佩佐尔特一起逐项详述的情况下，直接导致它的整个普遍性；因为与匀速性和直线性的每一偏离都理所当然地获得加速度。我相信，当谈论在惯性定律和力决定加速度的陈述中两次阐述了相同的事实时（第172页），我是正确的。如果承认这一点，那么关于在惯性定律的应用中是否包含循环论证的讨论，就可以使之终结了(Poske，Höfler)。

关于伽利略就惯性定律达到明晰性的可能方式，我的推断是从他的第三天对话的一段[①]引出的，这段话是在我的《能量守恒》的小册子[②]中从1744年帕杜安(Paduan)版本第三部分第124页逐字逐句抄写的。设想沿斜面向下滚动的物体再沿可变斜率的斜面上升，对他来说，它在小倾斜度的绝对光滑的上升斜面上经受的微小减速度和减速度零、或者在水平面上无尽的匀速运动，都必定发生。沃尔威尔是反对这种考察问题方式的第一人(参见第169页)，其他人此后也与他为伍。他断言，在圆运动和水平运动中的 333

① "Constat jam，quod mobile ex quiete in A descendens per AB，gradus acquirit velocitatis juxta temporis ipsius incrementum：gradum vero in B esse maximum acquisitorum，et suapte natura immutabiliter impressum，sublatis scilicet causis accelerationis novae，aut retardationis：accelerationis inquam，si adhuc super extensor plano ulterius progrederetur；retardationis vero，dum super planum acclive BC fit reflexio：in horizontali autem GH aequabilis motus juxta gradum velocitatis ex A in B acquisitae in infinitum extenderetur."

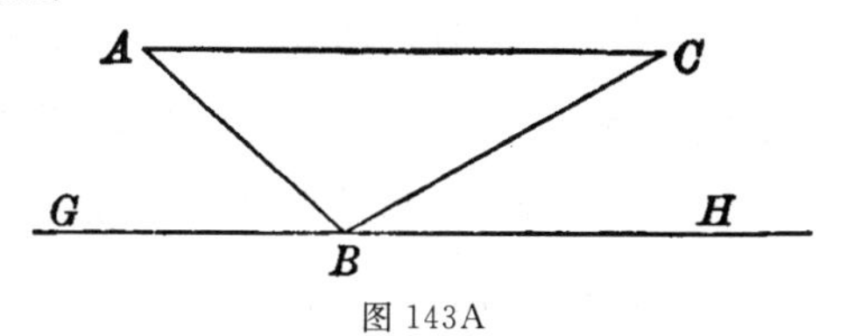

图 143A

"现在很明白，运动的物体在A处从静止出发，沿斜面AB下降时，获得与它的时间增加成比例的速度：假如消除新的加速度或减速度的原因，在B具有的速度是获得的最大的速度，并且由于它的本性不可改变地强加于它：我说加速度，是观察到它有可能进一步在延伸的斜面前进；我说减速度，是考虑到它反过来登上升高的斜面BC。但是，在水平面GH，它以在从A到B下降时获得的速度匀速运动，将无限地继续下去。"

② 英译本部分地在我的 *Popular scientific Lectures*，third edition，Chicago，The Court Publishing Co.

匀速运动还在伽利略的思想中占据明显的位置，伽利略从古代的概念开始，只是非常渐进地使他自己摆脱了这些概念。不可否认，对历史学家而言，伟大探究者的智力发展的不同**阶段**很有趣味，而且**某一**阶段在这方面的重要性上被其他人放逐到背景之中。人们偏要成为蹩脚的心理学家，他们不了解他们自己不知道，要把人从传统观点里解放出来是多么困难；而且，即使在完成之后，旧观念的残余还怎样在意识中徘徊，甚至在实践中赢得胜利之后，这些残余依然是偶然倒退的原因。伽利略的经历不可能是不同的。但是，对于物理学家来说，正是新观点闪现的时刻，具有最大的兴趣，而且他总是寻找的正是这个时刻。我寻找过它，我相信我已经找到它；我拥有这样的看法：在所述的段落，它留下它的不会被误解的痕迹。波斯克（在上述引文中第 393 页）和赫夫勒（在上述引文中第 111、112 页）不能给出他们赞同我的这段解释，其理由在于，伽利略没有明确提及从斜面转变到水平面的有限实例；虽然波斯克承认伽利略频繁地使用有限实例的想法，尽管赫夫勒确认和学生一起实际检验了这个设计的教育功效。可以把伽利略看做是连续性原理的发明者；在他的漫长的智力生涯中，如果他不愿把该原理应用到这个在他看来是所有实例中最重要的实例，那么这的确是一件奇怪的事情。也可以加以考虑的是，该段落没有形成这位意大利人对话的广泛而普遍的讨论的一部分，但是却用拉丁语以信条形式把结果精练地表达出来。此外，以这种方式，“不可改变地强迫的速度”也可以逐渐形成。[①]

334

① 即使承认伽利略只是逐渐地达到他对惯性定律的知识，它仅仅作为偶然的发

我经历的物理学教育十之八九是低劣的和教条的，正像我的较年长的批评者和同行碰巧经历的一样。就这样，惯性原理是作为与体系完全一致的教条阐述的。我能够十分彻底理解，漠视运

现呈现在他面前，无论如何，从1744年帕杜安版本选取的段落将表明，他把该定律局限于水平运动，受到所处理的课题的固有本性的辩护；假定伽利略在接近他的科学生涯的终结时也不具有对该定律的充分知识，几乎不能继续坚持下去了。

“sagr. Ma quando l'aritigleria si piantasse non a perpendicolo, ma inclinata verso qualche parte, qual dovrebbe esser' il moto della palla? Andrebbe ella forse, come nel l' altro tiro, per la linea perpendicolare, e ritornando anco poi per l'istessa?”

“Simpl. Questo non farebbe ella, ma uscita del pezzo seguiterebbe il suo moto per la linea retta, che continua la dirittura della canna, se non in quanto il proprio peso la farebbe decliner da tal dirittura verso terra.”

“sagr. Talche la dirittura della canna è la regolatrice del moto della palla: nè fuori d ital linea si muove, o muocerebbe, se 'l peso proprio non la facesse delinare in giù ……”——*Dialogo sopra I due massimi sistemi del mondo.*

“沙格列陀：不过，即使把枪垂直放置，但却在某个方向倾斜；那么弹丸的运动会是什么样的呢？也许，它会像在其他实例中那样沿着垂线行进，在返回时也沿着相同的路线落下？”

“辛普利丘：它不会这样做，但是由于离开枪，它将必然在直线上进行它本身的运动，该直线是枪管的轴的延伸，这只是就它自己的重量将促使它偏离那个方向落向地球而言。”

“沙格列陀：为了使枪管的轴是弹丸运动的稳定器，而且不管在二者中的哪一种情况，它将不在那条线之外运动，除非它自己的重量促使它落下。……”

“Attendere insuper licet, quod velocitatis gradus, quicunque in mobill reperiatur, est in illo suapte natura indelebiliter impressus, dum externae causae acclivibus vero retardationis tollantur, quod in solo horizontali plano contingit: nam in planis devlivibus adest jam causa accelerationis majoris, in acclivibus vero retardations. Ex quo partier sequitur, motum in horizontali esse quoque aeternum: si enim est aequabilis, non debiliatur, aut remittitur, et multo minus tollitur.”——*Discorsi e dimostrazioni matematiche. Diologo terzo.*

“再者，必须注意的是，倘若缺少加速度或减速度的外部原因，物体具有的速度的程度是由它自己的本性不可摧毁地强加在它之上的，这只在水平面上发生：因为在下降面上是较大的加速度，在上升面上是减速度。由此可得，在水平面上的运动是永恒的：因为如果它依然是相同的，那么它就不减小，或者不中止，更不用说受到破坏了。”

动的所有障碍导致该原理，或者如阿佩尔特(Appelt)所说，必须借助抽象发现它；无论如何，它依然总是远离的，仅仅处在超自然天才的理解力范围内。而且，随着所有障碍的移除，速度的减小也中止，这种说法的保证在哪里呢？波斯克(在上述引文中第395页)具有这样的见解：利用我反复使用的片语，伽利略直接"**认出**"或"**察觉**"该原理。但是，这种看出是什么呢？爱探索的人在这里看看、在那里看看，突然瞥见他正在寻找的某种东西，甚或突然瞥见完全未料到的、吸引他的注意力的某种东西。现在，我已经表明，这种"察觉"如何发生，它在于什么。伽利略的目光扫过几个不同的均匀**延缓的**运动，突然在它们之中辨别出匀速的、无限连续的运动，这种运动具有如此独有的特征，以至唯有它自然而然地发生的话，肯定能够把它看做是某种截然不同类型的东西。但是，倾斜度非常微小的变化就使这种运动转变为有限延缓的运动，我们在生活中频繁地遇见这样的运动。现在，在识别运动的所有障碍和因重力延缓之间的等价性时不再经历困难，用以获得不受影响的、无限的、匀速的运动。当我还是年轻人阅读伽利略的这段话时，关于我们力学中这种理想的、与教条阐述的联系必定全然不同的联系的新光亮，在我身上闪现。我相信，每一个不带在先偏见愿意接近这段话的人，都会有相同的经验。我一点也不怀疑，高于所有其他人的伽利略经历过那种闪光。但愿我的批评者要注意，如何不得不撤销他们的赞同。

4. 与C.诺伊曼[①]的意见相反，我现在有另一个重要的讨论之

① *Die principien der Galilei-Newton'schen Theorie*, Leipzig, 1870.

点，他关于这个论题的众所周知的出版物在我[1]之前不久。我坚决主张，如果使惯性定律参照“绝对空间”，那么在该定律中考虑的方向和速度就没有可理解的意义。事实上，只有在给定物体直接或间接标示的点的空间中，我们才能通过度量决定方向和速度。诺伊曼的专著和我自己的专著成功地把注意力指向这一点，这一点曾经使牛顿和欧拉在理智上非常不安；可是，它导致的无非是像施特赖因茨的解答那样的部分尝试。直到今天，我依然是唯一坚持使惯性定律参照地球，并在大空时范围的运动实例中使惯性定律参照恒星的人。在考虑我们观点的深刻差异时，与我的大量批评者最终达成谅解的任何前景都是十分渺茫的。但是，就我能够理解我的观点遭到的批评而言，我将努力回答它们。 337

赫夫勒具有这样的见解：之所以否认“绝对空间”的存在，是由于认为它是“不可思议的”。但是，绝对运动的概念的确存在，这是“更为刻苦的自我观察”的事实。绝对运动的可信性和知识并非必定被错认。在这里，只有后者是不能令人满意的(在上述引文中第120、164页)。……现在，它恰恰与自然探究者关心的知识一致。超越知识范围的事物，不能向感官显示的事物，在自然科学中都是没有意义的。我没有最轻微的为人的想象力设置界限的欲望，但是我有一点点疑心：在大多数实例中，想象他们具有“绝对运动”概念的人考虑到某种实际经历的相对运动的记忆图像；让那样的事像它可能的那样去吧，因为它在任何事件中都没有结果。我比赫

[1] *Erhaltung der Arbeit*, Prague, 1872.(部分地在论“能量守恒”的文章中译出，*Popular Scientific Lectures*, third edition, Chicago, 1898)。

夫勒更加坚持认为,也就是说,存在绝对运动的**幻觉**,这些幻觉随后能够在任何时候复现。每一个在运动感觉上重复我的经验的人,都能体验到这样的幻觉的充分感觉能力。人们想象人与他的整个自然环境正在一起飞离,而自然环境对于他的身体依然相对静止;或者想象人在空间正在旋转,而没有什么可触知的事物用来区分空间。但是,无法把度量应用于这种幻觉空间;不能向另外的人证明它的存在,而且不能使用它对力学事实进行度规的和概念的描述;它与几何学空间毫无关系。[①] 最后,赫夫勒(在上述引文中第133页)提出论据:"在每一个相对运动中,在相互参照的运动物体中至少有一个物体必定与绝对运动有关。"此时,我只能说,对于把绝对运动看做是在物理学中无意义的人而言,这个论据没有无论什么样的力量。但是,我在这里未进一步关注哲学问题。像赫夫勒那样在一些地方进入细节(在上述引文中第124～126页),在主要问题上达到理解之前便不会符合意图。

338

海曼斯(在上述引文中第412、448页)评论,归纳的、经验的力学**能够**出现,但是实际上,基于绝对运动的非经验概念的不同力学出现了。总是要使惯性原理蒙受对无论在哪里都无法证明的绝对运动有效,而不是认为对相对于某个实际可以证明的坐标系的运动适用,这个事实是一个几乎超越用经验理论解决的能力的问题。海曼斯把这个问题视为只能具有形而上学答案的问题。在这一

① 我自以为能够通过表明它的荒谬的一面使光明充满严肃的讨论而抵制诱惑,但是在深思这些问题时,迫使我不由自主地想起一个疑问:非常值得尊重的、但是行为古怪的人曾经与我争论,在人的梦中的衣服尺码是否像衣服的真实尺码一样长。必须把梦尺码作为测量标准实际引入力学吗?

点，我不能同意海曼斯。他承认，只有相对运动是在经验中给出的。就这一承认来说，就像对经验力学的可能性的承认一样，我是十分满意的。我相信，能够简单地、不借助形而上学说明其余的东西。头一批动力学原理无疑建立在经验的基础上。地球是参照的物体；向其他坐标系的转变非常渐进地发生。惠更斯看到，他能够很容易地使撞击物体的运动参照放置这些物体的小船，恰如参照地球一样。天文学的发展显著地处在力学的发展之先。在参照地球观察与已知力学定律不符的运动时，没有必要再次立即放弃这些定律。恒星是现存的，作为一种新参照系准备以最小量的概念改变恢复和谐。只要想一想，在力学和物理学的大进展时期，假如托勒密体系还在时兴——这并非是完全不可思议的事情，可能导致的古怪和困难吧。 339

但是，牛顿使全部力学参照绝对空间！牛顿确实是一位巨人；对权威的崇拜的确没有屈从他的影响。甚至他的成就也没有免除批判。我们使运动定律参照**绝对空间**，还是以全然**抽象的**形式阐述它们，这几乎是同一件事情；也就是说，没有特别提及任何参照系。后一条路线是无危险的，甚至是实际的；因为在处理特例时，每一个力学学生都寻找某一可供使用的参照系。但是，第一条路线无论在哪里都有大量存亡攸关的真实争议，几乎总是能够把它解释为与后者具有相同的意义，由此牛顿的错误比它在其他方面可能伴随的危险相比，危险性要少得多，由于这个理由它使自身如此长久地继续下去。从心理上和历史上可以理解的是，在认识论评论缺乏的时代，时常把经验定律精心发展到它们毫无意义的地步。因此，不管我们的科学先辈是小人物还是大人物，用他们的错 340

误和失察制作形而上学问题，都不能认为是可取的。我无法理解诸如这从来没有发生过的说法。

让我们再次特别注意下述事实：牛顿在他的经常提到的推论Ⅴ中没有参照绝对空间，唯有这个推论具有科学价值。

C.诺伊曼在三十年前给出绝对运动假定的最迷人的理由（在上述引文中第27页）。设想一个重物绕它的轴旋转，从而经受离心力，因此成为扁圆形，就我们能够判断的而论，以它的条件通过移除一切余留的重物，不可能改变什么。所述的重物将继续旋转，将继续依然是扁圆形。但是，如果运动只是相对的，那么旋转的实例便会与其余的实例无法区别开来。重物的所有部分相互之间处于静止状态，扁圆形必然也会随着宇宙其余部分的消失而消失。我在这里抱有两个反对意见。在我看来，出于消除矛盾的意图制作无意义的假定，似乎一点也得不到什么。其次，对我来说，这位著名的数学家好像在这里使得智力实验（intellectual experiment）的利用变得太自由了，当然不能否认智力实验的多产性和价值。当在思想中实验时，为了显示给定实例中的新特征，改变**不重要的**境况是可以允许的；但是，不必先行假定，宇宙对在这里所述的现象没有影响。在没有实施推论Ⅴ的情况下，牛顿的使人恼火的佯谬却会随着绝对空间的消除而消失。

341

福尔克曼（在上述引文中第53页）借助以太提倡**绝对的**取向。我已经就这一点讲过了（在以前的版本中），但是我感到极其稀奇古怪的是，怎么把一个以太粒子与另一个区别开来。直到找到某些把这些粒子加以区分的手段之前，信守恒星会更合意，而在那里这些恒星离开我们，从而承认还不得不寻找真实的取向手段。

5.把这一切集拢起来，我只能说，我无法充分看到，在我的阐述中必须改变什么。各种各样的观点处在必然的关联中。发现物体相互之间的行为是在其中决定加速度的行为，即伽利略和牛顿两次系统阐明的发现——一次是作为惯性定律的普遍形式，再一次是作为惯性定律的特殊形式，此后只可能给出唯一一个合理的质量定义，也就是一个纯粹的动力学定义。按照我的判断，它根本不是一个品味的问题。[①] 力的概念和作用与反作用原理自然地作为必然的结果出现。进而，消除绝对运动等价于消除在物理学上是无意义的东西。

这也许不仅正在采纳一个十分主观的和短视的科学观，而且也是极其莽撞的，尽管我不得不期望，我的观点在其精确的个人形式中应该毫无反对地结合到我的同代人的智力体系中。科学史告诉人们，个人的主观的、科学的哲学正在不断地被矫正、变黯淡，在人类逐渐采纳的哲学或建设性的宇宙图像中，只有最伟大的人的思想的最强有力的特征，在一些时间逝去之后还是能够辨认出来。尽可能清晰地勾勒他自己的世界观的主要特征，只不过是个人的义不容辞的责任。 342

① 我的质量定义在赫兹的力学中占据比他自己的质量定义更有组织的和更自然的地位，因为它包含他的“基本定律”的萌芽即简单性。

艾萨克·牛顿
1642～1727

第三章　力学原理的扩展应用和科学的演绎发展

344

(一)牛顿原理的范围

1. 为了彻底地探索每一个实际发生的力学现象,不管它是属于静力学还是动力学,在不引入任何新定律的情况下,牛顿原理都是自足的。如果在任何这样的考虑中出现困难,那么它们一律具有数学的(形式的)特征,而无论在哪方面都不涉及对原理的质疑。让我们设想,我们在空间给定若干质量 m_1、m_2、m_3……,它们具有

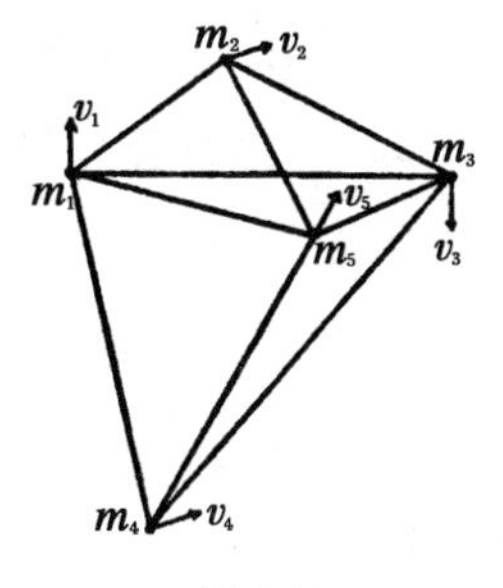

图 144

初始速度 v_1、v_2、v_3……(图 144)。我们进而想象在每两个质量之间画连线。在这些连线的方向上引起加速度和反加速度,确定它

们对距离的依赖是物理学的事务。例如，在小时间元 τ，质量 m_5 将在它的初始速度的方向上越过距离 $v_5\tau$；在把它与质量 m_1、345 m_2、m_3……连接起来的线的方向上，由于在这样的方向受到加速度 φ_1^5、φ_2^5、φ_3^5……的影响，它将在它的初始速度的方向上越过距离 $(\varphi_1^5/2)\tau^2$、$(\varphi_2^5/2)\tau^2$、$(\varphi_3^5/2)\tau^2$……。如果我们想象相互独立地完成这些运动，那么在时间 τ 逝去后，我们会得到质量 m_5 的新位置。接着，我们容许第二个小时间间隔 τ 逝去，并且在顾及质量的新的空间关系的情况下，继续以相同的方法研究这个运动。针对每一个其他质量，我们以相似的方式继续进行。因此，可以看到，在原则之点，不会产生窘迫；出现的困难只具有数学的特征，在那里要求用简明的符号进行精确的解答，而不要求对现象的短暂运作具有清楚的洞察。如果质量 m_5 或几个质量的加速度在总体上相互抵消，那么质量 m_5 或所提及的其他质量处于平衡，并将以它们的初始速度匀速地向前运动。此外，若所述的初始速度等于0，则对这些质量来说存在**平衡**和**静止**。

在若干质量 m_1、m_2……具有相当大的广度，以至不可能谈论把每两个连接起来的**单一的**线之处，在原则之点也没有任何较大的困难。我们按我们的意图把质量分为充分小的部分，并在每两个这样的部分之间画连线。进而，我们考虑相同大的质量部分的相互关系；例如在刚体的实例中，这种关系在于抵制它们相互距离的每一改变的部分。在这样一个质量的任何两部分之间的距离改346 变时，都可观察到与该改变成比例的加速度。由于这个加速度，增加的距离减少，减少的距离增加。凭借部分相互之间的位移，产生熟悉的弹性力。当质量在碰撞时相遇，直到接触且刚出现形状变化时，它们的弹性力才开始起作用。

2. 如果我们想象一下，在地球上静止的重垂直支柱，在支柱内部，在我们可以选择在思想上隔离的任何粒子 m，都处于平衡和静止。竖直向下的加速度 g 由地球在该粒子上产生，粒子服从这个加速度。但是，在这种情况下，它趋近处在它下方的粒子，从而弹性力激起在 m 产生竖直向上的加速度；最终，当粒子趋近得足够接近时，向上的加速度变得等于 g。同样地，处在之上的粒子也以加速度 g 趋近 m。在这里，再次产生加速度和反加速度，凭此使得位于上边的粒子静止，但是却由此迫使 m 越来越接近处在下方的粒子，直到它从在它之上的粒子接受的、因 g 而增加的向下加速度等于在向上的方向上从处在它下方的粒子接受的加速度。我们可以把相同的推理应用于支柱的每一部分和处在它下方的地球，从而很容易察觉，较低部分比上面的部分彼此更为接近，更剧烈地挤压在一起。每一部分都处于在较少紧密挤压的上部和较多挤压的下部之间；它的向下加速度 g 被它从下方部分经历的向上加速度的余额抵消。通过想象地球和支柱部分的相互关系决定的**所有**加速运动，我们把支柱部分的平衡和静止理解为事实上同步完成的。当我们深思，实际上没有物体全然处于静止，简言之轻微的震颤和干扰不断地发生，即时而把轻微的优势给予下降的加速度，时而把轻微的优势给予弹性加速度时，这个概念的明显的不结数学果实突然消失了，它立即变得生气勃勃。因此，静止是运动的十分罕见的实例，实际上它从来也未完全实现。所提到的震颤绝不是陌生的现象。可是，当我们全神贯注于平衡的实例时，我们在思想 347

中仅仅关注力学事实的**图式的**复现(schematic reproduction)。我们**有意图地**忽略这些干扰、位移、弯曲和震颤,因为在这里它们对我们来说没有兴趣。所有这类具有科学意义或实践意义的实例,都落入所谓的**弹性理论**的范围。牛顿成就的整个成果在于,我们无论在哪里都用相同的观念达到我们的目标,借助它能够事先复现和构造一切平衡和运动的实例。现在,在我们看来,所有力学类型的现象似乎是处处均匀的,是由相同的元素构成的。

3. 让我们考虑另一个例子。两个质量 m、m 彼此相距 a(图

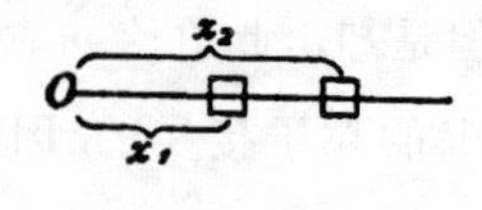

图 145

348 145)。当相互之间发生位移时,假定激起与距离的变化成比例的弹性力。设质量在平行于 a 的 X 方向上是可移动的,它们的坐标是 x_1、x_2。若力 f 施加在点 x_2,则可得下述方程:

$$m\frac{d^2x_1}{dt^2}=p[(x_2-x_1)-a], \quad \cdots\cdots\cdots\cdots\cdots (1)$$

$$m\frac{d^2x_2}{dt^2}=-p[(x_2-x_1)-a]+f. \quad \cdots\cdots\cdots\cdots (2)$$

在这里,p 代表当两个质量的相互距离改变值 1 时,一个质量施加在另一个质量上的力。力学过程的所有定量特性都由这些方程决定。但是,通过方程的积分,我们以更加可以理解的形式得到这些特性。通常的步骤是,通过重复微分我们面前的方程,找到足够数目的新方程,以便用消元法获得只有 x_1 或只有 x_2 的方程,过

后积分这些方程。在这里,我们将追踪不同的方法。通过从第二个方程减去第一个方程,我们得到

$$2m\frac{d^2(x_2-x_1)}{dt^2}=-2p[(x_2-x_1)-a]+f;\text{或者}$$

令 $x_2-x_1=u$,则

$$m\frac{d^2u}{dt^2}=-2p[u-a]+f \cdots\cdots\cdots\cdots\cdots\cdots (3)$$

349

并通过第一个和第二个方程相加

$$m\frac{d^2(x_2+x_1)}{dt^2}=f,\text{或者令 } x_2+x_1=v,\text{则}$$

$$m\frac{d^2v}{dt^2}=f \quad \cdots\cdots\cdots\cdots\cdots\cdots\cdots\cdots (4)$$

(3)和(4)的积分分别是

$$u=A\sin\sqrt{\frac{2p}{m}}\cdot t+B\cos\sqrt{\frac{2p}{m}}\cdot t+a+\frac{f}{2p}\ \text{和}$$

$$v=\frac{f}{m}\cdot\frac{t^2}{2}+C\,t+D;\text{由此}$$

$$x_1=-\frac{A}{2}\sin\sqrt{\frac{2p}{m}}\cdot t-\frac{B}{2}\cos\sqrt{\frac{2p}{m}}\cdot t+\frac{f}{2m}\cdot\frac{t^2}{2}+C\,t-\frac{a}{2}-\frac{f}{4p}+\frac{D}{2},$$

$$x_2=\frac{A}{2}\sin\sqrt{\frac{2p}{m}}\cdot t+\frac{B}{2}\cos\sqrt{\frac{2p}{m}}\cdot t+\frac{f}{2m}\cdot\frac{t^2}{2}+C\,t+\frac{a}{2}+\frac{f}{4p}+\frac{D}{2}.$$

为了举一个特例,我们将假定,力 f 的作用在 $t=0$ 时开始,在这个时刻

$$x_1=0,\ \frac{dx_1}{dt}=0,$$

$$x_2=a,\ \frac{dx_2}{dt}=0;$$

也就是说，初始位置被给定，初始速度是等于0。由于常数A、B、C、D被这些条件消除，我们得到

$$x_1=\frac{f}{4p}\cos\sqrt{\frac{2p}{m}}\cdot t+\frac{f}{2m}\cdot\frac{t^2}{2}-\frac{f}{4p}, \quad \cdots\cdots\cdots (5)$$

350

$$x_2=-\frac{f}{4p}\cos\sqrt{\frac{2p}{m}}\cdot t+\frac{f}{2m}\cdot\frac{t^2}{2}+a-\frac{f}{4p}, \quad \cdots\cdots (6)$$

$$x_2-x_1=-\frac{f}{2p}\cos\sqrt{\frac{2p}{m}}\cdot t+a+\frac{f}{2p}\cdots\cdots\cdots\cdots (7)$$

我们从(5)和(6)看见，这两个质量除了具有力f施加给这些质量之一的一半加速度的匀加速运动以外，还对于它们的重心做对称的震荡运动。当相同的质量位移激起的力较大时(如果我们把注意力指向同一物体的两个粒子，那么当该物体成比例地更坚硬时)，这个震荡运动的期间$2\pi\sqrt{m/2p}$成比例地较小。同样地，震荡的振幅$f/2p$随着所产生位移的力p的大小而减小。方程(7)显示两个质量在它们的渐进运动时距离的周期变化。在这样的实例中，可以把弹性体运动的特征概括为蠕动运动。不过，就坚硬的物体而言，震荡次数如此之大，它们的偏移如此之小，以致它们依旧未受注意，可以不予考虑。此外，或者由于某种阻力效应，或者两个质量在力f开始作用的瞬间分开距离$a+f/2p$且具有相等的初始速度时，震荡运动消失。在它们的震荡运动消失后，质量分开的距离$a+f/2p$比平衡的距离a大$f/2p$。即就是说，张力y

351 是因f的作用引起的，由此最先的质量的加速度减小一半，而后随的质量增加相同的量。于是，在这里与我们的假定一致，$py/m=f/2m$或$y=f/2p$。正如我们所见，它处在我们用牛顿原理决定

这种特征的现象的最微小细节的能力之内。当我们构想一个物体分割为为数众多的用弹性聚合的小部分时，研究变得（在数学上而不是在原则之点上）更复杂了。在这里，在充分坚硬的实例中，也可以忽略振动。我们有意图地把部分的相互位移视为很快消失的物体，被称之为**刚体**。

4. 现在，我们考虑显示**杠杆图式**的实例（图 146）。我们想象

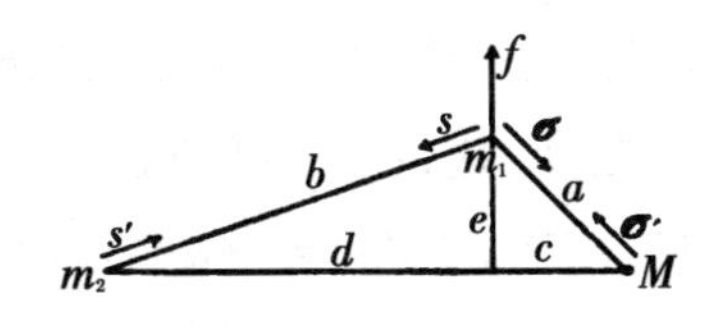

图 146

质量 M、m_1、m_2 按三角形安排，并用弹性关联连接。边的每一改变，从而也就是角的每一改变，都产生加速度，其结果三角形努力呈现它以前的形状和大小。借助牛顿原理，我们能够从这样的图式演绎杠杆定律，同时感觉这种演绎的**形式**；虽然它可能比较复杂，但是当我们从由三个质量构成的**图式的**杠杆过渡到**实在的**杠杆时，还依然是可以采纳的。我们假定质量 M 本身或者是十分大的，或者构想它以强大的弹性力与其他非常大的质量（例如地球）连接在一起。于是，M 表示一个不可移动的支点。　352

现在，让 m_1 从某个外部力的作用接受垂直于连线 $Mm_2=c+d$ 的加速度。立即产生线 $m_1m_2=b$ 和 $m_1M=a$ 的拉长，而且在那里所述的方向上分别形成尚未决定的加速度 s 和 σ，该加速度的分量 s 和 $\sigma\,(e/a)$ 与加速度 f 的指向相反。在这里，e 是三角形 m_1m_2M 的高线。质量 m_2 接收加速度 s'，它本身分解为两个分量——在 M

方向上的分量 $s'(d/b)$和平行于 f 的分量 $s'(e/b)$。这些分量的前者决定 m_2稍微趋近 M。由 m_1和 m_2的反作用在 M 中产生的加速度是不可察觉的，因为它的质量很大。因此，我们有目的地忽略 M 的运动。

相应地，质量 m_1收到加速度 $f-s(e/b)-\sigma(e/a)$，而质量 m_2经受平行的加速度 $s'(e/b)$。根据假定，如果我们有**非常刚性的**关联，三角形仅仅不可察觉地畸变。**垂直**于 f 的 s 和 σ 分量相互抵消。这是因为，如果在任何一个瞬时情况不是这样，那么较大的分量就会产生进一步的畸变，这将立即抵消超过部分。因此，s 和 σ 的合量直接与 f 相反，因而 $\sigma(c/a)=s(d/b)$，这一点是显而易见的。进而，在 s 和 s'之间，存在熟悉的关系 $m_1s=m_2s'$或 $s=s'(m_1/m_2)$。总而言之，m_1和 m_2分别收到加速度 $s'(e/b)$和 $f-s'(e/b)(m_2/m_1)(\overline{c+d}/c)$，或者引入指定 φ 代替变量值 $s'(e/b)$，则加速度分别是 φ 和 $f-\varphi(m_2/m_1)(\overline{c+d}/c)$。

353　在畸变开始时，m_1的加速度因 φ 的增加而减少，而 m_2的加速度则增加。如果我们使三角形的高线十分小，我们的推理依旧还可以适用。不过，在这种实例中，a 变得 $=c=r_1$ 和 $a+b=c+d=r_2$。而且，我们看到，畸变必定继续，φ 增加，m_1的加速度减少，直到达到这样一个阶段：m_1和 m_2的加速度相互拥有 r_1 与 r_2 的比例。这等价于整个三角形（没有进一步的畸变）绕 M 的**转动**，M 的质量由于消失的加速度而处于静止。只要转动开始，φ 的进一步的改变中止。因而，在这样的实例中，

$$\varphi=\frac{r_2}{r_1}\left\{f-\varphi\frac{m_2}{m_1}\frac{r_2}{r_1}\right\}\text{或者 }\varphi=r_2\frac{r_1m_1f}{m_1r_1{}^2+m_2r_2{}^2}.$$

关于杠杆的角加速度 ψ，我们得到

$$\psi=\frac{\varphi}{r_2}=\frac{r_1 m_1 f}{m_1 r_1{}^2+m_2 r_2{}^2}.$$

没有什么东西妨碍我们更多地进入这个实例的细节，没有什么东西妨碍我们更多地决定各部分相互之间的畸变和振动。不过，由于足够刚性的关联，可以忽略这些细节。人们将察觉，我们利用牛顿原理，达到惠更斯观点也能导致我们的同一结果。对我们来说，如果我们记住两个观点在每一方面都是**等价的**，只不过是从同一论题的不同方面开始，也许就没有什么好奇怪的了。如果我们追踪惠更斯的方法，我们会更迅速地达到我们的目标，但是却对现象的细节较少洞察。为了决定 m_1 和 m_2 的活动，我们应该利用在 m_1 的某一位移中做过的工作，在那里我们可以假定，所述的速度 v_1、v_2 保持比率 $v_1/v_2=r_1/r_2$。可以非常合适地采用这里处理的例子，以便阐明这样的条件方程意味着什么。该方程只是断定，在 v_1/v_2 对 r_1/r_2 的最微不足道的偏离时，强大的力就开始起作用，这些力**实际上**阻碍一切进一步的偏离。不用说，物体不服从**方程**，而服从**力**。 354

5. 如果我们在刚才处理过的例子中使 $m_1=m_2=m$ 和 $a=b$，那么我们便得到一个十分明显的实例(图 147)。当 $\varphi=2$ (f －

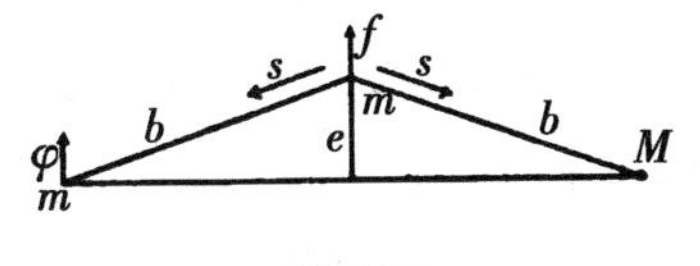

图 147

2φ)时，即当质量在底和顶的加速度由 $2f/5$ 和 $f/5$ 给出时，系统的动力学状态停止变化。在畸变开始时 φ 增加，同时质量在顶的加速度减少的量总计为二倍，直到在二者之间存在 2∶1 的比例。

我们也可以考虑图式的杠杆平衡的实例，它由三个质量 m_1、

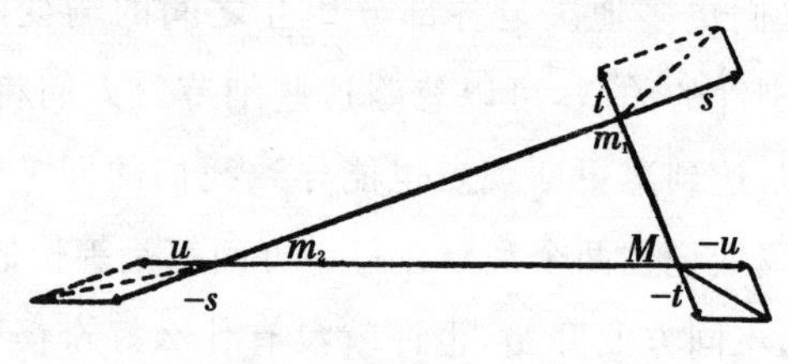

图 148

m_2 和 M 组成(图 148)，再次假定其中最后的质量是很大的。或者与非常大的质量弹性地关联在一起。我们想象两个相等而相反的力 s、$-s$ 在方向 m_1m_2 施加在 m_1 和 m_2 上，或者同样的是，外加的加速度与质量 m_1、m_2 成反比。关联 m_1m_2 的拉长也引起与质量 m_1、m_2 成反比的加速度，这抵消头一批加速度，并产生平衡。类似地，沿着 m_1M 想象相等而相反的力 t、$-t$ 起作用，沿着 m_2M 想象相等而相反的力 u、$-u$ 起作用。在这个实例中，也得到平衡。如果把 M 与充分大的质量弹性地关联起来，那么就不需要施加 $-u$ 和 $-t$，因为在畸变开始时，自发地引起最后列举的力，并总是与它们相反的力相等。因而，对于两个相等而相反的力 s、$-s$ 而言，以及对于整个任意的力 t、u 而言，平衡存在。事实上，s、$-s$ 相互抵消，t、u 通过固定的质量 M，也就是说，在开始畸变时抵消。

355

当我们深思，通过 M 的力 t 和 u 对于 M 的力矩为零，而 s 和 $-s$ 的力矩相等而相反时，平衡的条件本身很容易简化为通常的形式。如果我们把 t 和 s 合成为 p，把 u 和 $-s$ 合成为 q，于是根据

瓦里尼翁的**几何学**平行四边形原理，p 的力矩等于 s 和 t 的力矩之总和，q 的力矩等于 u 和 $-s$ 的力矩之总和。因此 p 和 q 的力矩是相等而相反的。从而，如果**任何**两个力 p 和 q 在 m_1m_2 方向上产生相等而相反的分量，凭这个条件确定对于 M 的力矩相等，那么它们将处于**平衡**。于是，p 和 q 的合力也通过 M，这同样是很明显的，因为 s 和 $-s$ 相互抵消，t 和 u 通过 M。 356

6. 正如刚才详细阐述的例子向我们表明的，牛顿的观点包含瓦里尼翁的观点。因此，当我们把瓦里尼翁的静力学的特点概括为**动力学的**静力学时，我们是正确的，因为这种静力学从近代动力学的基本观念出发，却有意把它自身局限在平衡实例的研究。只是在瓦里尼翁的静力学中，由于它的抽象的形式，许多操作的意义，例如力在它们自己的方向上平移的意义，并没有像在刚才处理的例子中如此明确地显示出来。

在这里详细阐述的考虑将使我们深信，我们能够用牛顿原理处置可能出现的力学类型的每一个现象，只要我们殚精竭虑地深入细节。我们确实**识破**在这里发生的平衡和运动的实例，并注视因它们相互决定的加速度而实际留下深刻印象的质量。我们在形形色色的现象中辨认的，或者如果我们坚持这样做的话至少能够辨认的，正是同一重大事实。这样一来，便产生了统一、同质性和思维经济，并开辟了物理学概念的广阔的新领域，这在牛顿时代之前是不可能得到的。

无论如何，力学本身并不完全是目的；它也有**解决的问题**：这些问题触及实际生活的需要，并影响其他科学的推进。现在，在最 357

大程度上，用其他方法比用牛顿方法可以有利地解决这些问题，它们的这种等价性已经被证明了。因此，轻视其他一切优点，总是坚持回到基本的牛顿观念，也许只是不切实际的迂腐。一旦使我们自己深信这总是可能的，就足够了。不过，牛顿的概念肯定是最令人满意的和最清楚的；普安索在使这些概念成为科学的唯一基础时，表现出对科学的明晰性和简单性的崇高感觉。

（二）力学的公式和单位

1. 在伽利略和牛顿时期，已经发现和使用近代力学的所有重要的公式。在很大程度上，特定的标示直到以后很长时间才固定下来，由于频繁地使用这些公式，才发现把这些标示给予它们是方便的。还有，直到后来，才引入系统的力学单位。实际上，还不能认为最后的列举的改进已经达到它的成功。

2. 设 s 指称距离，t 指称时间，v 指称瞬时速度，φ 指称匀加速运动的加速度。从伽利略和惠更斯的研究中，我们推导下述方程：

358

$$\left.\begin{aligned} v &= \varphi t \\ s &= \frac{\varphi}{2}t^2 \\ \varphi s &= \frac{v^2}{2} \end{aligned}\right\} \cdots\cdots\cdots\cdots (1)$$

用质量 m 遍乘，这些方程给出如下形式：

$$mv = m\varphi t$$

$$ms = \frac{m\varphi}{2}t^2$$

$$m\varphi s=\frac{mv^2}{2};$$

进而,用字母 p 指称运动力,我们得到

$$\left.\begin{aligned} mv &= pt \\ ms &= \frac{pt^2}{2} \\ ps &= \frac{mv^2}{2} \end{aligned}\right\} \cdots\cdots\cdots\cdots\cdots\cdots (2)$$

方程(1)的每一个都包含量 φ;每一个除了两个量 s、t 外还包含 v,这在下表中显示出来:

$$\varphi\begin{cases} v、t \\ s、t \\ s、v \end{cases}$$

方程(2)包含量 m、p、s、t、v;每一个包含 m、p,三个方程中的两个除了 m、p 外还包含 s、t、v,与下表相应:

$$m、p\begin{cases} v、t \\ s、t \\ s、v \end{cases}$$

方程(2)多种多样地回答了关于起因于恒力的运动的问题。359 例如,如果我们想要了解质量 m 在时间 t 通过力 p 的作用获得的速度 v,那么第一个方程给出 $v=pt/m$。另一方面,如果找到具有速度 v 的质量 m 能够与力 p 相反地运动的**时间**,那么同一方程给予我们以 $t=mv/p$。再者,如果询问具有速度 v 的质量 m 与力 p 相反地运动将通过的**距离**,第三个方程给出 $s=mv^2/2p$。最后两个方程也详细阐明,笛卡儿－莱布尼兹关于运动物体的力的量度

的争论徒劳无益。这些方程的运用大大有助于对处理力学观念的信任。例如，设想我们向自己提出问题：力 p 将把什么速度 v 给予特定的质量 m；我们很容易看到，**唯有**在 m、p 和 v 之间方程不存在，以至必须提供 s 或者 t，因而方程是**不确定的**方程。我们不久学会辨认和避免这种类型的不确定的实例。如果以初始速度 0 运动，那么力 p 作用的质量 m 在时间 t 描画的距离，可由第二个方程得到 $s=pt^2/2m$。

3. 在上面讨论的方程中的几个公式接纳了特定的名称。伽利略谈论运动物体的力，他有选择地称它为“动量”(momentum)、“冲力”(impulse)和“能量”(energy)。他认为，这种动量与质量(或者更正确地讲重量，因为伽利略没有清楚的**质量**观念，在这方面笛卡儿也没有，甚至莱布尼兹也没有)和物体的速度之积成比360 例。笛卡儿接受了这种观点。他提出运动物体的力等于 mv，把它称为**运动量**(quantity of motion)，并坚持认为宇宙中运动量的总和依然是恒定的，以至当一个物体失去动量时，其损失会被其他物体动量的增加补偿。牛顿针对 mv 也使用标示“运动量”，这个名称保留到今日。[但是，**动量**(momentum)是较多使用的术语。]就第一个方程的第二个数即 pt 而言，贝朗格(Belanger)迟至 1847 年才提出名称**冲量**(impulse)。[①] 第二个方程的表达式没有受到特殊的标示。莱布尼兹(1695 年)称第三个方程的表达式 mv^2 为**活**

① 也可参见 Maxwell, *Matter and Motion*, Amerrican edition, page 72. 但是，这个词通常以不同的含义使用，即作为“是无限大的、但仅仅在无限短的时间内作用的力的限度”。参见 Routh, *Rigid Dynamics*, part I, pages 65～66. ——英译者注

劲(vis viva)或**活力**(living foece),并在反对笛卡儿时认为它是运动物体的力的真实量度,而把物体在静止时的压力叫做 vis mortua(死力)或死力(dead foece)。科里奥利(Coriolis)发现,把名称活劲给予项$\frac{1}{2}mv^2$更为合适。为了避免混乱,贝朗格建议称 mv^2 为活力,称$\frac{1}{2}mv^2$为**活能力**(living power)[在英语中现在通常称**动能**(kinetic energy)]。关于 ps,科里奥利使用名称**功**(work)。彭赛列确认了这种用法,并采用**千克米**(kilogram-meter)(也就是等于 1 千克重量的力作用,通过 1 米的距离)作为**功的单位**。

4. 关于“运动量”和“活劲”这些概念的起源的历史细节,现在可以对导致笛卡儿和莱布尼兹达到他们的见解的观念投以一瞥。笛卡儿在他的 1644 年出版的《哲学原理》第二编第 36 节中,如下表达自己的观点:

“在审查了运动本性的此刻,我们必须考虑它的原因,而原因 361 可以在两种含义构想:第一,作为普适的、最初的原因——在世界上一切运动的普遍原因;第二,作为特殊的原因,物质的个别部分从这种原因接受以前它们没有的运动。就普适的原因而论,它显然只能是上帝,上帝在开端创造了具有运动和静止的物质,现在上帝通过他的简单的、通常的共有权利,在整体上维持与他起初创造时相同的运动和静止的量值。这是因为,虽然运动只是运动的物质的条件,但是在物质中还存在确定的运动量,这种运动量一般在世界上从来也不增加或减少,尽管它在单一的部分中变化;也就是说,我们因此必须假定,在物质片段运动的实例中,这个片段运动得比另一个片段快一倍，但是在运动量上仅仅是它的一半，那么在二者中存在相同的运动量；而且，一部分的运动减小的比例，另一个同等大的部分的运动必定以相同的比例增大。再者，我们认出它是上帝的完美，上帝不仅自身是不变的，而且他的运作模式也是最严格的和最恒定的；因此，除了毋庸置疑的经验或神的启示提供的、像我们的信仰或判断表明的那样发生的变化以外，在造物主那里没有任何变化，不容许我们设想在他的作品中有其他东西——免得无论如何针对他断定多变性。因此，完全可以合理地设想，自从上帝在创造物质时把不同的运动赋予它的部分以来，他以在他创造它时相同的方式和条件维持一切物质，他像这样类似地在它之内**维持相同的运动量**。”

362

就笛卡儿而言，虽然不能否定科学中的非凡的个人成绩，他关于彩虹的研究和对折射定律的阐述表明这一点，不过他的重要性宁可说包含在伟大的、普遍的和革命性的观念中，他在哲学、数学和自然科学中公布了这些观念。对他迄今被看做是已被确立的真理的怀疑一切箴言，不能估价过高；尽管他的追随者比他本人更多地遵守和利用它。解析几何与它的近代方法一起，是他的观念的结果，这个观念通过代数的应用省却对几何图形的所有细节的考虑，并把一切东西简化为距离的考虑。他是物理学中隐秘的质的明显反对者，并力求把整个物理学奠定在力学的基础上，而他构想力学是纯粹的运动几何学。他用实验表明，他不认为物理学问题是用他的方法不可解决的。他几乎没有注意这样的事实，即力学只有在下述条件下才是可能的：物体的位置在它们的相互依赖中由力的关系、由时间的函数决定；莱布尼兹频繁地谈到这种不足。

笛卡儿用贫乏的和含糊的材料发展的力学概念，不可能作为自然的摹本流通，帕斯卡、惠更斯和莱布尼兹甚至宣布它们是幻想。不过，有人评论说，不管这些事实，在以前适当的场合，笛卡儿的观念多么强有力地坚持到今日。由于他的视觉理论和动物是机器的论点——他自然没有勇气把这个理论扩展到人，但是他以此预期了反射运动的观念——他也对生理学施加了强大的影响（比较 Duhem，*L'évolution des theories physiques*，Louvain，1896）。 363

鉴于在力学中首次**探求**更普适的和更多产的观点的功绩，不能否定笛卡儿。这是哲学家特有的任务，它是不断地把富有成果的和激励人心的影响施加给物理科学的活动。

不管怎样，笛卡儿沾染了哲学家的一切惯常的错误。他对他展开的观念寄予绝对的信任。他从来没有为把它们交付实验检验而使自己烦恼。相反地，由于最大的推理，最小的经验总是使他满足。除此而外，是他的概念不明晰。笛卡儿不具有清楚的质量观念。说笛卡儿把 mv 定义为动量，几乎是不允许的，尽管笛卡儿的科学后继者感到需要更确定的概念，而采纳了这个概念。无论如何，笛卡儿的最大错误——使他的所有物理探究无效的错误——就在这方面：在他看来，许多唯有经验才能够裁决其真理的命题，似乎是先验地自明的。就这样，在紧接着上面引用的两个段落（§§37～39）中，断言物体保持它的不变的速度和方向是自明的命题。可以使用在§38 中引用的经验，不是作为先验的惯性定律的确认，而是作为这个定律在经验的意义上应该基于其上的基础。

在《学者杂志》（*Acta Eruditorum*）一篇小专题论文中，笛卡儿的观念受到莱布尼兹（1686 年）的攻击，该文具有这样的标题：“笛

364 卡儿和其他人关于牛顿定律的显著错误的简短证明，他们依据该定律认为，造物主总是保持相同的运动量；可是，力学科学由此完全被误用了。”

在平衡力学中，莱布尼兹察觉，**负荷**(loads)与位移的速度成反比；这样，观念产生了：**物体**(body)(“体”(corpus)、“块”(moles))与它的**速度**之积是力的量度。笛卡儿把这个积视为不变的量。可是，莱布尼兹的看法是，力的这种量度在机械的实例中仅仅是偶然正确的量度。力的真实量度是不同的，必须用伽利略和惠更斯追求的方法决定。每一个物体借助它在下降时获得的速度上升到与它由以下落的高度严格相等的高度。因此，如果我们设想，使物体 m 上升高度 $4h$ 与使物体 $4m$ 上升高度 h 需要相同的“力”，那么我们必须认为，“物体”与它的速度的**平方**之积是**力的量度**，因为我们知道，在第一个实例中在下降获得的速度只是在第二个实例中的两倍大。

在后来的专题论文(1695 年)中，莱布尼兹重提这个论题。在这里，他在单纯的压力(死力)和运动物体的力(活力)之间做出区分，这后来由压力－冲量(impulse)之和构成。实际上，这些冲量产生“冲力”(impetus)(mv)，但是所产生的冲力不是力的真实量度；这是(与先前的考虑一致)由 mv^2 决定的，由于原因必须与结果等价。莱布尼兹进而注意到，只要接受他的力的量度，便排除了永恒运动的可能性。

365 莱布尼兹与笛卡儿一样不具有真正的质量概念。他谈论物体(corpus)、负荷(moles)、相同比重的不同大小的物体等等，在那里必然出现这样的观念。只是在第二篇专题论文中，质量(massa)

的表达仅仅出现一次，完全可能是从牛顿那里借用的。尽管如此，要从莱布尼兹的理论推知任何确定的结果，我们必须把质量概念与他的表达结合起来，正像他的后继者实际做的那样。至于静止，莱布尼兹的步骤比笛卡儿的步骤更多地合乎科学方法。不过，两件事情被混淆了：**力的度量**问题与和$\sum mv$、和$\sum mv^2$的**恒定性**问题。二者实际上相互毫无关系。关于第一个问题，我们现在知道，笛卡儿和莱布尼兹二人的力的量度，或者更恰当地讲是运动物体的有效性的量度，每一个在不同的意义上都具有它们的正当理由。可是，正如莱布尼兹本人正确评论的，无论哪一个量度都不得不把力的度量与通常牛顿的力的度量混淆在一起。

关于第二个问题，牛顿较后的研究实际上证明，对于不受外力作用的**自由**实体系统，笛卡儿的和$\sum mv$是常数；惠更斯的研究表明，和$\sum mv^2$也是常数，倘若力所做的**功**不改变它的话。因此，莱布尼兹惹起的争论基于各种各样的**误解**。争论持续了五十七年，直到达朗伯的《动力学论文》(*Traitè de dynamique*)于1743年出版。至于笛卡儿和莱布尼兹的神学观念，我们将在另外的地方重提。

5. 虽然上面讨论的三个方程只适用于由**恒**力产生的**直线**运动，但是也可以认为它们是力学的**基本**方程。若运动是直线的而力是可变的，则这些方程经过微小的、几乎自明的修正变成其他方程；在这里，我们仅仅简要地指出这一点，因为在目前的专题论文中数学展开完全是附带的。 366

从第一个方程，我们针对可变的力得到$mv=\int pdt+C$，这里p

是不变的力，dt 是作用的时间元，$\int pdt$ 是从作用开始到结束的所有积 $p\cdot dt$ 之和，C 是表示在力开始作用前的 mv 值的常量。第二个方程以相似的方式变成形式 $s=\int dt\int\frac{p}{m}dt+Ct+D$，它具有两个所谓的积分常数。第三个方程必须用下述方程代替：

$$\frac{mv^2}{2}=\int pds+C.$$

总是可以把曲线运动构想为三个直线运动同时合成的产物，最好采取在三个相互垂直的方向上。对于这个十分普遍的实例运动的分量，上面给出的方程也保留它们的意义。

6. 加、减和相等的数学过程只有在应用于相同类型的方程时，才具有可理解的意义。我们不能添加或等同质量和时间、或质量和速度，而只能添加或等同质量和质量，如此等等。因此，当我们具有力学问题时，问题立即呈现出来：方程的元是否是**相同类型**的量，也就是说，是否能够用**相同的**单位度量它们，或者如我们通常所说，方程是否是**齐次的**。因此，力学方程的单位将形成我们研究的下一个论题。

367

在许多实例中，单位的选择是任意的，如我们所知，单位是像它们服务的量度一样类型的量。这样一来，任意的质量作为质量的单位使用，任意的长度作为长度的单位使用，任意的时间作为时间的单位使用。作为单位使用的质量和长度能够得以保存；时间能够通过摆实验和天文观察再现。但是，像速度或加速度这样的单位不能保存，而且更难再现。因而，这些量与任意的基本单位质量、长度和时间如此相关，以至于能够很容易地立即从它们导出。这类单位被称为**导出**单位或**绝对**单位。后一种标示归因于高斯，他从力学单位导出磁单位，从而创造了磁测量普遍比较的可能性。因此，名称具有历史的起源。

我们可以选择下述速度作为速度的单位：比如说，在单位时间越过 q 长度单位。但是，如果我们这样做的话，我们就不能用通常的简单公式 $s=vt$ 表达时间 t、距离 s 和速度 v 之间的关系，而不得不用 $s=q\cdot vt$ 替换它。可是，如果我们把速度的单位定义为在单位时间越过单位长度的速度，那么我们便可以保留形式 $s=vt$。在导出单位中，必须得到尽可能简单的关系。因而，像面积单位和速度单位一样，总是使用长度单位的平方和立方。 368

按照这种做法，我们接着想当然地认为：所谓单位速度，就是在单位时间描画的单位长度；所谓单位加速度，就是在单位时间获得的单位速度；所谓单位力，就是施加给单位质量的单位加速度；如此等等，不一而足。

导出单位依赖于任意的基本单位；它们是任意的基本单位的函数。对应于给定导出单位的函数被称为它的**量纲**。量纲理论是傅里叶于1822年在他的《热学理论》(*Theory of Heat*)中奠定的。因而，若 l 表示长度，t 表示时间，m 表示质量，例如速度的量纲则是 l/t 或 lt^{-1}。在这样说明以后，会很容易理解下表：

名称	符号	量纲
速度 …………………………	v	lt^{-1}
加速度 ………………………	φ	lt^{-2}

力 ……………………………	p	mlt^{-2}
动量 …………………………	mv	mlt^{-1}
冲量 …………………………	pt	mlt^{-1}
功 ……………………………	ps	ml^2t^{-2}
活力 …………………………	$mv^2/2$	ml^2t^{-2}
惯量 …………………………	Θ	ml^2
静矩 …………………………	D	ml^2t^{-2}

这个表立刻显示，上面讨论的方程是**齐次**方程，也就是说，它们只包含**相同类型**的元。以相同的方式，可以研究力学中的每一个新表达。

7. 由于另外的理由，量的量纲的知识也是重要的。即是，如果369 就一组基本单位已知一个量的值，我们希望转到另一组，那么该量在新单位中的值能够很容易从量纲中找到。比如说，具有数值 φ 的加速度的量纲是 lt^{-2}。如果我们转到倍数较大的长度单位 λ 和倍数较大的时间单位 τ，那么倍数较小的数 λ 必须代替表达式 lt^{-2} 中的 l，倍数较小的数 τ 必须代替表达式 lt^{-2} 中的 t。与新单位有关的相同加速度的数值将相应地是 $(\tau^2/\lambda)\varphi$。若我们采用米作为我们的长度单位、秒作为我们的时间单位，例如落体的加速度则是 9.81，或者如习惯上所写的，同时标示量纲和基本的度量：9.81 (米/秒^2)。现在，若我们转到以千米($\lambda=1000$)作为我们的长度单位，以分钟作为我们的时间单位($\tau=60$)，则相同的下降加速度的值是$(60\times60/1000)9.81$ 或 35.316(千米/秒^2)。

8. 作为长度单位，通常使用米（保存在巴黎的处在 0℃ 的铂铱合金杆，近似地为地球子午线四分之一圆周的 $1/10^7$）；作为时间单位，通常使用秒（平均太阳时，有时也用恒星时）。在上面评论的考虑中，选择每秒一米的速度作为（速度的）单位，选择对应于增加每秒一米的速度作为加速度的单位。

在选择质量的单位和力的单位时，出现复杂的情况。如果人们选择巴黎的铂铱合金千克（近似地为一立方分米 4℃ 的水的质量）的质量作为质量的单位，那么这个标准被吸引向地球的力不是 370 1，因为 $p=m\cdot g$ 而具有值 g；因而，在巴黎它具有 9.808 的值，在地球的其他部分具有稍微不同的值。于是，力的单位是在一秒把每秒一米的加速度传递给该千克的质量的力。功的单位是这个单位力在一米距离上的结果，如此等等。在其中千克标准的质量等于 1 的协调的米制，通常称为绝对制。

所谓力学量测量的重力制①基于这样的事实：把地球吸引巴

---

① C. S. 皮尔斯（C. S. Peirce）先生撰写的陈述在《力学》的较早版本中用来代替第 8 节，它关于力学量测量的制式如下所言："无论使用国际单位还是英制单位，力学量的测量都存在两种方法——绝对制和重力制。之所以称其为绝对制，是因为它不是相对于任何测量站点的加速度的。这个方法是由高斯引入的。

在美国和英国物理学家广泛使用的特定的绝对制叫做厘米－克－秒制。在这个制式中，用文字 C 代表厘米，G 代表克，S 代表秒。

长度单位是 …… C；

质量单位是 …… G；

时间单位是 …… S；

速度单位是 …… C/S；

加速度的单位（可以称其为"伽利略"，因为伽利略·伽利莱第一个测量加速度）是 …… C/S^2；

密度的单位是 …… G/C^3；

动量的单位是 …… GC/S；

黎千克的力设定在等于1。于是，若我们保持简单的关系 $p=mg$，则千克的质量不是等于1，而是$1/g$。从而，只有g这样的千克或 371 9.808千克共同具有质量1。在具有加速度g'的地球的另一部分A，相同的千克将不是以力1、而是以力g'/g被吸引向地球。相应地，在这个地点的g'/g巴黎千克对应于一千克的力。于是，让我们以在A处施加一千克压力的g'片段为例，我们将再次拥有该千克的g倍的质量或质量1。不管怎样，如果我们在A处有一物体，我们知道它在巴黎能够被一千克的力向地球吸引，那么我们必定

力的单位(称为**达因**)是…………………………………………………… GC/S^2；

压力的单位是(称为绝对大气压的百万分之一)……………………………… G/CS^2；

能量的单位是 ………………………………………………………… $\frac{1}{2}GC^2/S^2$；

等等。

力学量测量的重力制采用千克或磅作为力的单位，或者更恰当地讲，采用这些量与离心力合成的、朝向地球的引力作为力的单位，这是称为重力的、用g表示的加速度，它在不同的地方是不同的；并且，采用英尺磅或千克米作为能量的单位，这是一磅下降通过一英尺或一千克下降通过一米时转化的引力能量的量。把这些方便的单位与遵守通常的长度标准调和起来的两种途径自然地浮现出来：首先，利用g除的磅重或千克重作为质量单位；其次，采用这样的时间单位，即使g的加速度在初始测量站点成为单位。这样一来，在华盛顿重力加速度是980.05伽利略，于是，如果我们采用厘米作为长度单位，采用0.31943秒作为时间单位，那么重力加速度就这样的时间平方而言将是1厘米。后一制式对于大多数意图比较方便；但是，前者更熟悉。

无论哪一种制式，都保留了公式$p=mg$；但是，在前者中g保留它的绝对值，在后者它变成初始测量站点的单位。在巴黎，g是980.96伽利略；在华盛顿，g是980.05伽利略。在采用比较熟悉的制式，并选取巴黎作为测量站点时，如果力的单位是千克重，长度的单位是厘米，时间的单位是秒，那么质量的单位将是1/981.0千克，能量的单位将是千克厘米或(1/2)(1000/981.0)GC^2/S^2。于是，在华盛顿，一千克的重力不像巴黎那样，将不是1，而是980.1/981.0单位，或者是巴黎千克重。因而，为了产生一巴黎千克重的力，我们必须听任华盛顿的重力作用在980.1/981.0=1.00092千克上。”(关于对前面阐述的方法的某些批判性评论，参见 *nature*, in the issue for November 15, 1894.)——英译者注

自然地认为，这样的物体在质量单位上不具有 g'，而具有 g。

在巴黎（在真空中）重量 p 千克的物体拥有质量 p/g。在 A 处施加 p 千克压力的物体拥有质量 p/g'。在许多实例中，能够不理 g 和 g' 之间的差异，但是必须在要求精确性时考虑它。

在重力制中，剩下的单位自然地由力的单位的选择决定。因而，功的单位是力借以作用于距离 1 的单位——这是千克米。动能（活劲）的单位是由一个功单位产生的单位，等等。 372

如果我们容许在巴黎（在真空中）在纬度 45°的海平面（具有加速度 9.806）重量是 p 千克的物体下落，那么按照绝对测量，我们拥有质量 p，而 $9.806p$ 的力单位的力作用在该质量上；可是，按照重力测量，我们拥有质量 $\frac{p}{9.9808}$，而 $p\frac{9.806}{9.808}$ 的力单位的力作用在该质量上。若一米是下落的距离，则按照绝对测量所做的功和达到的动能是 $9.806p$，可是按照重力量度它是 $\frac{9.806}{9.808}\cdot p$。重力量度的力的单位在约整数上大约是绝对量度的力的单位的十倍大，对于质量单位，相同的结果也适用。在重力制中，给定的功或动能的量相应地是在绝对制中的大约十倍小的数值。

还必须注意的是，代替作为质量单位的千克和作为长度单位的米，在英国使用克和厘米[①]，在德国使用毫克和毫米。根据给定

① 在华盛顿的国家标准局把长度、质量和时间的标准定义（1935 年 9 月 19 日）如下：

长度

在合众国长度的原始标准是合众国米原器 27，它是具有 X 形横截面的铂铱合金线标准。众所周知，这个存放在华盛顿国家标准局的杆的长度依据国际米原器，而国际米原器存放在法国巴黎附近的塞夫勒国际度量衡局。

373 的实践,这些单位之间的转换没有出现困难。在力学中,像在与它

依据光波长追加的米的定义在1927年由第七届(国际)度量衡全会临时采纳。按照这个定义,关于镉的红光波在特定的温度、压力和湿度条件下的关系是

1米=1553164.13波长。

从这个关系,发现源自镉的红光波长在温度、压力和湿度的标准条件下是 6438.4696×10^{-7} 毫米。(Benoit, Fabry, and Perot. Trav. Et Mem. Du Int. des Poids et Mesures, vol. 15, p. 131.)

合众国码由关系

$$1\text{码}=\frac{3600}{3937}\text{米(精确地)}$$

定义。从这个关系可得

1码=0.9144018米(近似地)

和1英寸=25.4000508毫米(近似地)。

就工业目的来说,美国标准协会和15个国家类似的机构采用码和米之间的关系。这个关系是

1英寸=25.4毫米(精确地),

由此1码=0.9144米(精确地)。

为在英寸和毫米之间做转换而使用,工业采纳这个关系不改变码和米的正式定义。它在合众国和英国的法定采纳,也许在精密长度测量的国际一致的方向上是非常令人向往的一步。

质量

这个国家的质量原始标准是合众国千克原器20,它是保存在国家标准局的铂铱合金标准。众所周知,这个质量标准依据国际千克原器即保存在国际度量衡局的铂铱合金标准。

多年来,人们以为英国标准是合众国的原始标准。后来50年间,常衡磅依据铸币局的金衡制磅定义,而金衡制磅是保持在费城的合众国铸币局的黄铜标准。在1911年,出于铸币的目的,铸币局的金衡制磅被国家标准局的金衡制磅取代。自1893年以来,常衡磅依据合众国千克原器20用关系

1常衡磅=0.4535924277千克

定义。就能够决定的而论,这些定义上的变化并没有在磅的实际值方面做任何改变。

374 质量和重量之间的区别

像在此使用的,物体的**质量**是在物体中的质料的量。把物体的**重量**定义为物体被吸引向地球的力。由于提及质量标准作为“重量”的实践,由于借助天平通过“秤量”一个对另一个的重量比较这样的标准之事实,有时便出现混淆。实际上,标准“重量”就

紧密关联的物理学的其他分支一样，我们的计算无非包含三个基

是质量的标准。

倾向于混淆的另一个实践是，在两种截然不同的意义上使用术语千克、克、磅等等的混淆；第一标示质量的单位，第二标示重量或力的单位。例如，把具有一千克质量的物体称为千克(质量)，把这样的物体被吸引向地球的力也称为千克(力)。

国际千克和合众国千克原器都被国际度量衡会议定义为质量标准。因此，从国际千克派生的合众国磅是质量标准。

只要不添加质料或从物体不减少质料，它的质量依然不变。可是，它的重量却随着重力加速度"g"变化。例如，会发现物体在地球的两极比在赤道更重，在海拔高处比在海平面更轻。(国际度量衡委员会在 1901 年采纳标准的重力加速度是 980.665 厘米/秒^2。这个值近似地对应于在纬度 45°和海平面的值。)

由于质量(或"重量")标准日常是在等臂天平上校准和使用的，所以重力加速度变化的效应自我消除了，不需要考虑。两个相等质量的物体，将以相同的方式和相同的数量受到重力加速度值的任何变化的影响；这样一来，若它们具有相同的重量，即它们在等臂天平上相互平衡，则在一个"g"值下也像在任何其他"g"值下一样相互平衡。

可是，在弹簧秤上，物体的重量对于另一个物体的重量不平衡，但是对于弹簧的弹性力是平衡的。因此，利用十分灵敏的弹簧秤，能够发现重量是随重力加速度变化的。

空气浮力的效应

在校准和使用质量的标准时，必须考虑的另一点是空气的浮力效应或提升效应。浸没在任何流体中的物体都因等于排开流体的重量的力而浮起。两个具有相等质量的物体，若将其放在等臂天平的每一个盘上，则在真空中会相互平衡。可是，若在空气中比较，它们将不相互平衡，除非它们具有相等的体积。若具有不相等的体积，则较大的物体将取代较大的空气体积，并将比较小的物体以较大的力浮起，较大的物体表面看来好像在重量上比较小的物体轻。体积差别越大，在其中做秤量比较的空气的密度越大，重量的表观差异就越大。为此理由，在把表观质量的精确数值归属于标准时，有必要使这个值基于空气密度的确定值和参照的质量标准的密度。

在国家标准局，用于高精密度的分析砝码的校准在体积比较的基础上、也在标准密度即每立方米 1.2 毫克的空气的比较基础上，并对照具有每立方厘米 8.4 克密度的黄铜砝码给出。

商用砝码和秤量天平基于"在空气中的表观重量与黄铜砝码对照"矫正。也就是说，商用砝码不管它们的材料如何，都是如此矫正，使得它们在标准大气密度的空气中比较时，能够平衡 8.4 密度、相同名义值质量的矫正黄铜砝码。秤量天平是这样矫正，使得在每立方米 1.2 毫克的标准密度的空气中秤量 8.4 密度的质量标准时，它指示该标准的矫正质量。在商用秤量中，不需要针对空气密度的变化做出矫正。　375

本量——空间的量、时间的量和质量的量。这种境况是在科学中简单化和力量的源泉,不应该低估这一点。

376

(三)动量守恒定律、重心守恒定律和面积守恒定律

1. 虽然要处理可能出现的任何力学问题,牛顿原理是完全胜任的,但是针对更为频繁发生的实例谋划一些特殊的法则是方便

时间

没有对应于长度标准和质量标准的时间物理标准。时间是依据地球的运动量度的;(a)基于它的轴,(b)基于它绕太阳。地球在它的轴转动一周花费的时间称之为天,它绕太阳做完整的旅程所需要的时间被称之为年,这一点由它参照恒星的位置指示。在地球绕太阳做完整的旅程时,它在它的轴转动 $365\frac{1}{4}$(更严格地是 365.2422)周。换句话说,在回归年或太阳年,存在几乎精确的 $365\frac{1}{4}$ 太阳日。像在日常生活中使用的那样,鉴于持有包含一天的分数部分即分数天的年是不方便的和易混乱的,通过使历年在平年包含 365 天、在闰年包含 366 天,以避免分数天。闰年发生的频次是这样的:保持历年的平均长度几乎实际等于回归年的长度,以便历年不可能由于回归年的变化季节而偏离。

地球在它绕太阳的旅程中并非匀速运动,它的表观运动之和不是沿着天赤道运动,而是沿着黄道运动。因此,表观太阳日不具有精确相等的长度。为了克服这个困难,借助虚构太阳或"平均太阳"量度时间,这种太阳的位置在所有时间与真实太阳的表观位置是相同的,倘若地球在它的轴上且在它绕太阳的旅程中以均匀的速率运动的话。借助这种虚构太阳或"平均太阳",标示和校准通常的时钟和手表指示时间。当这种"平均太阳"与子午线相交时,正是"平均正午",两个相继相交之间的时间是"平均太阳日"。平均太阳日的长度等于表观太阳日的平均长度。

天文学家使用的时间是恒星时。这是由地球相对于恒星的转动定义的。恒星日是恒星两次相继通过与子午线相交之间的时间间隔。把恒星日细分为小时、分、秒,小时由 1 数到 24。

把平均太阳日分割为 24 小时,把每小时分割为 60 分钟,把每分钟分割为 60 秒。就这样,平均太阳秒是平均太阳日的 1/86400,这个平均太阳秒是量度和表示短时间间隔的单位。

的，这些法则将使我们用例行的形式处理这种类型的问题，并省却对它们进行仔细的讨论。牛顿和他的后继者发展了几个这样的原理。我们的第一个论题将是牛顿关于**自由地可移动的**质点系学说。

2. 如果两个自由质量 m 和 m' 在它们连线的方向上受到由**其他**质量发出的力的作用，那么在时间 t 期间，将引起速度 v、v'，并将存在方程 $(p+p')t=mv+m'v'$。这可从方程 $pt=mv$ 和 $p't=m'v'$ 得出。和 $mv+m'v'$ 被称为系统的**动量**，在计算时认为相反指向的力和速度具有相反的符号。现在，如果质量 m、m' 除了受到外力 p、p' 的作用外，也受到**内**力的作用，例如质量**彼此**之间相互施加的力的作用，那么根据牛顿第三定律，这些力将是相等的和相反的 q、$-q$。于是，施加的冲量之和是 $(p+p'+q-q)t=(p+p')t$，与以前的相同；从而，系统的总动量也将是相同的。这样一来，系统的动量唯一地由**外**力决定，也就是说，由在系统**之外**的质量施加给它的部分的力决定。 377

想象以任何方式在空间分布的自由质量 m、m'、m''……，外力 p、p'、p''……作用于其上，它们的路线具有任何方向。这些力在时间 t 期间在质量引起速度 v、v'、v''……。把这些力在三个相互成直角的方向 x、y、z 上分解，对于速度做同样的分解。在 x 方向冲力之和，将等于在 x 方向导致的动量；对于其余的也是如此。如果我们另外想象在质量 m、m'、m''……之间作用时相等和相反的内力偶 q、$-q$，r、$-r$，s、$-s$ 等等，那么这些力在分解后也将在每一个方向给出相等和相反的分力偶，从而将对冲力的总和没有影响。

动量再次唯一地由外力决定。陈述这个事实的定律被称为**动量守恒定律**。

3. 牛顿同样发现的同一原理的另一种形式，被称之为**重心守恒**定律。想象在 A 和 B（图 149）有两个质量 $2m$ 和 m 处于相互作

图 149

用之中，比如说电斥力；它们的重心位于 S，在这里 $BS=2AS$。它们相互给予的加速度方向相反，并与质量成反比。于是，在相互作用的结果上，若 $2m$ 描画距离 AD，则 m 将必然地描画距离 $BC=2AD$。由于 $CS=2DS$，点 S 还将依然是重心的位置。因此，两个质量通过**相互作用**不能移置它们共同的重心。

378

如果我们的考虑包括以任何方式在空间分布的**几个**质量，那么对于这个实例，会发现相同的结果也有效。鉴于**并非两个**质量通过相互作用能够移置它们的重心，因而系统的重心作为一个整体不能被它的部分的相互作用移置。

想象在空间自由放置的质量系统 m、m'、m''……，任何类型的**外**力作用于其上。我们使力参照直角坐标系，并称坐标分别是 x、y、z，x'、y'、z'等等。于是，重心的坐标是

$$\xi=\frac{\sum mx}{\sum m},\eta=\frac{\sum my}{\sum m},\zeta=\frac{\sum mz}{\sum m},$$

在这些表达式中，x、y、z 可以变化；依照上述质量不受外力影响，即不受恒定的外力或可变的外力作用，坐标的变化或者通过匀速

运动或匀加速度，或者通过任何其他定律。在所有这些实例中，重心将具有不同的运动，在第一个中甚至可以处于静止。现在，如果在每两个质量 m' 和 m'' 之间作用的**内**力开始在系统中起作用，那么在质量连线的方向上将由此产生相反的位移，以至考虑到符号则有 $m'w'+m''w''=0$。关于这些位移的分量 x_1 和 x_2，方程 $m'x_1+m''x_2=0$ 也将成立。内力相应地在表达式中 ξ、η、ζ 产生，只是像这样的添加彼此之间相互抵消。因而，系统**重心的运动**仅由**外**力决定。 379

如果我们希望了解系统重心的**加速度**，那么必须类似地处理系统各**部分**的加速度。若 φ、φ'、φ''……表示 m、m'、m''……在任何方向的加速度，φ 表示在相同方向的重心的加速度，则 $\varphi=\sum m\varphi/\sum m$，或者设 $\sum m=M$，则 $\varphi=\sum m\varphi/M$。相应地，我们通过取所有力在那个方向的和并用总质量除该结果，便得到系统的重心在任何方向的加速度。系统的重心这样精确地运动，仿佛系统的一切质量和所有力都集中在重心。恰如单个质量没有某种外力作用不能获得加速度一样，系统的重心没有外力作用也不能获得加速度。

4. 现在，可以举出几个例子，以阐明重心守恒原理。

想象在空间**自由的**动物。如果动物在一个方向使它的质量的一部分 m 运动，那么将使它的其余部分的质量 M 在相反的方向运动，以至它的重心总是保留在它的原来的位置。如果动物退却，质量 m、M 的运动也将颠倒。动物在没有外部支撑或外力的情况下不能使自己从它占据的地点运动，或者不能改变从外部施加给它的运动。

把轻微跑动的车辆置于铁道，并装载石头。安置在车辆上的人在同一方向上陆续抛出石块。假定摩擦力足够微小，车辆将在380 相反的方向上立即开始运动。就它的运动不因外部阻碍而消失来说，作为一个整体的系统（车辆＋石块）的重心继续处在它原来的地方。如果同一个人可能从外面捡石块放在车辆上，在这种情况车辆也会开始运动；但是，达不到像以前那样的程度，下述例子使这一点变得很明显。

质量 m 的炮弹以速度 v 从质量 M 的大炮射出。由于反作用，M 也收到速度 V，以至于考虑到符号时 $MV+mv=0$。这说明了所谓的反冲。在这里，关系是 $V=-(m/M)v$；或者，就相等的飞行速度，鉴于大炮的质量比炮弹的质量大，因而反冲较小。如果用 A 表达炸药所做的功，那么活劲（vires viviœ）将由方程 $MV^2/2+mv^2/2=A$ 决定；根据第一次引用的方程动量之和等于 0，我们很容易得到 $V=\sqrt{2Am/M(M+m)}$。忽略爆炸的炸药的质量，当炮弹的质量为零时，反冲消失。如果质量 m 不是从大炮发射，而是被吸入大炮，那么反冲会在相反的方向发生。但是，由于在越过任一可察觉的距离之前，m 可能达到内膛底部，所以它也许没有时间使自身变得可以看见。不过，只要 m 和 M 相互处于刚性关联之中，也就是说，只要它们**相对地**静止，那么它们必定**绝对地**处于静止，因为作为一个整体的系统的重心没有运动。出于同一理由，当把前面例子中的石块拿到车辆时，不能发生显著的运动，因381 为在车辆和石块之间刚性关联建立时，产生的相反动量抵消了。只有当被吸入的炮弹能够通过大炮飞行时，正在吸入炮弹的大炮才会经历可察觉的反冲。

请想象在空中自由悬浮的机车，由于具有足够的摩擦力在铁道上处于静止，或者想象有助于相同意图的东西。根据重心守恒定律，只要与活塞杆连接的铁的重质量开始摆动，机车主体就会开始在相反的方向摆动，这是一种能够大大扰乱它的均匀行进的运动。为了排除这种摆动，由活塞杆引起的铁质量的运动必须如此由其他质量的相反运动抵消，以至作为一个整体的系统的重心将保持在一个位置上不变。这样，机车主体的运动将不会发生。这是通过铁质量与主动轮的接合完成的。

佩奇(Page)的电动机(图 150)可以十分漂亮地显示这个实例

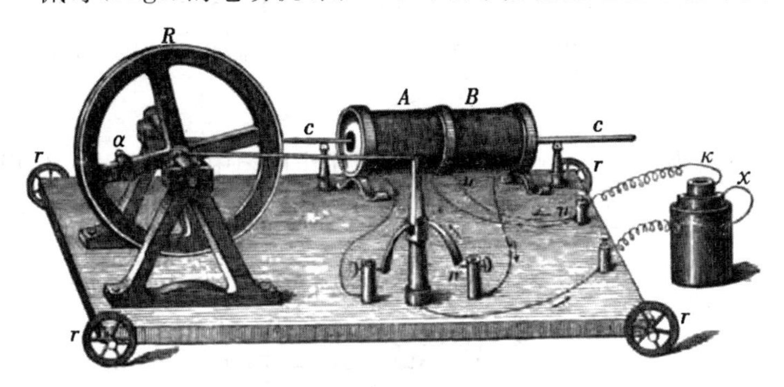

图 150

的事实。当线圈 AB 中的铁心受到在线圈和铁心之间作用的外力向右发射时，支撑它在轻微可移动的轮子 rr 上静止的电动机的主体将向左运动。但是，如果我们把适当的平衡重物 a 系到飞轮的轮辐上，而 a 总是在与铁心相反的方向上运动，那么电动机的主体向侧面的运动可以完全消失。

关于正在爆炸的炸弹的碎片的运动，我们一无所知。但是很明白，根据重心守恒定律，考虑到空气的阻力和个别部分可以相遇

382 的阻碍,系统的重心在爆炸后将继续描画它原来投射的抛物线路径。

5. 与重心定律密切联系的、类似地可应用于**自由**系统的定律,是**面积守恒原理**。可以这么说,牛顿真正把握了这个原理,然而直到很长时间之后,欧拉、达西(D'Arcy)和达尼埃尔·伯努利才阐明了它。在处理欧拉提出的关于球在可旋转的管道里的运动的问题的场合,欧拉和达尼埃尔·伯努利几乎同时(1746年)发现该定律,这是通过考虑球和管道的作用和反作用导致它的。达西(1747年)从牛顿的研究出发,概括出扇形面定律,后来利用它说明了开普勒定律。

两个质量 m、m'(图151)处于相互作用之中。借助这一作用,

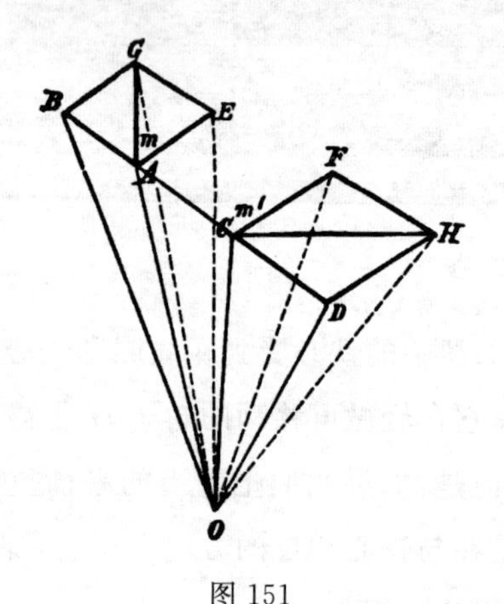

图151

383 质量在它们连线的方向上描画距离 AB、CD。考虑到符号,则 $mAB+m'CD=0$。从任何一点 O 向运动的质量画**径矢**(radii vec-

tores)，并认为用半径在相反向指描画的面积具有相反的符号，我们进而得到 $m \cdot OAB + m' \cdot OCD = 0$。这就是说，如果两个质量彼此相互之间作用，并从任何点向这些质量画**径矢**，那么半径描画的面积之和乘以各自的质量等于 0。如果质量也受到外力作用，并作为这些外力结果描画出 OAE 和 OCF，内力和外力的联合作用在任何十分小的时间间隔内将产生面积 OAG 和 OCH。但是，从瓦里尼翁定理可得

$$mOAG + m'OCH = mOAE + m'OCF + mOAB + m'OCD = mOAE + m'OCF;$$

换句话说，**如此描画的面积与组成系统的各自质量的积之和，不因内力的作用而改变**。

若我们有几个质量，则可以针对每两个质量就在任何特定运动平面的投影断言相同的事情。如果我们从任何一点向几个质量画半径，并把半径描画的面积投影在任何平面上，那么这些面积与各自质量的积之和将与内力的作用无关。这就是**面积守恒定律**。 384

如果未受力作用的单一质量正在直线上匀速向前运动，我们从任何一点 O 向该质量画径矢，那么半径描画的面积与时间成比例地增加。在未受力作用的几个质量正在运动的实例中，我们用求和表示面积(f)与运动质量的所有积的代数和——今后我们愿意简要地把这个和叫做质量面积和，相同的定律对于 $\sum mf$ 也适用。若**内**力开始在系统的质量之间起作用，则这个关系依然不改变。正如我们从牛顿的研究中得知的，若所施加的外力的作用线通过**固定**点 O，它还将继续有效。

如果质量受外力作用，那么按照该定律，它的径矢描画的面积将及时增加 $f = at^2/2 + bt + c$；在这里，a 取决于加速力，b 取决于

初始速度，c 取决于初始位置。在几个质量受到外部加速力作用的地方，倘若认为这些力是恒定的——对于足够小的时间间隔来说情况总是这样，和 $\sum mf$ 按照相同的定律增加。这个实例中的面积定律可以陈述为：系统的**内**力对于质量面积和的增加**没有影响**。

可以把自由刚体看做是系统，内力使该刚体的各个部分维持在它们的相对位置。因此，也能够把面积定律应用到这个实例。385 刚体绕通过它的重心的轴均匀转动，提供了一个简单的例子。如果我们称 m 是它的质量的一部分，r 是该部分距轴的距离，a 是它的角速度，那么在单位时间所产生的质量面积之和将是 $\sum m(r/2)ra=(a/2)\sum mr^2$，或者是系统的惯量与它的角速度一半之积。这个积只能够用外力改变。

6. 现在，可以引用几个例子来阐明该定律。

如果两个刚体 K 和 K' 连接在一起，内力的作用使 K 相对于 K' 转动，那么 K' 也会在相反的方向立即开始转动。K 的转动产生质量面积和，根据该定律，它必须被 K' 产生的相等而相反的质量面积和抵消。

图 152 的电动机非常漂亮地显示出这一点。把电动机的飞轮置于水平面，电动机从而与竖直轴缚在一起，它能够自由地在轴上旋转。为了防止传导电流的导线干扰转动，它们浸到固定在轴上的两个水银同轴沟槽里。把电动机的主体（K'）用细线系到支撑轴的基座，并接通电流。从上面观看，只要飞轮（K）在时钟指针的方向开始转动，线被拉紧，电动机的主体就显示出**在相反方向**转动

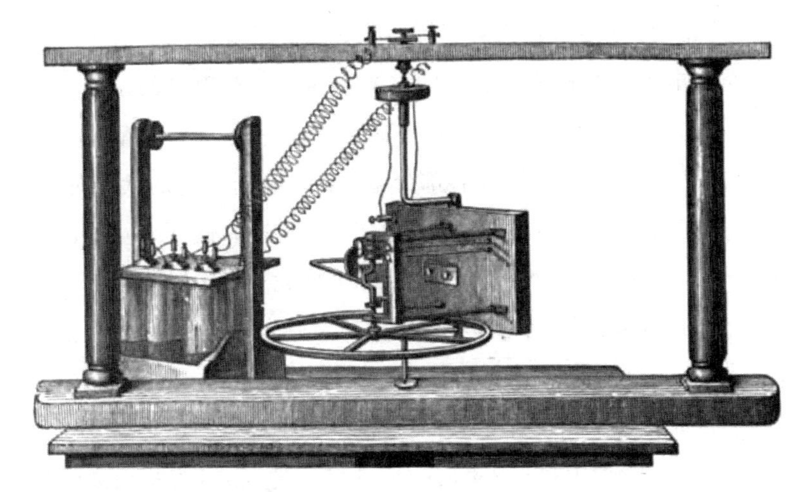

图 152

的倾向——当烧断线时，转动立即发生。

就绕它的轴转动而论，电动机是自由系统。对于静止的实例，产生的质量面积和等于 0。但是，由于电动机的**轮子**受到内部电磁力的作用开始转动，便产生质量面积和，鉴于总和必须依然等于 0，这被电动机主体在相反方向的转动抵消。如果把分度头缚到电动机主体上，并保持它处在固定的位置，那么电动机主体的转动不能发生。可是，轮子在时钟指针方向的每一个加速度(由电池的更深的浸没产生)都引起分度头突然转向相反的方向，每一个减速度都产生对立的结果。

386

当流到电动机的电流突然中断时，美丽而奇特的现象呈现出来。轮子和电动机起初在相反的方向继续它们的运动。但是，轴的摩擦力效应不久变得明显起来，各部分彼此之间逐渐地呈现相对静止。电动机主体的运动似乎减小；它片刻停止；最后，当达到

387 相对静止的状态时，它逆转过来，呈现轮子原来运动的方向。现在，**整个**电动机在轮子开始时的方向上转动。对现象的说明是显而易见的。电动机不是**完全**自由的系统。它受到轴的摩擦力阻碍。在完全自由的系统，在各部分重新进入相对静止的状态时，质量面积和必然会再次等于0。但是，在目前的例子中，引进外力——轴的摩擦力。轮子轴上的摩擦力使轮子和电动机主体一样地产生的质量面积减小。但是，电动机主体的轴上的摩擦力仅仅使主体产生的质量面积和减小。因而，轮子保留质量面积的多余量，在各部分处于相对静止时，使它在整个电动机的运动中变得很明显。接着电流中断的现象向我们提供一种模式，按照天文学家的假设，这种模式在月球上发生。由地球造成的潮汐波因摩擦在这样的程度上减少月球旋转的速度，以至月球日变成一个月。飞轮代表因潮汐运动的流体质量。

这个定律的另一个例子由**反作用轮**提供。若空气或气体在短388 箭头的方向上从轮子(图153a)喷射出来，则整个轮子将在大箭头

图153a

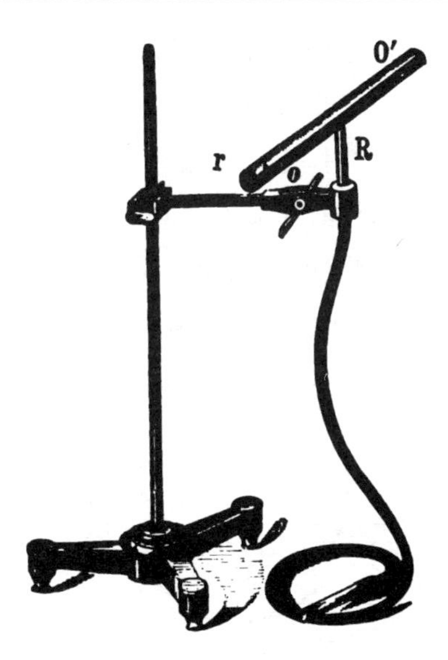

图 153b

的方向上开始转动。在图 153b，描绘了另一个简单的反作用轮。把在两端堵塞的、适当打孔的黄铜管 r，置于第二个提供细钢枢轴的黄铜管 R，能够通过枢轴吹空气；空气能在孔眼 O、O' 逃逸。

可以猜想，在反作用轮上的吸可能对因吹发生的运动产生相反的运动。可是，这通常未出现，理由是显而易见的。吸进轮辐的空气必定立即参与轮子的运动，必然成为关于轮子相对静止的条件；当系统完全处于静止时，质量面积和必须等于 0。一般地，在吸空气时，没有可察觉的转动发生。该境况类似于吸进炮弹的大炮反冲的境况。因此，如果把仅仅具有一个逃逸管的弹性球以在图 153a 描绘的方式缚到反作用轮上，并如此二者择一地挤压，以至相同的空气量交替地吹出和吸入，那么轮子将继续在与我们向它吹的实例中旋转方向相同的方向上急剧地旋转。这部分地是由

390 于这样的事实:吸进轮辐的空气必须参与后者的运动,因此不能产生反作用的转动,但是它也部分地由两个实例中管外空气采取的运动的差异引起。在吹时,空气在喷口流出,完成转动。在吸时,空气从所有侧面进入,没有明显的转动。

很容易证明这个观点的正确性。如果我们在中空的圆筒底部穿孔,例如在一手之宽的盒子的底部穿孔,并把圆筒置于管子 R

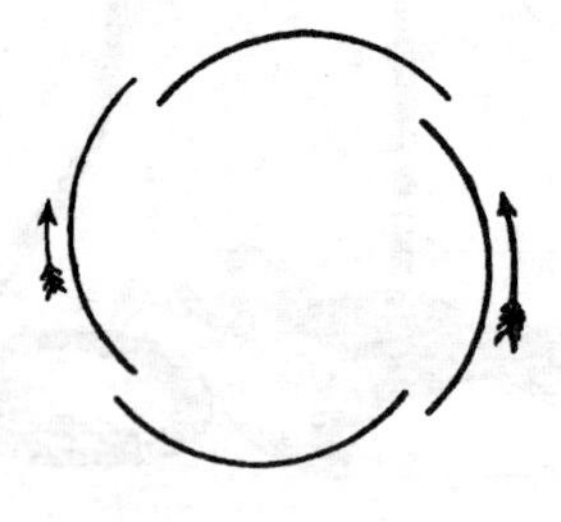

图 154

的钢枢轴上,在以图 154 所示的方式切开和弯曲侧面后,盒子在吹时将在长箭头方向旋转,在吸时将在短箭头方向旋转。在这里,空气在进入圆筒时能够继续它的**不受阻碍的**转动,这个运动相应地被相反方向的转动抵消。

7. 下面的实例也显示出类似的条件。想象一根管子(图 155a),它直着从 a 伸到 b,在后一点直角转弯,通过 c,描画圆 $cdef$,圆的平面与 ab 垂直,它的圆心是 b,接着从 f 到 g 行进,最后延续直线 ab,从 g 伸到 h。整个管子在轴 ah 上可以自由旋转。如果我们以图 155b 所示的方式向这个管子倾倒液体,液体在 $cdef$ 方向流动,那么管子将立即开始在方向 $fedc$ 旋转。不过,当

391 液体到达点 f 时,这个冲量终止,并迫使进入半径 fg 的流动参与

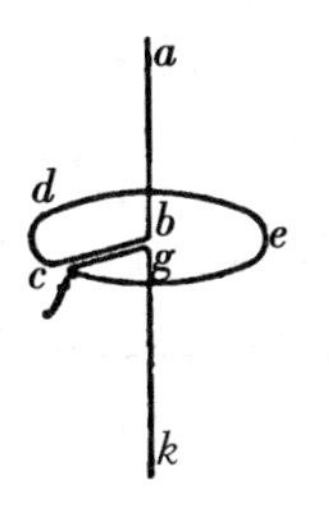

图 155a

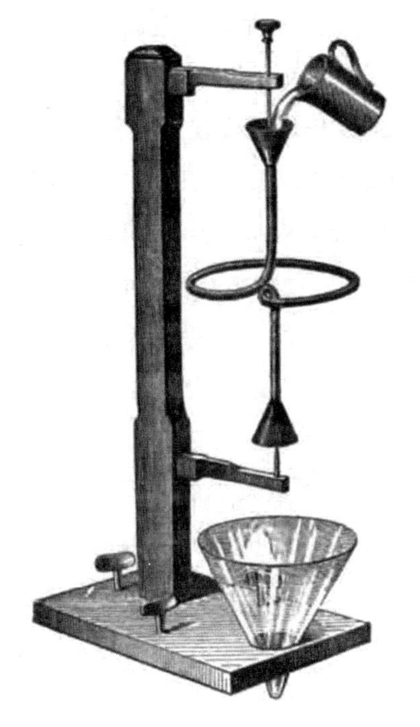

图 155b

后者的运动。因此，利用恒定的液流，管子的运动不久可以停止。但是，若液流中断，则液体在通过半径 fg 离开时，将在它自己运动的方向 $cdef$ 给予管子以运动冲量，管子将在这个方向旋转。所有这些现象很容易用面积定律加以说明。

曼彻斯特的A.舒斯特(A. Schuster)在伦敦《哲学会刊》(*Philosophical Translations*, vol. CLXVI, p. 715)以十分美妙的方式证明,使克鲁克斯(Crookes)和盖斯勒(Geissler)的辐射计运动的力是**内**力。如果我们借助光使辐射计的叶片转动,在我们用双线悬挂玻璃罩后,这个罩子立刻显示在与叶片相反的向指上转动的倾向。舒斯特能够测量在这里起作用的力的大小。

在我的请求下,声音反作用轮的发现者阿格兰的德沃日阿克 392 (V. Dvořák)用他的反作用轮实现了类似的实验。如果我们使共鸣器轮进入共鸣转动状态,那么它的在水上漂浮的轻圆筒玻璃罩立即开始在相反的向指转动,这后一个转动在轮子仅仅因惯性继续转动时,也颠倒它的转动向指。按照我的希望,我的儿子路德维希·马赫(Ludwig Mach)用轻的涂石蜡的纸罩代替玻璃罩,临时做带有德沃日阿克轮子的实验。当用双线悬挂这样的纸罩时,轮子的每一个加速度都显示出在相反向指的转动增加的倾向,每一个减速度都显示出这种类型减少的倾向;这一点以十分引人注目的方式得以表明。用图152描绘的与电动机有关的实验,特别是用图153a的实验,可以说明德沃日阿克的实验。(参见A.哈伯迪茨尔(A. Haberditzl),"Über kontinuierliche akustische Rotation und derten Beziehung zum Flächenprinzip," *Sitzungsber. Der Wiener Akademie, math.-naturwiss. Klasse*, May 9th, 1878.)

贸易风、洋流和河流的偏向、傅科摆实验等等,也可以作为面积定律的例子来处理。另一个漂亮的例证由具有可变转动惯量的物体提供。让具有转动惯量Θ的物体以角速度α转动,在运动期间，让外力比如说用弹簧使它的转动惯量转变为Θ'，于是α将成为α'，在这里$\alpha\Theta=\alpha\Theta'$，即$\Theta\alpha'=\alpha(\Theta/\Theta')$。转动惯量的任何显著的减少，都立即引起角速度的大大增加。可以满怀信心地使用该原理代替傅科的方法，以证明地球转动。　393

实质上体现最后提出的条件的现象如下：按照图姆利尔茨(Tumlirz)教授的观点，以这样的方式急剧地给具有处于垂直位置的轴的玻璃漏斗充满液体，使液流不在轴的方向进入，而是冲击侧面。由此，在液体中形成缓慢的转动运动，只要充满漏斗就察觉不到这一点。但是，当液体后退进入到漏斗颈时，它的转动惯量如此减少，它的角速度如此增加，以至造成沿着轴显著凹陷的、激烈的旋涡。空气的轴线频频穿过整个发出的射流。

8. 如果我们仔细审查重心和面积原理，那么就实践的意图而言，关于众所周知的力学现象的特性，我们仅仅在两个方便的表达模式中会有所发现。对于一个质量m的加速度φ，总是存在对应的第二个质量m'的相反的加速度φ'，这里考虑到符号$m\varphi+m'\varphi'=0$。相等和相反的力$m'\varphi'$对应于力$m\varphi$。当任何质量m和$2m$以相反的加速度2φ和φ描画距离$2w$和w时(图156)，它们的重心的位置S依然是不变的，考虑到符号，它们的质量面积和相对于任何点O是$2m\cdot f+m\cdot 2f=0$。这一简单的阐述向我们表明，重心原理就**平行坐标**与面积原理就**极坐标**表达相同的事情。二者只包含反作用的事实。

所讨论的原理还容许另一个简单的结构。正如在没有外力作用的情况下，即在没有第二个物体帮助的情况下，单一的物体不能　394

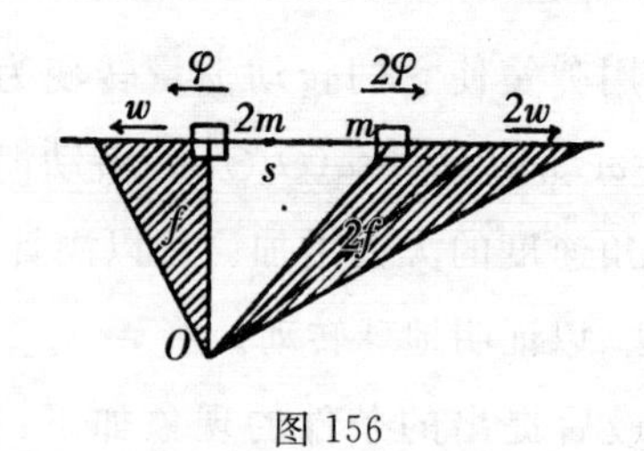

图 156

改变它的匀速前进运动或匀速转动一样，物体系统在没有第二个系统帮助的情况下也不能如此；可以这么说，它不能加强和支持它本身，不能改变可以恰当地和简要地称之为它的前进或转动的**平均速度**的东西。这样，两个原理都包含**惯性定律的普遍化陈述**，我们不仅**看见**、而且**感觉到**它们在目前形式中的正确性。

这种感觉不是非科学的；更不用说它是有害的了。在那里，它没有替换概念的洞察，而是在它旁边存在着，它实际上是**完备**掌握力学事实的基本的必要条件和唯一的证据。我们自己是力学的一个片段，这个事实深刻地改变了我们的精神生活。没有一个人能使我们信服，必须从科学的力学中排除力学生理学的考虑以及在这里卷入的感觉和本能的考虑。如果我们仅仅在它们的抽象的数学形式中了解像重心原理和面积原理这样的原理，而没有涉及触摸得到的简单事实，那么我们对它们只不过是一知半解，几乎不可能识别作为该理论的例子的实际现象。我们处在像这样的人的位置：他突然置身于高塔，但是以前没有在这个地区周围旅行过，因此他不知道如何解释他看见的对象。

395

396

（四）碰撞定律

1. 碰撞定律曾经是阐明最重要的力学原理的机会，也提供了这样的原理应用的头一批例子。早在1639年，伽利略的同代人、布拉格教授马尔楚斯·马尔齐（Marcus Marci，诞生于1595年）在他的专著《论对比运动》（*De Proportione Motus*, Prague）中发表了他关于碰撞研究的结果。他了解，物体在弹性撞击中击中处于静止的、相同大小的另一个物体时，它失去它自身的运动，并把相等的量传递给其他物体。他也阐明了其他依然有效的命题，虽然它们并非总是具有所需要的精确性，并且频繁地与假的东西混合在一起。马尔楚斯·马尔齐是一个非凡的人。他在他的时代具有关于运动和"冲力"合成的十分可信的概念。在形成这些观念时，他寻求类似于罗贝瓦尔后来使用的方法。他谈到**部分地**相等和相反的运动与**整体地**相反的运动，给出平行四边形作图等等；但是，对于力的观念他不能达到完全明晰，从而对于力的合成也不能达到完全明晰，尽管他谈及下降的加速运动。

对于这一切，我们要添加的是，马尔齐处于行动在牛顿之前发现光的合成的边缘，可是此时，由于他在这里对于折射定律的知识不完备，他也无法达到他的目标。按照沃尔威尔的研究（*Zeitschrift für Völkerpsychologie*, 1884, xv, p. 387），不能断然认为马尔齐在伽利略采取的方向上推进了动力学。 397

2. 为了查明碰撞定律，伽利略本人做了几个实验尝试；但是，

398

马尔楚斯·马尔齐像

在这些努力中,他没有完全成功。原则上,像他表达的,他自己忙于运动物体的力或“撞击力”,努力把这种力与处于静止的重物的压力加以比较,进而希望测量它。为达此目的,他实施了极其精妙的实验,而我们现在将描述它。

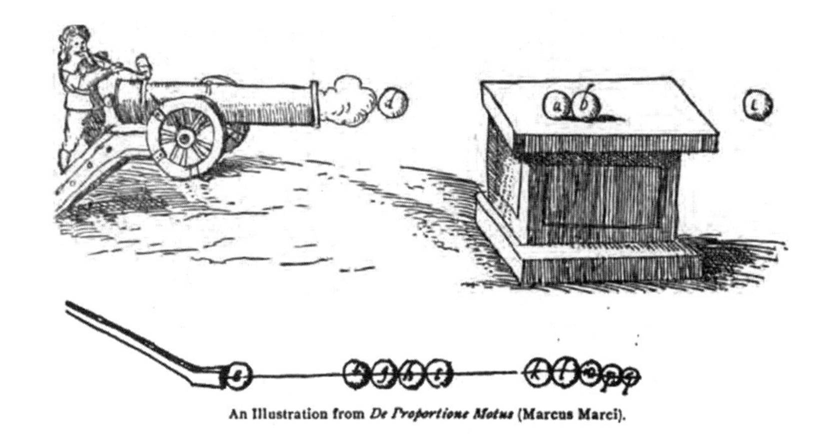

An Illustration from *De Proportione Motus* (Marcus Marci).

来自《论对比运动》(马尔楚斯·马尔齐)的阐明

给容器Ⅰ(图157)充满水，其底部是被堵塞的孔口，用细线把

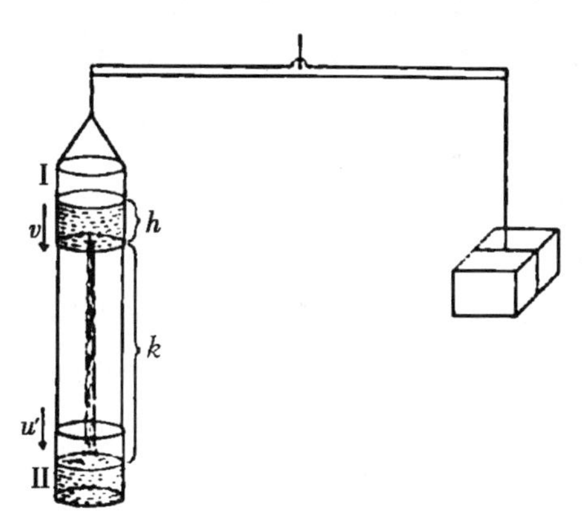

图157

第二个容器Ⅱ悬挂在它的下面；把整个装置拴在处于平衡的天平杆上，如果从容器Ⅰ的孔口拔掉塞子，流体将在喷射口落到容器Ⅱ。归因于水在Ⅰ中静止重量的压力的一部分失去了，并被在容器Ⅱ上的碰撞作用取代。伽利略期待整个天平盘降低，为此他希

望用反重量的阻力决定碰撞的结果。由于未得以降低，他在某种程度上感到诧异；情况似乎是，他在思想上不能完全厘清这件事情。

3. 今天，说明当然毫无困难了。在拔掉塞子的情况下，起初在那里引起压力减小。这由两个因素组成：(1)在空中悬浮的射流的重量失去了；(2)喷发的射流在容器Ⅰ施加向上的反作用压力(这像泽格纳轮一样起作用)。于是，在那里射流作用于容器Ⅱ底部产生的压力的增加(因素3)。在第一个液滴到达Ⅱ的底部前，我们只涉及压力的减小；当器械完好地操作时，这立即被抵消。事实上，这个**初始的**下降是伽利略能够观察的一切。让我们想象操作中的器械，用 h 表示流体在容器达到的高度，用 v 表示相应的流出速度，用 k 表示Ⅱ中的流体面到Ⅰ的底部的距离，用 w 表示射流在这个面的速度，用 s 表示流体的比重。为了决定因素(1)，我们可以注意，v 是在下降时通过距离 h 获得的速度。接着，我们只要想象这个连续通过 k 下降的运动。因此，射流从Ⅰ到Ⅱ的下降时间是通过 $h+k$ 的下降时间减去通过 h 下降的时间。在此期间，底部 a 的圆柱以速度 v 被排出。因而，因素(1)或在空中悬浮的射流重量合计为

$$\sqrt{2gh}\left[\sqrt{\frac{2(h+k)}{g}}-\sqrt{\frac{2h}{g}}\right]as.$$

要决定因素(2)，我们使用熟悉的公式 $mv=pt$。若我们令 $t=1$，则 $mv=p$，这就是在Ⅰ上的向上的反作用压力，它等于在单位时间施加给流体射流的动量。在这里，我们愿选择单位重量作

399

400

为我们的力的单位，即利用重力量度。对于因素(2)，我们得到表达式$[av(s/g)]v=p$(这里方括号内的表达式表示在单位时间流出的质量)，或者

$$a\sqrt{2gh}\cdot\frac{s}{g}\cdot\sqrt{2gh}=2ahs.$$

类似地，我们找到Ⅱ上的压力是

$$\left(av\cdot\frac{s}{g}\right)w=q\text{，或者因素(3)：}$$

$$a\,\frac{s}{g}\sqrt{2gh}\sqrt{2g(h+k)}.$$

压力的总变更相应地是

$$-\sqrt{2gh}\left[\sqrt{\frac{2(h+k)}{g}}-\sqrt{\frac{2h}{g}}\right]as-2ahs+a\,\frac{s}{g}\sqrt{2gh}\sqrt{2g(h+k)},$$

或者节略一下

$$-2as\left[\sqrt{h(h+k)}-h\right]-2ahs+2as\sqrt{h(h+k)},$$

三个因素相互**完全**抵消了这一切。因此，按照情况的真正必然性，伽利略只能得到否定的结果。

关于因素(2)，我们必须提供简要的评论。可以猜想，在底部孔口失去的压力是ahs，而不是$2ahs$。但是，这种**静力学的**概念在现今也许是完全不能接受的**动力学的**实例。速度v不是由重力在流出的粒子中瞬间产生的，而是在流出的粒子和留下的粒子之间彼此压力的结果；压力只能由引起的动量决定。错误地引入值ahs，立即会因自相矛盾而使它本身步入歧途。　401

如果伽利略的实验模式较少雅致的话，那么他能够在没有很多困难的情况下，决定**连续的**流体射流施加的压力。但是，正像他

宁愿确信的那样，他大概从未用**压力**抵消瞬时**碰撞**的效果。以自由下落的重物为例——这是伽利略的假定。我们知道，它的末速度与时间成比例地增加。最小的速度要求在其中发生的、确定的**一份时间**（连马略特都争取赢得的一个原理）。如果我们想象以确定的速度竖直向上运动的物体，那么按照这个速度的量，物体将上升确定的时间，从而上升确定的距离。在竖直向上的方向上以可想象的最小速度加于可想象的最沉重物体，将对抗重力上升，尽管它仅仅上升一点点距离。因此，如果永远如此沉重的重物受到来自运动物体的瞬时向上的碰撞，在该物体的质量和速度永远如此小、这样的碰撞施加给较重的物体以可想象的最小速度的情况下，那么不管怎样，那个重物在向上的方向上有点屈从和运动。因此，402 **最轻微的**碰撞都能够克服**最大的**压力；或者，如伽利略所说，撞击力与压力相比是**无限大**。有时归因于伽利略一方智力模糊的这一结果，相反地却是他的智力敏锐的出色证据。今天，我们应该说，撞击力、动量、冲量、运动量 mv，都是来自压力 p 的不同**量纲**的量。前者的量纲是 mlt^{-1}，后者的量纲是 mlt^{-2}。因此，压力实际上与碰撞的动量有关，就像线与面有关一样。压力是 p，碰撞的动量是 pt。不使用数学术语，几乎不可能比伽利略更好地表达这一事实。我们现在也看到，为什么用压力可以量度连续流体射流的碰撞。我们把每秒时间消失的动量，与每秒时间作用的压力即形式 pt 的均匀量加以比较。

4. 1668 年，伦敦皇家学会的请求唤醒了对碰撞定律的首次系统处理。三个著名的物理学家沃利斯（1668 年 11 月 26 日）、雷恩

(1668年12月17日)和惠更斯(1669年1月4日)遵从该学会的邀请,把论文提交给它;在论文中,他们在没有演绎的情况下,彼此独立地陈述了碰撞定律。沃利斯仅仅处理了非弹性体的碰撞,雷恩和惠更斯只是处理了弹性体的碰撞。雷恩在发表前陈述了依据实验的定理,它大体上与惠更斯的定理一致。这些是牛顿在《原理》中提到的实验。此后不久,马略特在一篇专门论文《关于物体的碰撞》(*Sur le Choc des Corps*)中,以更为详尽的阐述形式同样描述了相同的实验。马略特也描述了在物理学收藏品中作为撞击机而知的器械。 403

按照沃利斯的观点,碰撞中的决定性因素是**动量**,或质量(pondus,重量)与速度(celeritas)之积。这种动量决定撞击力。若两个具有相等动量的非弹性体相互碰击,则在碰撞后的结果将是静止。若它们的动量不相等,则动量差将是碰撞后的动量。如果我们把这个动量除以质量和,那么我们会得到在碰撞后运动的速度。沃利斯接着在另一篇专题论文《力学或论运动》(*Mechanica sive de Motu*, London, 1671)中描述了他的碰撞理论。他的所有定理可以汇集在当今通常使用的公式 $u=(mv+m'v')/(m+m')$ 中,其中 m、m' 表示质量,v、v' 表示碰撞前的速度,u 表示碰撞后的速度。

5. 导致惠更斯达到他的结果的观念可以在他逝世后的1703年出版的专题论文《论因撞击引起的物体运动》(*De Motu Corporum ex Percussione*)中找到。我们将详细些审查这些结果。惠更斯从这样的假定出发:(1)惯性定律;(2)相等质量的弹性体以相等和相反的速度碰撞，在碰撞后以相等的速度分离；(3)可以相对地估计所有的速度；(4)较大的物体碰击处于静止的较小物体时，它给予后者以速度，并失去它本身的部分速度；最后(5)当碰撞的物体中的**一个**保持它的速度，对于另一个而言情况也得如此。

现在，惠更斯想象两个相等的弹性质量，它们以相等和相反的

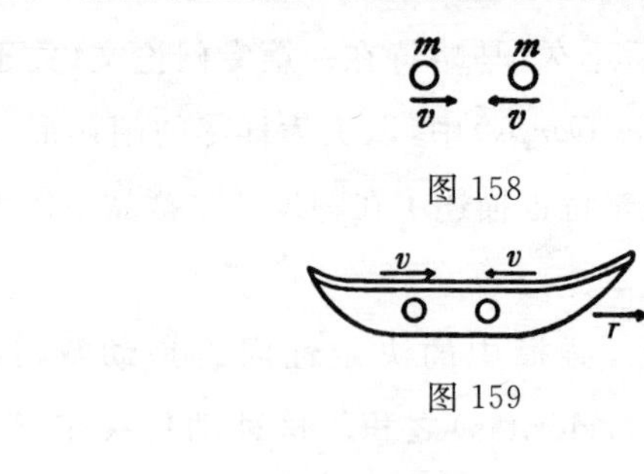

图 158

图 159

出自《论撞击》(惠更斯)的阐明

404 速度相遇。在碰撞后，它们彼此以严格相同的速度弹回。惠更斯正确地**假定**而不是**演绎**这一点。存在在碰撞后恢复它们的形状的弹性物体，在这样的相互作用中没有可察觉的活劲丧失，这是唯有经验能够教导我们的事实。此刻，惠更斯构想刚才描绘的、以速度

正在运动的小船上发生的事件。对于小船中的目击者来说，以前的情况依然继续存在；但是，对于岸边的目击者而言，在碰撞前球的速度分别是 $2v$ 和 0，在碰撞后分别是 0 和 $2v$。因此，在另一个处于静止的相等质量上冲击的弹性体，把它的整个速度传递给后者，并在碰撞后自己保持静止。如果我们假定以任何可想象的速度 u 影响小船，那么相对于岸边的目击者，碰撞前的速度将分别是 $u+v$ 和 $u-v$，在碰撞后的速度分别是 $u-v$ 和 $u+v$。但是，由于 $u+v$ 和 $u-v$ 可以具有无论**任何**值，作为一个原理可以断定，相等的弹性质量在碰撞时**交换**它们的速度。 405

不管多么大的静止物体，用一个无论多么小的物体撞击它，它都开始运动，伽利略指出过这一点。现在，惠更斯表明，物体在碰撞前**靠近**和碰撞后后退以**同一相对的**速度发生。物体 m 冲击在处于静止的质量 M 的物体，它在碰撞时给予 M 以速度 w（图

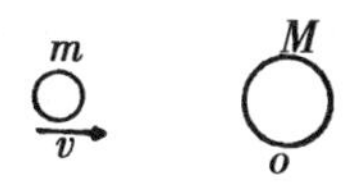

图 160

160)，这个速度还未决定。惠更斯在证明这个命题时设想，事件发生在从 M 向 m 以速度 $w/2$ 运动的小船上。于是，初始速度是 $v-w/2$ 和 $-w/2$，末速度是 x 和 $+w/2$。但是，鉴于 M 不改变它的速度的数值而仅仅改变符号，因此若在弹性碰撞中不必承担活劲损失，那么 m 只能改变它的速度的符号。因而，末速度是 $-(v-w/2)$ 和 $+w/2$。于是，在碰撞前靠近的相对速度实际等于在碰撞后分离的相对速度。无论物体可能经受什么样的速度变化，在每一个实例中，我们通过虚构运动的小船和撇开代数符号，都能够使碰撞

前和碰撞后的速度值保持相同。因此,该命题一般有效。

如果两个质量 M 和 m 以与它们的质量成反比的速度 V 和 v 碰撞,M 在碰撞后将以速度 V 弹回,m 在碰撞后将以速度 v 弹回。

406 让我们假定,在碰撞后速度是 V_1 和 v_1;于是,根据前面的命题,我们必定有 $V+v=V_1+v_1$;根据活劲原理,

$$\frac{MV^2}{2}+\frac{mv^2}{2}=\frac{MV_1{}^2}{2}+\frac{mv_1{}^2}{2}.$$

现在,让我们假定,$v_1=v+w$;于是必然地,$V_1=V-w$;但是,按照这个假定,

$$\frac{MV_1{}^2}{2}+\frac{mv_1{}^2}{2}=\frac{MV^2}{2}+\frac{mv^2}{2}+(M+m)\frac{w^2}{2}.$$

而且,在该实例的条件下,这个方程只能在 $w=0$ 时存留;由此,上面陈述的命题成立。

通过建设性达到的、物体在碰撞之前和之后的可能上升高度的比较,惠更斯证明了这一点。如果冲击物体的速度不与质量成反比,那么借助运动小船的虚构,可以使它们变成这样的。就这样,该命题包括了一切可想象的实例。

在最后的定理之一(11)中,惠更斯断言在碰撞时活劲守恒,他后来也把它交给伦敦学会。但是,该原理清楚明白地处在先前定理的基础。

6. 在着手研究任何事件或现象 A 时,我们可以通过从我们已知的不同现象 B 的视点接近它,获得关于它的组成元素的知识;在这个实例中,我们对 A 的研究将好像是我们以前熟悉的原理的

应用。或者，我们可以由 A 本身开始我们的研究，而且鉴于自然处处是始终均匀的，在起初沉思 A 时可以达到相同的原理。从事碰撞现象的研究同时跟各种其他力学过程的研究在一起，两种分析模式实际上呈现在探究者面前。407

首先，我们可以使我们自己相信，仅仅借助最少的**新**经验，就能够用牛顿原理解决碰撞问题。确实，碰撞定律的研究对牛顿定律的发现做出贡献，但是后者并没有唯一地建立在这个基础上。需要的新经验只不过是存在**弹性体**和**非弹性体**的信息，它们没有包含在牛顿原理中。遭受压力的非弹性体改变它们的形状而无法恢复；弹性体就其一切**形状**而言具有一定的压力系统，以至形状的每一改变都与压力的改变有联系，反之亦然。弹性体恢复它们的形状；而且，引起物体形状改变的力直到物体接触时才开始起作用。

让我们考虑两个非弹性质量 M 和 m，它们分别以速度 V 和 v 运动。若这些质量在具有这些不同的速度时进入接触，则改变形状的内力将在系统 M、m 中形成。这些力不改变系统的运动量，它们也不移动它的重心。随着相等速度的复原，形状改变停止，在弹性体中产生改变的力消失。把碰撞后的运动的共同速度叫做 u，则可得 $Mu+mu=MV+mv$，或者 $u=(MV+mv)/(M+m)$，这就是沃利斯法则。

现在，让我们假定，在预先不知道牛顿原理的情况下，我们正在研究碰撞现象。我们很快发现，当我们如此行进时，速度并不是碰撞的**唯一**确定性因素；还有另外的物理量（重量、负荷、质量）是决定性的。在我们注意这个事实时，很容易处理最简单的实例。408

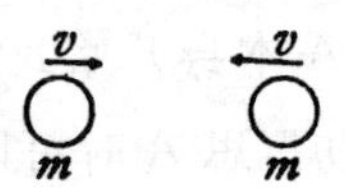

图 161

若两个相等重量或相等质量的物体以相等和相反的速度碰撞(图161),进而若物体在碰撞后不分离,而保持某一共同的速度,那么很清楚,在碰撞后单独的**唯一**决定的速度是速度 0。此外,如果我们做出观察,只是速度的**差异**即相对速度决定碰撞现象,那么通过想象运动环境(经验告诉我们它对事件没有影响),我们很容易察觉附加的情况。就具有速度 v 和 0 或 v 和 v' 的相等的非弹性质量而言,碰撞后的速度是 $v/2$ 或 $(v+v')/2$。理所当然的是,只有在经验告知我们**什么**是现象的基本的和决定性的特征之后,我们才能够追求这样的思考路线。

如果我们转到不相等的质量,那么我们从经验不仅必须了解质量**普遍地**具有重要性,而且也必须了解**以什么方式**它的影响是有效的。例如,如果两个具有速度 v 和 V 的质量 1 和 3 的物体碰撞,那么我们可以这样推理:我们从质量 3 去掉质量 1(图 162),首

409

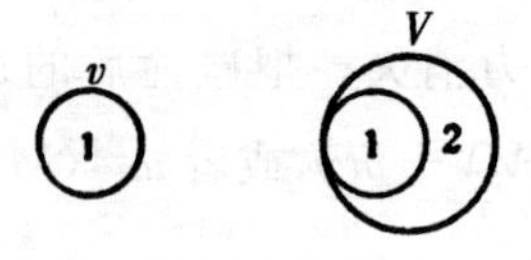

图 162

先使质量 1 和 1 碰撞,则合速度是 $(v+V)/2$。现在,为了使速度 $(v+V)/2$ 和 V 相等,就要使质量 1＋1＝2 和 2 相等,这应用相同的原理给出

$$\frac{\frac{v+V}{2}+V}{2}=\frac{v+3V}{4}=\frac{v+3V}{1+3}.$$

现在，让我们更一般地考虑质量 m 和 m'，这在图 163 描绘为

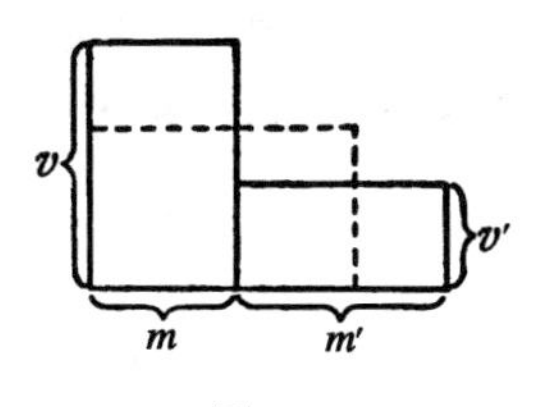

图 163

适当比例的水平线。这些质量受到速度 v 和 v' 的影响，我们用垂直于质量线的纵坐标代表速度。假定 $m<m'$，我们从 m' 去掉 m 部分。m 和 m 抵消给出具有速度 $(v+v')/2$ 的质量 $2m$。虚线指出这种关系。针对剩余部分 $m'-m$，我们类似地继续进行。我们从 $2m$ 掉 $m'-m$，并得到具有速度 $(v+v')/2$ 的质量 $2m-(m'-m)$ 和具有速度 $[(v+v')/2+v']/2$ 的质量 $2(m'-m)$。以这种方式，我们可以继续行进，直到就整个质量得到**相同的**速度 u。在图中指出的作图法十分清楚地表明，面方程 $(m+m')\ u=mv+m'v'$ 在这里成立。不过，我们很容易察觉，除了和 $mv+m'v'$ 以外，我们不能追求这条推理路线，正是 m 和 v 的影响的**形式**，通过某一经验，作为确定性的和决定性的因素预先启发我们。如果我们声明放弃使用牛顿原理，那么在 mv 的重要性方面等价于这些原理的另外一些特殊经验就是必不可少的。

7. 弹性质量的碰撞也可以用牛顿原理处理。在这里需要的唯一观察是，弹性物体的形变起**恢复力**的作用，该力直接依赖于形　410

变。而且，物体具有不可穿透性；也就是说，当受到不相等影响的物体在碰撞相遇时，产生等于这些速度的力。如果两个弹性质量 M、m 以速度 C、c 碰撞，那么将引起形变，直到两个物体的速度相等时，形变才会终止。在这个时刻，由于仅仅包含内力，且系统的动量和重心的运动依然不变，共同的相等的速度将是

$$u=\frac{MC+mc}{M+m}.$$

因而，直到这时，M 的速度经受减小 $C-u$，m 的速度经受增大 $u-c$。

但是，弹性体是恢复它们的形状的物体，在**完全**弹性体中，产生形变的非常相同的力将仅仅以相反的顺序通过十分相同的时间和空间元**再次**发生作用。因而，在 M 意外碰上 m 的假定之上，M 将第二次维持速度减小 $C-u$，m 将第二次收到速度增大 $u-c$。由此，我们就碰撞后的速度 V、v 得到表达式 $V=2u-C$ 和 $v=2u-c$，或者

$$V=\frac{MC+m(2c-C)}{M+m},v=\frac{mc+M(2C-c)}{M+m}.$$

411　在这些公式中，若我们令 $M=m$，则结果将是 $V=c$ 和 $v=C$；或者，若撞击的质量相等，则它们拥有的速度将交换。再者，由于在特例中 $M/m=-c/C$ 或 $MC+mc=0$，则结果是 $V=2u-C=-C$ 和 $v=2u-c=-c$；即在这个实例中质量相互以它们靠近的相同速度（只是方向相反）退去。以速度 C、c 影响、在相同的方向视为正的任何两个质量的靠近，都以速度 $C-c$ 发生；它们的分离以速度 $V-v$ 发生。但是，由 $V=2u-C$、$v=2u-c$ 立即可得 $V-v=-(C-c)$；也就是说，靠近和退去的相对速度是相同的。利用表

达式 $V=2u-C$ 和 $v=2u-c$，我们也非常容易发现两个定理

$$MV+mv=MC+mc \text{ 和}$$

$$MV^2+mv^2=MC^2+mc^2;$$

这断定，视为在相同的方向上碰撞前和碰撞后的运动量是相同的，而且在碰撞前和碰撞后系统的活劲也是相同的。就这样，我们通过利用牛顿原理，达到惠更斯的一切结果。

8. 如果我们从惠更斯的观点考虑碰撞定律，那么下面的深思立即值得我们注意。任何质量系统的重心能够达到的上升高度由它的活劲 $\frac{1}{2}\sum mv^2$ 给出。在力做功的每一个实例中，在质量伴随力这样的实例中，这个和因等于所做的功的量值而增加。另一方面，在系统与力相反地运动的每一个实例中，也就是如我们可以说的，当**对**系统**做**功时，这个和因所做的功的量值而减少。因此，只要**对**系统所做的功和**由**系统所做的功的代数和不变，那么无论发生什么其他变化，和 $\frac{1}{2}\sum mv^2$ 也依然不变。现在，在观察到实体系统的第一个特性时，惠更斯不禁注意到，活劲之和在碰撞前及碰撞后也必定是相同的；这个特性是他在摆的研究中发现的，也是在碰撞的实例中得到的。比如在碰撞物体的形状相互发生的变化中，倘若物体总是产生完全由它们呈现的外形决定的力的话，所考虑的实体系统**对**它所**做**的功与在变化逆转时**由**系统所**做**的功具有相同的量值，而且借助用来使系统产生变化的相同的力，它们恢复它们原来的形状。唯有**一定的经验**才能告知我们后一个过程发生。因此，这个定律只有在所谓的**完全**弹性体的实例中得到。 412

从这个观点反复思忖，惠更斯碰撞定律的大多数立即随之而来。以相等而相反的速度相互撞击的相等质量，以相同的速度弹回。只有当速度**相等**时，才可以**唯一地**决定它们；而且，只有它们在碰撞前和碰撞后是**相同的**情况下，它们才符合活劲原理。进而，显而易见，如果不相等的质量之一在碰撞时仅仅改变它的速度的符号而不改变大小，那么就另一个质量而言情况必定也是这样。不过，按照这个假定，在碰撞后分离的相对速度与在碰撞前靠近的速度是相同的。能够把每一个可以想象的实例划归为这个实例。设 c 和 c' 是质量 m 在碰撞前和碰撞后的速度，并设它们具有任何数值和任何符号，我们想象**整个**系统收到这样大小的速度，即 $u+c=-(u+c')$ 或 $u=(c-c')/2$。这样一来，将可以看到，就该系统而言，总是有可能发现这样的传输速度，即质量之一将仅仅改变它的符号。因此，关于靠近和退回的速度的命题普遍有效。

鉴于惠更斯特有的观念群并未充分完善，在撞击质量的速度比率原来并非已知的情况下，他被迫就某些概念利用伽利略-牛顿体系，上面指出了这一点。虽然没有清晰地表达出来，但是质量和动量概念的这种挪用包含在下述命题中：当在碰撞前 $M/m=-c/C$ 时，每一个撞击质量的速度仅仅改变它的符号。

假如惠更斯把自身全部局限在他自己的观点内，他几乎不可能**发现**这个命题，尽管一旦发现，他就能够依照他自己的样式提供它的**演绎**。在这里，由于所产生的动量是相等的和相反的事实，在形状变化结束时，质量的相等的速度将是 $u=0$。当形状的变化逆转，完成系统原先经受的相同的做功量时，具有**相反**符号的**相同**速度将得以**恢复**。

如果我们想象受**平移**速度影响的整个系统，那么这个**特殊的**实例将同时描述**普遍的**实例。设撞击质量在图中用 $M=BC$ 和 m 414

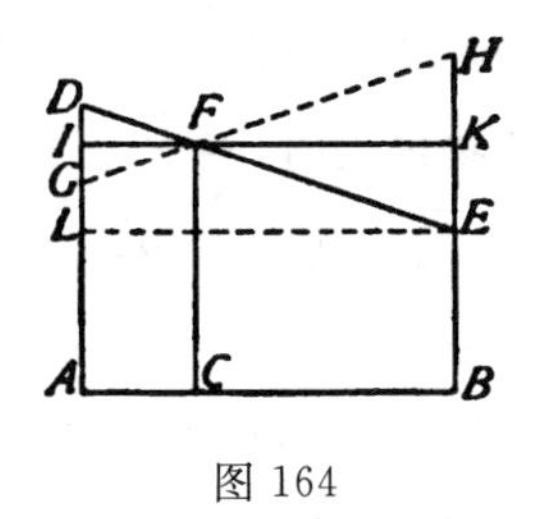

图 164

$=AC$ 表示（图 164），并设他们各自的速度用 $C=AD$ 和 $c=BE$ 表示。在 AB 上作垂线 CF，通过 F 画 IK 平行于 AB。于是，$ID=(m\cdot\overline{C-c})/(M+m)$ 和 $KE=(M\cdot\overline{C-c})/(M+m)$。按照该假定，既然我们使质量 M 和 m 以速度 ID 和 KE 碰撞，而我们同时给予作为一个整体的系统以速度

$$u=AI=KB=C-(m\cdot\overline{C-c})/(M+m)=$$

$$c+(M\cdot\overline{C-c})/(M+m)=(MC+mc)/(M+m);$$

以速度 u 正在向前运动的目击者将看到所描述的特殊的实例，而处于静止的目击者将看到普遍的实例，倘若速度是它们可能的速度的话。由这个概念，上面演绎的碰撞的普遍公式立即随之而来。我们得到：

$$V=AG=C-2\,\frac{m(C-c)}{M+m}=\frac{MC+m(2c-C)}{M+m},$$

$$v=BH=c+2\,\frac{M(C-c)}{M+m}=\frac{mc+M(2C-c)}{M+m}.$$

惠更斯简单地察觉，不受速度**差**影响的物体在碰撞时并不相互作用，他的虚拟运动的成功使用就是这一察觉的结果。所有碰

415 撞力由速度差决定(正像所有的热效应由温度差决定一样)。而且,由于力一般地不决定速度,而仅仅决定速度的变化,或者再次决定速度差,因而在碰撞的每一方面,唯一决定性的因素是速度**差**。就估价速度的这些物体而言,情况是不同的。事实上,由于缺乏实践,在我们看来似乎是不同的许多实例,在仔细审查时原来是同一实例。

类似地,运动物体做功的本领,不管我们用它的动量就它的作用时间量度它,还是用它的活劲就它作用通过的距离量度它,在涉及单个物体时都没有意义。只有当引入第二个物体时,才赋予它这样的意义;于是,在第一个实例中速度差是决定性的,在第二个实例中速度差的平方是决定性的。**速度**是物理的**水准**,就像温度、势函数等等一样。

仍然受到注意的是,惠更斯在研究碰撞现象时最初能够达到他在先前研究摆时达到的相同结果。在每一个实例中,存在一件事情,存在一件仅仅要做的事情,这就是**在所有事实中发现相同的元素**,或者如果你乐意的话,在一个事实中**再**发现我们已知的另一个事实的元素。不过,研究从哪些事实开始,则是历史偶然的问题。

9. 让我们以几个普遍性的评论,对论题的这部分做周密的审查。在非弹性体和弹性体二者中,运动物体系统的**动量**之和在碰416 撞时保持下来。但是,这种保持并未**精确地**在笛卡儿的意义上发生。一个物体动量减少与另一个物体动量增加不成比例;惠更斯首次注意到这个事实。例如,若两个具有相等和相反速度的、相等的非弹性质量在碰撞时相遇，那么两个物体在笛卡儿的意义上都失去它们的整个动量。然而，如果我们把**在给定方向上**的一切速度算做正的，把在相反方向上的一切速度算做负的，那么动量之和**被**保持下来。在这个意义上构想的运动量总是被保持下来。

非弹性质量的系统的活劲在碰撞时改变了；完全弹性质量的系统的动量得以保持。很容易确定在非弹性质量碰撞时引起的活劲减少，或者一般地很容易确定，当撞击的物体在碰撞后以共同的速度运动时引起的活劲减少。设 M、m 是质量，C、c 是它们在碰撞前各自的速度，u 是它们在碰撞后共同的速度；于是活劲损失是

$$\frac{1}{2}MC^2+\frac{1}{2}mc^2-\frac{1}{2}(M+m)u^2 \quad \cdots\cdots\cdots\cdots (1)$$

考虑到事实 $u=(MC+mc)/(M+m)$，这可以用形式 $\frac{1}{2}(Mm/\overline{M+m})(C-c)^2$ 表达。卡诺(Carnot)提出这一损失的形式是

$$\frac{1}{2}M(C-u)^2+\frac{1}{2}m(u-c)^2 \quad \cdots\cdots\cdots\cdots\cdots (2)$$

如果我们选择后一种形式，那么可以辨认表达式 $\frac{1}{2}M(C-u)^2$ 和 $\frac{1}{2}m(u-c)^2$ 是**内力的功**产生的活劲。因此，在碰撞时活劲的损失等价于内力或所谓的分子力所做的功。如果我们使两个表达式(1)和(2)相等，回忆一下 $(M+m)u=MC+mc$，那么我们将得到 417 恒等方程。对于估计由于机械部分碰撞引起的损失，卡诺的表达式是重要的。

在前面的所有阐述中，我们把撞击质量作为在连接它们的线的方向上运动的点来对待。当重心和撞击质量的接触点在一条直

线时，也就是在所谓的直接碰撞中，这种简化是可接受的。所谓的**斜**碰的研究有些复杂，但是在原则之点没有显示特别的兴趣。

沃利斯处理了不同特点的问题。如果物体绕它的轴旋转，它的运动突然被它的一个点的保留制止，撞击力将随制动点的位置(距轴的距离)变化。沃利斯称碰撞强度是最大的点为**撞击中心**。若这个点被制止，则轴将不承受压力。在这里，我们没有必要详细进入这些研究；沃利斯的同代人和后继者在许多方面扩充和发展了它们。

10. 现在，在结束这一节之前，我们审查一下碰撞定律的有趣应用；也就是用**冲击摆**决定抛射体的速度。用无重量和无质量的

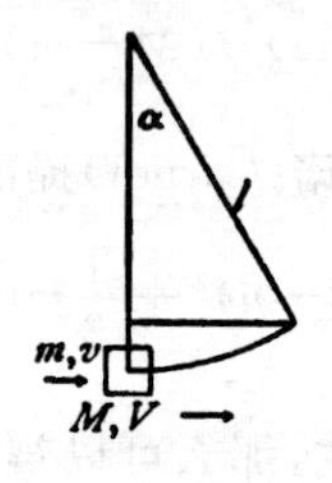

图 165

细线悬挂质量 M(图 165)，使得像摆一样振动。在平衡位置时，它突然收到水平速度 V。它借助这一速度上升到高度 $h=l(1-\cos\alpha)=V^2/2g$，这里 l 表示摆长，α 表示延伸的角度，g 表示重力加速度。鉴于在振动时间 T 和量 l、g 之间存在关系 $T=\pi\sqrt{l/g}$，我们很容易得到 $V=(gT/\pi)\sqrt{2(1-\cos\alpha)}$；而且，利用熟悉的三角公式，也很容易得到

418

$$V=\frac{2}{\pi}gT\sin\frac{\alpha}{2}.$$

现在,如果速度 V 是由以速度 v 投射的质量 m 的抛射体产生的,而且在它前进时阻止 M 下垂,以至不管碰撞是弹性的还是非弹性的,在任何情况下两个质量在碰撞后都获得**共同的**速度 V,于是可得 $mv=(M+m)V$;或者,若 m 与 M 相比足够小,也可得 $v=(M/m)V$;由此最后可得

$$v=\frac{2}{\pi}\cdot\frac{M}{m}gT\sin\frac{\alpha}{2}.$$

如果不许可把冲击摆视为单摆,那么与我们前面使用的原理一致,我们的推理将采取下述样子。速度为 v 的抛射体 m 具有动量 mv,在很短的时间间隔 τ,这个量由于碰撞被压力 p 减少为 mV。于是,在这里 $m(v-V)=p\tau$。与彭赛列一样,我们拒绝产生**更即刻的**速度的**瞬时**力之类的任何东西。这样称呼的东西是十分大的力,以至它们在非常短的时间间隔内产生可察觉的速度,但是在其他方面却与继续作用的力没有区别。如果不能认为在碰撞时起作用的力在它的整个作用期间是恒定的,那么我们只有提出表达式 $\int pdt$ 以代替表达式 $p\tau$。在其他方面,推理是相同的。　419

等于使抛射体动量消失之力的力,反作用于摆。如果我们选取发射抛射体的路线、也就是力的路线垂直于摆的轴,并且距轴的距离为 b,那么这个力的力矩是 bp,引起的角加速度是 $bp/\sum mr^2$,在时间 τ 产生的角速度是

$$\varphi=\frac{b\cdot p\tau}{\sum mr^2}=\frac{bmv}{\sum mr^2}.$$

因此,摆在时间 τ 结束时具有的活劲是

$$\frac{1}{2}\varphi^2\sum mr^2=\frac{1}{2}\frac{b^2m^2v^2}{\sum mr^2}.$$

借助这一活劲，摆完成偏移 α，它的重量 Mg 被提升距离 $a(1-\cos\alpha)$（a 是重心距轴的距离）。在这里所做的功是$Mga(1-\cos\alpha)$，这等于上面提到的活劲。使两个表达式相等，我们很容易得到

$$v=\frac{\sqrt{2Mga\sum mr^2(1-\cos\alpha)}}{mb};$$

回忆一下振动时间是

$$T=\pi\sqrt{\frac{\sum mr^2}{Mga}},$$

并利用上面直接诉诸的三角简化，也可以得到

420

$$v=\frac{2}{\pi}\frac{M}{m}\frac{a}{b}gT\cdot\sin\frac{\alpha}{2}.$$

这个公式在每一个方面都类似于在简单实例中得到的公式。为决定 v 所需要的观察是，摆的质量和抛射体的质量，重心和撞击点距轴的距离，振动的时间和范围。公式也清楚地显示出速度的量纲。表达式 $2/\pi$ 和 $\sin\alpha/2$ 是简单数字，M/m 和 a/b 也是这样，在这里分子和分母二者都是用相同类型的单位表示的。但是，因子 gT 具有量纲 lt^{-1}，因而是速度。冲击摆是罗宾斯（Robins）发明的，他在 1742 年出版的名为《射击学的新原理》（*New Principle of Gunnery*）的专题著作中详细描述了它。

（五）达朗伯原理

1. 对于急速地和方便地解决力学问题而言，最重要的原理之

一是**达朗伯原理**。关于惠更斯的几乎所有杰出的同代人和后继者从事的振动中心的研究，直接导致一系列的简单观察，达朗伯最终在以他的名字表达的原理中概括和体现了这些观察。首先，我们将对这些初始的工作情况投以一瞥。它们几乎毫无例外地是由取代惠更斯演绎的愿望唤起的，这一点在更**有说服力的**证据之前，似乎不是足够明显的。正像我们已经看到的，虽然这种愿望由于历史的环境基于误解，但是我们当然没有必要为如此达到的新观点感到懊悔。 421

2. 在惠更斯之后，在振动中心理论奠基者的重要性上，第一个人是詹姆斯·伯努利，他早在 1686 年就试图用杠杆说明复摆。不管怎样，他达到的结果不仅是模糊的，而且与惠更斯的概念有分歧。1690 年在《鹿特丹杂志》(*Journal de Rotterdam*)上，伯努利的错误受到德洛皮塔尔侯爵(Marquis de L'Hôpital)的责备。在**无限小的**时间间隔获得的速度代替在**有限的**时间获得的速度之考虑，即最后提到的数学家促使的考虑，导致困扰这个问题的主要困难得以消除；接着，1691 年在《学者杂志》，1703 年在《巴黎科学院会议录》(*Proceedings of the Paris Academy*)，詹姆斯·伯努利纠正了他的错误，并以最后的和完备的形式描述了他的结果。在这里，我们将再现他最后演绎的基本点。

水平的、无质量的杆绕 AB 自由转动(图 166)；而且，在距 A 的距离 r、r' 处，缚有质量 m、m'。这些**如此连接的**质量将下落的加速度，不同于切断它们的连接、它们自由下落时它们呈现的加速度。在迄今未知的距 A 的距离 x 处，将存在一点且仅仅存在一

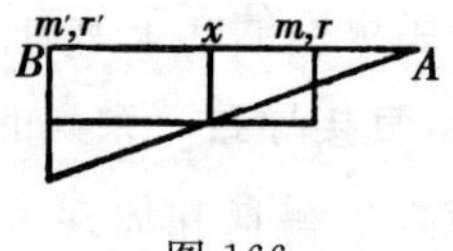

图 166

点，该点将以它自由下落即以加速度 g 下落时它能够具有的相同加速度下落。这个点被称为振动中心。

422　若把 m 和 m' 缚到与它们的质量不成比例的地球上，但是如此缚 m，以便当它自由时以加速度$\varphi=gr/x$下落，m'以加速度 $\varphi'=gr/x$ 下落，也就是说，若质量的**自然的**加速度与它们距 A 的距离成比例，那么当把这些质量连接起来时，它们不会相互干扰。无论如何，实际上，m 由于连接维持向上的加速度分量 $g-\varphi$，m' 由于相同的事实收到向下的加速度分量 $\varphi'-g$；也就是说，前者经受向上的力 $m(g-\varphi)=g(\overline{x-r}/x)m$，后者经受向下的力 $m'(\varphi'-g)=g(\overline{r-x}/x)\,m'$。

无论如何，质量由于唯一地通过连接它们的杠杆中介相互施加它们具有的影响，因而作用在一个质量上的向上的力和作用在另一个质量上的向下的力必须满足杠杆定律。如果质量 m 由于它与杠杆连接受到来自它可能获得的运动的力而退缩，如果它是自由的，那么它也因为反作用在杠杆上施加相同的力。唯有这种反作用拉力，能够转移到 m'，并在这里被压力 $f'=(r/r')\,f$ 抵消，因而它等价于后者压力。因此，与上面所说过的一致，存在关系 $g(\overline{r-x}/x)m'=r/r'\cdot g(\overline{x-r}/x)m$ 或$(x-r)mr=(r'-x)m'r'$；由此我们得到 $x=(mr^2+m'r'^2)/(mr+m'r')$，这正好是惠更斯发现的东西。

3. 约翰·伯努利(在 1712 年)以不同的方式劲头十足地对付振动中心问题。在他的选集(*Opera*, Lausanne and Geneva, 1762, Vols. II and IV)可以查看他的工作情况。在这里,我们将详细审查这位物理学家的主要观念。伯努利通过构想分离的**质量**和**力**达到他的目标。 423

第一,让我们考虑不同长度 l、l' 的单摆,它们的摆锤受到与摆的长度成比例的重力加速度的影响,即让我们设 $l/l'=g/g'$。鉴于摆的振动时间是 $T=\pi\sqrt{l/g}$,因而可得这些摆的振动时间将是相同的。使摆的长度加倍,同时相应地使重力加速度加倍,不改变振动的周期。

第二,虽然我们不能直接改变地球上任何一个地点的重力加速度,但是我们能够做相当于这种改变的事情。例如,想象长度 $2a$ 的伸直的、无质量的杆,自由地绕它的中点转动;质量 m 缚在它的一

图 167

端,质量 m' 缚在它的另一端(图 167)。于是,在距轴距离 a 处,总质量是 $m+m'$。但是,作用在它上面的力是 $(m-m')$,相应地加速度是 $(\overline{m-m'}/\overline{m+m'})g$。由此,为了找到具有通常重力加速度的、与现有的长度为 a 的摆等时的单摆的长度,我们利用前面的定理提出

$$\frac{l}{a}=\frac{g}{\frac{m-m'}{m+m'}g}\text{或 } l=a\,\frac{m+m'}{m-m'}.$$

424 **第三**,我们想象长度为 1、在它的末端具有质量 m 的单摆。依据杠杆原理,m 的重量产生的加速度与这个力在距悬挂点的距离 2 处产生的一半加速度相同。因此,放置在距离 2 处的质量 m 之半因施加在 1 处的力的作用会经受相同的加速度,而质量 m 的四分之一会经受加倍的加速度;因此,具有在距悬挂点的距离 1 处原来的力的、长度为 2 的和在它的末端具有原来质量的四分之一的单摆,与原来的单摆是等时的。把这个推理加以推广,显而易见,在不改变摆的振动时间的情况下,我们可以把在任何距离 r 作用在复摆的任何力 f 通过使它的值为 rf 转移到距离 1,把一切放置在距离 r 处的质量通过使它的值为 r^2m 转移到距离 r。若力 f 作用于杠杆臂 a(图 168),而把质量 m 缚在距轴的距离 r 处,则 f 将

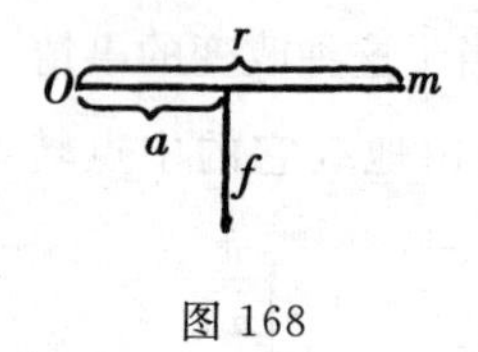

图 168

等价于施加在 m 上的力 af/r,并将给予它以直线加速度 af/mr 和角加速度 af/mr^2。由此,为了找到复摆的角加速度,我们把**静矩**之和除以**转动惯量**之和。

英国人布鲁克·泰勒(Brook Taylor)[①]也依据实质上相同的原理发展了这个观念,但却是完全独立于约翰·伯努利。可是,直到某个时期之后即 1714 年,他的解答才在他的著作《增量方法》(*Methodus Incrementorum*)发表了。

① 泰勒定理的作者,也是关于透视的非凡工作的作者。——英译者注

上面是解决振动中心问题的最重要的尝试。我们将看见，它们包含着非常相同的观念，达朗伯以概括的形式阐明了这些观念。 425

4. 使力 P、P'、P''……施加在以任何方式相互关联的点 M、

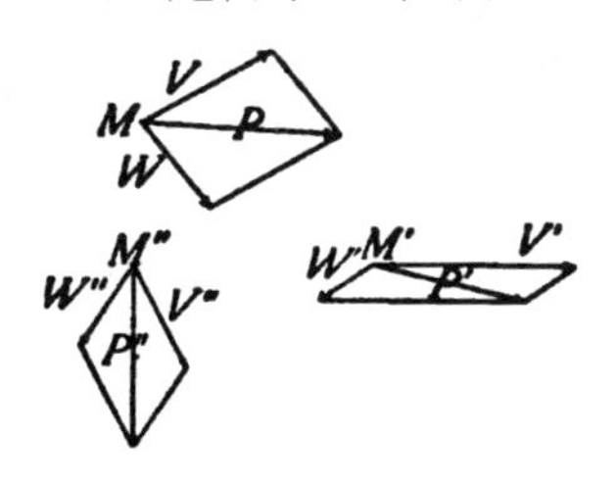

图 169

M'、M''……系统上①(图 169)。这些力能够给予系统的**自由**点以某一确定的运动。可是，通常把**不同的**运动给予**关联的**点，这些运动能够由力 W、W'、W''……产生。最后这些运动是我们将研究的运动。

设想力 P 分解为 W 和 V 的，P'分解为 W'和 V'，力 P''分解为 W''和 V''，如此等等。由于关联，只有分量 W、W'、W''……是有效的，因此力 V、V'、V''……必须被该关联**平衡**。我们将把力叫做**外加**力，把产生实际运动的力 W、W'、W''……叫做**有效**力，把力 V、V'、V''……叫做**获得的和失去的**力或**平衡**力。这样一来，我们察觉到，如果我们把外加力分解为有效力和平衡力，那么后者就形成被关联平衡的系统。这就是达朗伯原理。在它的阐述中，就出现的力产生的动量而言，我们只容许我们自己对这些力做非本质的

① 用精确的专门语言讲，它们属于**约束**，也就是说，力被看做是无限的，在它们的运动之间强加某种关系。——英译者注

426 修改。以这种形式，达朗伯 1743 年在他的《动力学论文》(*Traité de dynamique*)中陈述了这个原理。

由于系统 V、V'、V''……处于平衡，在这里可以应用**虚位移**原理。这给出达朗伯原理的第二种形式。第三种形式如下得到：力 P、P'……是分量 W、W'……和 V、V'……的合力。因此，若我们把力 $-P$、$-P'$……与力 W、W'……和 V、V'……组合起来，则可得到平衡。力系 $-P$、W、V 处于平衡。但是，系统 V 独立地处于平衡。因此，系统 $-P$、W 也处于平衡，系统 P、$-W$ 同样也处于平衡。相应地，如果把具有正号的有效力与外加力结合在一起，那么由于关联，两个力将平衡。虚位移原理也可以应用于系统 P、$-W$。拉格朗日 1788 年在他的《分析力学》(*Mécanique analytique*)中做了这一切。(图 170)

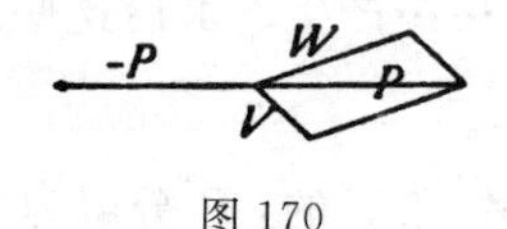

图 170

在系统 P 和系统 $-W$ 存在平衡的事实，还可以用另外的方式表达。我们能够说，系统 W 与系统 P **处于平衡**。以这种形式，赫尔曼(Hermann)(*Phoronomia*, 1716)和欧拉(*Comment. Acad. Petrop.*, Old Series, Vol. VII, 1740)使用了该原理。它在实质上与达朗伯原理毫无二致。

5. 现在，我们将用一两个例子阐释达朗伯原理。

把负荷 P 和 Q 悬挂在半径为 R、r 的无质量的轮轴上(图 171)，这没有处于平衡。我们把力 p 分解为(1) W(如果质量是自

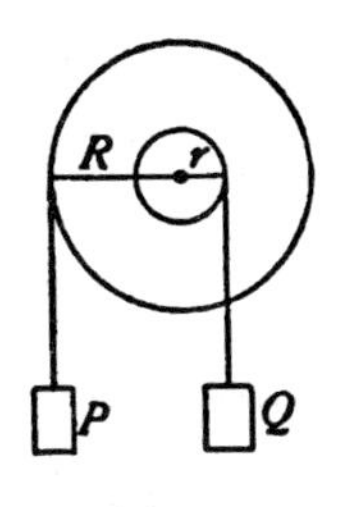

图 171

由的，该力能够产生质量的实际运动）和(2)V，也就是说，我们使 427 $P=W+V$，也使 $Q=W'+V'$；很明显，我们在这里可以不顾不在竖直方向的所有运动。相应地，我们有 $V=P-W$ 和 $V'=Q-W'$；并且，由于力 V、V'处于平衡，也有 $V\cdot R=V'\cdot r$。在最后的方程中用它们在前者中的值代换 V、V'，我们得到

$$(P-W)R=(Q-W')r \quad \cdots\cdots\cdots\cdots\cdots\cdots (1)$$

这也可以利用达朗伯原理的第二种形式直接得到。从问题的条件，我们很容易察觉，我们在这里不得不处理匀加速运动，因此所需要的一切是要弄清加速度。采用引力量度，我们有力 W 和 W'，这些力在质量 P/g 和 Q/g 上产生加速度 γ 和 γ'；因此，$W=(P/g)\gamma$ 和 $W'=(Q/g)\gamma'$。相应地，方程(1)成为形式

$$\left(P-\frac{P}{g}\gamma\right)R=\left(Q+\frac{Q}{g}\frac{r}{R}\gamma\right)r \quad \cdots\cdots\cdots\cdots\cdots (2)$$

由此可得两个加速度的值

$$\gamma=\frac{PR-Qr}{PR^2+Qr^2}Rg \text{ 和 } \gamma'=-\frac{PR-Qr}{PR^2+Qr^2}rg.$$

这些最后的方程决定运动。

一瞥即见，相同的结果能够通过使用静矩和转动惯量得到。用这种方法，我们就角加速度得到

428

$$\varphi=\frac{PR-Qr}{\frac{P}{g}R^2+\frac{Q}{g}r^2}=\frac{PR-Qr}{PR^2+Qr^2}\cdot g;$$

鉴于 $\gamma=R\varphi$ 和 $\gamma'=-r\varphi$，我们再次得到前面的表达式。

当给出质量和力，寻找系统运动的问题就是**确定的**。不管怎样，只要假定给出 P 运动的加速度 γ，问题就是寻找产生这个加速度的负荷 P 和 Q。我们很容易从方程(2)得到结果 $P=Q(Rg+r\gamma)\ r/(g-\gamma)R^2$，也就是 P 和 Q 之间的关系。因此，两个负荷之一是任意的。在这个形式中的问题是**不确定的**问题，可以以无限数目的不同方式解决。

把在竖直的直线 AB 上自由运动的重量 P 缚到细绳（图

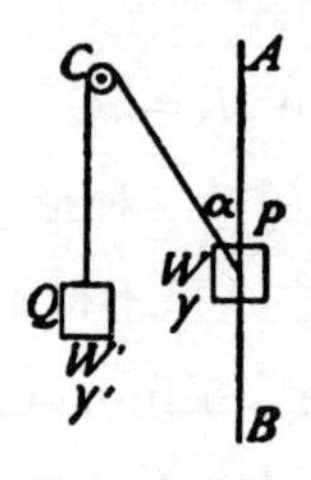

图 172

172），细绳通过滑轮并在另一端携带重量 Q。细绳与线 AB 成可变的角度 α。正在处理的实例运动不能是匀加速的。但是，如果我们只考虑竖直运动，那么我们能够很容易针对 α 的每一个值给出 P 和 Q 的即时加速度（γ 和 γ'）。严格按照我们在最后的实例中所做的进行，我们得到

$$P=W+V,$$

$$Q=W'+V',$$

也可得到

$V'\cos\alpha = V$；或者，由于 $\gamma' = -\gamma\cos\alpha$，则

$$\left(Q + \frac{Q}{g}\cos\alpha\gamma\right)\cos\alpha = P - \frac{P}{g}\gamma\text{；由此}$$

429

$$\gamma = \frac{P - Q\cos\alpha}{Q\cos^2\alpha + P}g,$$

$$\gamma' = -\frac{P - Q\cos\alpha}{Q\cos^2\alpha + P}\cos\alpha\, g.$$

通过使用静矩和转动惯量的观念，我们可以很容易以更为普遍化的形式达到相同的结果。下面的深思将使这一点变得很清楚。作用在 P 上的力或静矩是 $P - Q\cos\alpha$。但是，重量 Q 运动得像 P 的 $\cos\alpha$ 倍一样快；因而，它的质量必定取 $\cos^2\alpha$ 倍。相应地，P 收到的加速度是

$$\gamma = \frac{P - Q\cos\alpha}{\frac{Q}{g}\cos^2\alpha + \frac{P}{g}} = \frac{P - Q\cos\alpha}{Q\cos^2\alpha + P}g.$$

以相似的方式，可以找到 γ' 的相应的表达式。

前面的步骤基于简单的觉察：质量运动的圆形路线没有意义，而只有**相对**速度和**相对**位移有意义。转动惯量概念的这种扩展常常可以有利地使用。

6. 既然已经充分地阐释了达朗伯原理的应用，要得到它的意义的清楚的观念将不困难。在这里，依靠在研究**平衡**问题时达到的关于相关的物体相互作用的经验，处置与相关点的**运动**有关的问题。在最后提到的经验并非足够的地方，达朗伯原理也不能完成什么事情，要举的例子将充分地表明这一点。因此，我们应该小心避免达朗伯原理是**普遍**原理、它使特殊的经验成为多余的概念。

430

它的简明性和明显的简单性完全是由于它使我们诉诸我们已经拥有的经验之事实。凭借基于精确的和缜密的考虑,不能省却对该课题的详细的知识。我们必须从所描述的实例中通过直接研究获得这种知识,或者我们必须在其他某一课题的研究中先前获得它,并伴随我们把它带入手头的问题。事实上,正如我们的例子表明的,我们从达朗伯原理获悉的东西,我们用其他方法也能够获悉。在问题的解决中,该原理履行例行形式的职责,这种职责通过为利用我们以前已知的和熟悉的经验提供方向,在某种程度上节省我们彻底思考的麻烦。该原理保证对过程的**实际把握**,而它却不能如此之多地促进我们对它们的**洞察**。该原理的价值具有经济的特点。

当我们用达朗伯原理解决问题时,我们可以满足于先前就平衡获得的经验,该原理隐含经验的应用。但是,如果我们希望**清楚地和透彻地**理解现象,也就是说,在其中发现我们熟悉的最简单的力学元素的话,那么我们便不得不把我们的研究向前推进,并以类似于在第 353 页寻求的方式,用牛顿或惠更斯的概念代替我们关于平衡的经验。若我们采用前一个选择,我们将在内心领会所展现的、物体彼此之间相互作用产生的加速运动;若采取第二个选择,我们将直接凝视所做的**功**,而在惠更斯的概念中活劲依赖于功。倘使我们使用虚位移原理表达系统 V 或 $P-W$ 的平衡条件的话,那么后一个观点是特别方便的。于是,达朗伯原理断定,系统 V 或系统 $P-W$ 的虚矩之和等于零。于是,所做的总功**唯一地**由系统 P 完成;相应地,系统 W 完成的功必定等于系统 P 做的功。忽略关联的胁变,有**可能**做的所有功都是由于**外加**力。正如

431

将要看到的，在这种形式中的达朗伯原理并非必然不同于活劲原理。

7. 在达朗伯原理的实际应用中，要把外加给系统的质量 m 上的每一个力 P 分解为相互垂直的、平行于直角坐标系的轴的分量 X、Y、Z，要把每一个有效力分解为对应的分量 $m\xi$、$m\eta$、$m\zeta$——这里 ξ、η、ζ 表示在坐标方向的加速度，要以相似的方式把每一个位移分解为三个位移 δx、δy、δz，都是很方便的。鉴于每一个分量力所做的功只有在平行于分量作用方向上的位移中才是有效的，系统（P、$-W$）的平衡由下述方程给出： 432

$$\sum\{(X-M\xi)\delta x+(Y-m\eta)\delta y+(Z-m\zeta)\delta z\}=0 \quad \cdots \ (1)$$

$$\sum(X\delta x+Y\delta y+Z\delta z)=\sum m\,(\xi\delta x+\eta\delta y+\zeta\delta z) \quad \cdots \ (2)$$

这两个方程是上面阐述的关于外加力**可能的**功的命题的直接表达。若这个功等于0，则平衡的特例作为结果产生。虚位移原理作为**特**例从达朗伯原理的这个表达涌出；这完全与理性一致，因为在一般的实例和特殊的实例中，对**功的含义**的实验察觉是唯一重要的事情。

方程(1)给出运动需要的公式；我们只是必须尽可能多地借助位移 δx、δy、δz 与其他位移的关系用后者表达它们，并提出保持任意位移等于0不变的系数，在我们的虚位移原理应用中已经阐释了这一点。

用达朗伯原理仅仅解决几个问题，将足以给我们留下深刻印象——充分感觉到它的**方便**。它也会使我们确信，在可以发现它也许是必要的每一个实例中，通过考虑基本的力学过程，直接地、以完美的洞察解决每一个相同的问题，并由此达到严格相同的结果，的确是可能的。在纯粹作为实际目的的实例中，我们对这种操作可行性的信念使得它的履行成为不必要的。

433

（六）活劲原理

1. 如我们所知，活劲原理是惠更斯首次使用的。约翰·伯努利和达尼埃尔·伯努利仅仅提供了表达的较大普遍性；他们没有添加一点东西。若 p、p'、p''……是重量，m、m'、m''……是它们各自的质量，h、h'、h''……是自由质量或关联质量下降的距离，v、v'、v''……是获得的速度，则得到关系

$$\sum ph = \frac{1}{2}\sum mv^2.$$

若初始速度不等于 0，而是 v_0、$v_0{}'$、$v_0{}''$……，则该定理就功而言将涉及活劲的增加，应该读做

$$\sum ph = \frac{1}{2}\sum m(v^2 - v_0{}^2).$$

当 p……不是重量而是任何恒力，h……不是下落通过的竖直空间而是力的线上的任何路程，该原理依然是适用的。若所考虑的力是可变的，则必须用表达式 $\int pds$，$\int p'ds'$ 代替 ph、$p'h'$……，其中 p 表示可变力，ds 表示力在线上描画的距离元。于是，

$$\int pds + \int p'ds' + \cdots\cdots = \frac{1}{2}\sum m(v^2 - v_0{}^2),$$

或者

$$\sum\int pds = \frac{1}{2}\sum m(v^2 - {v_0}^2) \quad \cdots\cdots\cdots\cdots\cdots \quad (1)$$

2. 在阐释活劲原理时，我们将考虑我们用达朗伯原理处理的 434
简单问题。在半径 R、r 的轮轴上悬挂重量 P、Q(图 173)。当这个

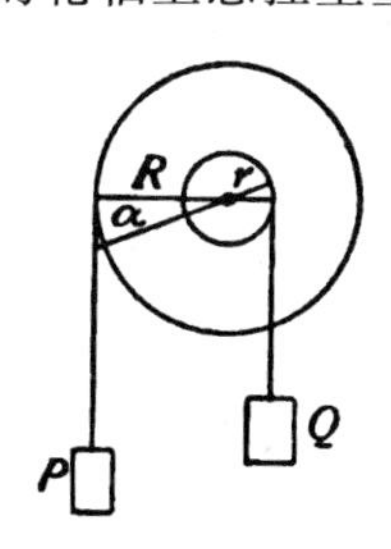

图 173

机械开始运动时，便做功，所获得的活劲完全由功决定。对于机械转动通过角度 α，功是

$$P\cdot R\alpha = Q\cdot r\alpha = \alpha(PR - Qr).$$

把对应于这个转动角度的角速度称为 φ，所产生的活劲将是

$$\frac{P}{g}\frac{(R\varphi)^2}{2} + \frac{Q}{g}\frac{(r\varphi)^2}{2} = \frac{\varphi^2}{2g}(PR^2 + Qr^2).$$

相应地得到方程

$$\alpha(PR - Qr) = \frac{\varphi^2}{2g}(PR^2 + Qr^2) \quad \cdots\cdots\cdots\cdots\cdots \quad (1)$$

现在，这个实例中的运动是匀加速运动；因而，在这里得到的角度 α、角速度 φ 和角加速度 ψ 之间的关系，与在自由下降中得到的 s、v、g 之间的关系相同。若在自由下降中 $s = v^2/2g$，则在此 $\alpha = \varphi^2/2\psi$。

引入方程(1)的这个 α 值，我们就 P 的角加速度得到

$$\psi=\frac{PR-Qr}{PR^2+Qr^2}.$$

相应地就绝对加速度得到

$$\gamma=\frac{PR-Qr}{PR^2+Qr^2}Rg.$$

在前面对问题的处理中恰恰是这样。

3. 作为第二个例子,让我们考虑半径为 r 的无质量圆柱的实

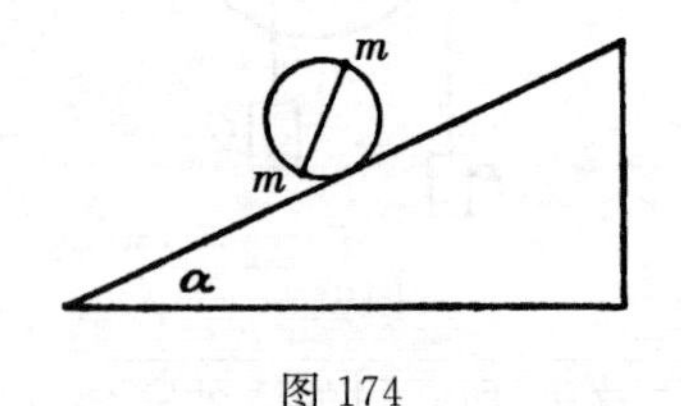

图 174

435 例(图 174):把两个相等质量 m 在直径上彼此相对地固定在圆柱面上,圆柱由于这些质量的重量无滑动地滚下仰角 α 的斜面。首先,我们必须使我们自己确信,为了表示系统的总活劲,我们只要把转动和前进的运动的活劲加起来就行了。我们将说,圆柱的轴在斜面长度的方向上获得速度 u,我们将用 v 表示圆柱面转动的绝对速度。两个质量 m 的转动速度 v 与前进速度 u 成夹角 θ 和 θ'

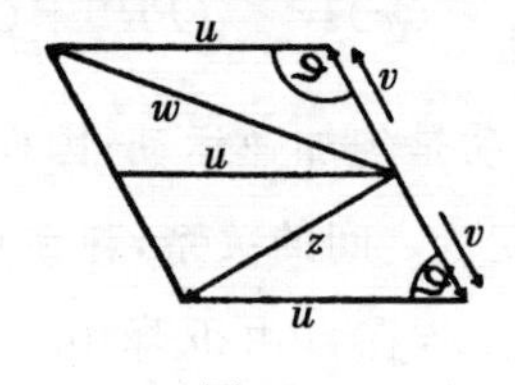

图 175

(图 175),这里 $\theta+\theta'=180°$。合成速度 w 和 z 满足方程

$$w^2=u^2+v^2-2uv\cos\theta,$$

$$z^2=u^2+v^2-2uv\cos\theta.$$

但是，由于 $\cos\theta=-\cos\theta'$，作为必然的结果

$$w^2+z^2=2u^2+2v^2\text{或}$$

$$\frac{1}{2}mw^2+\frac{1}{2}mz^2=\frac{1}{2}m2u^2+\frac{1}{2}m2v^2=mu^2+mv^2.$$

如果圆柱运动通过角度 φ，m 由于转动描画空间 $r\varphi$，圆柱的轴同样位移距离 $r\varphi$。像彼此越过的空间是相等的一样，因此速度 u 和 v 也是相等的。相应地，总活劲可以用 $2mu^2$ 表达。若 l 是圆柱沿斜面长度越过的距离，则所做的功是 $2mg\cdot l\sin\alpha=2mu^2$；由此 $u=\sqrt{gl\cdot\sin\alpha}$。如果我们把物体在斜面**滑动**获得的速度即 436 $\sqrt{2gl\cdot\sin\alpha}$ 与这个结果比较，那么便会观察到，我们在这里考虑的机械装置仅仅以滑动物体在相同的条件下能够运动（忽略摩擦力）的下降加速度之半运动。倘若质量均匀地分布在整个圆柱表面上，这个实例的推理不变。类似的考虑也适用于在斜面上向下滚动的**球**。因此，人们会看到，伽利略的落体实验需要在量上加以矫正。

接着，让我们把质量 m 均匀地分布在半径 R 的圆柱面上，该圆柱与半径 r 的无质量圆柱同轴并刚性连接，而让后者滚下斜面。由于这里 $v/u=R/r$，活劲原理给出 $mgl\sin\alpha=\frac{1}{2}mu^2(1+R^2/r^2)$，由此

$$u=\sqrt{\frac{2gl\sin\alpha}{1+\frac{R^2}{r^2}}}$$

对于 $R/r=1$，下降加速度呈现它的先前的值 $g/2$。对于每一个大的 R/r 值，下降加速度的是十分小的。当 $R/r=\infty$时，机械装置将根本不可能滚下斜面。

作为第三个例子，我们将考虑链条的实例（图 176）；它的总长

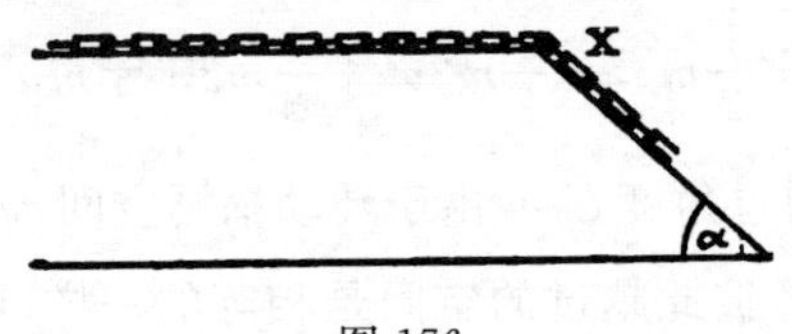

图 176

437 度是 l，部分处在水平面，部分处在仰角 α 的平面。如果我们想象链条所处的面是十分光滑的，让低垂在斜面上的任何很小的部分将在它后边拖带剩余部分。若 μ 是链条单位长度的质量，部分 x 正低垂在斜面上，则对于所获得的速度 v，活劲原理将给出方程

$$\frac{\mu l v^2}{2}=\mu x g\ \frac{x}{2}\sin\alpha=\mu g\ \frac{x^2}{2}\sin\alpha\ ,$$

或者 $v=x\sqrt{g\ \sin\alpha/l}$。因此，在目前的实例中，获得的速度与描画的空间成比例。正是该定律认为，伽利略首次推测的是自由落体定律。因而，在这里与在第 308 页一样，相同的深思是可以采纳的。

4. 为了解决运动物体的问题，当越过的**总距离**和作用在每一个距离元的力已知时，总是能够使用方程（1）即活劲方程。无论如何，已经透露出，通过欧拉、达尼埃尔·伯努利和拉格朗日的劳动，在不知道运动的**实际路程**的情况下，存在能够使用活劲原理的实

438 例。我们以后将看到，克莱罗（Clairaut）也在这个领域提供了重要

的服务。

甚至伽利略也知晓，重物下落的速度仅仅依赖于下降通过的**竖直高度**，而不依赖于越过的路程的长度或**形式**。类似地，惠更斯发现，重物质系统的活劲依赖于系统的质量的**竖直高度**。欧拉能够事先又迈出一步。若缚到固定的中心的物体 K（图 177）服从某

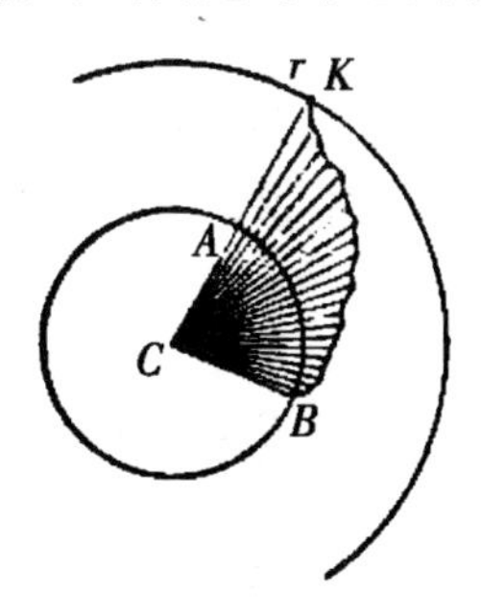

图 177

一给定的定律，则在直线趋近的实例中，活劲的增加能够由起点距离和终点距离（r_0、r）计算。但是，如果 K 真要从位置 r_0 行进到位置 r_1，那么增加是相同的，而不依赖于**它的路程的形式** KB。所做的功元必须由实际位移半径上的射影计算，从而最终与前面的相同。

如果 K 被吸引向几个固定的中心 C、C'、C''……，那么它的活劲依赖于起点距离 r_0、r_0'、r_0''……和终点距离 r、r'、r''……，即依赖于 K 的起点和终点的**位置**。达尼埃尔·伯努利把这个观念加以推广，并进而表明，在可动物体处于**相互**吸引状态的地方，活劲的变化唯一地由它们彼此之间的起点距离和终点距离决定。拉格朗日使这些问题**分析的**处理变得完美。如果我们把具有坐标 a、b、c 的点与

具有坐标 x、y、z 的点联结起来，并用 r 表示连接线的长度，用 α、β、γ 表示线与 x、y、z 轴的夹角，那么按照拉格朗日的观点，因为

439 $r^2=(x-a)^2+(y-b)^2+(z-c)^2$，所以

$$\cos\alpha=\frac{x-a}{r}=\frac{dr}{dx},\cos\beta=\frac{y-b}{r}=\frac{dr}{dy},$$

$$\cos\gamma=\frac{z-c}{r}=\frac{dr}{dz}.$$

相应地，若 $f(r)=\frac{dF(r)}{dr}$ 是两点之间作用的斥力或负引力，则分量将是

$$X=f(r)\cos\alpha=\frac{dF(r)}{dr}\frac{dr}{dx}=\frac{dF(r)}{dx},$$

$$Y=f(r)\cos\beta=\frac{dF(r)}{dr}\frac{dr}{dy}=\frac{dF(r)}{dy},$$

$$Z=f(r)\cos\gamma=\frac{dF(r)}{dr}\frac{dr}{dz}=\frac{dF(r)}{dz}.$$

因此，分力是 r 或者排斥或吸引之点的坐标的同一函数的偏微分系数。类似地，若几个点处于相互作用之中，则结果将是

$$X=\frac{dU}{dx},$$

$$Y=\frac{dU}{dy},$$

$$Z=\frac{dU}{dz},$$

这里 U 是点的坐标的函数。后来，这个函数被称为哈密顿[①]力

① *On a General Methode in Dynamics*, *Phi.*, *Trans.* For 1834. 也可参见 C. G. J. Jacobi, *Vorlesungen über Dynamik*, Edited by Clebsch, 1866.

函数。

借助这里达到的概念，并凭借给出的假定，把方程(1)转换为 440 可应用于直角坐标的形式，我们得到

$$\sum\int(Xdx+Ydy+Zdz)=\sum\frac{1}{2}m(v^2-v_0{}^2)$$ ；或者

由于左边的表达式是全微分，因而得到

$$\sum\left(\int\frac{dU}{dx}dx+\frac{dU}{dy}dy+\frac{dU}{dz}dz\right)=$$

$$\sum\int dU=\sum(U_1-U_0)=\sum\frac{1}{2}m(v^2-v_0^2),$$

这里 U_1 是坐标终点值的函数，U_0 是坐标起点值的**同一**函数。这个方程收到广泛的应用，但是它仅仅表达这样的知识：在指定的条件下，系统**所做的功依赖于**、从而系统的活劲也**依赖于**组成它的物体的**位置**或坐标。

如果我们想象所有的质量是固定的，只有单一的质量在运动，那么功变化只随 U 变化。方程 $U=$**常数**确定所谓的等功水平面或等功面。在这样的面上运动不产生功。在力往往会使物体运动的方向上 U 增加。

(七)最小约束原理

1. 高斯确切地说明了(在高斯的 *Journal für Mathematik*, IV, 1829, p. 233 中)一个新力学原理——**最小约束**原理。他观察到，在力学历史地呈现的形式中，动力学基于静力学(例如达朗伯

441 原理基于虚位移原理)，而人们自然会期望，在科学的最高阶段，静力学也许会作为动力学的特例。现在，高斯提供的、我们将在本节讨论的原理，包括动力学和静力学二者的实例。因此，它满足科学审美的和逻辑审美的需要。我们已经指出，对于达朗伯原理在它的拉格朗日形式和上面采纳的表达模式中，这也是真实的。高斯评论，没有**本质上新颖的原理**现在能够在力学中确立；但是，这并非排除**新观点**的发现，从这些观点可以富有成效地凝视力学现象。高斯原理提供了这样的新观点。

2. 设 m、m'……是以任何方式相互关联的质量(图 178)。这

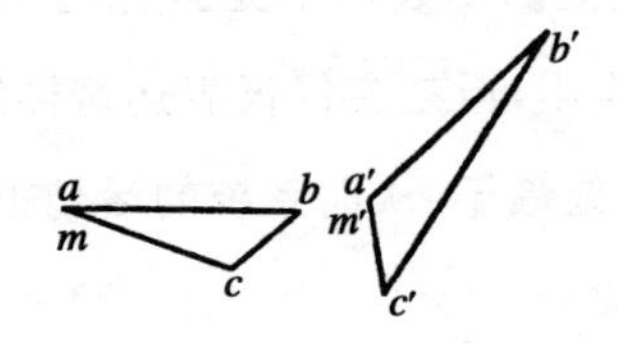

图 178

些质量若在外加于它们的力的作用下是**自由的**，则它们在非常短的时间元描画空间 ab、$a'b'$……；但是，由于它们的**关联**，它们在相同的时间元描画空间 ac、$a'c'$……。现在，高斯原理断定，关联点的运动是这样的：**就实际发生的运动而言**，每一实体粒子的质量与它偏离它在自由时可能达到位置的距离平方之积的和，即 $m(bc)^2+m'(b'c')^2+\cdots\cdots=\sum m(bc)^2$ 是**最小值**；也就是说，就实际运动而言，比在**相同关联**中的任何其他可想象的运动都要小。若这个

442 和 $\sum m(bc)^2$ 就**静止**而言比任何其他运动都要小，则会得到平衡。因而，该原理包括静力学和动力学二者的实例。

和$\sum m(bc)^2$被称为“约束”[①]。在形成这个和时，很显然，可以忽略在系统中现有的速度，因为a、b、c的相对位置并不由它们改变。

3. 新原理等价于达朗伯原理；它可以用来代替后者；而且，正如高斯表明的，也能够从它演绎出来。**外加**力携带自由质量m在时间元通过空间ab，由于关联**有效**力携带相同的质量在相同的时间元通过空间ac。我们把ab分解为ac和cb（图179）；并对所有

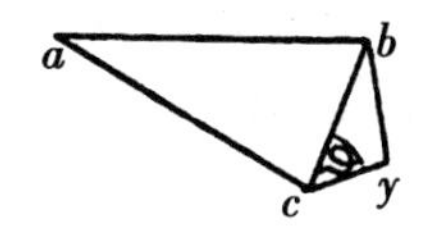

图179

质量做相同的事情。这样一来，显而易见，与距离cb、$c'b'$……对应的且与mcb、$mc'b'$……成比例的力，由于关联没有变成有效力，而与关联一起形成平衡系统。因此，如果我们在终点位置c、c'作垂线，即与cb、$c'b'$……形成夹角θ、θ'……的虚位移$c\gamma$、$c'\gamma'$……，那么根据达朗伯原理，由于与mcb、$mc'b'$……成比例的力在这里处于平衡，所以我们可以应用虚速度原理。这样做，我们将有

① 马赫教授的术语是Abweichungssumme（偏差、离开）。Abweichung是对自由运动的偏差（declination）或离开（departure），高斯称其为Ablenkung（偏差、偏向）。（参见Dürling，*Principien der Mechanik*，§§168，169；Routh，*Rigid Dynamics*，Part I，§§390～394.）高斯把量$\sum m(bc)^2$叫做Zwang（约束）；德国数学家通常遵循这个习惯叫法。在英语中，术语约束（constraint）是在这个含义上确立的，尽管它也以另外的含义使用；就把物体绝对地约束到以某一方式运动的力而言，它几乎没有定量的意义。——英译者注

$$\sum mcb \cdot c\gamma \cos\alpha \leqslant 0 \cdots\cdots\cdots\cdots\cdots\cdots (1)$$

443 可是，

$$(b\gamma)^2=(bc)^2+(c\gamma)^2-2bc \cdot c\gamma \cos\theta ,$$

$$(b\gamma)^2-(bc)^2=(c\gamma)^2-2bc \cdot c\gamma \cos\theta \text{ 和}$$

$$\sum m(b\gamma)^2-\sum m(bc)^2=\sum m(c\gamma)^2-2\sum mbc \cdot c\gamma \cos\theta \cdots (2)$$

相应地，依据(1)，由于(2)右边的第二个数只能等于0或是负的，也将是说，鉴于和$\sum m(c\gamma)^2$从来不会因减损而减少，而只能增加，因此(2)的左边也必须总是正的，从而$\sum m(c\gamma)^2$比$\sum m(bc)^2$大，这就是说，每一个出自不受阻碍的运动的可想象的约束比实际运动的约束大。

4. 为了实际处理的意图，对于十分小的时间元τ，可以用s标示偏差bc；仿效舍夫勒(Scheffler)(Schlömilch's *Zeitschrift für Mathematik und Physik*, 1858, III, p. 197)，我们可能觉察$s=\gamma\tau^2/2$，这里γ标示加速度。从而，$\sum ms^2$也可以下面的形式表达：

$$\sum m \cdot s \cdot s=\frac{\tau^2}{2}\sum m\gamma \cdot s=\frac{\tau^2}{2}\sum p \cdot s=\frac{\tau^4}{4}\sum m\gamma^2 ,$$

这里p表示产生来自自由运动的偏差的力。由于恒定的因素绝不影响最小值条件，我们可以说，实际运动总是这样的：

$$\sum ms^2 \cdots\cdots\cdots\cdots\cdots\cdots\cdots\cdots (1)$$

或者

$$\sum ps \cdots\cdots\cdots\cdots\cdots\cdots\cdots\cdots (2)$$

或者

$$\sum m\gamma^2 \cdots\cdots\cdots\cdots\cdots\cdots\cdots\cdots\cdots\ (3)$$

是最小值。

5. 在我们的阐释中，我们将首先使用第三个形式。在这里，像我们的第一个例子一样，我们再次选择轮轴靠它的一部分超重而 444

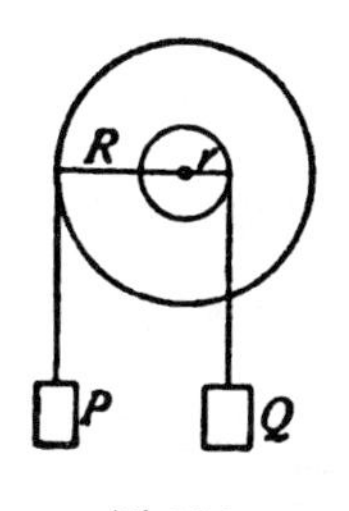

图 180

运动，并愿意使用上面频繁利用的标示(图 180)。我们的问题是，如此决定 P 的实际加速度 γ 和 Q 的实际加速度 $\gamma_{,}$ ，使得 $(P/g)(g-r)^2+(Q/g)(g-\gamma_{,})^2$ 将是最小值，或者由于 $\gamma_{,}=-\gamma(r/R)$，以至 $P(g-r)^2+Q(g+\gamma\cdot r/R)^2=N$ 将呈现它的最小值。为此目的，运用

$$\frac{dN}{d\gamma}=-P(g-\gamma)+Q\left(g+\gamma\frac{r}{R}\right)\frac{r}{R}=0,$$

我们得到 $\gamma=(\overline{PR-Qr}/\overline{PR^2+Qr^2})Rg$，恰如这前面对该问题的处理。

作为第二个例子，可以采用在斜面上下降的运动。在这个实例中，我们将使用第一个形式 $\sum ms^2$。由于我们在这里只处理一个质量，我们的探究将直指发现对于斜面的下降加速度 γ，该加速

度使偏离的平方(s^2)成为最小值。根据(图 181),我们有

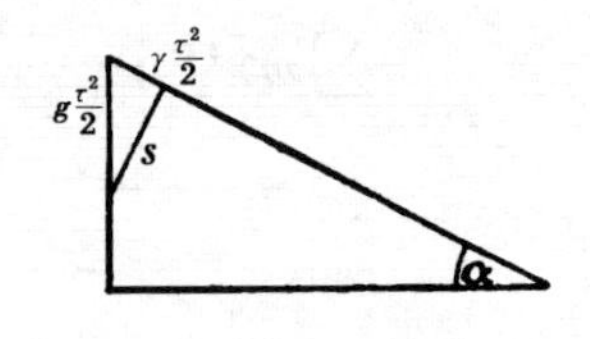

图 181

$$s^2=(g\frac{\tau^2}{2})^2+(\gamma\frac{\tau^2}{2})^2-(g\frac{\tau^2}{2}\cdot\gamma\frac{\tau^2}{2})\sin\alpha;$$

445 而且,运用 $d(s^2)/d\gamma=0$,排除所有恒力,我们得到 $2\gamma-2g\sin\alpha=0$,或者 $\gamma=g\sin\alpha$,这是熟悉的伽利略研究的结果。

下述例子将表明,高斯原理也包含平衡的实例。在杠杆的臂

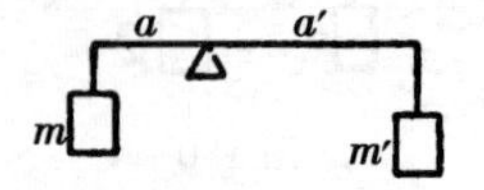

图 182

a、a' 上(图 182)悬挂重质量 m、m'。该原理要求,$m(g-r)^2+m'(g-r')^2$ 将是最小值。可是,$\gamma'=-\gamma(a'/a)$。进而,若质量与杠杆臂的长度成反比,也就是说,若 $m/m'=a'/a$,则 $\gamma'=-\gamma(m/m')$。因此,$m(g-\gamma)^2+m'(g+\gamma\cdot m/m')^2=N$ 必须变成最小值。运用 $dN/d\gamma=0$,我们得到 $m(1+m/m')\gamma=0$ 或 $\gamma=0$。相应地,在这个实例中平衡呈现来自自由运动的最小约束。

每一个新的约束原因,或者对运动自由度的限制,都增加约束量,但是增加总是尽可能地小。若把两个或多个系统关联起来,则来自非关联系统运动的最小约束运动是实际的运动。

例如(图 183),如果我们把几个单摆如此连接在一起,从而形成一个线性复摆,那么后者将与单摆运动有别,以具有最小约束的

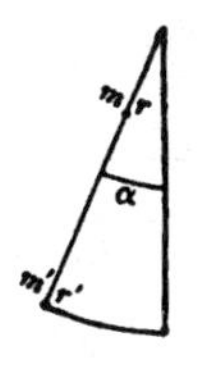

图 183

运动振动。对于任何偏移 α，单摆都在它的路程方向收到加速度 $g\sin\alpha$。因此，用 $\gamma\sin\alpha$ 表示在复摆上轴距 1 处对应于这个偏移的加速度，$\Sigma m(g\sin\alpha - r\gamma\sin\alpha)^2$ 或 $\Sigma m(g-r\gamma)^2$ 将是变成最小值的量。相应地，$\Sigma m(g-r\gamma)r=0$ 和 $\gamma=g\ (\Sigma mr/\Sigma mr^2)$。就这样，以最简单的方式处理了这个问题。不过，这个简单的解答之所以是可能的，是因为惠更斯、伯努利兄弟和其他人很久以前收集的**经验**隐含地包括在高斯原理中。 446

6. 因为**新的**约束原因，对于自由运动的约束或偏离的量有所**增加**，这可以用下面的例子显示出来：

使细绳从两个定滑轮 A、B 之上和动滑轮 C 下面通过（图

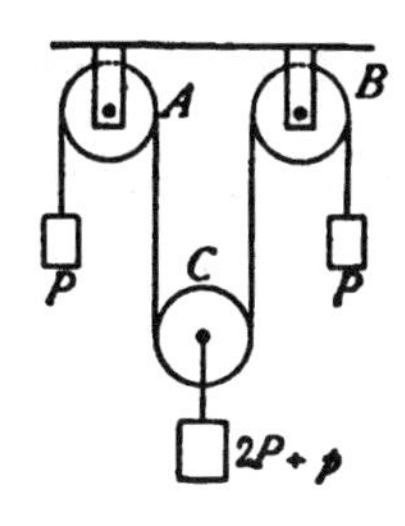

图 184

184），细绳的每一个末端都负担负荷 P；在 C 上安置负荷 $2P+p$。现在，动滑轮将以加速度 $(p/\overline{4P+p})g$ 下降。但是，如果我们使滑

轮 A 快速行进，我们便把新的约束原因强加于该系统，对于自由运动的约束或偏离的量将增加。由于从 B 悬挂的负荷现在以双倍的速度运动，必须估算它具有它原来质量四倍的质量。动滑轮相应地以加速度 $(p/\overline{6P+p})g$ 下降。简单的计算将表明，后一个实例的约束比前一个实例的大。

447

把放置在光滑水平面上的 n 个数目的相等重量 p 系到 n 个小

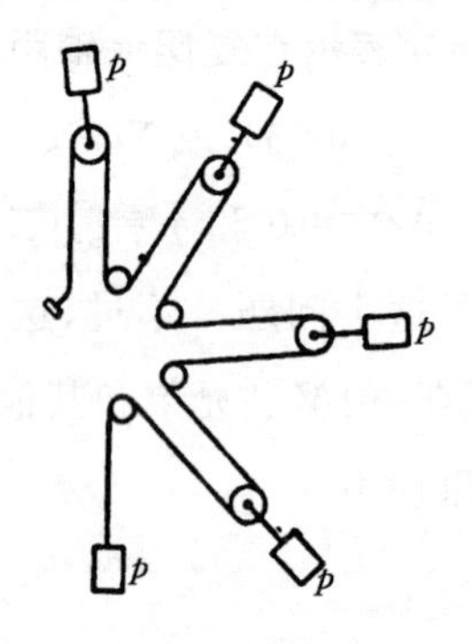

图 185

动滑轮，引导细绳以图 185 指明的方式通过滑轮，并在它的自由端点负载 p。鉴于**所有滑轮都是可移动的**，或者除了滑轮**一切**都是**固定的**，顾及质量的相对速度源于 p，我们就运动的重量 p 各自得到加速度 $(4n/\overline{1+4n})g$ 和 $(4/5)g$。若所有的 $n+1$ 个质量是可动，则偏离呈现值 $gp/\overline{4n+1}$，它随着可动质量数目 n 的增加而减少。

7. 想象重量 Q 的物体，它可以在水平面上的滚轮上移动，且具有斜面表面。在这个斜表面上，放置重量 P 的物体。我们现在**本能地**察觉，当 Q 可以移动并能够让路时，P 将以**较快的**加速度下降，并且 P 的下降更滞后。P 的水平速度 v 和竖直速度 u、Q 的水平速度 w，与 P 的任何下降距离 h 相称。由于水平运动量守恒

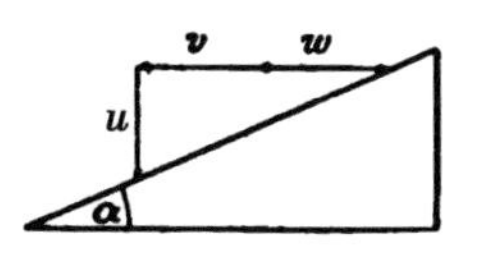

图 186

（因为在这里只有内力作用），我们有 $Pv=Qw$；而且，出于明显的几何学理由（图 186），也有

448

$$u=(v+w)\ \tan\alpha.$$

相应地，速度是

$$u=u,$$

$$\mathrm{v}=\frac{Q}{P+Q}\cot\alpha\cdot u,$$

$$w=\frac{Q}{P+Q}\cot\alpha\cdot u.$$

关于所做的功 Ph，活劲原理给出

$$Ph=\frac{P}{g}\frac{u^2}{2}+\frac{P}{g}\left(\frac{Q}{P+Q}\cot\alpha\right)^2\frac{u^2}{2}+\frac{Q}{g}\left(\frac{Q}{P+Q}\cot\alpha\right)^2\frac{u^2}{2}.$$

乘以 $\frac{g}{P}$，我们得到

$$gh=\left(1+\frac{Q}{P+Q}\frac{\cos^2\alpha}{\sin^2\alpha}\right)\frac{u^2}{2}.$$

为了找到描画空间 h 的**竖直**加速度 γ，请注意 $h=u^2/2\gamma$。在最后的方程引入这个值，我们得到

$$\gamma=\frac{(P+Q)\ \sin^2\alpha}{P\ \sin^2\alpha+Q}\cdot g.$$

对于 $Q=\infty$、$\gamma=g\sin^2\alpha$，像在静止的斜面一样。对于 $Q=0$、$\gamma=g$，与在自由下降中相同。对于有限值 $Q=mP$，由于

$$\frac{1+m}{\sin^2\alpha+m}>1,$$

我们得到

$$\gamma=\frac{(1+m)\sin^2\alpha}{m+\sin^2\alpha}\cdot g>g\sin^2\alpha.$$

449 使 Q 静止，并重新强加约束的原因，约束或偏离自由运动的量相应地**增加**。

在这个实例中，为了得到 γ，我们利用动量守恒原理和活劲守恒原理。在运用高斯原理时，我们应该如下进行：加速度 γ、δ、ε 对应于表示为 u、v、w 的速度。请注意，在自由状态，唯一的加速度是竖直加速度，其他的都消失了，所要求的步骤是，使

$$\frac{P}{g}(g-\gamma)^2+\frac{P}{g}\delta^2+\frac{Q}{g}\varepsilon^2=N$$

成为最小值。鉴于该物体只有在物体 P 和 Q 接触时，也就是在 $\gamma=(\delta+\varepsilon)\tan\alpha$时才有意义，因此也有

$$N=\frac{P}{g}[g-(\delta+\varepsilon)\tan\alpha]^2+\frac{P}{g}\delta^2+\frac{Q}{g}\varepsilon^2.$$

形成这个表达式关于两个依然是独立的变量 δ 和 ε 的微分系数，并使每一个等于零，我们得到

$$-[g-(\delta+\varepsilon)\tan\alpha]P\tan\alpha+P\delta=0 \text{ 和}$$

$$-[g-(\delta+\varepsilon)\tan\alpha]P\tan\alpha+Q\varepsilon=0.$$

从这两个方程直接作为必然结果出现 $P\delta-Q\varepsilon=0$，并最终就 γ 导致我们以前得到的相同值。

现在，我们将从另外的观点考察这个问题。物体与水平线成β角描画空间s，s的水平分量和竖直分量是v和u，与此同时Q描画水平距离w。在s方向上作用的力分量是$P\ \sin\beta$，考虑到P和Q的相对速度，在这个方向的加速度是

450

$$\frac{P\cdot\sin\beta}{\frac{P}{g}+\frac{Q}{g}\left(\frac{w}{s}\right)^{2}}.$$

利用下述直接可演绎的方程

$$Qw=Pv,$$

$$v=s\ \cos\beta,$$

$$u=v\ \tan\beta,$$

在s方向的加速度变成

$$\frac{Q\sin\beta}{Q+P\ \cos^{2}\beta}\cdot g;$$

而对应于它的竖直加速度是

$$\gamma=\frac{Q\ \sin^{2}\beta}{Q+P\ \cos^{2}\beta}\cdot g,$$

我们只要借助方程$u=(v+w)\ \tan\alpha$针对β的角函数引入α的角函数，该表达式再次呈现上面给出的形式。因此，凭借我们推广的转动惯量的概念，我们达到与以前相同的结果。

最后，我们将以直接的方式处理这个问题。物体在可移动斜面上不是以竖直加速度g——若是自由的，它会以该加速度下落——而是以不同的竖直加速度γ下降。但是，在忽略摩擦力的情况下，由于PQ和Q只能借助压力S**垂直于**斜面相互作用，因此

451

$$\frac{P}{g}(g-\gamma)=S\cos\alpha \text{ 和}$$

$$S\sin\alpha=\frac{Q}{g}\varepsilon=\frac{P}{g}\delta.$$

由此得到

$$\frac{P}{g}(g-\gamma)=\frac{Q}{g}\varepsilon\cos\alpha;$$

借助方程 $\gamma=(\delta+\varepsilon)\tan\alpha$，最终像以前一样

$$\gamma=\frac{(P+Q)\sin^2\alpha}{P\sin^2\alpha+Q}g \quad \cdots\cdots\cdots\cdots (1)$$

$$\delta=\frac{Q\sin\alpha\cos\alpha}{P\sin^2\alpha+Q}g \quad \cdots\cdots\cdots\cdots (2)$$

$$\varepsilon=\frac{P\sin\alpha\cos\alpha}{P\sin^2\alpha+Q}g \quad \cdots\cdots\cdots\cdots (3)$$

如果我们使 $P=Q$ 和 $\alpha=45°$，那么我们就这个特例得到 $\gamma=\frac{2}{3}g$、$\delta=\frac{1}{3}g$、$\varepsilon=\frac{1}{3}g$。对于 $P/g=Q/g=1$，我们发现与自由运动的“约束”或偏移是 $g^2/3$。若我们使斜面静止，则约束将是 $g^2/2$。若 P 在仰角 β 的静止斜面上运动，这里 $\tan\beta=\gamma/\delta$，也就是说它在可移动的斜面上运动的相同路程中，则约束只能是 $g^2/5$。而且，在这个实例中，与它因 Q 的位移得到相同的加速度相比，它实际上会较少受到阻碍。

8. 所处理的例子将使我们确信，高斯原理没有提供**实质上新的**洞察或察觉。利用该原理的形式(3)并解决在相互垂直的坐标方向的力和加速度时，在这里给予字母以第 413 页方程(1)相同的

452

意义，我们替代偏移或约束 $\Sigma m\gamma^2$ 而得到表达式

$$N=\sum m\left[\left(\frac{X}{m}-\xi\right)^2+\left(\frac{Y}{m}-\eta\right)^2+\left(\frac{Z}{m}-\zeta\right)^2\right] \cdots (4)$$

借助最小值条件

$$dN=2\sum m\left[\left(\frac{X}{m}-\xi\right)d\xi+\left(\frac{Y}{m}-\eta\right)d\eta+\left(\frac{Z}{m}-\zeta\right)d\zeta\right]=0,$$

或者 $\Sigma[(X-m\xi)d\xi+(Y-m\eta)d\eta+(Z-m\zeta)d\zeta]=0.$

若无关联存在，使 $d\xi$、$d\eta$、$d\zeta$ 的系数（在这个任意的实例中）各自等于 0，则给出运动方程。但是，若关联存在，则我们具有的 $d\xi$、$d\eta$、$d\zeta$ 之间的关系，与上面第 413 页方程（1）δx、δy、δz 之间的关系相同。运动方程原来是相同的；达朗伯原理或高斯原理充分证明，这是处理**相同的**例子。不管怎样，第一个原理直接给出运动方程，而第二个原理只是在微分之后给出运动方程。如果我们寻求要用微分给出达朗伯方程的表达式，那么必定把我们导向高斯原理。因此，该原理仅仅在**形式**上而不是在**内容**上是新的。正如在前头（第 422 页）已经指出的，在理解静力学和动力学问题二者方面，它也不比达朗伯原理的拉格朗日形式具有优势。

对于高斯原理，不需要寻找神秘的或**形而上学的**理由。“最小约束”的表达似乎允诺某种东西；但是，该名称一点也没有证明什么。对于问题“这个约束**在于什么?**”的答案不能从形而上学推出，而必须在事实中寻找。使其成为最小值的第 424 页的表达式（2）和本页的表达式（4），都表示被约束的运动偏移自由运动在时间元所做的**功**。这个功即**归因于约束的功**，就实际完成的运动而言小于任何其他可能的运动。 453

9. 一旦我们辨认**功**是运动的决定性的因素，一旦我们把握了虚位移原理的意义，即除了在能够做功的地方运动从来不能发生，那么下述逆真理也不会陷入困难：在时间元**能够**做的**所有**功实际上**被**完成了。因而，在时间元归因于系统各部分关联的功的总减少被局限于这些部分的**反功**(couter-work)取消的那一份。它只不过再次是我们在这里要处理的熟悉事实的新样子。

正是在最简单的实例中显露出这个关系。设这里有两个处于 A 的质量 m 和 m，一个受力 p，另一个受力 q(图 187)。如果我们

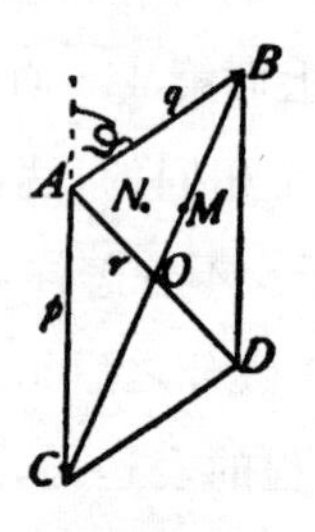

图 187

把两个质量关联起来，那么我们将有受合力 r 作用的质量 $2m$。假定在时间元由自由质量描画的空间用 AC、AB 表示，连接或双质

454 量描画的空间将是 $AO=\frac{1}{2}AD$。偏移或约束是 $m(\overline{OB^2}+\overline{OC^2})$。这个值小于该质量达到时间元终止时在 M 处或实际上在处于 BC 之外的任何一点、比如说 N 处它能够拥有的值，最简单的几何学考虑将表明这一点。偏移与表达式 $\overline{p^2+q^2+2pq\cos\theta}/2$ 成比例，该表达式在相等和相反的力的实例中变成 $2p^2$，在相等和相同方向的力的实例中变成零。

两个力 p 和 q 作用在同一质量上。我们把力 q 在 r 和 s 处分

解为与 p 的方向平行和成直角。在时间元所做的功与力的平方成比例，若不存在关联可用 $p^2+q^2=p^2+r^2+s^2$ 表达。现在，若 r 与力 p 相反直接作用，则将招致功减少，所提及的和变成 $(p-r)^2+s^2$。甚至在力合成原理或力相互独立的原理中，也包含高斯原理使用的特性。通过想象所有加速度同时进行，将最有利地察觉这一点。如果我们丢弃表述该原理的模糊的词语形式，那么它给予的形而上学印象也就消失了。我们看见简单的事实；我们幻想破灭，但是也受到启发。

在这里描述的高斯原理的阐明，大部分源于上面引用的舍夫勒的论文。我修改了我不能分享的他的一些观点。例如，我们不能接受他本人提出的东西作为新原理，因为在形式和含义两方面，它都**等价**于达朗伯－拉格朗日。

利普席茨（Lipschitz）的论文（"Bemerkungen zu dem Prinzip des Kleinsen Zwanges," *Journal für Math.*，LXXXII，1877，p. 316 et seqq.）包含关于高斯原理的深刻研究。另一方面，许多基本的例子都必须在 K. 霍勒弗罗因德（K. Hollefreund）的《关于最小约束原理的应用》（*Anwendungen über die Prinzips vom kleinsten Zwange*，Berlin，1897）中寻找。关于这里所说的原理和密切相关的原理，请参见菲利普·E. B. 乔丹（Philip E. B. Jourdain）编辑的《奥斯特瓦尔德的经典作家，第 167 卷：拉格朗日、罗德里居斯、雅可比和高斯关于力学原理的论文》（*Ostwald's Klassiker*，No. 167：*Abhandlungen über die Prinzipien der Mechanik von Lagrange*，*Rodrigues*，*Jacobi und Gauss*，Leipzig，1908）。乔丹在第 31～68 页的注释超越第一个定向的需要，这个定向是目前基 455

础书籍的主题。

第9节所说的东西对完满的需要继续有效。若系统的质量没有速度，则实际的运动仅仅在可能的功的意义上参与，这与系统的条件一致（C. Neumann, *Ber. der kgl. sächs. Ges. Der Wiss.*, XLIV, 1892, p. 184）。但是，若质量具有速度——甚至能够使速度指向与外加力相反，则由速度和力决定的运动就被叠加（Boltzmann, *Ann. Der Phys. und Chem.*, LVII, 1896, p. 45）；而且，按照泽姆普莱恩（Zemplén）的卓越的和易懂的评论（*Ann. Der Phys. und Chem.*, X, 1903, p. 428），奥斯特瓦尔德（Ostwald）的最小值原理（*Lehrbuch der allgem. Chemie*, II, 1, 1892, p. 37）对于摹写**力学**事件是不合适的，因为它没有考虑质量的**惯性**。不管怎样，它依然是正确的，以至与条件一致的（虚）功变成实际的。当然，我在1882年以前拟定的文本不可能考虑尝试发现两年后的能量学的力学。至于其余，我并非不能像一些人所做的那样如此估价这些尝试。在没有通过相似的错误阶段的情况下，甚至古老的“经典”力学也没有达到它目前的形式。特别是，几乎不能反对黑尔姆的观点（*Die Energetik nach ihrer geschichtlichen Entwickelyng*, Leipzig, 1898, pp. 205～252）。参见我对功和力的概念均等辩护的阐述（*Ber. der Wiener Akad.*, Decembei, 1873），也可参见我的《力学》（*Mechanics*）的许多段落，特别是第307页及以下。

456

(八)最小作用量原理

1. 莫佩尔蒂在1747年阐明了一个原理,他称其为"le principe de la moindre quantité d'action",即**最小作用量**原理。它宣称,这个原理是与造物主的智慧显著一致的原理。它把质量、速度和描画的空间之积或 mvs 视为"作用量"的量度。必须供认,**原因**(why)是不清楚的。就质量和速度而言,可以理解一定的量;可是,对空间来说,当没有陈述在其间描画空间的时间时,却并非如此。无论如何,若指定了时间的单位,那么在莫佩尔蒂处理的例子中,可以说空间和速度的差别是最小的、独特的。看来好像是,莫佩尔蒂通过把他的活动观念与虚位移原理含糊地混合起来,达到这个模糊的表达。它的不清晰通过细节会更加突出地显示出来。

2. 让我们看看,莫佩尔蒂如何应用他的原理。若 M、m 是两个非弹性的质量,C 和 c 是在碰撞前的速度,u 是它们在碰撞后的共同速度(这里运用速度代替空间),莫佩尔蒂要求,在碰撞时因速度变化而增长的"作用量"将是最小值。由此,$M(C-u)^2+m(c-u)^2$ 是最小值;也就是说,$M(C-u)+m(c-u)=0$;或者 457

$$u=\frac{MC+mc}{M+m}.$$

关于弹性质量的碰撞,保留相同的标示,只是用 V 和 v 代替碰撞后的两个速度,表达式 $M(C-V)^2+m(c-v)^2$ 是最小值;也就是说

$$M(C-V)dV+m(c-v)dv=0 \cdots\cdots\cdots\cdots\cdots \quad (1)$$

考虑到在碰撞前接近的速度等于在碰撞后后退的速度这一事实，我们有

$$C-c=-(V-v)\text{或者}$$

$$C+V-(c+v)=0 \cdots\cdots\cdots\cdots\cdots\cdots\cdots \quad (2)$$

并且

$$dV-dv=0 \cdots\cdots\cdots\cdots\cdots\cdots\cdots\cdots\cdots \quad (3)$$

把方程(1)、(2)和(3)结合起来，很容易就 V 和 v 给出熟悉的表达式。如我们所见，可以把这两个实例视为反作用使活动发生最小变化的过程，就是做**最小反功**的过程。因此，它们落在高斯原理之下。

3. 独特的是莫佩尔蒂的**杠杆定律**的演绎。两个质量 M 和 m

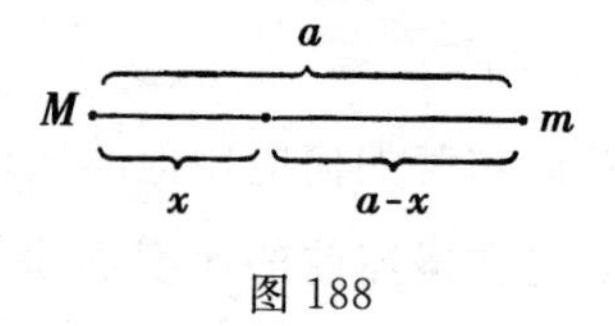

图 188

(图 188)在臂 a 上静止，支点把臂分成部分 x 和 $a-x$。**若臂处于转动**，则速度和所描画的空间将与杠杆臂的长度成比例，$Mx^2+m(a-x)^2$ 是使之成为最小值的量，即是 $Mx-m(a-x)=0$；由此 $x=ma/\overline{M+m}$，这是在**平衡**实例中实际满足的条件。在对此批评时，首先必须注意的是，正如莫佩尔蒂在这里隐含地假定的，并未受到引力或其他力的质量**总是**处于平衡；其次，来自莫佩尔蒂演绎的推理是，最小作用量原理**只有**在平衡的实例中满足，这个结论肯

458

定不是作者证明的意图。

如果试图使这一处理近似地与前面的处理一致，那么我们应该假定，**重**质量 M 和 m 在活动最小改变的过程中相互不断地产生。基于这个假定，简洁地用 a、b 标示杠杆臂，用 u、v 标示在单位时间获得的速度，用 g 标示重力加速度，作为我们的最小值表达式，我们应该得到 $M(g-u)^2+m(g-v)^2$；由此，$M(g-u)du+m(g-v)dv=0$。但是，考虑到像杠杆这样的质量关联

$$\frac{u}{a}=-\frac{v}{b} \text{ 和}$$

$$du=\frac{a}{b}dv,$$

由此这些方程正确地作为必然结果出现：

$$u=a\frac{Ma-mb}{Ma^2+mb^2}g, v=-b\frac{Ma-mb}{Ma^2+mb^2}g;$$

对于平衡的实例，在 $u=v=0$ 之处，

$$Ma-Mb=0.$$

就这样，当我们开始矫正它时，这个演绎也导致高斯原理。 459

4. 遵循费马和莱布尼兹的先例，莫佩尔蒂也用他的方法处理了**光的运动**。可是，在这里他在截然不同的意义上再次使用“最小作用量”概念。对于折射实例（图 189），将是最小值的表达式为 $m \cdot AR+n \cdot RB$，这里 AR 和 RB 表示光在第一种和第二种媒质各自描画的路程，m 和 n 表示相应的速度。的确，我们在这里实际上得到，若 R 在与最小值条件符合时得以决定，我们在这里实际上得到结果 $\sin\alpha/\sin\beta=n/m=$常数。但是以前，“作用量”在于表

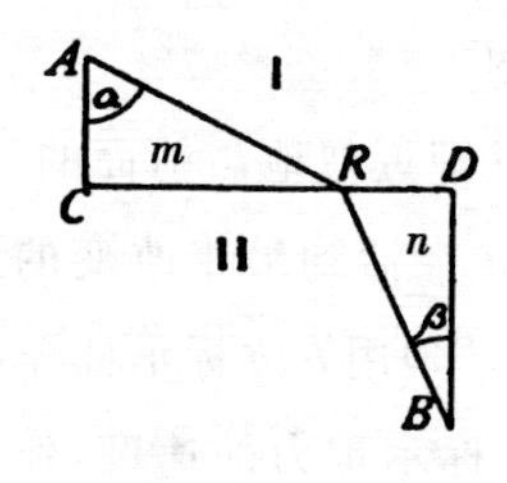

图 189

达式质量×速度×距离的**改变**；可是现在，它由这些表达式之**和**构成。在以前，考虑在单位时间描画的空间；而在现在的实例中，采用越过的**总**空间。不应该把 $AR-n\cdot RB$ 或 $(m-n)(AR-RB)$ 视为最小值；若不应该，为什么不应该？不过，即使我们接受莫佩尔蒂的概念，得到的也是光速的倒数值，而得不到实际值。

这样可以看到，莫佩尔蒂事实上没有原理，恰当地讲，他只不过有模糊的公式，被迫把该公式当做不同的熟悉现象的表达使用，而实际上并没有把这些现象带入一个概念之下。我发现，在这个问题上进入某一细节是必要的，因为莫佩尔蒂的公式虽然令人不快地受到所有数学家的批评，无论如何还是可以赋予它一种历史的光辉。看来情况几乎是，仿佛基督教徒的某种神圣信仰的东西不知不觉地潜入力学。不管怎样，虽然获得更广泛观点的纯粹**努力**超出这位作者的能力，但是并非全然没有结果。至少欧拉受到莫佩尔蒂尝试的激励，甚至高斯也受到激励。

5. 欧拉的观点是，自然现象的**意图**像它们的**原因**一样，提供说明的健全基础。如果采取这一立场，那就是先验地假定，一切自然现象都呈现最大值或最小值。这种最大值或最小值具有什么特点,几乎不能通过形而上学的思辨确定。在用通常的方法解答力学问题时,如果把需要的尝试给予该问题,那么找到在所有实例中成为最大值或最小值的表达式是有可能的。就这样,任何形而上学倾向没有把欧拉引入企图,他比莫佩尔蒂更科学地行进。他寻求一种表达式,使它的变分等于0而给出通常的力学方程。

对于在力的作用下运动的**单个**物体,欧拉发现所需要的公式表达 $\int v ds$,这里 ds 表示路程元,v 表示对应的速度。与在可以**强制**物体越过的相同起点和终点之间的任何其他无限邻接的路程相比,这个表达式对于**实际**越过的路程而言较小。因此,反过来,通过**寻找**使 $\int v ds$ 成为最小值的路程,我们也能够确定路程。当然,正像欧拉假定的,只有当 v 依赖于 ds 元的位置时,也就是说当活劲原理对力有效或力函数存在时,或者同样地当 v 是坐标的单叶函数时,使 $\int v ds$ 最小的问题是可以容许的问题。对于在平面上的运动,表达式相应地可以采取形式 461

$$\int \varphi(x, y) \sqrt{1+\left(\frac{dy}{dx}\right)^2} \cdot dx.$$

在最简单的实例中,很容易证实欧拉原理。若没有力作用,则 v 是常数,运动的曲线变成直线,就此而言比对于相同终点之间的任何其他曲线,$\int v ds = v \int ds$ 毫无疑问是**较短的**。在没有力的作用或没有摩擦的情况下,在曲面上运动的物体也保持它的速度,在曲面描画**最短的**线。

对抛射体在抛物线 ABC 上的运动的考虑(图 190)也会表明,

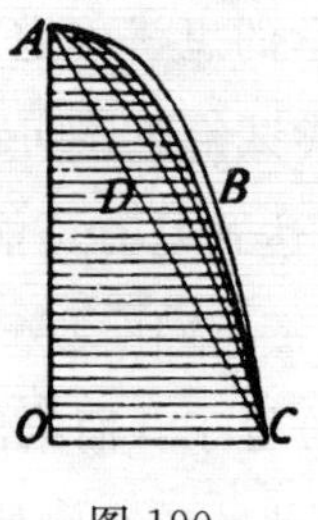

图 190

量 $\int v ds$ 对于抛物线比对于任何其他邻接的曲线要小；甚至比对于相同终点之间的**直线** ABC 要小。在这里，速度唯一地取决于物体描画的竖直空间，因此它对于在 OC 之上其高度是相同的一切曲线都是相同的。若我们用水平直线系把曲线分为各自对应的线元，尽管乘以相同的 v 元的线元在较高部分对直线 AD 比对 AB 而言较小，但是在较低的部分却恰恰是颠倒的；在这里，按照实际情况来说，较大的 v 元开始起作用，和大体上对 ABC 而言比对直线要小。

462　使坐标原点处于 A，把横坐标 x 竖直向下算做正的，把垂直于它的纵坐标称为 y，我们针对使其变得最小的表达式得到

$$\int_0^x \sqrt{2g(a+x)}\sqrt{1+\left(\frac{dy}{dx}\right)^2}\cdot dx,$$

这里 g 表示重力加速度，a 表示与初始速度相应的下降距离。由于最小值条件，变分法给出

$$\frac{\sqrt{2g(a+x)}\,\frac{dy}{dx}}{\sqrt{1+\left(\frac{dy}{dx}\right)^2}}=C \text{ 或}$$

$$\frac{dy}{dx}=\frac{C}{\sqrt{2g(a+x)-C^2}} \text{或}$$

$$y=\int\frac{Cdx}{\sqrt{2g(a+x)-C^2}};$$

并且最终

$$y=\frac{C}{g}\sqrt{2g(a+x)-C^2}+C,$$

这里 C 和 C' 表示积分常数——若对于 $x=0$ 取 $dx/dy=0$ 和 $y=0$，则积分常数变成 $C=\sqrt{2ga}$ 和 $C'=0$。因此，$y=2\sqrt{ax}$。用这种方法，相应地表明抛射体的路程具有抛物线形状。

6. 随后，拉格朗日**明确地**注意到这样的事实：欧拉原理只有在活动原理有效的实例中才是适合应用的。雅可比指出，我们不能 463 断定 $\int vds$ 对于实际运动是**最小值**，而只能断定这个表达式的变分在它通过无限邻接的路程时等于 0。事实上，一般而言，这个条件与最大值或最小值相符，但是很可能，在**没有**这样的条件下它也能发生；尤其是，最小值特性服从某种限制。例如，如果被强制在球面上运动的物体因某一冲量开始运动，那么它将描画一个大圆，一般地描画最短的线。但是，若描画的弧的长度超过 180°，则很容易证明，在终点之间存在较短的无限邻接的路程。

7. 于是，迄今仅仅指出这个事实：通过使 $\int vds$ 的变分等于零，而得到通常的运动方程。但是，由于物体的运动或它们的路程的特性总是可能用等于零的微分表达式确定，进而由于积分表达式的变分应该等于零的条件同样由等于零的微分表达式给出，因而毋庸置疑，在它不遵循所述的积分表达式为此必须具有任何特定**物理**意义的情况下，可以设计用变分给出通常运动方程的**各种各样的其他**积分表达式。

8. 无论如何，引人注目的事实依然是，像 $\int v ds$ 这样**简单的**表达式具有所提及的特性，我们现在将努力弄清它的物理含义。为此目的，在质量运动和光运动之间以及在质量运动和细绳平衡之间存在的类比——约翰·伯努利和默比乌斯(Möbius)注意到的类比——将对我们有用。

464

没有力作用的，从而保持它的速度和方向不变的物体描画直线。通过均匀媒质(该媒质处处具有相同的折射率)的光线描画直线。只在它的末端受力作用的细绳呈现直线形状。

从点 A 到点 B 在弯曲路程上运动的、其速度 $v=\varphi(x,y,z)$ 是坐标的函数的物体，在 A 和 B 之间描画曲线，对该曲线而言 $\int v ds$ 一般是最小值。从 A 到 B 通过的光线描画相同的曲线，倘若媒质的折射率 $n=\varphi(x, y, z)$ 是相同的坐标函数的话；在这个实例中，$\int v ds$ 是最小值。最后，从 A 到 B 通过的细绳将呈现这个曲线，倘若它的张力 $S=\varphi(x, y, z)$ 是上面提及的相同的坐标函数的话；就这个实例来说，$\int v ds$ 是最小值。

从**细绳的平衡**，可以很容易如下演绎**质量的运动**。在细绳的两个端点，张力 S、S' 作用在它的 ds 元上，并假定在单位长度上的力是 P，还有力 $P\cdot ds$。这三个力处于平衡，我们将用 BA、BC、BD 描述它们的大小和方向（图 191）。现在，如果具有在大小和方

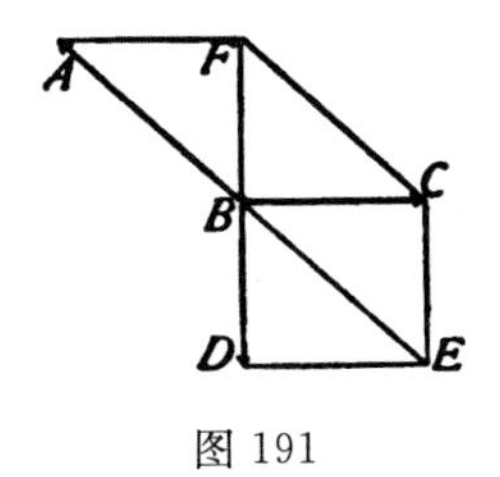

图 191

向上用 AB 描述速度的物体参与路程元 ds，并在相同的速度内收到分量 $BF=-BD$，那么该物体将以速度 $v'=BC$ 向前行进。设 Q 是加速力，它的作用直接与 P 力相对；于是，对于单位时间这个力的加速度将是 Q，对于细绳的单位长度将是 Q/v，对于细绳元将是 $(Q/v)ds$。因此，如果在细绳实例中我们在力 P 和张力 S 之间、在质量实例中我们在加速度 Q 和速度 v 之间确立关系 465

$$P:-\frac{Q}{v}=S:v,$$

那么该物体将在**细绳的曲线**运动。负号指明，P 和 Q 的方向是相反的。

当在处处不变的细绳张力 S 和沿半径向外落在单位长度上的力 P 之间得到关系 $P=S/r$ 时，这里 r 是圆的半径，那么闭合的圆细绳处于平衡。当在速度和沿半径向内作用的加速力 Q 之间得到关系

$$\frac{Q}{v}=\frac{v}{r}\text{ 或 }Q=\frac{v^2}{r}$$

时，物体将以恒定的速度 v 在圆上运动。当加速力 $Q=v^2/r$ 在每

一个元的曲率中心方向恒定地作用在物体上时，它将以**恒定的**速度 v 在**任何**曲线上运动。如果从元的曲率中心向外作用的力 $P=S/r$ 施加在细绳的单位长度上，那么在任何曲线细绳将处于不变的张力 S 之下。

类似于力概念的概念不适合应用于**光的运动**。因而，从细绳平衡或质量运动演绎光的运动，必然是不同地实现的。让我们说，466

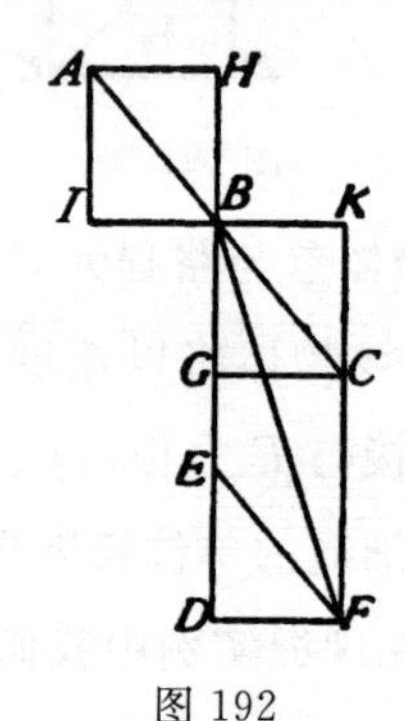

图 192

一个质量正在以速度 $AB=v$ 运动(图 192)。把在方向 BD 的力施加在该质量上，它产生速度 BE 的增加，以至通过速度 $BC=AB$ 和 BE 的合成产生新的速度 $BF=v'$。如果我们把速度 v、v'分解为平行于和垂直于所述的力的分量，那么会察觉到，唯有**平行分量**因力的作用而**变化**，若情况如此，用 k 表示垂直分量，用 α 和 α'表示 v 和 v'与力的方向形成的夹角，我们得到

$$k=v\sin\alpha,$$

$$k=v'\sin\alpha' \text{ 或}$$

$$\frac{\sin\alpha}{\sin\alpha'}=\frac{v'}{v}.$$

现在，如果我们想象光线在 v 的方向穿透与力的作用方向成

直角的折射面，如此通过具有折射率 n 的媒质进入具有折射率 n' 的媒质，这里 $n/n'=v/v'$，那么这条光线将描画与物体在上述实例中相同的路程。因此，倘使我们希望用**光线的运动**模仿**质量**的运动（在同一曲线上），那么我们必须处处运用与速度**成比例的**折射率 n。为了从力推导折射率，我们针对速度得到

$$d\left(\frac{v^2}{2}\right)=Pdq;$$

467

而且，用类比针对折射率得到

$$d\left(\frac{n^2}{2}\right)=Pdq,$$

这里 P 表示力，dq 表示在力的方向上的距离元。若 ds 是路程元，α 是它与力的方向形成的夹角，于是我们有

$$d\left(\frac{v^2}{2}\right)=P\cos\alpha\cdot ds,$$

$$d\left(\frac{n^2}{2}\right)=P\cos\alpha\cdot ds.$$

就抛射体的路程而言，在上述假定的条件下，我们得到表达式 $y=2\sqrt{ax}$。若把规律 $n=\sqrt{2g(a+x)}$ 看做是光线穿越的媒质的折射率，它会描画这一相同的路程。

9. 现在，我们将更精确地研究一下这个最小值的特性与曲线**形状**有关的方式。首先（图 193），让我们取与直线 MN 相交的折线 ABC，令 $AB=s$，$BC=s'$，并寻找使 $vs=v's'$ 对于通过固定点 A 和 B 的线成为最小值的条件，这里假定 v 和 v' 在 MN 上面和下面具有不同的、尽管恒定的值。如果我们把点 B 移动无限小的距离

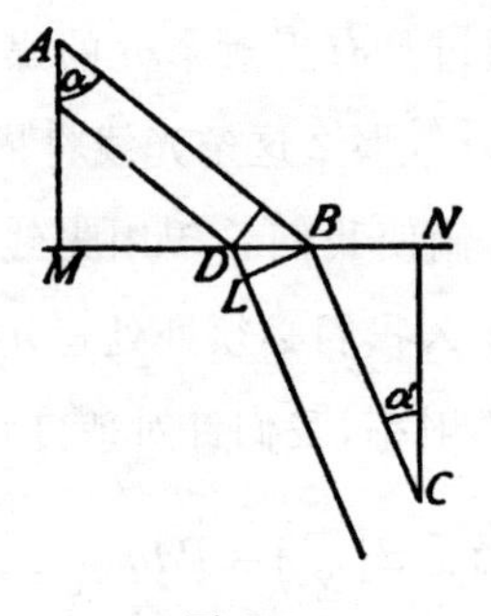

图 193

到 D，那么通过 A 和 C 的新线将依旧平行于原来的线，绘图象征性地表明这一点。以此表达式 $vs+v's'$ 增加的量是

$$-vm\sin\alpha+v'm\sin\alpha',$$

468 这里 $m=DB$。改变相应地与 $-v\sin\alpha+v'\sin\alpha'$ 成比例，最小值条件是

$$-v\sin\alpha+v'\sin\alpha'=0,\text{或}\frac{\sin\alpha}{\sin\alpha'}=\frac{v'}{v}.$$

若使表达式 $v/s+v'/s'$ 成为最小值，以相似的方式我们有

$$\frac{\sin\alpha}{\sin\alpha'}=\frac{v'}{v}.$$

接下来，倘若我们考虑在方向 ABC 拉直的细绳的实例（图194），张力 S 和 S' 在 MN 之上和之下是不同的，在这个实例中必须处理的正是 $Ss+S's'$ 的最小值。为了得到这个实例的独特观念，我们可以想象，细绳在 A 和 B 之间拉直一次，在 B 和 C 之间拉直三次，最后系上重量 P。于是 $S=P$ 和 $S'=3P$。如果我们把点 B 移动距离 m，如此发生的表达式 $Ss+S's'$ 的任何减少，都将体现所系的重量完成的**功**的增加。若 $-Sm\sin\alpha+S'm\sin\alpha'=0$，则

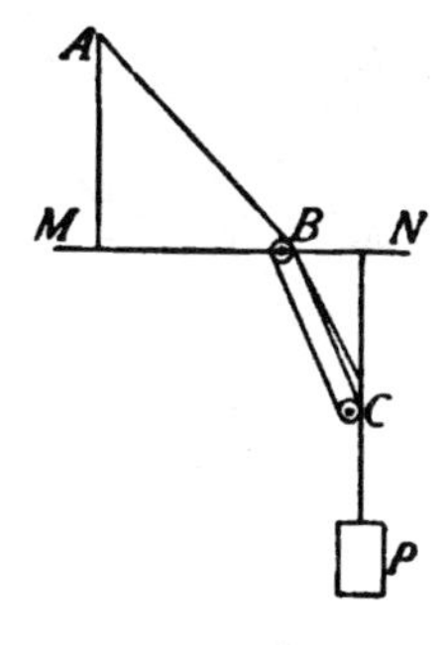

图 194

不做功。由此，$Ss+S's'$的**最小值**对应于功的**最大值**。在眼下的实例中，最小作用量原理只不过是虚位移原理的**不同形式**。 469

现在，假定 ABC 是光线，它在 MN 之上和之下的速度 v 和 v' 彼此是 3 和 1。在两点 A 和 B 之间的光运动是这样的：光在时间最小值到达 B。其物理理由是简单的。光以元波的形式按照不同的路线从 A 传播到 B。由于光的周期性，波一般地相互抵消，只有那些在相等时间即在相等周相到达指定点的波才产生结果。但是，这仅仅对通过**最小值路程**和它的邻接路程到达的波才是真实的。因此，就光实际采取的路程而言，$v/s+v'/s'$是最小值。而且，由于折射率 n 与光速 v 成反比，因此 $ns+ns'$也是最小值。

在考虑**质量运动**时，$vs+v's'$将是最小值的条件作为某种新奇的东西打动我们。（图 195）如果质量在它通过平面 MN 时，作为在方向 DB 施加的力的作用结果收到速度的增加，由此它的原来的速度 v 变成 v'，那么对于质量实际采取的路程来说，我们有方程 $v\sin\alpha=v'\sin\alpha'=k$。**这个也是最小值条件的方程仅仅陈述，只有与力的方向平行的速度分量受到改变，而与其成直角的分量** k 470

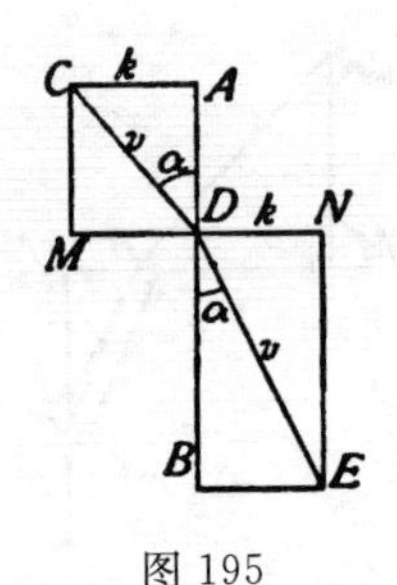

图 195

依然不变。这样一来,欧拉原理在这里也只是以新的形式陈述熟悉的事实。

对于在 1883 年给出的前面各页的阐述,我有如下添加的评论。读者将会看到,最小作用量原理像力学中的所有其他最小值原理一样,是这样一个事实的简单表达:在所讨论的例子中,就它们而言**能够**在环境中发生的,恰恰尽可能如此之多地发生,或者由它们如此决定,即就是由它们**唯一地**决定。已经讨论了从唯一决定演绎平衡的实例,在后边的地方将考虑相同的问题。关于动力学问题,J. 佩佐尔特在名为《最大值、最小值和经济学》(*Maxima, Minima und Oekonomie*, Altenburg, 1891)的著作中,比在我的实例中更健全和更明白地阐述了唯一决定原理的含义。他说(前引书第 11 页):"在运动的实例中,实际越过的路程容许解释为从无限数目可想象的例子中选择的**非凡的**例子。经过分析,除了总是可以找到在运动微分方程的变量等于零时产生它们的表达式外,这没有别的意义,因为只有当积分呈现唯一的值时,变量才成为零。"

事实上,将会看到,在上面处理的例子中,速度的增加仅仅在力的方向上被唯一地决定,而在与力垂直的无限数目同样合理增加的速度分量也是可以想象的，可是由于给出的理由，它们被唯一决定原理排除在外。我与佩佐尔特的下述说法完全一致："这样一来，欧拉和哈密顿的定理像高斯定理一样，无非是自然现象唯一被决定这一经验事实的分析表达而已。"最小值的唯一性是决定性的。 471

在这里，我乐于从 1873 年在布拉格的《落拓斯》(*Lotos*)11 月号发表的短文引用如下的段落："可以把静力学原理和动力学原理表达为等周定律。可是，拟人的概念绝不是必不可少的，例如正像在虚位移原理中可以看到的。我们一旦察觉到功 A 决定速度，就会很容易看见，在系统通过所有邻接位置时不做功的地方，便不能获取速度，从而得到那种平衡。因此，平衡条件将是 $\delta A=0$；在这里，A 没有必要严格地是最大值或最小值。这些定律并非绝对局限于力学；它们可以拥有十分普遍的范围。如果现象 B 的形式的变化依赖于现象 A，那么 B 可能转入某一形式的条件将是 $\delta A=0$。"

正像将要看到的，我在前述的段落承认，有可能在物理学的各个范围发现最小作用量原理的类比，而不是通过力学的迂回路线达到它们。我认为力学不是所有其他领域终极说明的基础，而宁可说，由于它的优越的形式发展，它是这样的说明的值得赞美的典型。在这方面，我的观点并非明显地不同于大多数物理学家的观点，但是差异毕竟是本质的差异。在进一步阐明我的意义时，我应该乐于提及我在我的《热理论原理》(特别是德文版第 192、318 和 356 页)和文章"物理学中的比较"(英译本 *Popular Scientific Lectures* 第 236 页)给出的讨论。触及这一点的值得注意的文章是：C. 诺伊曼的"奥斯特瓦尔德的能量转换公理"("Das Ostwald' 472 sche Axiom des Energieumsatzes," *Berichte der k. sächs. Gesellschaft*, 1892, p. 184)和奥斯特瓦尔德的"关于杰出的退降原理"("Ueber das Princip des ausgezeichneten Falles," loc. Cit., 1893, p. 600)。

10. 如果我们从有限的折线通过而进入曲线元,那么还可以把最小值条件$-v\sin\alpha+v'\sin=0$写成形式

$$-v\sin\alpha+(v+dv)\sin(\alpha+d\alpha)=0,$$

或者

$$d(v\sin\alpha)=0,$$

最后或者

$$v\sin\alpha=\text{常数}。$$

与此一致,我们就光运动得到

$$d(n\sin\alpha)=0, n\sin\alpha=\text{常数},$$

$$d\left(\frac{\sin\alpha}{v}\right)=0, \frac{\sin\alpha}{v}=\text{常数};$$

而对于细绳的平衡,我们得到

$$d(S\sin\alpha)=0, S\sin\alpha=\text{常数}。$$

为了用例子阐释前面的评论,让我们以抛射体的抛物线路程为例,这里α总是表示路程元与垂线形成的角度。设速度是$v=\sqrt{2g(a+x)}$,设y坐标的轴是水平的。条件$v\cdot\sin\alpha=$常数或$\sqrt{2g(a+x)}\cdot dy/dx=$常数恒等于变量演算给出的条件,而且我们现在知道它的**简单的物理**意义。如果我们想象其张力是$S=\sqrt{2g(a+x)}$的细绳,可以用固定在竖直平面放置的水平平行棒

473

上的无摩擦的滑轮完成安排，然后使细绳以足够的次数通过这些滑轮，最后把重量系在细绳的末端，那么我们将就平衡(图

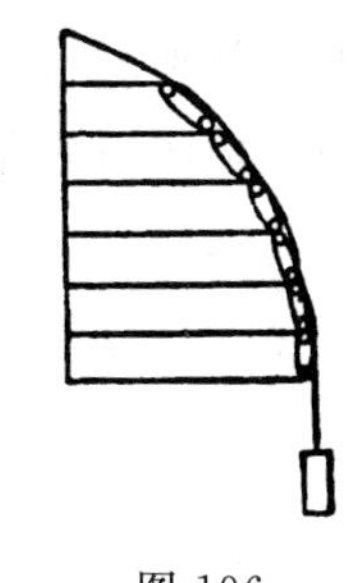

图 196

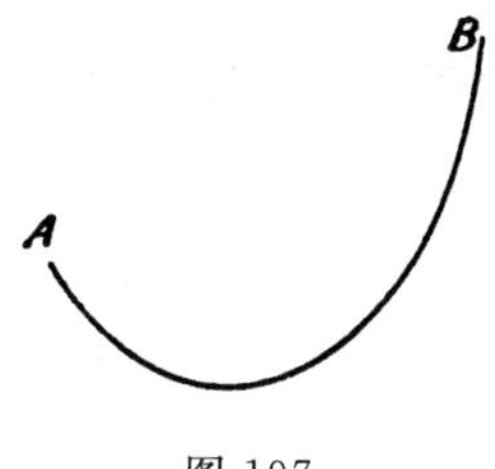

图 197

196)再次得到前面的条件，它的物理意义现在是明显的。当使棒之间的距离无限小时，细绳呈现抛物线形式。在其折射率因定律 $n=\sqrt{2g(a+x)}$ 而在竖直方向变化的媒质中，或者在光速因定律 $v=1/\sqrt{2g(a+x)}$ 而相似地变化的媒质中，光线将描画抛物线的路程。如果我们使在这样的媒质中的速度是 $v=\sqrt{2g(a+x)}$，那么光线会描画旋轮线路程，就此而言，能够是最小值的不是 $\int\sqrt{2g(a+x)}\cdot ds$，而是 $\int ds/\sqrt{2g(a+x)}$。

11. 在把细绳的平衡与质量的运动比较时，我们可以使用简易474的、均匀的粗线代替能够环绕滑轮的细绳，倘若我们使粗线经受恰当的力系的话。我们毫无困难地观察到，形成张力的力系，或者情况很可能是这样——形成坐标**相同**函数即速度的力系，是**不同的**。例如，若我们考虑重力，则 $v=\sqrt{2g(a+x)}$ 。可是，细绳经受重力作用，形成旋链线，它的张力由公式 $S=m-nx$ 给出，这里 m 和 n 是常数。在细绳的平衡和质量的运动之间存在的类比实质上受到下述事实的制约：由于经受力作用的细绳具有力函数 U，此处在平衡的实例中得到可以容易证明的方程 $U+S=$ 常数。在这里，最小作用量原理的这种**物理**解释仅仅是就简单的实例阐释的；但是，通过想象相等张力面的群、相等速度的群或所构造的相等折射率，把细绳、运动路程或光程分割为元，并通过使这样的实例中的 α 表示这些元与各自的曲面法线形成的角度，它也可以应用于具有较大复杂性的实例。拉格朗日把最小作用量原理扩展到质量系，他以形式

$$\delta\sum m\int vds=0$$

描述它。如果我们想到，是最小作用量原理的真实基础的活劲原理，并未因质量关联而无效，那么我们就能够理解，前一个原理在这个实例中也是正确的，在物理上是明白易懂的。

475

（九）哈密顿原理

1. 上面已经注意到，能够把各种各样的表达式设计为，它们的

等于零的变量给出通常的运动方程。这种类型的表达式包含在哈密顿原理

$$\delta\int_{t_0}^{t_1}(U+T)\,dt=0 \text{ 或}$$

$$\int_{t_0}^{t_1}(\delta U+\delta T)\,dt=0$$

之中，这里 δU 和 δT 表示功和活劲的变量，它们对于初始时期和终结时期成为零。哈密顿原理很容易从达朗伯原理演绎出来，反过来，达朗伯原理也很容易从哈密顿原理演绎出来；事实上，两个原理是等价的，它们的差异仅仅是形式的差异。[①]

2. 在这里，我们不想进入这个课题的延伸研究，只想用**例子**展示一下两个原理的等价性，同样的例子即轮轴因它的一部分额外

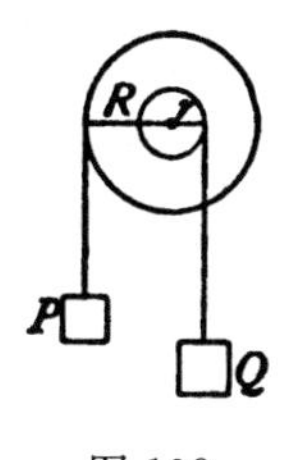

图 198

重量而运动(图 198)，有助于阐释达朗伯原理。代替实际运动，我们可以想象在相同的时间间隔完成的**不同的**运动，这种运动与实际运动有无限小的变化，但是在开始和结束时与它一致。因而，在

① 例如，比较 Kirhhoff, *Vorlesungen über mathematische Physik*, *Mechanik*, p. 25 et seq.; Jacobi, *Vorlesungen über Dynamik*, p. 58.

每一个时间元 dt，这里都存在所产生的功变量(δU)和活劲(δT)变量；这就是在实际运动中实现的值 U 和 T 的变量。但是，就实际运动而言，上面陈述的积分表达式等于 0，因此可以利用它决定实

476 际运动。如果完成的旋转角度在时间元 dt 与实际运动的角度相比变化量 α，那么对应于这一变化的变量将是

$$\delta U=(PR-Qr)\alpha=M\alpha .$$

对于任何给定的角速度 ω，活劲是

$$T=\frac{1}{g}(PR^2+Qr^2)\frac{\omega}{2};$$

对于这个速度的变量 $\delta\omega$，活劲的变量是

$$\delta T=\frac{1}{g}(PR^2+Qr^2)\,\omega\delta\omega.$$

但是，若旋转角度在时间元 dt 变化量 α，则

$$\delta\omega=\frac{d\alpha}{dt}\text{ 和}$$

$$\delta T=\frac{1}{g}(PR^2+Qr^2)\,\omega\frac{d\alpha}{dt}=N\frac{d\alpha}{dt}.$$

相应地，积分表达式的形式是

$$\int_{t_0}^{t_1}\left[M\alpha+N\frac{d\alpha}{dt}\right]dt=0.$$

但是，鉴于

$$\frac{d}{dt}(N\alpha)=\frac{dN}{dt}\alpha+N\frac{d\alpha}{dt},$$

477 因此

$$\int_{t_0}^{t_1}\left(M-\frac{dN}{dt}\right)\alpha\cdot dt+(N\alpha)_{t_0}^{t_1}=0.$$

可是，左边元的第二项退出，因为按照假设，在运动的开始和终结 $\alpha=0$。相应地，我们有

$$\int_{t_0}^{t_1}\left(M-\frac{dN}{dt}\right)\alpha dt=0,$$

这个表达式由于 α 在每一个时间元是任意的，除非一般地

$$M-\frac{dN}{dt}=0,$$

否则它不能存在。用符号代表的值替换符号，我们得到熟悉的方程

$$\frac{d\omega}{dt}=\frac{PR-Qr}{PR^2+Qr^2}g.$$

达朗伯原理给出方程

$$\left(M-\frac{dN}{dt}\right)\alpha=0,$$

这对于每一个**可能的**位移都有效。我们可以按照相反的顺序从这个方程开始，由此转变为表达式

$$\int_{t_0}^{t_1}\left(M-\frac{dN}{dt}\right)\alpha dt=0,$$

最后从后者进入相同的结果　478

$$\int_{t_0}^{t_1}\left(M\alpha+\frac{d\alpha}{dt}\right)dt-(N\alpha)_{t_0}^{t_1}=\int_{t_0}^{t_1}\left(M\alpha+N\frac{d\alpha}{dt}\right)dt=0.$$

3. 作为第二个更简单的例子，让我们考虑竖直下降的运动。对于每一个无限小的位移 s，存在 $[mg-m(dv/dt)]=0$，在此字母

保留它们的约定意义。因而，可得这个方程

$$\int_{t_0}^{t_1}\left(mg - m\frac{dv}{dt}\right)s \cdot dt = 0;$$

倘使 s 在两个限度变成零，该方程作为关系

$$\frac{d(mvs)}{dt}dt = m\frac{dv}{dt}s + mv\frac{ds}{dt} \text{ 和}$$

$$\int_{t_0}^{t_1}\frac{d(mvs)}{dt}dt = (mvs)_{t_0}^{t_1} = 0$$

的结果变成形式

$$\int_{t_0}^{t_1}\left(mgs + mv\frac{ds}{dt}\right)dt = 0,$$

也就是变成哈密顿原理的形式。

这样一来，经由力学原理的明显差异，看到共同的基本同一性。这些原理不是不同事实的表达，而多少只不过是相同事实的不同**方面**的观照。

479

（十）力学原理对于流体静力学和流体动力学问题的一些应用

1. 现在，我们将通过几个流体静力学和流体动力学的阐释，补充我们就力学原理的应用给出的例子，就像它们应用于刚体一样。首先，我们拟讨论唯一经受所谓分子力作用的**无重量**液体的平衡定律。在我们的考虑中，我们忽略重力。事实上，可以把液体置于这样的环境，它在其中的行为就像没有重力作用一样。这个方法

归因于普拉托(Plateau)。[①] 它是通过把橄榄油浸没在与油密度相同的水和酒精的混合物中实施的。根据阿基米德原理,油的质量的重力在这样的混合物中严格地得以抵消,液体实际上好像没有重量一样地作用。

2. 首先,让我们想象在空间自由的无重量的液体质量(图

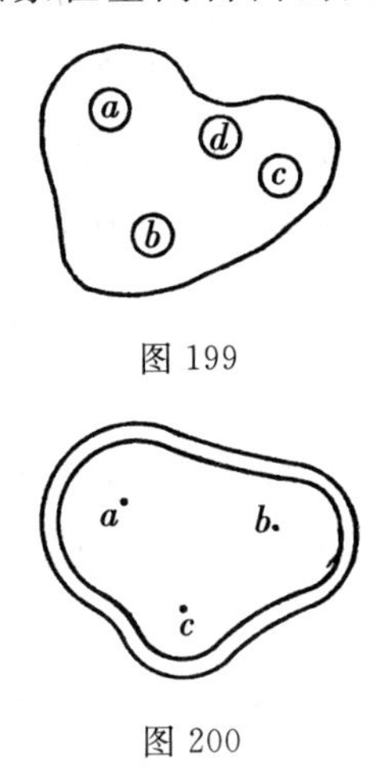

图 199

图 200

199)。我们知道,它的分子力只是在十分小的距离起作用。取分子力停止施加可计量的影响的距离作为我们的半径,让我们针对在质量内部的粒子 a、b、c 画一个球——所谓的作用球。这个作用球规则地和均匀地充满其他粒子。因此,作用在中心粒子 a、b、c 上的合力是零。仅仅位于距边界曲面小于作用球半径的距离的那些部分,与在内部的粒子处在不同的动力学条件。如果认为液体 480

① *Statique expérimentale et théorique des liquids*, 1873.

质量的曲面元的曲率半径与作用球的半径相比十分大，那么我们可以从质量切掉作用球半径厚度的表面层，粒子在这个层面与在内部层面处于不同的物理条件。如果我们把在液体内部的粒子 a 从位置 a 转运到位置 b 或 c，那么这个粒子的物理条件以及代替它的粒子的物理条件将依然不变。以这种方式不能做功。只有在把粒子从表面层转运到内部时，或者从内部转运到表面层时，才能够做功。这就是说，只有靠曲面大小的**改变**才能够做功。考虑表面层密度与内部的密度是相同的，还是考虑它遍及整个层的厚度是恒定的，原来都不是最为重要的。正如容易看到的，像在普拉托试验中那样，当把液体质量浸没在第二种液体中，曲面面积的变化同样是做功的条件。

481

我们现在探究，通过把粒子运送到内部招致表面面积减少的功是正的还是负的，也就是说，是做功还是耗功。若我们使两个流体滴接触，它们就**自行**结合在一起；由于通过这种作用曲面面积减小，作为必然结果，在液体质量中产生表面面积减小的功是**正的**。范德门斯布吕格(Van der Mensbrugghe)用非常漂亮的实验证明了这一点。把正方形的金属线框架浸蘸到肥皂和水的溶液中，把

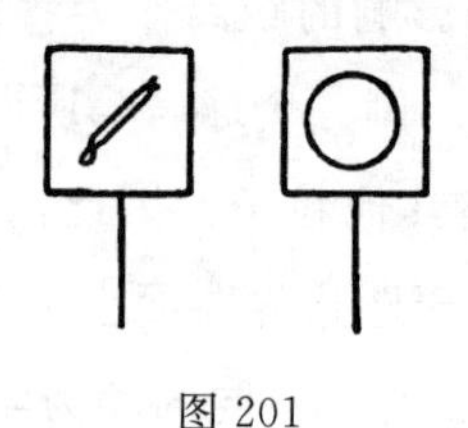

图 201

弄湿的丝线环置于形成的肥皂薄膜上(图 201)。若把环内的薄膜刺破，环外的薄膜将收缩，直到丝线在液体表面中间形成圆的边界

为止。但是,在相同环境的一切平面图形中,圆具有最大的面积;因此,液体薄膜收缩到最小值。

此刻,接着而来的将是清楚的。作用于其上的力是分子力的无重量的液体,将在所有形状中处于**平衡**,其中竖直位移的系统**不**发生液体表面面积改变。但是,可以认为形状的一切无限小变化是**虚的**,液体在它的**体积**不变的情况下容许这样。因而,平衡就一切液体形状而言存在,对于中心形状无限小形变产生表面的变量等于0。就特定的体积来说,表面面积的**最小值**引起稳定平衡;表面面积的**最大值**引起不稳平衡。

在所有相同体积的固体中,球具有最小的表面面积。因此,自由液体质量会呈现的形状即稳定平衡的形状是球形。就这种形状而言,所做的是功的最大值;不再能够对它做功。若液体附着刚体,所呈现的形状依赖各种伴随的条件,这些条件提出更为复杂化的问题。 482

3. 可以如下研究液体表面的**大小**和**形状**之间的关联。我们想象,液体闭合的外表面在没有改变液体体积的情况下受到无限小

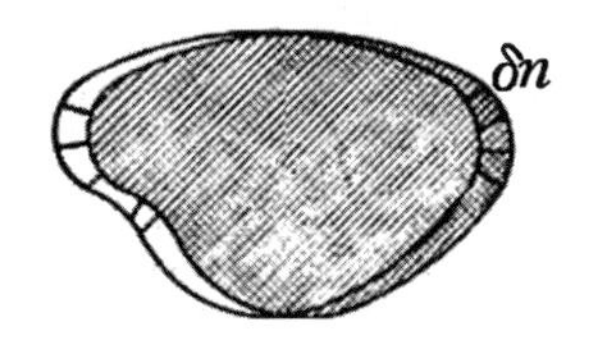

图 202

的变化(图 202)。依据两组相互垂直的曲率线,我们把原来的表面分为无限小的矩形元。以这些元的角为对象,我们在原来的表

面向该表面作法线，从而决定变化表面的对应元的角度。现在在这里，变化表面的元 dO' 对应于原来表面的每一个元 dO；因沿着法线向外或向内的无限小位移 δn，dO 成为 dO' 和对应的量值变量。

设 dp、dq 是元 dO 的边。接着，对于元 dO' 的边 dp'、dq'，得到这些关系

$$dp' = dp\left(1 + \frac{\delta n}{r}\right),$$

$$dq' = dq\left(1 + \frac{\delta n}{r'}\right),$$

483 这里 r 和 r' 是接触曲率线元 p、q 的主截面的曲率半径，或所谓的

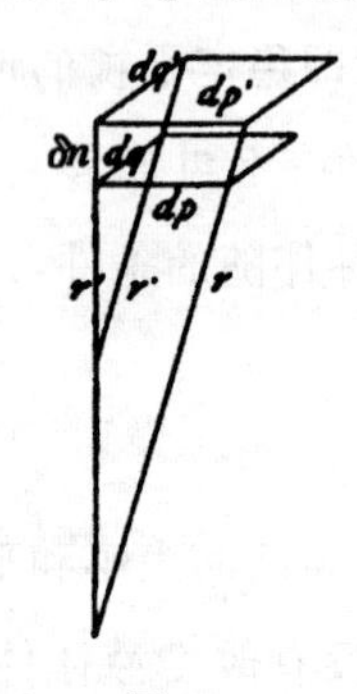

图 203

主曲率半径（图 203）。[①] 以通常的方式，把外凸元的曲率半径算做正的，把外凹元的曲率半径算做负的。关于元的变量，我们相应地得到

① 在无限邻接的点的法线与曲面的任何点的法线相交，前者处在离开原点的曲面上的两个方向，这两个方向彼此成直角；距这些法线相交处的曲面的距离是曲面曲率的两个主半径或最大半径。——英译者注

$$\delta \cdot dO = dO' - dO = dp\ dq\left(1+\frac{\delta n}{r}\right)\left(1+\frac{\delta n}{r'}\right) - dp\ dq.$$

忽略 δn 较高阶的幂，我们获得

$$\delta \cdot dO = \left(\frac{1}{r}+\frac{1}{r'}\right) = \delta n \cdot dO.$$

于是，整个曲面的变量用

$$\delta O = \int\left(\frac{1}{r}+\frac{1}{r'}\right) = \delta n \cdot dO \cdots\cdots\cdots\cdots\cdots\cdots \quad (1)$$

表达。进而，必须如此选择法向位移

$$\int \delta n \cdot dO = 0 \cdots\cdots\cdots\cdots\cdots\cdots\cdots\cdots \quad (2)$$

以便表面元（在后一个实例中算做负的）将等于零，或者**体积**依然不变。

因而，若 $1/r+1/r'$ 对于曲面的所有点具有**相同的值**，则能够使表达式(1)和(2)同时等于 0。从下述考虑会很容易看到这一

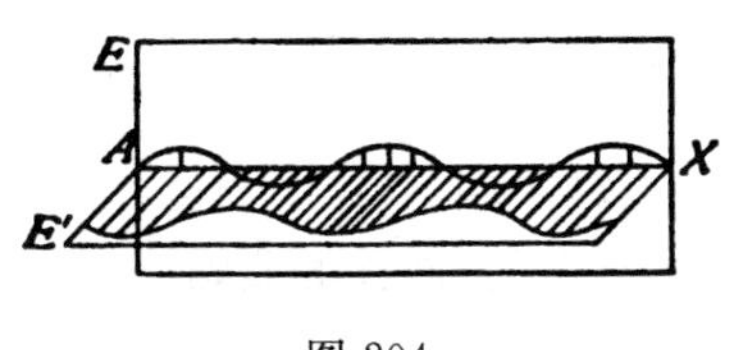

图 204

点。设用线元 AX 象征性地描绘原来的曲面元 dO（图 204），并使法向位移 δn 作为纵坐标在平面 E 垂直于它，向外的位移向上为正，向内的位移向下为负。把这些坐标的端点如此联结起来，以便形成曲线，并取曲线的积分，同时把 AX 之上的曲面算做正的，把它之下的曲面算做负的。就这个求积分等于 0 的 δn 的所有系统 484

来说，表达式(2)也等于0，而且这样的位移系统是可采纳的，也就是说是虚位移。

现在，让我们在E'处作属于元dO的值$1/r+1/r'$的垂线作为纵坐标。很容易想象一个实例，表达式(1)和(2)一致地呈现零值。虽然$1/r+1/r'$对于不同的元应该具有**不同的**值，但是在不改变表达式(2)的零值的情况下，总是有可能如此对表达式(1)将是不同于零的位移δn进行分配运算。只有凭靠$1/r+1/r'$对一切元具有**相同值**的条件，才能必然地和全部地使表达式(1)与表达式(2)一起等于零。

因此，从两个条件(1)和(2)必定可得，$1/r+1/r'=$常数；也就是说，在平衡的实例中，主曲率半径或主法向截面的曲率半径的反商值之和对于整个曲面是恒量。按照整个定理，可确定液体表面的**面积**对于它的表面**形状**的相依性。在这里追求的推理训练，是首次由高斯[①]以更为充分的和更为特殊的形式发展的。无论如何，以前面的简单方式描述它的基本点并不困难。

485

4. 正如我们已经看到的，液体的质量完全听任它自己的话，便呈现球形，显示表面面积的绝对最小值。在这里，方程$1/r+1/r'=$常数引人注目地在形式$2/R=$常数中得以实现，R是球的半径。如果液体质量的自由表面以两个固体圆环为边界，而两个圆环的平面相互平行且垂直于联结它们中点的线段，那么液体质量的表

① *Principia Generalia Theoriæ Figuræ Fluidorum in Statu Æquilibrii*, Göttingen, 1830; *Werke*, V, 29, Göttingen, 1867.

面将呈现回转面的形状。子午线的本性和封闭质量的体积由关于回转面的圆环半径 R、圆平面之间的距离和表达式 $1/r+1/r'$ 的值决定。当

$$\frac{1}{r}+\frac{1}{r'}=\frac{1}{r}+\frac{1}{\infty}=\frac{1}{R}$$

时，回转面变成圆柱面。对于 $1/r+1/r'=0$，这里一个法向截面是凸而另一个是凹，子午线呈现悬链线的形状。普拉托明显地证明了上面提到的这些实例，即向固定在酒精和水混合物中两个金属线圆环上倾倒油的实例。

此刻，让我们想象以表达式 $1/r+1/r'$ 具有正值的曲面部分和以相同的表达式具有负值的另一部分为边界的液体质量，或者更简洁地表达，以凸曲面和凹曲面为边界的液体质量。将容易看到，486 表面元沿法线向外的任何位移将在凹部分引起表面面积的减少，而在凸部分引起表面面积的增加。因此，当**凹**曲面**向外**运动和**凸**曲面**向内**运动时才**做功**。当 $1/r+1/r'=+a$ 的表面部分向外运动时也做功，而同时 $1/r+1/r'>a$ 的相等表面部分向内运动时也做功。

因此，当**不同弯曲的**曲面形成液体质量的边界时，凸部分受到向内的力，凹部分受到向外的力，直到在整个曲面满足条件 $1/r+1/r'=$ 常数。类似地，当**相关的**液体质量具有以刚体为界的**几个**隔离开来的曲面部分时，就平衡态而言，表达式 $1/r+1/r'$ 的值对曲面的所有自由部分必定是相同的。

例如，如果在上面涉及的酒精和水的混合物中的两个圆环之间空间充满油，那么利用足够的油量，有可能得到其两个底是球截

形的圆柱面。侧曲面和底曲面将相应地满足条件 $1/r+1/\infty=1/\varrho+1/\varrho$ 或 $\varrho=2R$，这里 ϱ 是球的半径，R 是圆环的半径。普拉托用实验证实了这个结论。

5. 现在，让我们研究封闭在中空空间的液体质量。在这里，$1/r+1/r'$ 对内部曲面和外部曲面可以具有相同值的条件是不可实现的。相反地，鉴于这个和就封闭的外部曲面而言总是比对封闭的内部曲面具有较大的正值，因而液体将做功，并随着液体从外部曲面流入内部曲面，促使中空空间消失。可是，如果受到确定压力的流体或气体物质占据中空空间，那么在最后提及的过程中所做的功能够被引起压缩所耗费的功**抵消**，从而可以产生平衡。

487

让我们想象局限于两个相似的或处于相似境况的、彼此十分

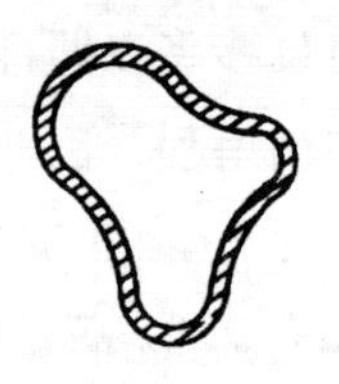

图 205

接近的曲面(图 205)。**气泡**是这样一个系统。它的原先的平衡条件是封闭气体容量施加的额外压力。若和 $1/r+1/r'$ 对于外部曲面具有值 $+a$，则它将对于内部曲面具有非常接近的值 $-a$。气泡完全听任它自己将总是呈现球形。如果我们构想这样的气泡球，我们可以忽略它的厚度，那么在半径 r 缩短 dr 时，它的表面面积总减少将是 $16r\pi dr$。因此，若在曲面减少单位面积时做功 A，则 $A\cdot 16r\pi dr$ 将是被压力在封闭的容量上耗费的压缩功 $p\cdot 4r^2\pi dr$

所补偿的功的总量。由此可得 $4A/r=p$；若得到 r 的量度，并借助在气泡中引入的压力计找到 p，由该式可以很容易地计算 A。

开球形气泡不能存在。若开气泡变成平衡图形，和 $1/r+1/r'$ 对于两个截面的每一个不仅是常数，而且对于二者也必须相等。488 于是，由于曲面相反的曲率，$1/r+1/r'=0$。因此，对于所有点，$r=-r'$。这样的曲面称之为最小曲面；它具有与它包含的闭合周线一致的最小面积。它也是主曲率零和的曲线；正如我们容易看到的，它的元是马鞍形的。这种类型的曲面可以通过构造金属线的闭合空间曲线，并把金属线浸蘸在肥皂和水的溶液中得到。[①] 肥皂薄膜主动地呈现所提及的曲线形状。

6. 由薄的薄膜构成的流体平衡图形具有特殊的特性。重力的功影响液体的**整个**质量；分子力的功被局限于它的表面薄膜。一般地，重力的功占优势。但是，在薄的薄膜中，分子力进入十分有利的条件，它可以在户外毫无困难地产生所述的图形。普拉托通过把金属线多面体浸蘸在肥皂和水的溶液中得到它们。这样便形成平面液体薄膜，它们在框架的棱上彼此交叉。当薄平面薄膜如此连接，使得它们在中空的棱交叉，定律 $1/r+1/r'=$ 常数不再对液体曲面有效，因为这个和对平面具有零值，对中空的棱具有非常大的负值。因此，与上面达到的观点一致，液体应该耗尽薄膜，薄膜的厚度会不断减少，在棱消失。事实上，发生的情况就是这样。489

① 当金属线的形状给定，决定这样的曲面的数学问题称之为**普拉托问题**。——英译者注

但是，当薄膜的厚度减少到某一程度时，于是正像发生的那样，出于尚不完全了解的**物理的**缘由，达到**平衡状态**。

迄今为止，尽管在这些图形中没有满足基本方程 $1/r+1/r'=$ **常数**这一事实，因为非常薄的液体薄膜，特别是黏滞液体，显示多少与那些我们原先的假定基于其上的液体不同的物理条件，而这些图形无论如何在所有实例中显示表面面积的**最小值**。与金属线棱关联的和彼此关联的液体薄膜，总是以三个近似相等的 120°角在棱处交叉，以四个近似相等的角在隅角处交叉。而且，在几何学上可以证明，这些关系符合表面面积的最小值。在这里讨论的现象的巨大差异中，仅仅表达了一个事实，即当表面面积减少时，分子力做功，做正功。

7. 普拉托通过把金属线多面体浸蘸在肥皂溶液中得到的平衡图形，形成显示出显著**对称**的液体薄膜系统。疑问相应地把它自己强加于我们：什么具有与对称和规则性有关系的平衡？说明是明显的。在每一个对称的系统中，易于消除对称的每一个形变都受到易于恢复它的相等而相反的形变补偿。在每一个形变中，做正功或做负功。因此，一个条件虽然不是绝对充分的条件，即功的最大值或最小值对应于平衡的形式，但是它却是由对称这样提供的。规则性是接连的对称。因此，没有理由大惊小怪，平衡形式常常是对称的和规则的。

490

8. 数学静力学科学在与一个特殊问题的关联中形成，即**地球的外形**问题。物理学和天文学数据导致牛顿和惠更斯提出见解：

地球是回转扁椭球。牛顿通过设想地球是流体质量,通过假定从表面到中心拉紧的丝状物在中心施加相同的压力,尝试计算这个扁率。惠更斯的假定是,该力的方向垂直于表面元。布盖(Bouguer)把两种假定结合在一起。最后(*Théorie de la figure de la terre*, Paris, 1743),克莱罗指出,**两个**条件的满足没有保证平衡的存在。

克莱罗的出发点是这样的。若流体地球处于平衡,在不扰动它的平衡的情况下,我们可以想象它的任何部分被固化。因而,设想除了管道 AB 外,它的一切部分被固化为任何形状(图 206)。在这个管道中的液体也必须处于平衡。但是,现在更容易研究控

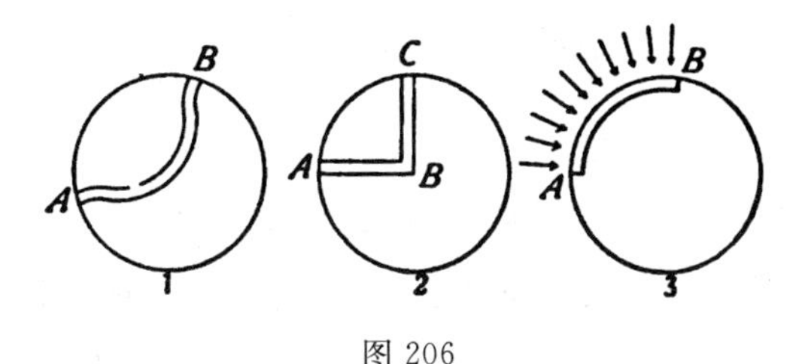

图 206

制平衡的条件。若平衡在**这种类型的每一个可想象的管道**中存在,则**整个**质量将处于平衡。克莱罗附带注意到,当管道通过中心(在图 206—2 中图解)时,牛顿的假定实现;当管道沿着表面(图 206—3)时,惠更斯的假定实现。 491

但是,按照克莱罗的看法,问题的核心在于不同的眼界。在**一切可想象的**管道中,甚至在**返回它自身的**管道中,流体必须处于平衡。因此,若在图 207 的管道的任何两点 M 和 N 作截面,则两个流体柱 MPN 和 MQN 必定在 M 和 N 处截面的曲面上施加相等的压力。因此,任何这样的管道的流体柱的终端压力不能取决于

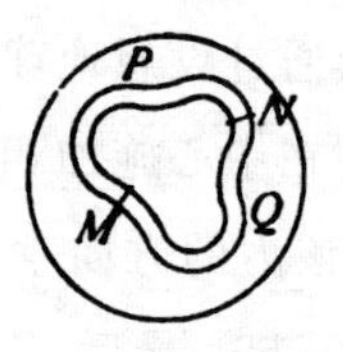

图 207

流体柱的**长度**和**形状**，而必须唯一地取决于它的终点的**位置**。

在所讨论的流体中，请想象参照直角坐标系的任何形状的管

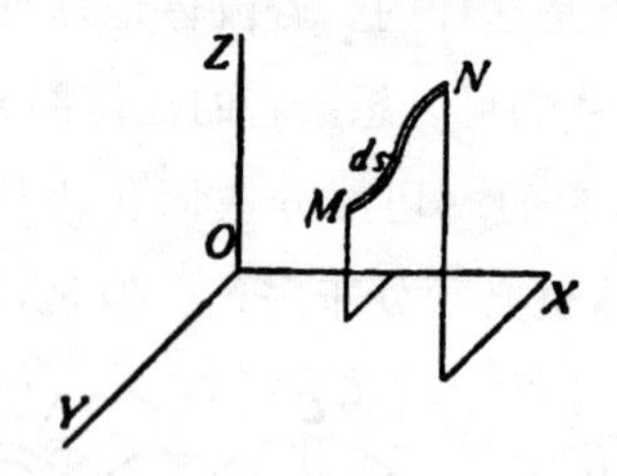

图 208

道 MN（图 208）。设流体具有恒定的密度ϱ，并设在坐标方向作用于单位流体质量上的力分量 X、Y、Z 是整个质量的坐标 x、y、z 的函数。设把管道的长度元称为 ds，把它在坐标轴上的射影称为 dx、dy、dz。在管道方向作用于单位质量上的力分量是 492 $X(dx/ds)$、$Y(dy/ds)$、$Z(dz/ds)$。设 q 是截面；于是，在 ds 方向推动质量元ϱqds 的总力是

$$\varrho qds\left(X\frac{dx}{ds}+Y\frac{dy}{ds}+Z\frac{dz}{ds}\right).$$

这个力必须被通过长度元的压力增加抵消，从而必须使之等于 $q\cdot dp$。相应地，我们得到 $dp=\varrho(Xdx+Ydy+Zdz)$。在两个端点 M 和 N 之间的压力差（p）通过从 M 到 N 积分这个表达式找到。但是，鉴于这个差异不取决于管道的形状，而仅仅取决于端点

M 和 N 的位置，随之可得，$\varrho(Xdx + Ydy + Zdz)$ 必须是全微分，或者密度不变的话，$Xdx + Ydy + Zdz$ 必须是全微分。对此而言，

$$X = \frac{dU}{dx}, Y = \frac{dU}{dy}, Z = \frac{dU}{dz}$$

是必要的，这里 U 是坐标的函数。**因此，按照克莱罗的观点，液体平衡的一般条件是，液体受能够表达为坐标的同一函数的偏微分系数的力控制。**

9. 牛顿的重力，事实上，一切**中心**力——质量在它们的连线方向施加的、是这些质量之间的距离的函数的力——具有这种特性。在这种特征的力的作用下，流体的平衡是可能的。若我们知道 U，则我们可以用下述方程代替第一个方程：

$$dp = p\left(\frac{dU}{dx}dx + \frac{dU}{dy}dy + \frac{dU}{dz}dz\right),$$

493

或者

$$dp = pdU \text{ 和 } p = pU + \text{常数}。$$

对于 U=常数的所有点的总体是曲面，是所谓的**水平面**。就这个曲面来说，p 也等于常数。由于所有的力关系，正如我们现在看到的，由于所有的压力关系，是由函数 U 的本性决定的，因此压力关系提供力关系的示意图，前面在第 119 页已经注意到这一点。

在这里表述的克莱罗的理论中，毋庸置疑，包含构成**力函数**或**势**学说的基础的观念，此后拉普拉斯、泊松、格林、高斯和其他人以这样杰出的成果发展了这个学说。我们的注意力一旦被引向某些力的这种特性，即它们能够表达为同一函数 U 的导数，就立即辨认出，在力本身之处研究函数 U 是非常方便的或**经济的**路线。

若审查方程

$$dp=\varrho(Xdx+Ydy+Zdz)=\varrho\,dU,$$

则会看到，$Xdx+Ydy+Zdz$ 是力在位移 ds 时在流体单位质量上所做的**功**元，ds 的射影是 dx、dy、dz。因此，如果我们把单位质量从 $U=C_1$ 的点搬运到不同选择的 $U=C_2$ 的另一点，或者更一般地，从 $U=C_1$ 的曲面搬运到 $U=C_2$ 的曲面，不管传送按照什么路线完成，我们都做**相同**量值的功。第一个曲面的所有点相对于第二个曲面的所有点显示相同的压力差；关系总是这样的，即

494

$$p_2-p_1=\varrho(C_2-C_1),$$

这里用相同的指示符号标示的量属于相同的曲面。

10. 让我们想象这样的十分紧密邻接的曲面群（图 209），这个

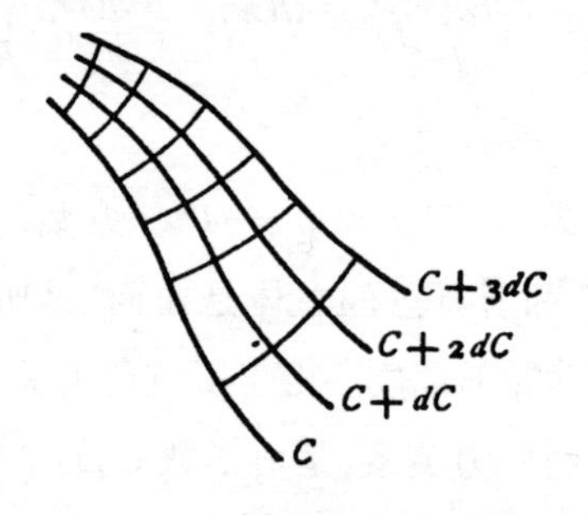

图 209

群中每两个相继的群彼此的差别在于，把质量从一个曲面搬运到另一个曲面需要相同的、非常小的做功量，换句话说，想象曲面 $U=C$、$U=C+dC$、$U=C+2dC$ 等等。

在水平面上运动的质量显然不做功。因此，在与曲面相切方向上的每一个分力等于 0；而**合力**的方向处处与曲面正交。如果

我们称 dn 是两个相邻曲面之间截取的法线元，称 f 是把单位质量通过这个元从一个曲面传送到另一个曲面需要的力，那么所做的功是 $f \cdot dn = dC$。由于 dC 依据假设处处不变，力 $f = dC/dn$ 反比于所考虑的曲面之间的距离。因此，若曲面 U 已知，则**力的方向**由处处与这些曲面成直角的曲线系统的元给出，而且曲面之间的距离的倒数量度力的**大小**。[①] 这些曲面和曲线也在其他物理学领域面对我们。我们遇见它们在静电学和磁学中作为等势面和等势线，在热传导理论中作为流量的等温面和等温线，在电容量和液体容量的处理中作为流量的等势面和等势线。 495

11. 现在，我们用另一个非常简单的例子阐释克莱罗的学说。想象两个相互垂直的平面，在直线 OX 和 OY 处与纸张成直角相交(图 210)。力函数存在 $U = -xy$，这里 x 和 y 是距两个平面的距离。于是，平行于 OX 和 OY 的力分量分别是

$$X = \frac{dU}{dx} = -y$$

和

$$Y = \frac{dU}{dy} = -x.$$

---

① 如下可以达到相同的结论。想象从纽约铺设到基韦斯特的水管，它的末端竖直向上弯曲并由玻璃做成。设法给它泵入一定量的水；当达到平衡时，让在两个端点的玻璃上标记它的高度。这两个标记将处在一个水平面上。现在，泵进略微多一点的水，再次在两个末端标记高度。在纽约添加的水与在基韦斯特添加的水相称。两个的重力是相等的。可是，它们的量与标记之间的竖直距离成比例。在固定水量上的重力相反地像那些竖直距离一样，即就是相反地像相邻水平面之间的距离一样。——英译者注

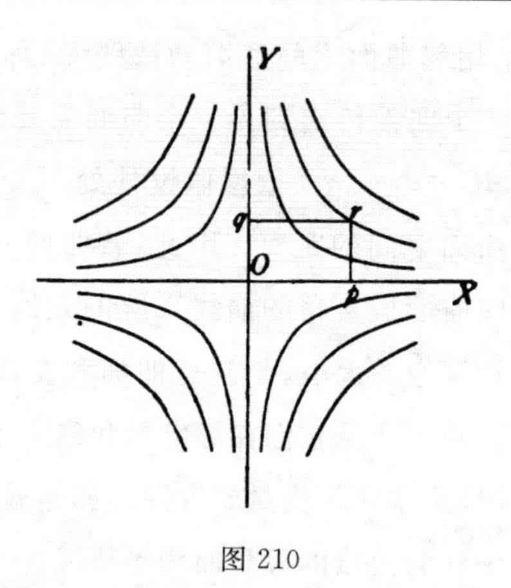

图 210

水平面是圆柱面，它的生成线与纸张平面成直角，它的准线即 xy=常数是等轴双曲线。通过把第一个提及的曲线系在纸张平面绕 O 转动 45° 角，便得到力线。若单位质量通过路线 rpO 或 rqO 或任何其他路线从 r 到 O，则所做的功总是 $Op\times Oq$。若我们想象充满液体的闭合管道 $OprqO$，则管道中的液体将处于平衡。若在任何两点之间作横截面，则每一个截面将在它的两个曲面处承受相同的压力。

496

现在，我们稍微修改一下这个例子。设力是 $X=-y$、$Y=-a$，这里 a 具有恒定的值。现在，不存在如此构成的函数 U，以至于 $X=dU/dx$和 $Y=dU/dy$；因为在这样的实例中，$dX/dy=dY/dx$ 也许是必要的，这显然不是真实的。因此，不存在力函数，从而不存在水平面。若把单位质量通过 p 的道路从 rpO 搬运到 O，则所做到功是 $a\times Oq$。若通过路线 rqO 搬运，则所做到功是 $a\times Oq+Op\times Oq$。若管道 $OprqO$ 充满液体，则液体不能处于平衡，但是会受力在方向 $OprqO$ 不断地转动。具有这种复归它们自身、但却无限地继续它们的运动的特性之流，作为某种完全外在于我们的经验的东西打动我们。不管怎样，由此把我们的注意力引向自然力的重要特性，即引向这样的力的功可以作为坐标函数表达的特性。497 无论何时观察到这个原理的例外，我们都倾向于认为它们是表面上的，并力图厘清所包含的困难。

12. 现在，我们将审查液体**运动**的几个问题。流体动力学的奠基人是托里拆利。托里拆利[①]借助观察通过容器底部的小孔排出的液体，发现了下述定律。如果把容器完全排干占据的时间分为 n 个相等的间隔，把在最后的即第 n 个间隔排出的量视为单位，那么在第 $(n-1)$ 个、第 $(n-2)$ 个、第 $(n-3)$ 个……间隔排出的量分别是 3、5、7……等等。这样一来，便清楚地启示在落体运动和流体运动之间的类比。进而，察觉是直接的察觉：如果液体借助它流出的相反速度能够上升得比它原来的水平更高，那么最奇特的后果就会接着而来。事实上，托里拆利注意到，它**至多**上升到这个高度；他还假定，如果有可能消除一切阻力，它会**准确地**上升得一样高。因此，忽略所有阻力，液体通过容器底部小孔排出的流出速度 v 与液体表面的高度 h 以方程 $v=\sqrt{2gh}$ 关联；这就是说，流出速度是**自由**落体通过 h 或液体的液位的**最终**速度；因为仅仅靠这个速度，液体才能够正好再次上升到表面。[②]

---

① *De Motu Gravium Projectorrum*, 1643.

② 早期的探究者演绎他们的不完备的比例形式的命题，因此通常提出 v 与 $\sqrt{gh}$ 或 $\sqrt{h}$ 成比例。

托里拆利定理与我们关于自然过程的其余知识出色地一致；498 但是，无论如何，我们感到需要更为精确的洞察。瓦里尼翁尝试从力和力产生的**动量**之间的关系演绎该原理。如果我们用 a 标示小孔的面积，用 h 标示液体的压头(pressure-head)，用 s 标示它的比重，用 g 标示自由落体的加速度，用 v 标示流出的速度，用 τ 标示小的时间间隔，那么熟悉的方程 $pt=mv$ 给出这个结果

$$ahs\cdot\tau=\frac{av\tau s}{g}\cdot v \text{ 或 } v^2=gh.$$

在这里，ahs 表示在时间 τ 作用在液体质量的压力。记住 v 是最终的速度，我们更精确地得到

$$ahs\cdot\tau=\frac{a\dfrac{v}{2}\cdot\tau s}{g}\cdot v,$$

由此正确的公式是

$$v^2=2gh.$$

13. 达尼埃尔·伯努利用活劲原理研究了流体的运动。我们现在将从这个观点处理前面的实例，只是为了提出更近代的观念。

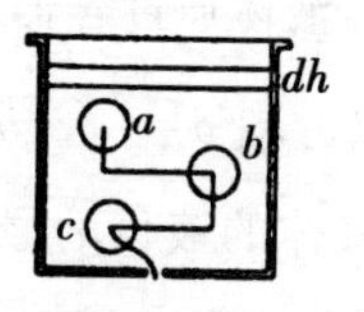

图 211

我们使用的方程是 $ps=mv^2/2$。在横截面 q(图 211)的容器中，泵入比重 s 的液体，直到达到液位 h，液面下沉比如说小距离 dh，液体质量 $q\cdot dh\cdot s/g$ 以速度 v 排出。所做的功与重量 $q\cdot dh\cdot s$ 下

降距离 h 完全相同。在这里,在容器中运动的路线没有什么重要 499 性。不管液层通过底部小孔直接排出,比如说还是通过位置 a 排出,与此同时在 a 处的液体移动到 b,在 b 处的液体移动到 c,在 c 处的液体排出,都没有造成差异。所做的功在每一个实例中均为 $q \cdot dh \cdot s \cdot h$。使这个功等于被排出的液体的活劲,我们获得

$$q \cdot dh \cdot s \cdot h = \frac{q \cdot dh \cdot s}{g} \frac{v^2}{2}, \text{或}$$

$$v = \sqrt{2gh}.$$

这个论证的唯一假定是,在容器中所做的**全部**功似乎是被排出的液体中的活劲,这就是说,可以**忽略**容器内的速度和在克服摩擦力时耗费的功。若使用足够巨大的容器,且未引起剧烈的旋转运动,则这个假定距真理并不十分遥远。

让我们忽略容器中液体的重力,想象它由可移动的活塞承载着,在活塞的单位面上下加压力 p。若活塞移动距离 dh,将排出液体体积 $q \cdot dh$。用 ϱ 标明液体的密度,用 v 标明它的速度,于是我们有

$$q \cdot p \cdot dh = q \cdot dh \cdot \varrho \frac{v^2}{2}, \text{或 } v = \sqrt{\frac{2p}{\varrho}}.$$

为此,在相同的压力下,不同的液体以反比于它们密度的平方根的速度排出。一般地假定,这个定理可以直接应用于气体。实际上,它的**形式**是正确的;但是,频繁使用的演绎包含错误,我们现在将 500 揭露它。

14. 相等截面的两个容器(图 212)侧靠侧地放置,在它们分隔

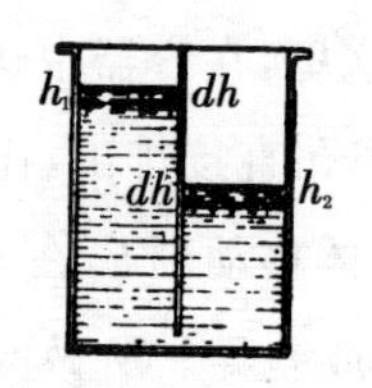

图 212

壁的底部用小孔眼相互关联起来。关于通过这个孔眼的流速，我们在与以前相同的假定下得到

$$q\cdot dh\cdot s\cdot(h_1-h_2)=q\frac{dh\cdot s}{g}\frac{v^2}{2},\text{或 } v=\sqrt{2g(h_1-h_2)}.$$

如果我们忽略流体的重力，并想象由活塞引起的压力 p_1 和 p_2，那么我们类似地有 $v=\sqrt{2g(p_1-p_2)/\varrho}$ 。例如，若使用的活塞承载重量 P 和 $P/2$，则重量 P 将下沉距离 h，$P/2$ 将上升距离 h。功 $(P/2)h$ 如此存留，以产生流出的液体的活动。

气体在这样的环境下其行为将会不同。假定气体从容纳负荷 P 的容器流到容纳负荷 $P/2$ 的容器，第一个重量将下降距离 h，可是第二个重量由于在一半压力下气体体积加倍，将上升距离 $2h$，从而能够做功 $Ph-(P/2)2h=0$。因此，在气体的实例中，必定做有能力在容器之间产生流量的某种**附加的**功。气体本身通过膨胀和通过它的**膨胀力**克服压力做这种功。气体的膨胀力 p 和体积 w 相互处于熟悉的关系 $pw=k$，只要气体的温度依然不变，这里 k 就是恒量。假定气体的体积在压力 p 下膨胀量 dw，所做的功是

501

$$\int pdw=k\int\frac{dw}{w}.$$

对于从 w_0 到 w 的膨胀，或者对于从 p_0 到 p 的压力增加，我们针对

功得到

$$k\ \log\left(\frac{w}{w_0}\right)=k\ \log\left(\frac{p_0}{p}\right).$$

借助这个功设想以速度 v 运动的、密度为 ϱ 的气体体积，我们得到

$$v=\sqrt{\frac{2p_0\ \log\left(\frac{p_0}{p}\right)}{\rho}}.$$

因此，在这个实例中，流出的速度也与密度的平方根成反比；可是，它的大小与在液体的实例不是相同的。

但是，甚至最后的这个观点也非常有缺陷。气体体积的急剧变化总是伴随温度的变化，从而也伴随膨胀力的变化。为此缘故，关于气体运动的问题不能作为纯粹的力学问题处理，而总是卷入**热学**问题。[即使热力学处理也可能总是不足：有时有必要追溯到考虑分子力。]

15. 压缩气体包含储存功的知识自然而然地启示探究，这是否对压缩液体也是真实的。事实上，每一种液体在压力下都**被**压缩。产生压缩功是必不可少的，在液体膨胀时再现这一点。但是，在可动液体的实例中，这种功是很小的。在图 213 中，想象用 OA 量度的、具有相同体积的气体和可动液体，经受用 AB 标示的相同压力即一个大气压。若把压力减小一半大气压，则气体体积将加倍，而液体体积将仅仅增大约百万分之二十五。气体的膨胀功用曲面 $ABDC$ 表示，液体的膨胀功用曲面 $ABLK$ 表示，这里 $AK=0.000025OA$。若压力减少，直到它变为零，则液体的总功用曲面 502

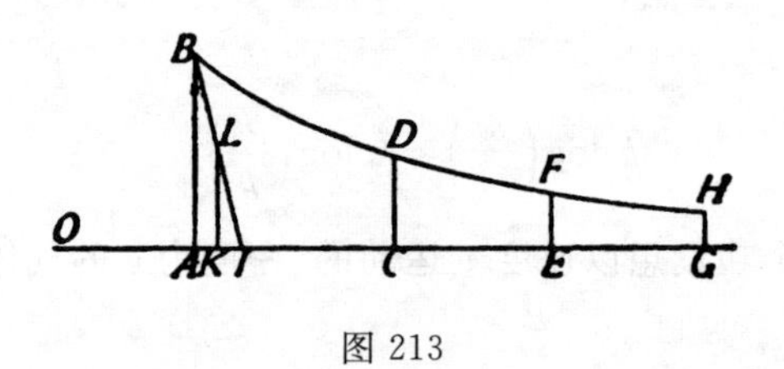

图 213

ABI 表示，这里 $AI=0.00005OA$，而气体的总功用 AB、无限直线 $ACEG$……和双曲线分支 $BDFH$……之间包围的曲面表示。因此，通常可以忽略液体的膨胀功。可是，存在一些现象，例如液体的发声振动，在其中正是这种有序的功起主要作用。在这样的实例中，也必须考虑液体经受的温度变化。从而我们看到，只是由于环境一系列幸运的相互联系，我们才自由地以对真理的任何密切近似把现象作为纯粹的物理全体力学(molar mechanics)[①]的问题来考虑。

503　16. 现在，我们达到达尼埃尔·伯努利在他的著作《流体动力学，或者关于流体的力和运动的评论》(*Hydrodynamica, sive de Viribus et Motibus Fluidorum Commentarii*, 1738)中力图提供的观念。当流体下沉时，它的重心实际下降(decensus actualis)通过的空间，等于受在下落时获得的速度影响的分离部分的重心能够上升(ascensus potentalis)通过的空间。我们立即看到，这个观念与惠更斯使用的观念等价。想象充满液体的容器(图 214)；设把它在距底部小孔的距离 x 处的水平截面称为 $f(x)$。让流体运

① molar 是质量的、物理全体的、克分子的意思。作为"物理全体的"意思，molar 与 molecular(分子的)、atomic(原子的)相对。——中译者注

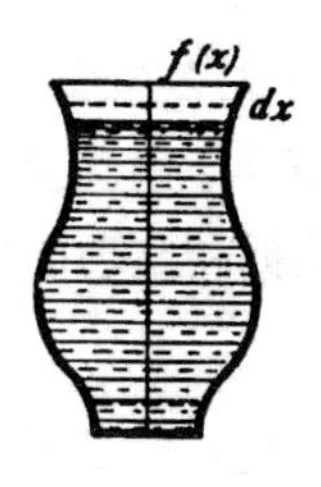

图 214

动,它的表面下降距离 dx。于是,重心下降距离 $xf(x)\cdot dx/M$,这里 $M=\int f(x)dx$ 。若 k 是液体在等于单位截面的潜在上升空间,则在截面 $f(x)$ 的潜在上升空间将是 $k/f(x)^2$,重心的潜在上升空间将是

$$\frac{k\int\frac{dx}{f(x)}}{M}=k\frac{N}{M},$$

在这里

$$N=\int\frac{dx}{f(x)}.$$

对于液体表面通过距离 dx 的位移,我们依据所呈现的原理,在 N 和 k 变化时,我们得到方程

$$-xf(x)dx=Ndk+kdN.$$

这个方程是伯努利在解决各种各样的问题时使用的。将很容易看到,只有当液体的单个部分的**相对速度**已知时,才能够成功地使用伯努利原理。伯努利假定,一旦处在水平面的所有粒子在水平面上继续它们的运动,不同水平面的速度相互以平面截面的反比率存在,这个假定在公式中是明显的。这是**层平行性**假定。在许多 504

实例中它与事实不一致，在其他实例中它的一致是附带的。当容器与流出小孔相比十分巨大时，关于在容器内的运动的假定将是不必要的，正如我们在托里拆利定理的发展中看到的那样。

17. 牛顿和约翰·伯努利处理了流体运动的几个孤立的实例。在这里，我们将考虑熟悉的定律可以直接应用于它的实例。给具

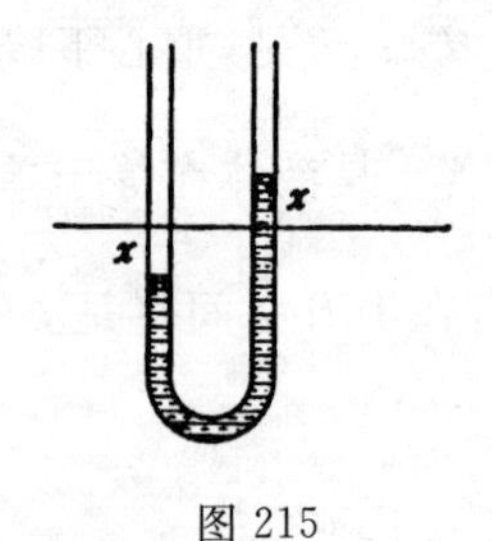

图 215

有竖直分支的圆柱 U 形管充满液体(图 215)。整个液体柱的长度是 l。如果在一个分支中迫使液柱在水平之下的距离 x 处，那么在另一个分支中的液柱将上升距离 x，与偏移 x 对应的水平差将是 $2x$。若 a 是管子的横截面，s 是液体的比重，当完成偏移 x 时，促使起作用的力将是 $2asx$；由于它必须使质量 als/g 运动，这将决定加速度 $(2asx)/(als/g)=(2g/l)x$，或者对于单位偏移，加速度是 $2g/l$。我们察觉到，将出现期间

505

$$T=\pi\sqrt{\frac{l}{2g}}$$

的摆振动。相应地，液柱像该柱一半长度的单摆一样振动。

约翰·伯努利处理了类似的问题，但是在某种程度上较为普遍。以任何方式弯曲的圆柱管的两个分支(图 216)，与水平线在

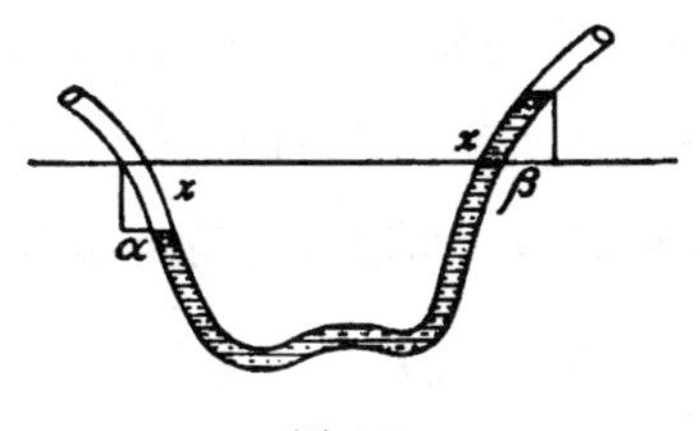

图 216

液面运动的点形成角度 α 和 β。在把表面之一移动距离 x 时，另一个表面经受相等的位移。水平差产生 $x(\sin\alpha+\sin\beta)$，通过类似于前面实例的推理路线，使用相同的符号，我们得到

$$T=\pi\sqrt{\frac{l}{g(\sin\alpha+\sin\beta)}}.$$

对于图 215 的液体摆，甚至对于大振幅的振动，摆定律**严格**有效（忽略黏滞性）；而对于游丝摆，该定律就小偏移而言只是近似有效。

18. 作为一个整体的液体的重心，只能够上升得像它为产生它的速度必须下落的那样高。在整个原理似乎显示例外的每一个实例中能够表明，例外只不过是**表观的**。一个例子是赫罗的人造喷泉。如我们所知，这个器械由三个容器组成，可以按照下降顺序标示为 A、B、C。敞开容器 A 中的水通过管子下落到封闭的容器 C；在 C 中被置换的空气在封闭容器 B 中的水上施加压力，这个压力迫使 B 中的水喷射到 A 之上，在此处它落回它原来到水平。确实，B 中的水显著地上升到 B 的水平之上，但是实际上它只不过是通过人造喷泉的迂回路线和容器 A 流到更低的 C 的水平。 506

关于上述原理的另一个例外是蒙戈尔菲耶（Montgolfier）的

水力扬汲机，液体在其中凭靠它的重力功看来显著地上升到它原来的水平之上。液体从水箱 A 通过长管子 RR 和向内开启的阀门 V 流入容器 B（图 217）。当液流变得足够急剧时，用力关闭阀

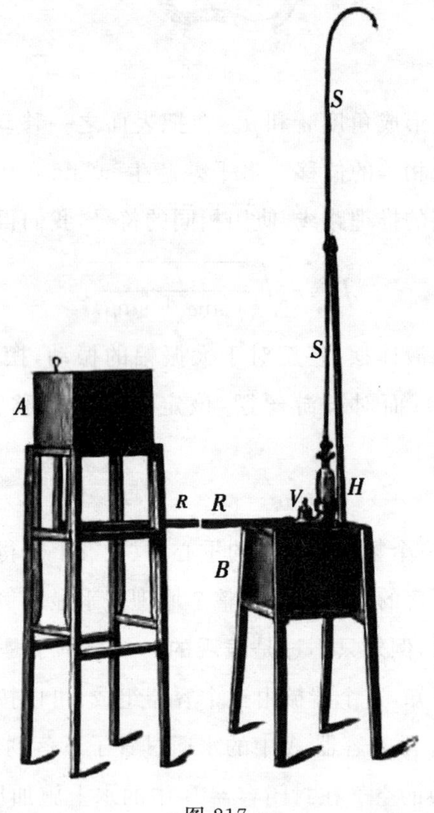

图 217

门 V，由速度 v 影响的液体质量 m 突然在 RR 受到阻止，这必定丧失它的动量。若这在时间 t 完成，则液体在这个时间能够施加压

507 力 $q=mv/t$，必须把它的流体静力学压力 p 添加其中。因此，在这

个时间间隔，液体将能够以压力 $p+q$ 通过第二个阀门进入**赫罗柱** H；由于现存的环境，与相应于它的单纯的压力 p 相比，流体将在上升管子 SS 中升高到较高的水平。在这里必定观察到，液体在 RR 中的功产生为关闭 V 所需要的速度之前，液体的显著部分首先必须流进 B。只有小部分上升到原来的水平之上；而较大部分从 A 流入 B。若把从 SS 排出的液体收集起来，便很容易证明，作为各种各样损失的结果，如此在 B 排出的量和接收的量的重心实际上处在 A 的水平之下。

水力扬汲机的原理，即大液体质量所做的功向较小质量的传送——这因而获得大的活劲——的原理，能够以如下十分简单的方式阐释。封闭漏斗狭窄的开口 O，并把具有向下宽阔开口的它深深插入大水容器内（图 218）。若封闭向上开口的手指突然移

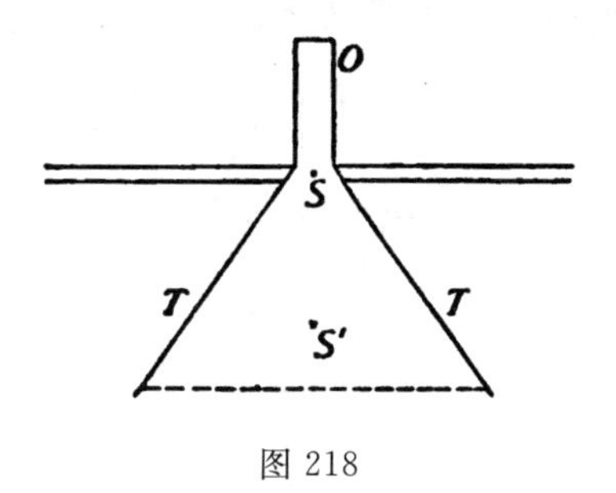

图 218

去，则漏斗内部的空间将急剧地充满水，而漏斗外边的水面将下沉。所做的功等价于漏斗容量从表面层的重心 S 到漏斗容量的重心 S' 的下降。若容器足够宽阔，则其中的速度都非常小，几乎整个活劲集中在漏斗容量内。若容量的所有部分具有相同的速度，则它们都能够上升到原来的水平，或者作为一个整体的质量能

508

够上升到它的重心与 S 重合的高度。但是，在漏斗比较狭窄的截面，该部分的速度比在宽阔截面处的大，因此前者因大得多的活劲份额自制。因而，上面的液体部分与下面的液体部分猛烈地分开，通过漏斗颈喷射到原来表面之上的高处。可是，剩余部分显著地遗留在那点下面，整体的重心从未达到 S 的原来那么高的水平。

19. 达尼埃尔·伯努利最重要的成就之一是他的**流体静力学压力**和**流体动力学压力**的区分。流体施加的压力因运动而改变；与具有相同的部分排列、**处于静止**的流体的压力相比，流体**在运动中**的压力按照环境可以较大或较小。我们将用一个简单的例子阐释这一点。容器 A 具有带有竖直轴的回转体的形状，使它持续地保持充满无摩擦的液体，以便它在 mn 的表面在 kl 处排出期间不变化(图 219)。我们将把粒子从表面 mn 向下的距离算做正的，

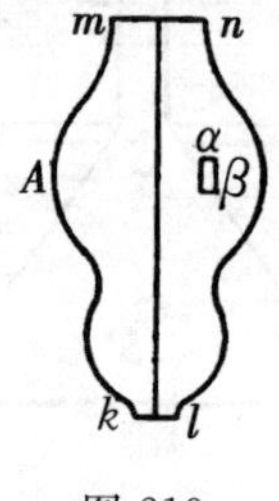

图 219

并称它为 z。让我们跟踪棱柱体积元，它的水平底部面积是 α，高度是 β，按照层平行性假定，在它向下运动时忽略所有与 z 成直角的速度。设流体的密度是 ϱ，元的速度是 v，取决于 z 的压力是 p。若粒子下降距离 dz，我们借助活劲原理有

509

$$\alpha\beta\rho d\left(\frac{v^2}{2}\right)=\alpha\beta\rho g dz-\alpha\frac{dp}{ds}\beta dz \quad \cdots\cdots\cdots\cdots\cdots (1)$$

也就是元的活劲的增加等于重力对于上述位移的功，少于流体的压力的功。元的上表面的压力是 αp，下表面的压力是 $\alpha[p+(dp/dz)\beta]$。因此，若压力向下增加的话，该元维持向上的压力 $\alpha(dp/dz)\beta$；就元的任何位移而言，必须减去功 $\alpha(dp/dz)\beta dz$。减去后，方程(1)呈现形式

$$p\cdot d\left(\frac{v^2}{2}\right)=\rho g dz-\frac{dp}{dz}dz,$$

积分后给出

$$\varrho\cdot\frac{v^2}{2}=\rho g z-p+\text{常数} \quad \cdots\cdots\cdots\cdots\cdots\cdots (2)$$

如果我们用 v_1、v_2 表达在表面下深度 z_1 和 z_2 处两个不同水平截面 a_1 和 a_2 的速度，用 p_1、p_2 表达对应的压力，我们可以把方程(2)写成形式

$$\frac{\rho}{2}\cdot(v_1^2-v_2^2)=\rho g(z_1-z_2)+(p_2-p_1)\cdots\cdots\cdots (3)$$

就我们的截面 a_1，取表面 $z_1=0$，在相同的时间间隔遍及所有截面，$a_1v_1=a_2v_2$。由此最终有

$$p_2=\rho g z_2+\frac{\rho}{2}v_1^2\left(\frac{a_2^2-a_1^2}{a_2^2}\right).$$

510

液体**在运动中**的压力 p_2（流体动力学压力）由流体在**静止时**的压力 $\rho g z_2$（流体静力学压力）与取决于密度、流速和截面面积的压力 $(\rho/2)[v_1^2(a_2^2-a_1^2)/a_2^2]$组成。在比流体表面大的截面，流体动力学压力比流体静力学压力大，反之亦然。

通过想象在容器 A 的液体不受重力作用，它的流出量由在表面上的恒压力 p_1 产生，可以得到伯努利原理意义的更清晰的观念。于是，方程(3)采取形式

$$p_2 = p_1 + \frac{\rho}{2}(v_1^2 - v_2^2).$$

如果我们追踪如此运动的粒子的路线，便会发现，压力减少对应于液流(在较狭窄截面)速度的每一增加，压力增加对应于液流(在较宽阔截面)速度的每一减少。实际上，完全撇开数学考虑不谈，这是明显的。在目前的实例中，液元速度的每一**变化**必定全部是由**液体压力的功**引起的。因此，当元进入较大流速占优势的较狭窄的截面时，它只能在下述条件下获得较高的速度：较大的压力作用在它的后部表面而不是它的前部表面，也就是说，只有当它从较高511 压力的点运动到较低压力的点时，或者当压力在运动方向减少时。如果我们想象，在宽阔的截面和在相继较狭窄的截面的压力片刻相等，那么元在较狭窄截面的加速度将不出现；它们将在较狭窄的截面积累；并**在进入**它时将直接产生需要的压力加强。相反的实例是显而易见的。

20. 在处理更复杂的实例时，即使忽略黏滞性，流体运动问题也显示出巨大的困难；而且，当考虑黏滞性的众多效应时，像几乎每一个问题的动力学解答一样的任何东西都是毫无疑问的。事情达到这样的程度，以致虽然牛顿开创了这些研究，但是直到目前，我们只能把握很少几个这种类别的最简单的问题，而且还是不完备地把握的。我们将使我们自己满足于简单的例子。如果我们使

液体不是通过它的底部的小孔，而是通过固定在它的一侧的长圆柱管子，在压头 h 的容器中维持流动（图 220），那么流出的速度 v

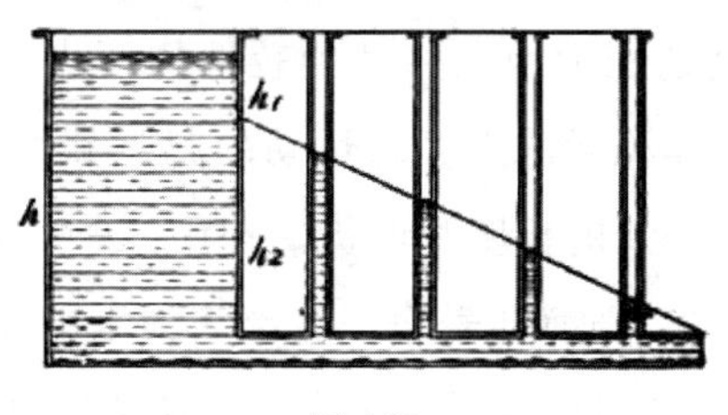

图 220

将小于由托里拆利定律可以推导的速度，因为由于黏滞性、也许还有摩擦力，功的一部分被阻力消耗了。事实上，我们发现 $v=\sqrt{2gh_1}$，这里 $h_1<h$。用 h_1 表达**速头**（velocity-head），用 h_2 表达**阻力头**（resistance-head），我们可以提出 $h=h_1+h_2$。如果我们把竖直的侧管附加到主圆柱管，那么液体将在后来的管子上升到它平衡主管子中的阻力的高度，从而将在所有点指示主管子的压力。在这里，可以注意到的事实是，在该管流入点的液体高度是等于 h_2，它在流出点的方向按直线规律减少到零。这个现象的阐明是现在提出的问题。 512

在这里，重力不**直接**作用于水平管的液体，但是一切影响都通过周围部分的**压力**传递给它。如果我们想象，底部面积 α 和长度 β 的棱柱液元在它的长度方向上被移动距离 dz，那么像在先前的实例中一样，所做的功是

$$-\alpha\frac{dp}{dz}\beta dz=-\alpha\beta\frac{dp}{dz}dz.$$

对于有限的位移，我们有

$$-\alpha\beta\int_{p_2}^{p_1}\frac{dp}{dz}dz=-\alpha\beta(p_2-p_1)\ \cdots\cdots\cdots\cdots\cdots\ (1)$$

当体积元从**较高的**压力地点移动到**较低的**压力地点时，便**做**功。做功的量取决于体积元的大小与运动的起点和终点的压力**差**，而不取决于越过的路线的长度和形状。若在一个实例比在另一个实例中压力减少一半，则前部表面和后部表面上的压力差或功的**力**会加倍，但是做功通过的**空间**会减半。做功依然可以是相同的，不管是通过图 221 的空间 ab 还是 ac 做功。

513

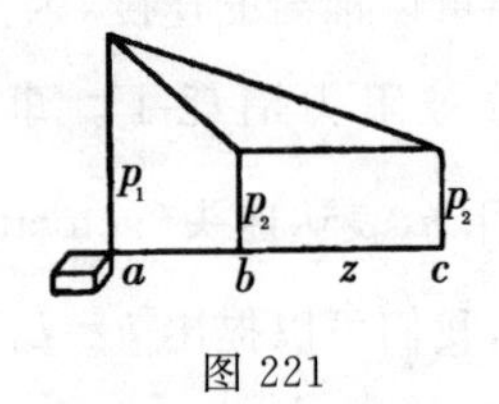

图 221

通过水平管的每一个截面 q，液体以相同的速度 v 流动。如果我们忽略在**相同**截面的速度差异的情况下，考虑严格充满截面 q 并具有长度 β 的液元，那么这样的元的活劲在遍及它在管子的整个路线将持续不变。只有**液体压力的功**取代**摩擦力消耗的**活劲，这才是可能的。因此，在元运动的方向，压力必须减小；而且，就相同的摩擦力的功对应的相等距离而言，必须减小相等的量。重力在从容器流出的液元 $q\beta\varrho$ 上的总功是 $q\beta\varrho gh$。在这方面，部分 $q\beta\varrho(v^2/2)$是以速度排入管口的液元的活劲；或者，由于 $v=\sqrt{2gh_1}$，该部分为 $q\beta\varrho gh_1$。因此，即使因运动得慢，我们忽略在容器内的损失，余下的功 $q\beta\varrho gh_2$也在管子内部被消耗了。

如果在容器中分别得到的管口处和管末处的压头是 h、h_2、0，

或者压力是 $p=hg\varrho$ 、$p_2=h_2g\varrho$ 、0，那么根据第 513 页的方程(1)，产生排入管口的液元的活劲所需要的功是

$$q\beta\varrho\frac{v^2}{2}=q\beta(p-p_2)=q\beta g\varrho(h-h_2)=q\beta g\varrho h_1;$$

514

而且，液体的压力传递给越过管子长度的液元的功是

$$q\beta p_2=q\beta g\varrho h_2,$$

或者是在管子消耗的精确的量。

为了论证起见，让我们假定，压力并没有按照直线规律从管口的 p_2 减少到管末的零，但是比如说，压力的分布遍及整个管子是不同的恒量。于是，在前面的部分会立刻因摩擦而经受速度损失，后随的部分将在它们之上聚集，从而在管口产生遍及管子整个长度的、影响恒定速度的压力的增强。管子末端的压力只能等于 0，因为在那个点的液体并未阻止顺从强加于它的任何压力。

从前面的评论显而易见，在液体本身压缩时储存的功是十分小的。液体的运动是由于容器中重力的功，这种功借助压缩液体的压力传递到管子的各部分。

使液体通过由若干较短的、宽度变化的圆柱管构成的管子流动，可以得到刚才讨论的实例的一个有趣的修改。于是，在流出方

515

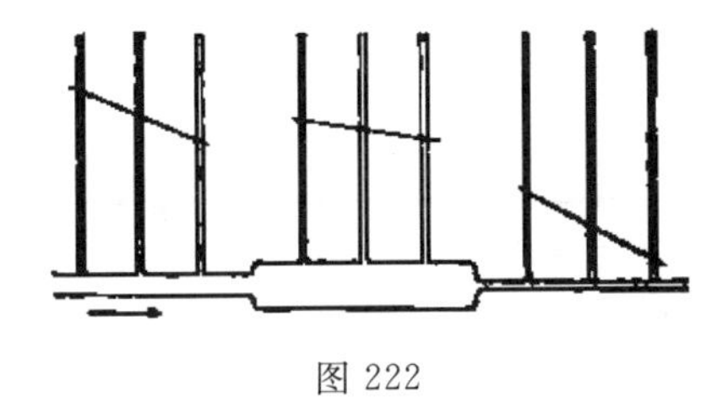

图 222

向的压力急剧地在较狭窄的管子减小(图 222)，在此处比在宽阔

的管子因摩擦而发生较大的功耗费。我们进而注意到，在进入较宽阔管子即进入**较小**流速的每一个液体段中，压力**增大**(正拥塞)；在进入较狭窄管子即进入**较大**流速的每一个液体段中，压力突然**减小**(负拥塞)。没有力直接作用于其上的液元的速度，能够仅仅由于它通过较高压力或较低压力的点而减小或增大。

第四章　力学的形式发展

516

（一）等周问题

1. 当物理科学的主要事实一旦通过观察确定下来，它的发展的新时期即**演绎的**时期就开始了，我们在上一章处理的就是这一点。在这个时期，在不继续求助于观察的情况下，事实在心智中也可以再生。在对理论的思考中，具有比较普遍和比较复杂的特征的事实被复制出来，以使它们由比较简单、比较熟悉的观察要素构成。但是，即使在我们从最基本的事实表达（原理）演绎较为普遍和较为复杂的事实的表达（定理），并在所有现象中发现相同的要素之后，科学的发展过程还没有完成。紧跟着科学的演绎发展的，是它的**形式**发展。在这里，力图以清楚的、简明的形式或**系统**提出被再生的事实，以便能够以**最小的智力努力**达到并在心理上描绘每一个事实。我们力求把尽可能大的**均匀性**结合到我们关于事实的心理重构的法则中，为的是这种法则将容易获得。必须注意的是，所区分的三个时期并非截然分明地相互分开，而是所涉及的发展过程频繁地比肩并行，尽管总的来说指明的顺序不会被弄错。

517

2. 特别种类的数学问题对力学的形式发展施加了强大的影响，这在17世纪结束和18世纪开始时吸引了探究者的最深切的关注。现在，这些问题即所谓的**等周问题**，将形成我们评论的主题。希腊数学家已经处理过某些具有最大量值和最小量值的问题，即最大值和最小值问题。据说毕达哥拉斯教导，在给定周长的一切平面图形中，圆具有最大的面积。在自然过程中某种经济的观念也与古人并非不相干。从点 A 发射并在 M 反射的光将通过最短的路线传播到 B 的理论（图223）出发，赫罗演绎出光的反射定律。

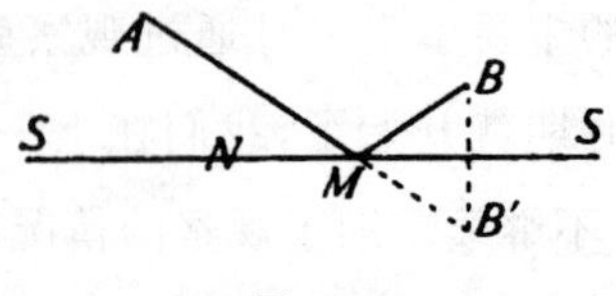

图 223

使纸面成为反射面，SS 成为反射面的交，A 成为出发点，B 成为到达点，M 成为光线的反射点，将立即看到，AMB' 线是直线，这里 B' 是 B 的反射。线 AMB' 比线 ANB' 短，因此 AMB 也比 ANB 短。关于有机界，帕皮斯（Pappus）持有类似的概念；例如，他用蜜蜂力求材料上的经济，说明蜂房巢室的形状。

518

在科学的复苏时期，这些观念并没有落在不毛之地上。费马和罗贝瓦尔首次采纳了它们，他俩发展了可应用于这样的问题的方法。像开普勒已经做出的那样，这些探究者观察到，取决于另一个量值 x 的量值 y，一般地在它的最大值和最小值附近具有独特的性质。设 x（图224）表示横坐标，y 表示纵坐标。当 x 增加时，若 y 通过最大值，则它的增加或上升将变为减少或下降；若它通

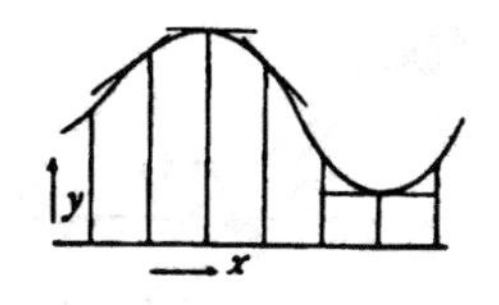

图 224

过最小值，则它的下降将变为上升。相应地，最大值或最小值附近的值将彼此十分**接近**，在上述点的曲线的切线一般地将平行于横坐标轴。因此，为了发现一个量的最大值或最小值，我们寻找它的曲线的平行切线。

可以以分析的形式提出**切线方法**。例如，需要从线 a 切掉一部分 x，以便两段 x 和 $(a-x)$ 之积会尽可能地大。在这里，必须把积 $x(a-x)$ 视为依赖于 x 的量 y。在 y 的最大值处，任何无限小的 x 变量，比如说变量 ξ，在 y 将不产生变化。相应地，通过提出

$$x(a-x)=(x+\xi)\ (a-x-\xi),$$

或

$$a\,x-x^2=a\,x+a\xi-x^2-x\xi-x\xi-\xi^2,$$

或　519

$$0=a-2x-\xi,$$

会找到所需要的 x 值。由于可以使 ξ 像我们愿意的那样小，我们也得到

$$0=a-2x;$$

因此，$x=a/2$。

以这种方式，可以把切线方法的具体观念翻译为代数语言；正如我们看到的，该步骤包含**微分学**的胚芽。

费马针对光的折射定律，力图找到类似于赫罗针对反射定律

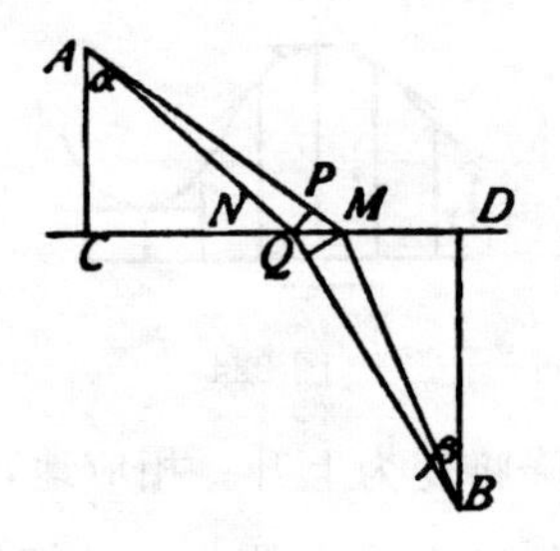

图 225

的表达。他注意到(图 225),光从点 A 行进,在点 M 折射,传播到 B,不是通过最短的路线,而是用最短的时间。如果路程 AMB 是在最短的时间走完的,那么将在**相同的时间**描画无限接近真实路程的邻近路程 ANB。如果我们从 N 在 AM 上、从 M 在 NB 上画垂线 NP 和 MQ,那么在折射前第二条路线小于第一条路线的差是距离 $MP = NM \sin \alpha$,但是在折射后却大于它的差是距离 $NQ = NM \sin \beta$。因此,按照在第一种媒质和第二种媒质中的速度分别是 v_1 和 v_2 的假定,当

$$\frac{NM\sin\alpha}{v_1} - \frac{NM\sin\beta}{v_2} = 0$$

或

520

$$\frac{v_1}{v_2} = \frac{\sin\alpha}{\sin\beta} = n$$

时,就路程 AMB 而言,所需要的时间将是最小值,这里 n 代表折射率。莱布尼兹评论说,赫罗定律从而是折射定律的特例。对于相等的速度($v_1 = v_2$),**时间**最小值的条件等价于**空间**最小值的条件。

惠更斯在他的光学研究中,应用和进一步完善了费马的观念,

他不仅考虑光在光速处处连续变化的媒质中的直线运动，而且也考虑曲线运动。对于这些运动，他也找到了所得到的那个费马定律。因而，在一切光运动中，可以说，以**时间最小值**产生结果的努力似乎是基本的趋势。

3. 在力学现象的研究中，显示出类似的极大特性或极小特性。像我们已经注意到的，约翰·伯努利了解，自由悬挂的链条呈现它的重心处在**最低**的形状。当然，对于首次辨认虚速度原理的一般含义的研究者来说，这个观念是简单的观念。受到这些观察的激励，探究者现在开始普遍地研究极大的和极小的特征。从约翰·伯努利 1696 年 6 月[1]提出的问题——**最速降线**（brachistochrone）问题，这种倾向受到它的最强有力的推动。两点 A 和 B 位于竖直平面。在这个平面上需要指定一条曲线，落体沿着它将在**最短的**时间从 A 行进到 B。约翰·伯努利本人非常灵巧地解决了这个问题；莱布尼兹、德洛皮塔尔、牛顿和詹姆斯·伯努利也提供了解答。 521

最著名的解答是约翰·伯努利的解答。这位探究者评论道，这类问题已经解决了，但不是针对落体运动，而是针对光运动。他相应地想象，用光运动代替落体运动。（比较第 473 页。）假定两点 A 和 B（图 226）固定在媒质中，光速在该媒质中按照与落体速度相同的定律在竖直向下的方向增加。设想媒质是由向下减少密度的水平层如此构造的，以至 $v=\sqrt{2gh}$ 表示在 A 之下距离 h 处任

① *Acta Eruditorum*, Leipzig.

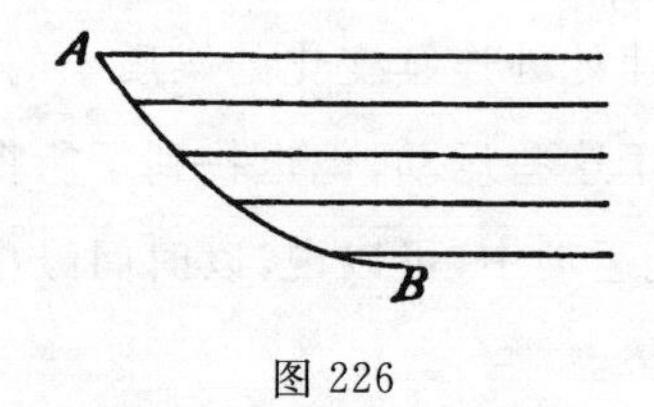

图 226

何层的光速。在这样的条件下，从 A 传播到 B 的光线将在最短的时间描画这一距离，同时勾画**最速下降**的曲线。称曲线元与垂线或层的法线所成的角为 α、α'、α''……，称各自的速度为 v、v'、v''……，我们有

$$\frac{\sin\alpha}{v}=\frac{\sin\alpha'}{v'}=\frac{\sin\alpha''}{v''}=\cdots\cdots=k=\text{常数};$$

或者，用 x 标示在 A 之下的垂线距离，用 y 标示距 A 的水平距离，用 s 标示曲线的弧，则有

$$\frac{\left(\frac{dy}{ds}\right)}{v}=k.$$

522 由此可得

$$dy^2=k^2v^2ds^2=k^2v^2(dx^2+dy^2);$$

因为 $v=\sqrt{2gh}$，也有

$$dy=dx\sqrt{\frac{x}{a-x}},\text{这里 } a=\frac{1}{2gk^2}.$$

这就是在半径 $r=a/2=1/4gk^2$ 的圆周上的点在直线上滚动描画的旋轮线或曲线的微分方程。

为了寻找通过 A 和 B 的旋轮线，不得不注意，由于它们是用相似的作图法产生的，因而**所有**旋轮线是**相似的**；如果它们由圆从作为原点的 A 出发在 AD 上滚动引起的，那么它们相对于点 A 也

处于相似的境地。因此,我们通过 AB 画直线,并作任何旋轮线的图形,在 B' 与直线相交(图 227)。产生的圆的半径比如说是 r'。

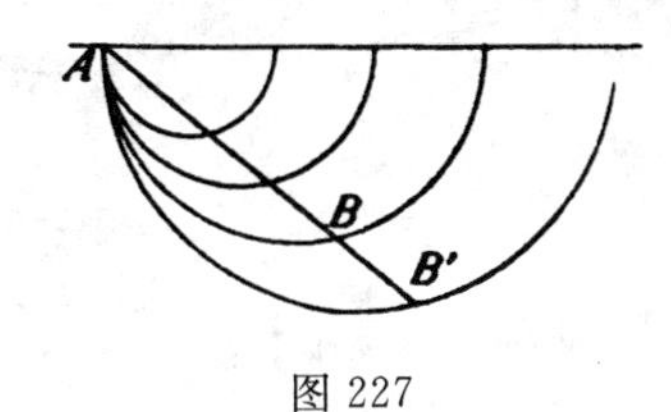

图 227

于是,产生所找到的旋轮线的圆的半径是 $r=r'(AB/AB')$。

在物理科学的历史中,约翰・伯努利的解答是最卓越的和最漂亮的杰作之一;他是在完全没有方法的情况下达到的,是纯粹的几何学想象力和熟练使用碰巧听从他吩咐的这样的知识的成果。约翰・伯努利是这个领域的审美天才。他的哥哥詹姆斯的性格全然不同。詹姆斯在批判能力方面优于约翰,但是在原创性和想象力上却被后者超过。詹姆斯・伯努利同样地解决这个问题,尽管是以较少恰当的形式。但是,另一方面,他以巨大的透彻性发展了可应用于这样的问题的**普遍**方法。因而,在这兄弟俩身上,我们发现相互分离的高度科学才能的两种基本品质,而这些品质在真正最伟大的自然探究者那里,例如在牛顿那里,是结合在一起的。在这兄弟俩身上,我们会立即看见,这两种倾向可以在一个胸怀进行它们的未被注意的战斗,乃至处于公开的冲突之中。 523

4. 詹姆斯・伯努利发现,迄今研究的主要目标是必须找到变量的**值**,对该变量而言,是第一个变量的函数的第二个变量呈现它的最大的值或最小的值。然而,现在的问题是,从**无限个数的曲线**

《莱布尼兹和约翰·伯努利书信往来》(*Leibnitzii et Johannis Bernollii comercium epistolicum*, Lausanne and Geneva, Bousquet, 1745.)的蔓叶花饰

524 中寻找一个具有某一最大特性或最小特性的曲线。正像他正确地评论的,这是完全不同于其他特征的问题,要求新的方法。

在解答这个问题时(*Acta Eruditorum*, May, 1697)①,詹姆斯·伯努利使用的原理如下:

(1)若曲线具有某一最大值或最小值的特性,则曲线的部分或线元具有相同的特性。

(2)在通常的问题中,恰如无限邻近量的最大值或最小值的数值对于独立变量的无限小变化是恒量一样,在这里使之对于找到的曲线成为最大值或最小值的量也是如此,即对于无限接近的曲线也是恒量。

---

① 也可参见他的著作 Vol. II, p. 768.

(3)关于最速降线的实例,最终呈现的是,速度 $v=\sqrt{2gh}$,这里 h 指称下落通过的高度。

如果我们想象曲线的非常小的部分 ABC(图 228),并设想通

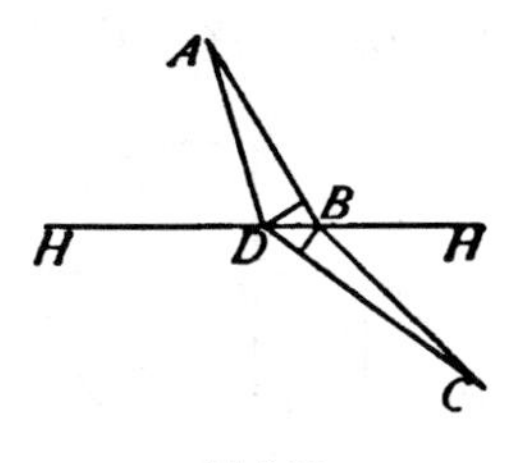

图 228

过 B 画的水平线而使所获得的部分进入无限接近的部分 ADC,那么借助与处理费马定律时使用的考虑严格相似的考虑,我们将得到曲线元和垂线所成的角的正弦与下降速度之间众所周知的关系。在这个演绎中,做出了下述假定:(1)**部分**或元 ABC 是最速降线,(2)ADC 是在与 ABC 相同的时间内描画的。伯努利的计算十分冗长;但是,它的基本的特征是明显的,该问题被上面陈述的原理解决了①。 525

随着最速降线问题的解决,詹姆斯·伯努利按照当时在数学家中间流行的实践,提出下述更一般的"等周问题":"在相同的两个固定点之间的一切等周曲线(即是相等周长的曲线或相等长度的曲线)中,寻找这样的曲线,使得下述东西包住的空间将是最大值或最小值:(1)第二条曲线——它的纵坐标是相应的纵坐标的给

---

① 关于这个解答的细节,一般而言,关于这个话题的历史的信息,请参见伍德豪斯(Woodhouse)的 *Treatise on Isoperimetrical Problems and the Calculus of Variations*, Cambridge, 1810.——英译者注

定函数，或者是找到的纵坐标的相应弧的给定函数；(2)它的端点的纵坐标；(3)处于这些纵坐标之间的横坐标轴的部分。”

举个例子。在底 BN 上相同长度的所有曲线中，需要寻找这样的在 BN 上描画的曲线 BFN，这个特定的曲线使得面积 BZN

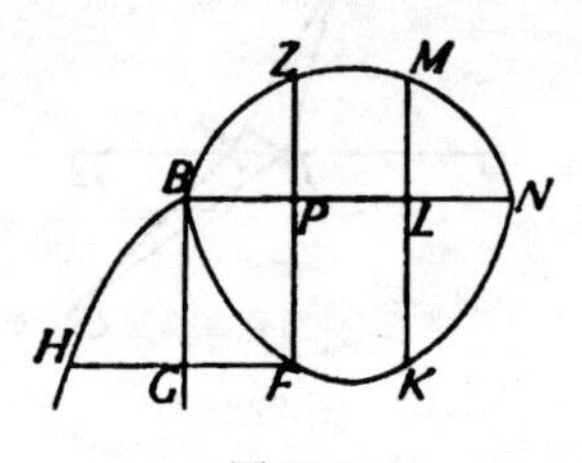

图 229

是最小值，这里 $PZ=(PF)^n$，$LM=(LK)^n$，等等(图 229)。设 BZN 的纵坐标和它对应的 BFN 的纵坐标之间的关系由曲线 BH 给定。为了从 PF 得到 PZ，画 FGH 与 BG 成直角，这里 BG 与 BN 成直角。于是，按照假设，$PZ=GH$，对于其他纵坐标也是这样。进而，我们提出 $BP=y$，$PF=x$，$PZ=x^n$。

526　约翰·伯努利毫不拖延地给出这个问题的答案，其形式如下：

$$y=\int \frac{x^n dx}{\sqrt{a^{2n}-x^{2n}}},$$

这里 a 是任意常数。对于 $n=1$，

$$y=\int \frac{xdx}{\sqrt{a^2-x^2}}=a-\sqrt{a^2-x^2};$$

也就是说，BFN 是作为半径的 BN 上的半圆，面积 BZN 等于面积 BFN。就这个特例而言，答案事实上是正确的。但是，一般的公式并非普遍有效。

在约翰·伯努利的解答发表时，詹姆斯·伯努利忙于做三件

事情:第一,寻找他的弟弟的方法;第二,指出它的矛盾和错误;第三,给出真正的解答。在这个场合,兄弟俩在激烈而尖刻的争吵中,妒忌和仇恨达到顶点,这种争吵一直持续到詹姆斯逝世。在詹姆斯逝世后,约翰实际上承认了他的错误,并采取了他的哥哥的方法。

詹姆斯·伯努利多半正确地猜测,约翰关于悬链线和充满风的帆的曲线的研究结果把他引入歧途,他通过想象充满可变密度的液体的 BFN,并把重心最低的位置视为所要求的曲线的决定性位置,再次尝试**间接的**解答。使纵坐标 $PZ=p$,在纵坐标 $PF=x$ 处液体的比重必须是 p/x,类似地在其他每一个纵坐标也如此。于是,竖直丝状物的重量是 $p\cdot dy/x$,它对于 BN 的动量是

$$\frac{1}{2}x\frac{pdy}{x}=\frac{1}{2}pdy.$$

527

因此,对于重心最低的位置,$\frac{1}{2}\int pdy$ 或 $\int pdy=BZN$ 是最大值。但是,詹姆斯注意到,在这里忽略的事实是,液体的**重量**也随着**曲线**的变化而变化。从而,在这个简单的形式中,演绎是不容许的。

在詹姆斯·伯努利自己给出的解答中,他再次假定,曲线的小

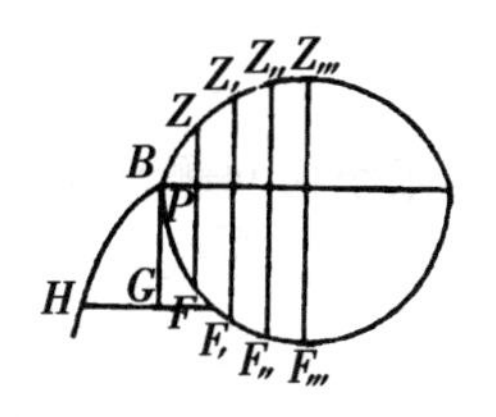

图 230

部分 $FF_{,,,}$ 具有整个曲线具有的特性。接着,取两个端点固定的四个相继的点 F、$F_{,}$、$F_{,,}$、$F_{,,,}$,他如此改变 F 和 $F_{,,}$,以便弧的长度依然**不变**,当然这只有通过**两**点的位移才是可能的。我们不拟遵循他的过分复杂的和笨拙的计算。在我们的评论中,清楚地指明了该过程的原则。保留上面使用的标示,詹姆斯·伯努利实质上陈述,当

$$dy=\frac{pdx}{\sqrt{a^2-p^2}}\text{ 时,}$$

$$\int pdy\text{ 是最大值;而当}$$

$$dy=\frac{(a-p)dx}{\sqrt{2ap-p^2}}\text{ 时,}$$

$$\int pdy\text{ 是最小值。}$$

528　我们可以承认,兄弟俩之间的不合令人深感悲哀。可是,一个的创造能力和另一个的深刻结出果实了,在此激励下,欧拉和拉格朗日从他们的几个研究中接受了值得赞美的成果。

5. 欧拉(*Problematis Isoperimentrici Soluto Generalis*, *com. Acad. Potr.* T. VI, 在 1733 年,发表于 1738 年)[①]是第一个给出处理这些最大值和最小值问题或等周问题的更普遍方法的

① 欧拉对整个课题的主要贡献包含在三篇专题论文中,在 1733 年、1736 年和 1766 年,发表在《彼得斯堡评论》(*Commentaries of Petersburg*)上,在小册子 *Methodus inveniendi Lineas Curvas Proprietate Maximi Minimive Gaudentes*, Lausanne and Geneva, 1744 年中。——英译者注

人。但是，甚至他的结果也基于冗长的几何学考虑，而不具有分析的普遍性。欧拉以对它们的差异的清晰感知和把握，把整个范畴的问题分为下述类别：

(1)在**所有**曲线中，要求特性 A 是最大值或最小值的曲线。

(2)在同等具有特性 A 的所有曲线中，要求 B 是最大值或最小值的曲线。

(3)在同等具有两个特性 A 和 B 的所有曲线中，要求 C 是最大值或最小值的曲线。如此等等。

第一类的问题是(图 231)，发现通过 M 和 N 的**最短的**曲线。

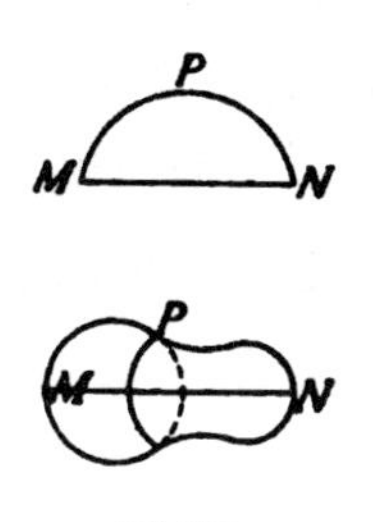

图 231

第二类的问题是，发现具有给定长度的通过 M 和 N 的曲线，该曲线使面积 MPN 最小。第三类的问题可以是，在所有通过 M 和 N 和包含相同面积 $MPN=B$ 的给定长度的曲线中，发现在绕 MN 转动时描画最小回转面的曲线。如此等等。

在这里，我们可以观察到，在没有附带条件的情况下，发现绝对的最大值或最小值是无意义的。因此，在第一个例子中找到的最短的所有曲线，都具有通过点 M 和 N 的共同特性。 529

第一类的问题的解答要求曲线的**两个**元或**一个**点变化。这也是充分的。在第二类的问题中，**三个**元或**两个**点必须变化；理由是，和不变的部分一样，变化的部分必须具有特性 A，也就是说，鉴于必须使 B 成为最大值或最小值，特性 B 必须满足**两个**条件。类似地，第三类问题的解答要求**四个**元变化。如此等等，不一而足。

较高类的问题的解答在它的一切形式中含蓄地包含它的逆的解答。因此，在第三类中，我们这样改变曲线的四个元，使得改变的曲线部分与原来的部分同等地分担值 A 和 B；当必须使 C 成为最大值或最小值时，它也分担值 C。但是，在同等具有 B 和 C 的所有曲线中，若找到对于 A 是最大值或最小值的曲线，或者在同等具有 A 和 C 的所有曲线中，若找到对于 B 是最大值或最小值的曲线，则必须满足相同的条件。比如，举来自第二类的例子，圆在相同长度的所有线中包含最大的面积 B，而圆也在包含相同面积 B 的曲线中具有最短的长度 A。由于以相同的方式表达将共同具有特性 A 或者将是最大值的条件，欧拉看到把较高类的问题简化为第一类问题的可能性。例如，若要求在所有具有共同特性 A 的曲线中寻找使 B 成为最大值的曲线，则针对 $A+mB$ 是最大值可找到该曲线，这里 m 是任意常数。若在该曲线发生任何变化时，$A+mB$对于任何 m 的值不变化，则只有在独自考虑 A 的变化或独自考虑 B 的变化等于 0 时，这一般地才是可能的。

530

6. 欧拉还是另一个重要进展的创始人。在处理赫尔曼和他研究的、发现在阻碍媒质中等周的问题时，现有的方法证明是不能胜任的。关于真空中的最速降线，速度仅仅依赖下落通过的竖直高度。在曲线的一部分的速度绝不依赖其他特性。于是，在这个实例中，我们确实能够说，若整个曲线是最速降线，则它的每一个元也是最速降线。但是,在阻碍媒质中,情况是不同的。先前路程的整个长度和形状进入元的速度的决定之中。在没有分离的元必然显示这种特性的情况下,整个曲线能够是最速降线。通过考虑这种特性,欧拉察觉到,詹姆斯·伯努利引入的原理并非普遍有效,但是在所涉及的类型的实例中,需要更为详细的处理。

7.方法的井然有序和大量问题的解决,逐渐导致欧拉达到拉格朗日后来以有点不同的形式发展的、现在以**变分法**的名称流传的相同方法。首先,约翰·伯努利借助类比阐明了一个问题的**偶然**解答。为解决这样的问题,詹姆斯·伯努利发展了几何学方法。欧拉推广了这个问题和几何学方法。最后,拉格朗日给出了分析方法,而完全不使他自己受几何学图形考虑的束缚。拉格朗日注意到,函数由于它们的**形式**变化而收到的增量,非常类似于它们由于它们的独立变量的变化而收到的增量。为了区别两个增量种类,拉格朗日用 δ 表示前者,用 d 表示后者。通过观察这种类比,拉格朗日能够立刻写下解决最大值和最小值的方程。关于这个证明自身是十分多产的观念,拉格朗日从未给出证据;事实上,他甚至没有尝试它。在每一方面,他的成就都是独特的成就。他以极大的经济洞察力看到,在他的判断中,所基于的基础是充分有把握的和可供使用的。但是,接受这些基本原理本身,仅仅受到它的结果的辩护。他以何等的成功表明能够使用这些原理,而没有专注于它们的证明。(*Essai d'une nouvelle méthode pour déterminerles maxima et minima des formules integrals indéfinies. Misc. Taur.* 1762.)

531

在清楚地把握拉格朗日的观念时，他的同代人和后继者经532历的困难完全是可以理解的。欧拉通过想象在函数中包含的常量，以改变函数形式变化的东西，徒劳地力图厘清变分和微分之间的差别。他把由这些常量的增量引起的函数值的增量看做变分，而把源于独立变量的函数的增量视为微分。出自这样的观点的变分法概念是异常缺乏自信的、狭隘的和非逻辑的，无法与拉格朗日的概念相比。甚至在其他方面如此杰出的林德勒夫(Lindelöf)的近代工作，也被这种欠缺纠缠。按照我们的看法，拉格朗日观念的第一个实际合格的描述是杰利特(Jellett)的描述。[①]杰利特好像说过拉格朗日也许不能充分说的，也许不认为有必要说的东西。

8. 杰利特的观点简要地是这样的：一些量的值被视为**常量**，另一些量的值被视为**变量**。在后者中间，人们把独立地(或任意地)可变的量与其他从属地可变的量加以区别。类似地，可以把函数的形式看做是**确定的**或**非确定的**(变量)。若 $y=\varphi(x)$ 且把该函数的形式视为变量，因为独立变量 x 的增量 dx 以及函数形式的改变——从 φ 转变为 φ_1，则 y 的值可以变化。第一个变化是微分533 dy，第二个变化是变分 δy。相应地，

$$dy=\varphi(x+dx)-\varphi(x) \text{和}$$
$$\delta y=\varphi_1(x)-\varphi(x).$$

① *An Elementary Treatise on the Calculus of Variations*. By the Rev. John Hewitt Jellett, Dublin, 1850.

例如，如果我们有非确定的形式 $y=\varphi(x)$ 的平面曲线，那么它的横坐标 x_0 和 x_1 之间的弧的长度是非确定函数的**确定**函数[①]

$$S=\int_{x_0}^{x_1}\sqrt{1+\left(\frac{d\varphi(x)}{dx}\right)^2},dx=\int_{x_0}^{x_1}\sqrt{1+\left(\frac{dy}{dx}\right)^2}dx.$$

对于任何特定的曲线的形式或函数 φ 的形式，能够确定 S 的值。对于曲线的任何变化或函数 φ 的形式，能够确定弧 δS 的长度的变化。在这个例子中，弧的长度 S 是函数 $u=F(dy/dx)=\sqrt{1+(dy/dx)^2}$ 的积分，这不直接包含 $y=\varphi(x)$，但是包含依赖于 y/φ 的 dy/dx。

现在，设 $u=F(dy)$ 是不确定函数 $y=\varphi(x)$ 的确定函数，于是

$$\delta u=F(y+\delta y)-F(y)=\frac{dF(y)}{dy}\delta y.$$

再者，设 $u=F(y, dy/dx)$ 是不确定函数 $y=\varphi(x)$ 的确定函数。对于 φ 的形式的变化，y 的值改变 δy，dy/dx 的值改变 $\delta(dy/dx)$。534 u 值相应的变化是

---

① 就每一个**数**（属于某一种类的数）而言，如果数是相伴的，那么数学家说，**函数**在上述数类被定义。就某一类型的每一个**函数**而言，如果数是相伴的，那么在沃尔泰拉（Volterra）之后数学家说，对于上述类型的函数，**函数**被定义。例如，就每一个在 x_0 和 x_1 之间被连续微分的曲线 $y=\varphi(x)$ 而言，S 的定义与通过从 x_0 到 x_1 积分函数 $\sqrt{1+(dy/dx)^2}$ 得到的数成对。因此，像上面定义的曲线的长度 S 是函数。在以下各页，将定义更普遍的函数。它与通过从 x_0 到 x_1 积分函数 $V=F(x, y, dy/dx, \cdots\cdots)$ 得到的数 $y=\varphi(x)$ 成对。马赫意指 V 对于 y、dy/dx …… 的部分变化率，或函数 F 的部分偏离 $\frac{dV}{dy}$，$\frac{dV}{d\frac{dy}{dx}}$ …… 自本书早先的版本出版以来，用符号 $\frac{\partial F}{\partial y}$、$\frac{\partial F}{\partial y'}$ …… 指称部分偏离变成普遍的实践。（美国第 6 版编者所做的评论——1960 年）

$$\delta u = \frac{dF\left(y, \frac{dy}{dx}\right)}{dy}\delta y + \frac{dF\left(y, \frac{dy}{dx}\right)}{d\,\frac{dy}{dx}}\delta\,\frac{dy}{dx}.$$

表达式 $\delta\,\frac{dy}{dx}$ 借助我们的定义从

$$\delta\,\frac{dy}{dx} = \frac{d(y+\delta x)}{dx} - \frac{dy}{dx} = \frac{d\delta y}{dx}$$

得出。类似地，找到下述结果：

$$\delta\,\frac{d^2 y}{dx^2} = \frac{d^2 \delta y}{dx^2}, \delta\,\frac{d^3 y}{dx^3} = \frac{d^3 \delta y}{dx^3},$$

如此等等，不一而足。

我们现在继续进入一个问题，即函数 $y=\varphi(x)$ 的形式的确定，这将使

$$U = \int_{x_0}^{x_1} V dx$$

成为最大值或最小值，其中

$$V = F\left(x, y, \frac{dy}{dx}, \frac{d^2 y}{dx^2}, \cdots\cdots\right);$$

φ 表示不确定函数，F 表示确定函数。U 的值可以(1)因上下限 x_0、x_1 而变化。在该限度之外，独立变量 x 本身的变化不影响 U；相应地，如果我们认为这个限度是固定的，那么这仅仅是我们专注于 x 的关系。只有另外的唯一一个 U 的值易受变分影响的方式(2)，就是因 $y=\varphi(x)$ 的**形式**的变化。这产生

535

$$y, \frac{dy}{dx}, \frac{d^2 y}{dx^2} \cdots\cdots$$

中的值的变化，相当于

$$\delta y, \delta \frac{dy}{dx}, \delta \frac{d^2y}{dx^2}\cdots\cdots,$$

如此等等。U 的总变化由微分 dU 和变分 δU 组成，我们将称该总变化为 DU，并且使它等于 0 以表达最大值和最小值的条件。相应地，

$$DU = dU + \delta U = 0.$$

用 V_1dx_1 和 $-V_0dx_0$ 表示 U 由于上下限变化的增量，于是我们有

$$dU = V_1dx_1 - V_0dx_0 + \delta\int_{x_0}^{x_1} Vdx = V_1dx_1 - V_0dx_0 + \int_{x_0}^{x_1} \delta V \cdot dx = 0.$$

但是，按照前页陈述的原理，我们进而得到

$$\delta V = \frac{dV}{dy}\delta y + \frac{dV}{d\frac{dy}{dx}}\delta\frac{dy}{dx} + \frac{dV}{d\frac{d^2y}{dx^2}}\delta\frac{d^2y}{dx^2} + \cdots\cdots =$$

$$\frac{dV}{dy}\delta y + \frac{dV}{d\frac{dy}{dx}}\frac{d\delta y}{dx} + \frac{dV}{d\frac{d^2y}{dx^2}}\frac{d^2\delta y}{dx^2} + \cdots\cdots$$

为简化的缘故，我们使

$$\frac{dV}{dy} = N, \frac{dV}{d\frac{dy}{dx}} = P_1, \frac{dV}{d\frac{d^2y}{dx^2}} = P_2, \cdots\cdots$$

于是　　536

$$\delta\int_{x_0}^{x_1} Vdx =$$

$$\int_{x_0}^{x_1}\left(N\delta y + P_1\frac{d\delta y}{dx} + P_2\frac{d^2\delta y}{dx^2} + P_3\frac{d^3\delta y}{dx^3} + \cdots\cdots\right)dx.$$

在这里有一个困难，不仅 δy，而且项 $d\delta y/dx$、$d^2\delta y/dx^2$ ……，都在这个方程中出现，这些项相互依赖，但不是以直接显而易见的方式出现。这个欠缺能够借助公式

$$\int u dv = uv - \int v du$$

通过部分分数的相继积分消除。用这种方法，

$$\int P_1 \frac{d\delta y}{dx} dx = P_1 \delta y - \int \frac{dP_1}{dx} \delta y dx,$$

$$\int P_2 \frac{d^2\delta y}{dx^2} dx = P_2 \frac{d\delta y}{dx} - \int \frac{dP_2}{dx} \frac{d\delta y}{dx} dx =$$

$$P_2 \frac{d\delta y}{dx} - \frac{dP_2}{dx} \delta y + \int \frac{d^2 P_2}{dx^2} \delta y dx, \text{等等。}$$

完成限度之间对所有这些积分后，对于条件 $DU=0$，我们得到表达式

$$0 = V_1 dx_1 - V_0 dx_0$$

$$+ \left(P_1 - \frac{dP_2}{dx} + \cdots\cdots\right)_1 \delta y_1 - \left(P_1 - \frac{dP_2}{dx} + \cdots\cdots\right)_0 \delta y_0$$

$$+ \left(P_1 - \frac{dP_2}{dx} + \cdots\cdots\right)_1 \left(\frac{d\delta y}{dx}\right)_1 - \left(P_2 - \frac{dP_3}{dx} + \cdots\cdots\right)_0 \left(\frac{d\delta y}{dx}\right)_0$$

$$+ \cdots\cdots\cdots\cdots\cdots\cdots\cdots\cdots\cdots\cdots\cdots\cdots$$

537

$$+ \int_{x_0}^{x_1} \left(N - \frac{dP_1}{dx} + \frac{d^2 P_2}{dx^2} - \frac{d^3 P_3}{dx^3} + \cdots\cdots\right) \delta y \cdot dx,$$

现在这个表达式在积分符号下只包含 δy。

在这个表达式第一行中的项独立于函数形式的任何变化，而唯一地依赖限度的变化。接着的两行的项，仅仅对于有限的 x 值取决于函数形式的变化；指标 1 和 2 规定，实际的有限值必须在普

遍表达式的地方标注。最后,末了一行的项取决于函数形式的一**般**变化。除了末了一行的那些项,把所有的项集中在一个标示 $\alpha_1-\alpha_0$ 之下,并称末了一行圆括号中的表达式为 β,我们有

$$0=\alpha_1-\alpha_0+\int_{x_0}^{x_1}\beta\cdot\delta y\cdot dx.$$

但是,这个方程只有在

$$\alpha_1-\alpha_0=0 \quad \cdots\cdots\cdots\cdots\cdots\cdots\cdots\cdots\cdots \quad (1)$$

和

$$\int_{x_0}^{x_1}\beta\delta y dx=0 \quad \cdots\cdots\cdots\cdots\cdots\cdots\cdots\cdots\cdots \quad (2)$$

时才能得以满足。例如,若每一个数不等于零,则每一个数能够由其他数确定。但是,不确定函数的积分不能仅仅借助有限的值表达。因此,假定方程

$$\int_{x_0}^{x_1}\beta\delta y dx=0$$

普遍适用,那么它的条件只有在 $\beta=0$ 时才能够满足,因为 δy 始终是任意的,它的形式的普遍性不能受到限制。因此,根据方程

$$N-\frac{dP_1}{dx}+\frac{d^2P_2}{dx^2}-\frac{d^3P_3}{dx^3}+\cdots\cdots=0 \cdots\cdots\cdots\cdots \quad (3)$$ 538

便定义了使表达式 U 成为最大值或最小值的函数 $y=\varphi(x)$ 的形式。方程(3)是欧拉发现的。但是,拉格朗日首次表明,方程(1)借助处于它的限度的条件适用于函数的确定。依据它必须满足的方程(3),函数 $y=\varphi(x)$ 的**形式普遍地**得以确定;可是,这个方程包含若干**任意的**常数,它的值唯一地由处于它的限度的条件确定。关

于标志法，杰利特正确地注意到，在方程(1)头两项 $V_1\delta x_1 = V_0\delta x_0$ 中符号 δ 的利用，即拉格朗日使用的形式，是不一致的；针对独立变量的增量，他提出惯常的符号 dx_1、dx_0。

9. 为了阐释可以使这些方程投入的使用，让我们寻找使

$$\int_{x_0}^{x_1} \sqrt{1+\left(\frac{dy}{dx}\right)^2}\, dx$$

成为最小值即最短线的函数形式。在这里，

$$V = F\left(\frac{dy}{dx}\right).$$

在方程(3)中，除了

$$P_1 = \frac{dV}{d\,\dfrac{dy}{dx}} = \frac{\dfrac{dy}{dx}}{\sqrt{1+\left(\dfrac{dy}{dx}\right)^2}}$$

539 之外，所有的表达式都变为零，而方程变成 $dP_1/dx = 0$；这意味着，P_1 从而它的唯一变量 dy/dx 独立于 x。由此，$dy/dx = a$ 和 $y = ax + b$，这里 a 和 b 是常数。

常数 a 和 b 是由限度的值确定的。若直线通过 x_0、y_0 和 x_1、y_1，则

$$\left.\begin{aligned} y_0 &= ax_0 + b \\ y_1 &= ax_1 + b \end{aligned}\right\} \quad \cdots\cdots\cdots\cdots\cdots\cdots \quad (m)$$

鉴于 $dx_0 = dx_1 = 0$，方程(1)变为零。系数 $\delta(dy/dx)$、$\delta(d^2y/dx^2)$……独立地变为零。因此，a 和 b 的值仅由方程(m)确定。

若只给定限度 x_0、x_1，但是 y_0、y_1 是不确定的，我们则有

$dx_0 = dx_1 = 0$，且方程(1)采取形式

$$\frac{a}{\sqrt{1+a^2}}(\delta y_1 - \delta y_0) = 0;$$

由于 δy_0 和 δy_1 是任意的，若 $a=0$，则该形式才能被满足。直线在这个实例中是 $y=b$，它平行于横坐标轴，且因 b 是不确定的，它处在距横坐标轴的任何距离。

人们会注意到，就常数的确定性而论，方程(1)和在方程(m)中表达的附带条件一般是相互补充的。

如果必须使

$$Z = \int_{x_0}^{x_1} y\sqrt{1+\left(\frac{dy}{dx}\right)^2}\,dx$$

成为最小值，那么(3)的恰当形式的积分将给出

$$y = \frac{c}{2}\left[e^{\frac{x-c'}{c}} + e^{-\frac{x-c}{c}}\right].$$

540

若 Z 是最小值，则 $2\pi Z$ 也是最小值；通过绕横坐标轴转动，所找到的曲线将给出最小的回转曲面。进而，这种类型的均匀重曲线的重心的最低位置对应于 Z 的最小值；因此，该曲线是悬链线。借助像上面的有限条件，实现常数 c、c' 的确定。

在处理力学问题时，在恰好**实际**发生的坐标增量即 dx、dy、dz 和比如在虚速度原理的应用中考虑的**可能**位移 δx、δy、δz 之间做出区分。作为一个法则，后者不是变分；也就是说，不是源于函数形式变化的值的改变。只有当我们考虑的是连续统的力学系统时，例如绳子、柔韧的曲面、弹性体或液体，我们才自由地把 δx、δy、δz 看做是坐标 x、y、z 的不确定函数，我们才涉及变分。

发展数学理论不是我们的意图,而仅仅处理力学的纯粹物理部分才是我们的意图。但是,必须触摸等周问题和变分法的历史,因为重心研究对力学的发展施加了十分显著的影响。这些研究使我们对系统的普遍特性、尤其是对最大值和最小值的特性的感觉541更加敏锐,所提及的类型的特性是极其便利地在力学原理中相继发现的。事实上,自拉格朗日时代以来,物理学家通常以最大值或最小值的形式表达力学原理。没有历史发展的知识,这种偏爱就可能是不可理解的。

(二)力学中的神学的、泛灵论的和神秘的观点

1. 如果进入德国客厅,我们碰巧听到人们谈论某人十分虔诚地信奉宗教,却没有叫出名字,我们可能想象,被议论的人是枢密院官员 X 或绅士冯·Y;我们几乎不会想到是我们相识的科学人(scientific man)。然而,设想偶尔引起恶化的争论——这在我们的时代在科学人员和神职人员之间存在着——而缺乏热情友好,总是使他们分离,恐怕是错误的。一瞥科学的历史足以证明情况正好相反。

人们谈论科学和神学的冲突,或者更恰当地讲,谈论科学和教会的"冲突"。这确实是一个内容丰富的话题。一方面,我们有教会反对进步的长篇罪行录;另一方面,我们有"高尚的殉道者队伍",其中有不亚于伽利略和焦尔达诺·布鲁诺的杰出人物。只是由于交了好运,笛卡儿逃脱了同样的命运,尽管他虔信宗教。这些

事情是历史的老生常谈；但是，最大的错误也许是假定："科学的战争"(warfare of science)一语是它对宗教的一般历史态度的正确 542 描述；对智力发展的唯一压制来自教士；如果他们不插手的话，那么正在成长的科学便会以惊人的速度蒸蒸日上。无疑地，不得不与外部的反对作斗争；与它战斗不是儿戏。在这一斗争中，没有任何太卑鄙的手段教会不操纵。她考虑的无非是如何取胜；从来没有世俗的政策如此自私、如此无耻或如此残酷地施行。但是，研究者在他们的手中还有另外的斗争，而且绝不是轻而易举的斗争，即与他们自己预先相信的观念作斗争，尤其是与哲学和科学必须建立在神学之上的观念作斗争。这种偏见曾经一点一滴地被除去，只是慢了一些。

2. 不过，至于他们自己，还是让事实说话吧，此刻我们把读者引入历史上的大人物。

生活在16世纪的纳皮尔(Napier)是对数的发明者、严峻的清教徒，除了他的科学业余爱好之外，他是一位热情的神学家。纳皮尔使自己致力于某些极其好奇的思索。他就《圣经·新约》的《启示录》写过注释性的评论，包括命题和数学证明在内。例如，命题XXVI断言，教皇是伪基督；命题XXXVI宣称，破坏成性的人是土耳其人和伊斯兰教徒；如此等等。

布莱兹·帕斯卡(Blaise Pascal，1623～1662)这位在数学家和物理学家中间发现的最全面的天才之一，是极其正统的和苦行的。他的心灵的信仰如此深沉，以至不管他的身份的高贵，一度在里昂公开谴责一位异教徒哲学教员。通过与圣物接触治疗他的姊妹的 543

疾病,给他留下最严肃的印象,他认为她的痊愈是一个奇迹。在他们自己获得的这些事实方面,极力强调也许是错误的;因为他的全家都过分地倾向于宗教狂热。可是,还有大量他笃信宗教的其他例子。他的决心——也实现了决心——是这样的:统统抛弃科学追求,把他的生命唯一地献身于基督教事业。他常常说,除了在基督教的教导中,他在任何地方都找不到慰藉;人间的一切智慧对他丝毫无益。在他的《致外省人信札》(*Lettres provinciales*)中,他表现出对异教徒改变信仰的欲求的真诚,他在那里强有力地宣告,反对索邦神学院的神学家为了明目张胆地迫害詹森主义[①]者而图谋的可怕诡计。帕斯卡与他的时代的神学家的通信是十分值得注意的;对于发现这位伟大的"科学家"在他的一封信中认真地讨论,魔鬼撒旦是否能够创造奇迹,近代读者一点也不会感到意外。

距今不到两百年,空气泵的发明者奥托·冯·居里克(Otto von Guericke)在他的书的开头忙于约书亚的奇迹,他企图把它与哥白尼的观念协调起来。以同样的方式,我们发现,他通过天堂的定位、地狱的定位等等探究,引入关于真空和大气本性的研究。虽然居里克实际上像他能够合理性地回答的那样力求回答这些疑问,但是请回忆一下,我们还是注意到,它们给他带来相当大的烦恼,以至今天神学家自己也会认为这些问题是荒唐可笑的。可是,544 居里克是生活在宗教改革之后的人呀!

牛顿的巨大心智并没有轻视使用它解释《启示录》。在这个主

① 詹森主义(Jansenism)是17世纪天主教会内改革派之一所持的教义,其中涉及对两性关系等问题的清教主义态度。——中译者注

题上，怀疑宗教教义者与他交谈是很困难的。当哈雷(Halley)一度沉溺于关于神学疑问的戏谑时，据说牛顿以这样的评论简慢地回击他："我没有研究这些事情；你也没有研究！"

我们不需要因莱布尼兹耽搁了，他是所有可能世界的最佳世界和先定和谐的发明者，伏尔泰在具有深刻哲学意图的幽默小说《老实人》(*Candide*)中清除了这些发明。但是，每一个人都知道，莱布尼兹差不多是一位神学家，即使完全不像是科学人(man of science)那么多地是神学家。

可是，让我们转向最近的世纪。欧拉在他的《给德国杰出妇女的信札》(*Letters to German Princess*)中，在科学问题中间处理了神学-哲学问题。他谈到在身心相互作用中，由于这两个现象的总体差异而包含的困难，对他的心智而言这种差异是毋庸置疑的。笛卡儿及其追随者发展的偶因论体系没有完全满足他，该体系符合上帝针对心灵的每一个意图完成相应的身体运动(心灵本身不能这样做)。他也嘲笑先定和谐的学说，但是没有幽默感，因为按照该学说，虽然身心二者无论哪一个都没有以任何方式与另一个关联在一起，但是完美地一致从一开始就在身体的运动和心灵的意志之间确立了，正像两个不同的、但却构造类似的时钟之间存在和谐一样。他评论道，依照这种观点，他自己的身体像非洲中部的犀牛的身体一样，对他来说是不相干的，这也许恰如它自身的心灵完全与他的心灵处于先定的和谐一样。让我们听听他自己的话语。在他的时代，拉丁语几乎是普遍的书面语言。考虑到德国学者希望特别受到屈尊对待，他用法语写道："如果在我的身体不适的情况下上帝用一只犀牛来调整它，因此它的运动能与我的心灵

545

的秩序如此地一致，当我想举起手的时候，它就抬起脚掌，其他的动作也是一样，这将是我的躯体。我突然感到处在非洲环境中的一只犀牛的体型，但是没有阻碍，我的心灵继续着相同的动作。我将同样荣幸地给V. A.写信，但是我不知道她将如何收到我的信。”

人们几乎会想象，欧拉在这里被引诱扮演伏尔泰的角色。可是，尽管他在这个极其重要之点的批评是恰当的，但是身体和心灵的相互作用对他来说依然是一个奇迹。不过，他非常诡辩地使自己从意志自由问题摆脱出来。为了给这种类型的问题——允许科学家在那些岁月处理的问题——以某种观念，可能受到注意的是，欧拉在他的物理“信札”中，着手研究灵魂的本性、肉体和灵魂的关联、意志自由、自由对物理事件的影响、祷告、自然恶和道德恶、罪人的转变和相似论题。这一切都出现在充满明晰的物理观念、而且不乏哲学观念的专题论著中，在那里众所周知的逻辑循环图具有它们的发源地。

3. 列举这些宗教物理学家的例子足够了吧。我们有意识地从第一流的科学发现者中间选择他们。这些人遵循的宗教癖性完全属于他们内心深处的私人生活。他们公开告诉我们一些他们并非被迫告诉我们的事情，他们可能依然对这些事情缄默不语。他们表达的不是从外部强加给他们的看法，它们是他们自己的真诚观点。他们没有意识到任何神学的强制。在庇护拉美特利(Lamettrie)和伏尔泰的宫廷，欧拉没有理由隐瞒他的真实信仰。

546

按照近代的概念，这些人至少应该看到，他们讨论的问题没有放在他们提出它们的项目之下，它们不是科学的问题。尽管继承的神学信仰与独立创造的科学信念之间的矛盾在我们看来似乎是古怪的，但是依然没有理由减少对这些科学思想的领袖的赞美。不，正是这个事实是他们的令人惊叹的精神能力的证据：不管他们时代缔结的见识——他们自己的直接印象也主要局限于这种见识，他们能够指出通向高峰的道路，我们一代人正是在这里得到比较自由的观点。

每一个无偏见的心智都必须承认，力学科学主要发展发生的时代，是神学色调占统治地位的时代。神学问题是由一切事物唤起的，并更改一切事物。于是，毫不奇怪，力学也因此而着色。但是，最好还是通过细节的审查，察看神学思想如此渗透到科学探究的透彻性。

4. 在前一章，已经提及赫罗和帕皮斯在古代施加给这个思想方向的冲击。在17世纪伊始，我们发现伽利略全神贯注于材料的强度问题。他表明，中空的管子比相同长度和相同材料量的杆子对弯曲呈现较大的阻力，并立即把这个发现应用于说明动物骨骼的形状——其形状通常是中空的和圆筒形的样子。通过比较平展地对折的纸张和蜷缩的纸张，很容易阐释该现象。如此改变在一端钉牢、在另一端负重的水平横梁，使得在不损失任何强度并相当节省材料的情况下，负重的端点更细一些。伽利略确定了在每一个横截面相等阻力的横梁的形状。他也注意到，几何结构类似而有很大尺寸差别的动物以非常不相等的比例遵从阻力定律。 547

骨骼、羽毛、主茎和其他有机组织的形状犹如经过高度核算，正像它们所是的那样，在它们最微小的细节上适应它们服务的目的，从而给正在思考的注视者留下深刻的印象，这个事实一再被引证，以证明在自然界中主宰的至高无上的智慧。例如，让我们审查一下鸟的飞羽。羽毛管是中空的管子，随着我们向末端移动，粗度逐渐减小，也就是说，是具有相等阻力的形体。羽片的每一个小扁平部分都重复相同的小型结构。要模仿这种类型的飞羽，甚至必定需要值得注意的专门知识，更不用说发明它了。无论如何，我们不会忘记，研究而不仅仅赞美，才是科学的职责。我们了解，达尔文(Darwin)如何借助自然选择理论试图解决这些问题。说达尔文的解答是完备的解答，这也许会公正地受到质疑；达尔文本人也怀疑它。如果某种事物没有显示所**容许的**变异，一切外部条件恐怕是无能为力的。但是，不可能存在这样的问题：他的理论是第一个认真的尝试，尝试用对适应起源模式的认真探究代替仅仅对有机自然界适应的赞美。

548

迟至18世纪以后，帕皮斯关于蜂房巢室的观念还是热烈讨论的话题。在1865年出版的题为《不用手盖的房子》(*Homes Without Hands*)的专题著作中，伍德(Wood)真实地叙述如下："马拉尔迪(Maraldi)受到蜂房巢室巨大规则性的震撼。他测量了菱形平面的角度或形成巢室末端壁的菱形六面体，发现它们分别是109°28′或70°32′。雷奥米尔(Réaumur)深信这些角度以某种方式与巢室的经济相关，他请求数学家科尼希(König)计算由三个相等的和相似的菱形六面体组成的锥体为终端的六角形棱柱的形状，这个形状用给定的材料量能够给予最大的空间量。回答是，角度应该是109°26′或70°34′。相应地，差别是两分。不满足这种一致的麦克劳林(Maclaurin)[1]重复了马拉尔迪的测量,查明它们是正确的,并在检查计算时发现了科尼希使用的对数表中有错误。不是蜜蜂错了,而是数学家错了,蜜蜂帮助检测出差错!"

任何一个获取测量晶体的方法并看见蜂房巢室的人,由于它的毛糙的表面和非思考的外观,将会质疑这样的巢室测量能够以仅仅两分的概差完成。[2] 因此,我们必须把这个故事视为虔诚的数学神话或虚假的数学童话,完全撇开这样的考虑:即使它是真实的,从它也不会必然出现什么东西。此外,从数学的观点看,该问题陈述得太不完善了,以致使我们无法决定,蜜蜂在什么程度上解决它。 549

在前一章提及的赫罗和费马关于光的运动的观念,是即刻从莱布尼兹手中接收的带有神学色彩的观念,正如以前谈到的,它们在变分法的发展中起了支配地位的作用。在莱布尼兹与约翰·伯努利的通信中,神学问题正是在数学研究中间反复讨论。他们的语言并非稀少地用《圣经》的描述表达。例如,莱布尼兹说,最速降线问题诱惑他,就像苹果诱惑夏娃一样。

柏林科学院的有名院长、腓特烈大帝的朋友莫佩尔蒂通过阐明最小作用原理,给予物理学的神学化倾向以新的推动。在阐述这个模糊原理的、在莫佩尔蒂身上暴露出不幸缺乏数学准确性的专题论文中,这位作者宣称,他的原理是与造物主的智慧最符合的原理。莫佩尔蒂是一位天才人物,但不是具有强烈的实践感的人。

---

① *Philosophical Transactions* for 1743. ——英译者注

② 可参见 G. F. Maraldi, in the *Mémoirs de l'académie* for 1712. 不过,现在众所周知,巢室非常值得考虑。参见昌西·赖特(Chauncey Wright)的 *Philosophical Discussions*, 1877, p. 311. ——英译者注

这可以以他持续不断地设计规划为证：他大胆提议，建设一座只应该讲拉丁语的城市，在地球挖一个深洞寻找新物质，借助鸦片和通过猴子解剖组成心理学研究，用万有引力说明胚胎的形成，等等。550 他受到伏尔泰在《教皇御医阿卡基亚博士的历史》(*Histoire du docteur Akakia*)的尖锐讽刺，我们知道，这导致腓特烈和伏尔泰之间的不和。

倘若欧拉不采纳这项建议的话，莫佩尔蒂原理多半会被立即忘却。欧拉宽宏大量地听任该原理叫它的名称，听任莫佩尔蒂享有发明的荣誉，并把它转换为某种新的和实际可使用的东西。莫佩尔蒂意欲传达的东西是非常难以弄清的。欧拉意指的东西很容易用简单的例子表明。如果物体受约束在刚性表面上运动，例如在地面上运动，那么当给它施加冲量时，它将在起点和终点之间描画最短的路程。任何可以描述它的其他路程都会更长，都需要更多的时间。这个原理在大气流和海洋流的理论中找到应用。欧拉保留了神学的观点。它声称，不仅从现象的物理**原因**，而且从现象的**意图**，有可能说明现象。“由于宇宙的结构是尽可能完美的，是全知全能的造物主的手工作品，所以在世界上不可能遇见不显示某种最大特性和最小特性的事物。因此，毫无疑问，世界上的一切结果都能够用最大值和最小值的方法从它们的终极因以及它们的动力因中推导出来。”①

---

① “Quum enim mundi universi fabrica sit perfectissima, atque a creatore sapientissimo absoluta, nihil omnino in mundo contingt, in quo est non maximi minimive ratio quaedam eluceat: quam ob rem dubium prorsus est nullum, quin omnes mundi effectus ex causis finalibus, ope methodi maximorum et minimorum, aeque feliciter determinari quaeant, atque ex ipsis causis efficientibus.”(*Methodus inveniendi lineas curvas maximi minimive proprietate gaudentes*. Lausanne, 1744.)

5. 类似地，物质的量不变、运动量不变、功或能不可消灭的概念，这些完全支配近代物理学的概念，都是在神学观念的影响下产生的。所述的概念在前面提及的笛卡儿的言论中有其来源，他在《哲学原理》中一致地提到，在世界中起初创造的物质和运动的量——这只不过是与造物主的永恒性协调的过程——总是保持不变。在其中应该计算这个运动量的物质的概念，在从笛卡儿到莱布尼兹的观念进步中做出非常重大的修改；对于他们的后继者来说，作为这些修改的结果，该学说逐渐地、缓慢地形成了，现在称它为"能量守恒定律"。不过，只是这些观念的神学背景慢慢地消失了。事实上在今日，我们还是遇到一些科学家，他们沉溺于自我创造的关于这个定律的神秘主义之中。 551

在整个 16 世纪和 17 世纪，直到 18 世纪终结，探究者占支配地位的倾向是，在所有的物理学定律中发现造物主的某种特定的显示。但是，这些观点的逐渐转变必定打动了留心的观察者。鉴于笛卡儿和莱布尼兹，物理学和神学还大量地混合在一起，在后继的时期难得的努力是显而易见的，实际上不是完全抛弃神学，而是把它与纯粹的物理学物体分开。把神学研究置于论说的开头，或者放逐到物理学专题论文的末尾。神学思辨被尽可能多地限定在神造说问题中，由此开始，对物理学来说扫清了道路。

到 18 世纪结束时，显著的变化发生了，这种变化显然是突然离开了流行的思想潮流，但是实际上却是所指出的发展的逻辑结果。在年轻时的工作中，拉格朗日尝试把力学原理建筑在欧拉的最小作用原理之上，此后他在接着处理该课题时宣布了他的意向——彻底不理睬神学的和形而上学的思辨，因为就其本性而言 552

它们是靠不住的、与科学不相干的。他在截然不同的基础上创造了新力学体系，熟悉该课题的人没有一个对它的出类拔萃提出质疑。所有后来的著名科学家都接受了拉格朗日的观点，如此实质上确定了物理学现在对神学的态度。

6. 神学和物理学是知识的两个不同分支的观念，从它最初在哥白尼身上萌芽到最终被拉格朗日公布，几乎花了两个世纪的时间才在研究者的心智中得以明晰。同时，不能否认，这个真理对于像牛顿这样最伟大的心智说总是清楚的。牛顿尽管怀有深厚的宗教信仰，但是他从未把神学与科学问题混同起来。的确，即使他在他的《光学》结尾惊呼，要为一切尘世事物的妄自尊大谦卑地悔罪，但此时他的清晰的和睿智的理智在最后的书页还是闪闪发光。而且，与莱布尼兹的研究相比，他的光学研究本身没有包含神学的痕迹。关于伽利略和惠更斯，也可以这样说。他们的论著几乎绝对符合拉格朗日的观点，在这方面可以作为典型的论著接受。但是，553 一个时代的普遍观点和趋势必定不是由它的最伟大心智、而是由它的中等心智鉴定的。

为了理解这里描绘的过程，必须考虑这些时期事态的一般条件。理所当然的是，在宗教几乎是唯一的教育和唯一的世界理论的文明阶段，人们自然会从神学的观点来考察事物，他们可以相信，这种观点在研究领域具有资格。假如使我们自己进入那个时代，当时人们用他们的拳头发言，他们为了便于计算不得不在他们面前摆放乘法表，他们如此之多地用他们的双手做现今人们用他们的头脑去做的事情，那么我们就不会强求这样一个时代，它应该

批判地把它自己的观点和理论交付检验。随着智力地平线通过15世纪和16世纪伟大的地理的、技术的和科学的发现和发明，随着对旧概念——仅仅因为它是在这些领域的知识之前形成的——不可能做出任何进步的领域的开辟，心智的这种偏见逐渐地、缓慢地消失了。人们总是难以理解，在中世纪早期似乎处于被隔绝境地的伟大的思想自由首先在诗人身上、接着在科学家那里出现。那些岁月的启蒙必然是少数几个十分异乎寻常的心智的工作，能够仅仅被非常微不足道的思路充分结合到人们的观点，这些思路更适合于打乱那些观点而不是革新它们。直到18世纪的文学，理性主义才赢得行动的广阔场所。人文的、哲学的、历史的和物理的科学在这里相遇，并且彼此之间相互激励。所有在它的文学中部分地经历过令人惊奇的人的理智解放的人，在他们的整个生活期间对18世纪都会感到深邃的、哀伤的惋惜。 554

7. 于是，旧观点被抛弃了。现在，它的历史只有在力学原理的形式中才能察觉。而且，只要我们忽略它的起源，这种形式对我们来说将依然是陌生的。对事物的神学概念逐渐给比较严格的概念让路；正如我们现在将要简要指出的，这伴随着在启蒙方面的明显增进。

当我们说光通过最短时间的路程传播时，我们用这样的表达把握了许多事物。但是，我们迄今不知道，光**为什么**偏爱最短时间的路程。如果我们在造物主的智慧中寻找理由，那么我们便摒绝关于该现象的所有深一层的知识。我们今天了解，光通过**一切**路程传播，但是只有在时间最短的路程上光波才如此相互加强，以至产生可察觉的结果。因此，光只不过**看起来是**通过最短时间的路程传播。在消除了在这些问题上盛行的成见后，便立即发现这样的实例：与假定的自然的经济在一起比较，最惊人的浪费显露出来。例如，雅可比在欧拉最小作用原理方面指出这种类型的实例。大量的自然现象因此产生经济的印象，仅仅是因为，只有当由于机遇出现结果的经济积累时，现象似乎明显地显露出来。这种观念是在无机自然界领域的观念，它与达尔文在有机自然界范围创立 555 的观念相同。通过把我们熟悉的经济观念应用于自然，我们本能地推进我们对自然的理解。

自然现象常常展示最大值或最小值的特性，是因为当确立了这些最大的或最小的特性时，便消除了一切进一步变动的原因。悬链线由于简单的理由给出重心的最低点：当达到这一点时，系统部分的所有进一步的下降不可能了。唯一经受分子力作用的液体显示最小的表面面积，是因为当分子力不能影响表面面积进一步的减少时，才能够维持稳定平衡。因此，重要的东西不是最大值或最小值，而是**功**的消除；功是变动的决定性的因素。更不用说情况似乎是，给人深刻印象的东西不是谈论自然的经济倾向，而无非是更明晰、更正确或更综合的东西，比如说："仅仅出现这么多、这么多的东西，就像依靠力和牵扯在内的环境能够发生的那么多。"

现在，可以正当地询问问题：如果导致力学原理阐明的神学观点是完全错误的，而原理本身在一切实质之点却是正确的，那么这怎么实现呢？回答是容易的。首先，神学观点并不提供原理的**内容**，而只是决定它们的**外观**；它们的实质内容是从经验推知的。任何其他占优势的思想种类、商业态度，都会施加相似的影响，例如就像对斯蒂文可能具有它的影响一样。其次，神学的自然概念本身把它的起源归于获得更综合的世界观的努力——正是处于物理 556 科学根底的相同的努力。因此，即使承认神学的物理哲学是不结果实的成就，是回复到科学文化的较低状态，我们仍然不需要拒绝接受这样的**牢靠的根源**：它来自于这个根源，该根源不同于真实的物理探究的根源。

事实上，考虑**个别**事实，科学什么也完成不了；它必须时时向作为一个**整体**的世界投以一瞥。正像我们看到的，伽利略的落体定律，惠更斯的活动原理、虚速度原理甚至质量概念，除非通过交替考虑个别事实和作为全体的自然界，否则都不能得到。在我们的力学过程的心理重构中，我们可以从孤立质量的特性（从基本定律或微分定律）开始，如此组成我们关于该过程的图像；或者，我们可以紧紧抓住作为一个整体的系统的特性（遵守积分定律）。不管怎样，由于一个质量的特性总是包括与其他质量的关系（例如在速度和加速度中包括时间的关系，也就是说与整个世界的关联），因此显而易见，**纯粹的**微分定律或基本定律并不存在。因此，把关于万有（All）或更普遍的自然特性的这种必要观点作为较少可靠的东西从我们的研究排除出去，也许是不合逻辑的。新原理越普遍，它的范围越广阔，考虑到误差的可能性，就要求对它进行**越完善的检验**。

在自然界中起作用的意志或理智的概念，绝不是基督教一神 557 教的独有概念。相反地，对于异教和拜物教来说，这个观念是非常熟悉的观念。不过，异教完全在个别现象中发现这种意志和理智，而一神教则在万有中寻找它。无论如何，纯粹的一神教并不存在。《圣经》的犹太人的一神教绝不是摆脱了对恶魔、男巫和女巫的信仰;而中世纪时期的基督教一神教甚至富有这些多神教的概念。我们不愿谈论残忍的消遣:教会和国家沉溺于对女巫的拷打和烧死,这在大多数案例中无疑不是被贪婪激起,而是被所提到的观念的盛行激起。泰勒(Tylor)在他的有启发性的著作《原始文化》(*Primitive Culture*)中,研究了野蛮人的妖术、迷信和奇迹信仰,并把它们与在中世纪时期关于巫术的流行看法加以比较。实际上,类似性是引人注目的。在16世纪和17世纪的欧洲,如此频繁地烧死女巫,这在今天的中部非洲还在强劲地进行着。正如泰勒表明的,甚至现在在文明的国家和有教养的人群中,这些状况的痕迹在大量的习俗中还存在;就我们的改变的观点而言,对此的感觉永远地失去了。

8. 物理科学自身只是十分缓慢地祛除了这些概念。在1558年问世的贾姆巴蒂斯塔·德拉·波尔塔(Giambatista della Porta)的驰名著作《自然魔法》(*Magia naturalis*),虽然它宣布重要的物理发现,但还是充满了几乎与北美洲印第安人巫医的魔法实践和所有类型的鬼魔学技艺一样的资料。直到吉尔伯特的著作《论磁》(*De magnete*)(在1600年)出版,才把若干类型的限制放置在这种思想倾向上。当我们深思,甚至据说路德(Luther)亲自遭遇撒旦,开普勒——他的伯母作为女巫被烧死,他的母亲几乎遭遇相同的命运——说不能否定巫术,并担惊受怕地表达了他对占星术的真实看法,我们就能够逼真地描绘那些时期较少摆脱偏见的心智的思想。

558

正如泰勒恰当评论的,物理科学在它的"力"中显示出拜物教的遗迹。近代唯灵论的淘气妖精实践就是充分的证据，证明异教的概念甚至没有被今日有教养的社会战胜。

这些观念如此顽强地坚持它们的权利，是很自然的。在以恶魔的强力统治人的，养育、保护和繁殖他的许多冲动中，在他对中世纪显示这样巨大病理学过量的这些冲动没有知识和指导的情况下，只有最小的部分是科学分析和理智概念可以理解的。所有这些本能的基本特性，是与自然一体和同一的知觉；这种知觉有时能够被忘却，但是从来不会被吸引人的理智工作根除，它肯定具有**牢靠的根基**，无论它可能引起什么宗教的荒诞。

9. 18世纪的法国百科全书派想象，他们距离用物理学原理和力学原理最终说明世界已经不远了；拉普拉斯甚至构想了一种有能力预言整个未来自然进程的心智，只要能够给出质量、它们的位置和初始速度。在18世纪，这种对新物理力学观念（new physico-mechanical ideas）的范围的喜悦高估是可以原谅的。事实上，它是一种清新的、高尚的、蓬勃向上的景象；我们能够深深地同情这种在历史上如此独一无二的理智的喜悦表达。 559

但是现在，在一个世纪过去之后，在我们的判断变得更清醒之后，在我们看来，百科全书派的世界概念与古老的**泛灵论的**世界概念相比，似乎是一种**力学神话**（mechanical mythology）。两种观点都包含对不完善感知的过度的和异想天开的夸张。不过，仔细的物理学研究将导致我们对感觉的分析。于是，我们将发现，正如现在所显示的，我们的饥饿与硫酸对锌的倾向性在本质上如此不同，我们的意志大大有别于石头的压力。只要我们没有必要把我们自己分解为朦胧的和神秘的分子质量，或者没有必要使自然变成妖怪出没的地方，我们将会感到我们自己更亲近自然。作为长期的和辛勤的研究的结果，必须在其中寻找这种启蒙的方向，这当然只能推测。**提前使用**该结果，甚或尝试把它引入今天的任何科学研究，也许是神话而不是科学。

物理科学并未自命是**完备的**世界观；它只是声称，它正在为未来这样一个完备的世界观而工作。科学研究者的最高哲学，恰恰是对不完备的世界概念的这种**宽容**和对它的偏爱，而不是对表观完美的、但却不适当的世界概念的宽容和偏爱。只要我们不把我们的宗教主张强加于他人，不把它们应用到归入各种法庭裁判权之下的事物，它们总是我们自己私人的事务。物理探究者本人按照他们的智力范围和他们对结果的估价，对这个主题持有多种多样的见解。

560

物理科学根本不研究绝对无法达到或到目前为止还达不到精密研究的事物。但是，领域应该永远向现在接近它的精密研究敞开；于是，一个充分有条理的人，一个对他自己和他人怀有真诚意图的人，都将毫不犹豫地支持探索，以便用他关于这样的领域的**意见**去交换这些领域的实证**知识**。

今天，当我们看到社会动荡，看到它像一个机关的登记员按照它的心境和本周的事件改变它在同一问题上的观点时，当我们注视这样产生的深刻的心理悲痛时，我们应该知道，这是我们的哲学不完备性和转变特征的自然的和必然的结局。有资格的世界观从来也不能作为赠品得到；我们必须通过艰苦的工作获得它。对人类的幸福来说，只有准予在理性和经验起决定作用的领域内自由地转向理性和经验，我们才能缓慢地、逐渐地但却有把握地趋近**统一的**世界观的理想，只有这种世界观才可以与健全心智的经济和谐共存。

（三）分析力学

1. 牛顿的力学是纯粹**几何学的**。他从他的初始假定出发，完全借助几何学的结构，演绎他的定理。他的步骤常常是如此人为的，正如拉普拉斯评论的，命题用那种方式发现未必可能。而且，561 我们注意到，牛顿的阐述不像伽利略和惠更斯的阐述那样直言不讳。牛顿的方法是古代几何学家的所谓**综合**方法。

当我们从特定的假定演绎出结果，该程序叫**综合的**程序。当我们寻求命题或图形性质的**前提条件**时，该程序叫**分析的**程序。由于把代数应用于几何学，后一种方法的实践大半变得平常。因此，把代数方法叫做分析方法，已经变得习以为常。与牛顿的综合力学或几何学的力学对照，术语“分析力学”是短语“代数的力学”的准确同义词。

2. 分析力学的基础是由欧拉奠定的（*Mechanica, sive Motus Scientia Analytice Exposita*, St. Petersburg, 1736）。但是，欧拉的方法在把曲线力分解为切向分力或法向分力时，还带有旧的几何学模式的痕迹，而麦克劳林的步骤（*A Complete System of Fluxions*, Edinburgh, 1742）则做出十分重要的进展。这位作者在三个固定方向分解所有的力，从而授予这个问题的计算以高度的对称和明晰。

3. 无论如何，拉格朗日把分析力学引入至高无上的完美。拉格朗日的目的是(*Mécanique analytique*, Paris, 1788)，通过把推理中尽可能多的东西包含在单一的公式中，**一劳永逸地**处理为解决力学问题必要的推理。他做到了这一点。现在，所出现的每一个实例都能够用非常简单的、高度对称和明晰的图式处理；所遗留的无论什么推理，都用纯粹力学的方法完成。拉格朗日的力学是对思维经济令人惊叹的贡献。

562

在静力学中，拉格朗日从虚速度原理开始。在若干确定的相互关联的质点 m_1、m_2、m_3……上，外加力 P_1、P_2、P_3……。若这些质点收到与系统的关联一致的任何无限小的位移 p_1、p_2、p_3……，则就平衡而言 $\sum Pp=0$；在这里，众所周知的、相等在其中成为不相等的例外不予考虑。

现在，使整个系统参照直角坐标的集合。设质点的坐标是 x_1、y_1、z_1……，x_2、y_2、z_2……。把力分解为平行于坐标轴的分力 X_1、Y_1、Z_1……，X_2、Y_2、Z_2……；把位移也分解为平行于坐标轴的位移 δx_1、δy_1、δz_1……，δx_2、δy_2、δz_2……。只有在确定所做的功时，才需要就那个力分量考虑在每一个分量的方向上应用的质点的位移，相应地该原理的表达式是

$$\sum(X\delta x+Y\delta y+Z\delta z)=0 \cdots\cdots\cdots\cdots\cdots\cdots \quad (1)$$

在这里，针对各个质点必须插入相称的下标，对最后的表达式做出概括。

动力学的基本公式是从达朗伯原理推导出来的。力分量 X_1、Y_1、Z_1……，X_2、Y_2、Z_2……作用在具有坐标 x_1、y_1、z_1……，x_2、y_2、z_2……的质点 m_1、m_2、m_3……上。但是，由于系统的部分的关 563 联，质量经受加速度，加速度是力

$$m_1 \frac{d^2 x_1}{dt^2}、m_1 \frac{d^2 y_1}{dt^2}、m_1 \frac{d^2 z_1}{dt^2}……$$

的加速度。这些力是所谓的**有效力**。但是，由于系统的关联，**外加力**即借助物理学定律存在的力 X、Y、Z……和这些有效力的负数处于平衡。因此，应用虚速度原理，我们得到

$$\sum \left\{ \left(X - m\frac{d^2 x}{dt^2} \right) \delta x + \left(Y - m\frac{d^2 y}{dt^2} \right) \delta y + \left(Z - m\frac{d^2 z}{dt^2} \right) \delta z \right\} = 0 \quad \cdots\cdots (2)$$

4. 就这样，拉格朗日遵照传统，使静力学优先动力学。他绝不是被迫如此做的。相反地，他利用相等的特性，在忽略它们的胁变的情况下，可以从关联不做功、或系统一切可能的功归因于外加力的命题出发。在后一个实例中，他由方程(2)开始，该方程表达这个事实，并且对于平衡作为一个特例使它本身简化为(1)。这就构成了作为一个体系的分析力学，甚至是更有逻辑性的体系。

方程(1)很容易给出在第 80 页讨论的结果，对于平衡实例，该方程对应于所呈现的位移的功元等于 0。若

$$X = \frac{dV}{dx}、Y = \frac{dV}{dy}、Z = \frac{dV}{dz},$$

也就是说，若 X、Y、Z 是位置坐标的同一函数的偏微分系数，则在求和符号下的整个表达式是 V 的全变分 δV。若后者等于 0，则 V 一般是最大值或最小值。 564

5. 现在，我们将用简单的例子阐释方程(1)的使用。如果力的应用的所有点相互独立，那么就不出现问题。于是，只有当力施加于它，从而它们的分量等于 0 时，每一点才处于平衡。再者，一切位移 δx、δy、δz……全部是任意的，而且只有以一切位移 δx、δy、δz……的系数等于零为条件，方程(1)才能够成立。

但是，如果方程在几个点的坐标之间得到，也就是说，如果点服从相互约束，那么这样得到的方程将具有形式 $F(x_1, y_1, z_1, x_2, y_2, z_2 \cdots\cdots)=0$，或者更简洁些，具有形式 $F=0$。于是，方程也可在位移之间得到，具有形式

$$\frac{dF}{dx_1}\delta x_1+\frac{dF}{dy_1}\delta y_1+\frac{dF}{dz_1}\delta z_1+\frac{dF}{dx_2}\delta x_2+\cdots=0,$$

我们将简洁地把这标示为 $DF=0$。若系统由 n 个点组成，我们则有 $3n$ 个坐标，方程(1)将包含 $3n$ 个量值 δx、δy、δz……。进而，若在坐标之间形式 $F=0$ 的 m 个方程成立，则在变分 δx、δy、δz……之间将同时给出形式 $DF=0$ 的 m 个方程。依据这些方程，m 个变分能够借助剩余表达，并如此插入方程(1)。因此，在(1)中留下 $3n-m$ 个任意的位移，它们的系数等于 0。这样一来，在力和坐标之间得到 $3n-m$ 个方程，必须把 m 个方程($F=0$)添加其中。相应地，我们总共有 $3n$ 个方程，这些方程可以充分决定平衡位置的 $3n$ 个坐标，倘若给定力，仅仅找到系统平衡的**形式**的话。

565

但是，如果给定系统的形式，并找到维持平衡的**力**，那么方程是不确定的。于是，我们不得不确定 $3n$ 个力分量、仅仅确定 $3n-m$ 个方程，因为 m 个方程($F=0$)没有包含力分量。

作为这种处理方式的一个例子(图 232)，我们将选择杠杆

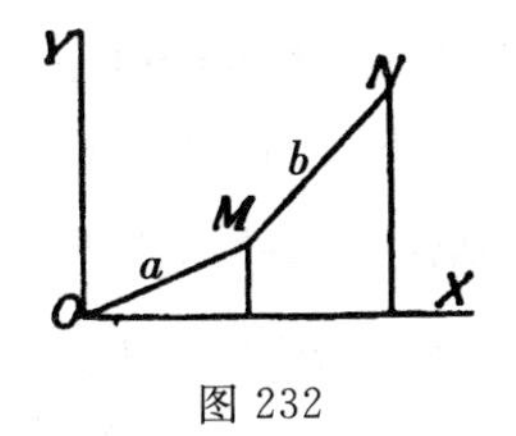

图 232

$OM=a$，它在平面 XY 上自由地绕坐标原点转动，并且在它的端点具有第二个相似的杠杆 $MN=b$。在我们将称其坐标是 x、y 和 x_1、y_1 的 M 和 N，施加力 X、Y 和 X_1、Y_1。于是，方程(1)具有形式

$$X\delta x + X_1\delta x_1 + Y\delta y + Y_1\delta y_1 = 0 \quad \cdots\cdots\cdots\cdots (3)$$

关于形式 $F=0$，两个方程在这里存在；即

$$\left.\begin{array}{l} x^2 + y^2 - a^2 = 0 \\ (x_1 - x)^2 + (y_1 - y)^2 - b^2 = 0 \end{array}\right\} \quad \cdots\cdots\cdots\cdots (4)$$

相应地，方程 $DF=0$ 是

$$\left.\begin{array}{l} x\delta x + y\delta y = 0 \\ (x_1 - x)\delta x_1 - (x_1 - x)\delta x + (y_1 - y)\delta y_1 - (y_1 - y)\delta y = 0 \end{array}\right\}$$
$$\cdots\cdots\cdots\cdots\cdots\cdots\cdots\cdots\cdots\cdots\cdots\cdots\cdots\cdots\cdots\cdots\cdots\cdots (5)$$

在这里，(5)中的两个变分能够借助其他变分表达，并在(3)中引入。也是为了消元起见，拉格朗日使用了完全均匀的和系统的程序，该程序可以十分机械地追踪，而无须深思。我们将在这里利用它。它在于方程(5)的每一个乘以不定系数 λ、μ，并把这个形式的每一个添加到(3)。如此做时，我们得到 566

$$\left.\begin{array}{l} [X + \lambda x - \mu(x_1 - x)]\delta x + [X_1 + \mu(x_1 - x)]\delta x_1 \\ [Y + \lambda Y - \mu(y_1 - y)]\delta y + [Y_1 + \mu(y_1 - y)]\delta y_1 \end{array}\right\} = 0.$$

现在，可以使四个位移的系数直接等于 0。由于两个位移是

任意的，而且通过适当选择 λ 和 μ，可以使两个下余的系数等于零——这相当于消去两个下余的位移。

因此，我们有四个方程

$$\left.\begin{aligned} &X+\lambda x-\mu(x_1-x)=0\\ &X_1+\mu(x_1-x)=0\\ &Y+\lambda Y-\mu(y_1-y)=0\\ &Y_1+\mu(y_1-y)=0 \end{aligned}\right\} \cdots\cdots\cdots\cdots\cdots\cdots (6)$$

我们将首先假定，给定坐标，寻找维持平衡的**力**。通过使两个系数等于零，对每个确定 λ 和 μ 的值。我们从第二个和第四个方程得到

$$\mu=\frac{-X_1}{x_1-x}\text{ 和 }\mu=\frac{-Y_1}{y_1-y},$$

在这里

$$\frac{X_1}{Y_1}=\frac{x_1-x}{y_1-y}\cdots\cdots\cdots\cdots\cdots\cdots\cdots\cdots (7)$$

567 这就是说，力施加在 N 的总分量具有方向 MN。从第一个和第三个方程，我们得到

$$\lambda=\frac{-X+\mu(x_1-x)}{x},\lambda=\frac{-Y+\mu(y_1-y)}{y};$$

而且，从这些方程通过简单的简化可得

$$\frac{X+X_1}{Y+Y_1}=\frac{x}{y}\cdots\cdots\cdots\cdots\cdots\cdots\cdots\cdots (8)$$

这就是说，施加在 M 和 N 的力的合力作用在方向 OM 上。[①]

---

① 不定系数 λ 和 μ 的力学解释可以如下表明。方程(6)表达两个**自由**点的平衡；除了 X、Y，X_1、Y_1 之外，其他力也作用在这些点上；这些力适合下余的表达式，正好消

相应地，**四个**力分量仅仅服从**两个**条件(7)和(8)。因此，该问题是不确定的问题；因为它必须出自实例的本性；由于平衡不依赖力的绝对量值，而取决于它们的方向和关系。

如果我们假定，给定力而寻找四个**坐标**，那么以严格相同的方式处理方程(6)。只不过，我们现在还能够利用方程(4)

$$x=\frac{a(X+X_1)}{\sqrt{(X+X_1)^2+(Y+Y_1)^2}},$$

$$y=\frac{a(Y+Y_1)}{\sqrt{(X+X_1)^2+(Y+Y_1)^2}}.$$

相应地，在消去 λ 和 μ 时，我们有方程(7)和(8)以及两个方程(4)。568 从这些方程，很容易演绎如下完全解决问题的方程：

$$x_1=\frac{a(X+X_1)}{\sqrt{(X+X_1)^2+(Y+Y_1)^2}}+\frac{bX_1}{\sqrt{X_1^2+Y_1^2}},$$

$$y_1=\frac{a(Y+Y_1)}{\sqrt{(X+X_1)^2+(Y+Y_1)^2}}+\frac{bY_1}{\sqrt{X_1^2+Y_1^2}}.$$

尽管这个例子是简单的，但是它还是充分给予我们关于拉格朗日方法的清晰观念。这种方法的机制被一劳永逸地设计出来，在把它应用于特定的实例时，几乎不需要任何另外的思考。在这里选择的例子的简单性是这样的，以至仅仅一瞥外形就能够解决它；在我们对方法的研究和学习中，我们拥有在每一步骤立即得到

除 X、Y，X_1、Y_1。例如，若 X_1 被迄今在量值上不确定的 $\mu(x_1-x)$ 消除、Y_1 被 $\mu(y_1-y)$ 消除，则点 N 处于平衡。这个补充力起因于约束。它的方向被确定；尽管它的量值未被确定。如果我们称它与横坐标轴的夹角是 α，我们将有

$$\tan\alpha=\frac{\mu(y_1-y)}{\mu(x_1-x)}=\frac{y_1-y}{x_1-x};$$

这就是说，由于关联的力作用在 b 的方向上。

证实的优点。

6. 现在，我们将阐释方程(2)的应用，而该方程是达朗伯原理陈述的拉格朗日形式。当质量完全相互独立地运动时，便不存在问题。每一个质量服从施加于它的力；变分 δx、δy、δz……全部是任意的，可以使每一个系数单一地等于 0。就 n 个质量的运动而言，我们从而得到 $3n$ 个联立微分方程。

但是，若条件($F=0$)的方程在坐标之间得到，则这些方程将导致位移或变分之间的其他方程($DF=0$)。对于后者，我们可以严格地像在方程(1)的应用中那样进行。在这里，只是有必要注意，方程 $F=0$ 最后必须以它们的非微分形式以及微分形式使用，正如从下面的例子将会最称心地看见的那样。569

位于竖直平面 XY 的重质点 m 自由地在直线 $y=ax$ 上运动，

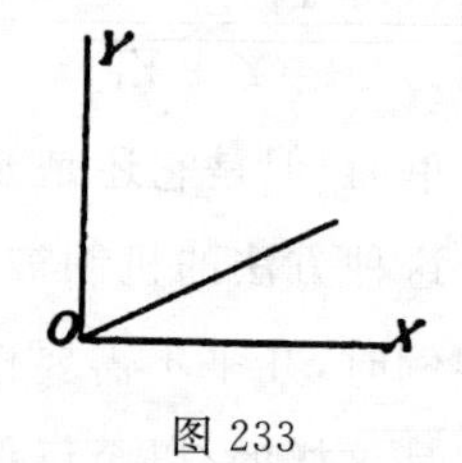

图 233

该直线与水平面倾斜一个角度。(图 233)在这里，方程(2)变成

$$\left(X-m\frac{d^2x}{dt^2}\right)\delta x+\left(Y-m\frac{d^2y}{dt^2}\right)\delta y=0;$$

而且，由于 $XY=0$ 和 $Y=-mg$，方程(2)也变成

$$\frac{d^2x}{dt^2}\delta x+\left(g+\frac{d^2y}{dt^2}\right)\delta y=0 \cdots\cdots\cdots\cdots\cdots\cdots (9)$$

用

$$y = ax \cdots\cdots\cdots\cdots\cdots\cdots\cdots\cdots\cdots \quad (10)$$

代替 $F=0$,对于 $DF=0$ 我们有

$$\delta y = a\,\delta x.$$

相应地,由于 δy 退出且 δx 是任意的,方程(9)变为形式

$$\frac{d^2 x}{dt^2} + \left(g + \frac{d^2 y}{dt^2}\right) a = 0.$$

通过微分(10)或($F=0$),我们有

$$\frac{d^2 y}{dt^2} = a\,\frac{d^2 x}{dt^2};$$

相应地,

$$\frac{d^2 x}{dt^2} + a\left(g + \frac{d^2 x}{dt^2}\right) = 0 \quad \cdots\cdots\cdots\cdots\cdots\cdots \quad (11)$$

于是,通过积分(11),我们得到

$$x = \frac{-a}{1+a^2} g\,\frac{t^2}{2} + bt + c$$

和　570

$$y = \frac{-a^2}{1+a^2} g\,\frac{t^2}{2} + abt + ac$$

这里 b 和 c 是由 m 的初始位置和速度决定的积分常数。也能够很容易地用直接方法找到这个结果。

若 $F=0$ 包含时间,则在应用方程(1)时某种谨慎是必要的。可以用下面的例子阐释这样的实例中的步骤:想象在前面的实例中,m 在其上下降的直线以加速度 γ 竖直向上运动。我们再次从方程(9)

$$\frac{d^2x}{dt^2}\delta x+\left(g+\frac{d^2y}{dt^2}\right)\delta y=0$$

开始。在这里，$F=0$ 被

$$y=ax+\gamma\frac{t^2}{2} \cdots\cdots\cdots\cdots\cdots\cdots\cdots (12)$$

代替。对于形式 $DF=0$，我们仅仅相对于 x 和 y 改变(12)，因为我们在这里只涉及系统在它的位置**在任何给定时刻**的**可能**位移，而不涉及恰好**实际**发生的位移。因此，像在前面的实例一样，我们提出

$$\delta y=a\,\delta x,$$

并像以前那样得到

$$\frac{d^2x}{dt^2}+\left(g+\frac{d^2y}{dt^2}\right)a=0 \cdots\cdots\cdots\cdots\cdots\cdots (13)$$

但是，为了单独获得 x 的方程，由于在(13)中 x 和 y 通过**实际的**运动关联起来，我们必须相对于 t 确定(12)，并为在(13)中置换而使用最终的方程

571

$$\frac{d^2y}{dt^2}=a\frac{d^2x}{dt^2}+\gamma.$$

以这种方式，得到方程

$$\frac{d^2x}{dt^2}+\left(g+\gamma+\frac{d^2y}{dt^2}\right)a=0,$$

这在积分后给出

$$x=\frac{-a}{1+a^2}(g+\gamma)\frac{t^2}{2}+bt+c,$$

$$y=\left[\gamma-\frac{a^2}{1+a^2}(g+\gamma)\right]\frac{t^2}{2}+abt+ac.$$

如果**无重量的**物体 m 处在运动的直线上，那么我们得到这些方程

$$x=\frac{-a}{1+a^{2}}\gamma\frac{t^{2}}{2}+bt+c,$$

$$y=\frac{\gamma}{1+a^{2}}\frac{t^{2}}{2}+abt+ac;$$

当我们深思，在以加速度 γ 向上运动直线上 m 的行为，犹如它在处于静止的直线上以向下的加速度 γ 运动一样，结果就很容易理解了。

7.通过下述考虑，可以使前例中关于方程(12)的步骤变得稍微清楚一些。方程(2)即达朗伯原理断定，在系统位移时**能够**做的所有功都是外加力做的，而不是关联做的。这是显而易见的，因为关联的刚性不容许相对位置的变化，而对于弹性力的势而言这种变化是必要的。不过，当关联**恰好**经受变化时，这种实例才不再是真实的。在这种实例中，关联的**变化**做功，于是我们能够把方程(2)应用于**实际**发生的位移，只是要以把产生关联变化的力添加到外加力为条件。　572

重质量 m 自由地在平行于 OY 的直线上(图 234)运动。让这

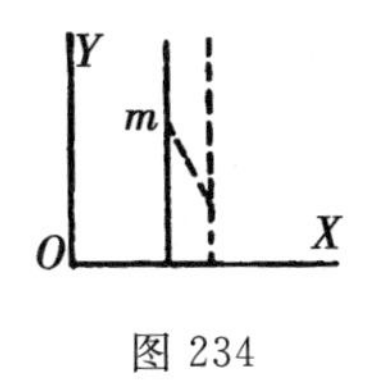

图 234

条线遭受在 x 的方向的强迫加速度，以至方程 $DF=0$ 变成

$$x=\gamma\frac{t^2}{2} \quad\cdots\cdots\cdots\cdots\cdots\cdots (14)$$

达朗伯原理再次给出方程(9)。但是,由于在这里从 $DF=0$ 可得 $\delta x=0$,这个方程本身简化为

$$\left(g+\frac{d^2y}{dt^2}\right)\delta\mathrm{y}=0 \quad\cdots\cdots\cdots\cdots\cdots\cdots (15)$$

在其中 δy 完全是任意的。为此

$$g+\frac{d^2y}{dt^2}=0$$

和

$$\mathrm{y}=\frac{-gt^2}{2}+at+b,$$

对此必须提供(14)或

$$x=\gamma\frac{t^2}{2}.$$

很显然,(15)没有指定**实际**发生的位移的总功,而仅仅指定在所设想的直线上在该时刻固定时某种**可能的**位移的总功。

如果我们想象直线无质量,使它按照由力 $m\gamma$ 移动的引导机

573 制平行于自身行进,那么方程(2)将被

$$\left(m\gamma-m\frac{d^2x}{dt^2}\right)\delta x+\left(-mg-m\frac{d^2y}{dt^2}\right)\delta y=0$$

代替;由于 δx、δy 在这里全部是任意的,我们得到两个方程

$$\gamma-\frac{d^2x}{dt^2}=0,$$

$$g+\frac{d^2y}{dt^2}=0,$$

这给出与以前相同的结果。这些实例截然不同的处理模式,只不

过是出自下述事实的稍微不一致的结果：为方便计算的缘故，所包含的一切力没有在开头列入考虑，而是随后听任处理一部分。

8. 鉴于不同的力学原理仅仅表达同一事实的不同方面，因此它们中的任何一个很容易从任何另一个演绎出来；现在，我们将通过从第535页的方程(2)展开活劲原理，阐释这一点。方程(2)涉及瞬时可能的位移，即涉及“虚”位移。但是，当系统的关联与时间无关时，**实际发生的**运动是“虚”位移。因此，可以把该原理应用于实际运动。相应地，针对 δx、δy、δz，我们可以写下 dx、dy、dz，即最终发生的位移，并提出

$$\sum(Xdx+Ydy+Zdz)=\sum m\left(\frac{d^2x}{dt^2}dx+\frac{d^2y}{dt^2}dy+\frac{d^2z}{dt^2}dz\right).$$

通过针对 dx 引入 $(dx/dt)dt$ 等等，并通过用 v 标示速度，也可以写出右边的表达式 574

$$\sum m\left(\frac{d^2x}{dt^2}\frac{x}{dt}dt+\frac{d^2y}{dt^2}\frac{dy}{dt}dt+\frac{d^2z}{dt^2}\frac{dz}{dt}dt\right)=$$

$$\frac{1}{2}d\sum m\left[\left(\frac{dx}{dt}\right)^2+\left(\frac{dy}{dt}\right)^2+\left(\frac{dz}{dt}\right)^2\right]=\frac{1}{2}d\sum mv^2.$$

在左边的表达式中，也可以就 dx 写下 $(dx/dt)dt$。不过，这给出

$$\int\sum(Xdx+Ydy+Zdz)=\sum\frac{1}{2}m(v^2-v_0^2),$$

在这里 v_0 表示在运动开始时的速度，v 表示在运动终结时的速度。如果我们能够把它简化为单一变量，也就是说，如果我们及时了解运动的路线或可动点描画的路程，那么总是能够找到左边的积分。无论如何，如果 X、Y、Z 是坐标的同一函数的偏微分系数，也就是

说，如果

$$X=\frac{dU}{dx},Y=\frac{dU}{dx},Z=\frac{dU}{dx}$$

——只有当包含中心力时情况总是这样，那么这种或简化就是不必要的。于是，左边的整个表达式是全微分。而且，我们有

$$\sum(U-U_0)=\sum\frac{1}{2}m(v^2-v_0^2),$$

这就是说，在运动开始或终结的力函数(或功)的差等于在运动开始或终结的活劲的差。在这样一个实例中，活劲也是坐标的函数。

575 在 X 和 Y 平面上可移动的物体的实例中，例如假定 $X=-y$，$Y=-x$；于是我们有

$$\int(-ydx-xdy)=-\int d(xy)=x_0y_0-xy=\frac{1}{2}m(v^2-v_0^2).$$

但是，若 $X=-a,Y=-x$，则左边的积分是 $\int(adx-xdy)$。当我们知道物体越过的路线时，即如果 y 是 x 的被确定的函数，那么就能够指定这个积分。例如，若 $y=px^2$，则积分会变成

$$\int(a+2px^2)dx=\mathrm{a}(x_0-x)+\frac{2p(x_0^3-x^3)}{3}.$$

这两个实例的差异是，在第一个实例中，功仅仅是坐标的函数，力函数存在，功元是全微分，功从而是由坐标的初始值和最后值决定的；而在第二个实例中，它依赖于描画的整个路程。

9.这些简单的例子在自身没有呈现困难，无疑将足以阐释分析力学操作的普遍本性。从力学的这个分支不能期待根本的眼光。相反地，在我们能够想到建构分析力学之前，原则问题的发现

必须已经完成；它的唯一目的是对问题完美的实际**把握**。无论谁误解这种状况，将永远无法理解拉格朗日的伟大成绩，这本质上在这里也具有**经济的**特征。泊松完全没有逃脱这个错误。

留待要提及的是，作为默比乌斯、哈密顿、格拉斯曼（Grassmann）和其他人劳动的结果，力学的新变革正在准备。这些探究者发展了数学概念，它们比通常的解析几何概念更精确、更直接地符合我们的几何学观念；而且，分析的普遍性和直接的几何学洞察的优势从而联合起来。不过，这种变革迄今当然超出了历史阐明的限度。 576

1844 年的《膨胀理论》（*Ausdehnungslehre*）在许多方面都是引人注目的，格拉斯曼在其中首次陈述了他的观念。它的引言包含有价值的认识论评论。空间广延理论在这里作为普遍的科学得以发展，其中几何学是特殊的三维实例；而且，机会呈现在使几何学基础服从严格评论的场合。线段相加、线段相乘等新的和富有成效的概念也证明可在力学中应用。格拉斯曼同样使牛顿原理经受批判，并相信他能够以如下单一的表达阐明它们："在任一时间在质点集合中固有的总力（或总运动），是在前一任何时刻在其中固有的总力（或总运动）与这段时间从外部施加给它的所有力之和；倘若认为所有的力在方向和长度上是不变的线段，且涉及具有相等质量的质点的话。"所谓**力**，格拉斯曼在这里理解为不可消灭的外加的速度。整个概念与赫兹的概念大多近似。把力（速度）描述为线段，把动量描述为在一定的方向上列举的曲面，等等；借助这种设计，每一发展都采取十分简明的和清楚的形式。但是，格拉斯曼发现，他的程序的优点在于这样的事实：在计算的每一步同时 577

是包括在思想中的每一步的清晰表达;而在通常的方法中,由于三个任意坐标的引入,迫使后者完全进入背景。分析方法和综合方法之间的差异再次得以消除,两种方法的优点结合起来了。在第196页用例子阐释的哈密顿的同源程序会给出这些优点的某种观念。

(四)科学的经济[①]

1.用在思想中复制和预期事实代替或**节省**经验,正是科学的目标。记忆比经验更为近便,而且常常回应相同的意图。科学充满其整个生命的这种经济职能一瞥即见;而且,随着对它的充分辨认,科学中的一切神秘主义都消失得无影无踪。通过教育传授科学,为的是一个人可以从另一个人的经验获益,省却为他自己积累经验的麻烦;因而,为了子孙后代省却这样的麻烦,才把世世代代的经验存储在图书馆里。

578 语言这种传达工具,本身就是经济的手段。把经验分析或分解为更简单、更熟悉的经验,然后以多少牺牲精确性为代价将其符号化。言语的符号迄今局限于在民族界限内使用它们,无疑地将长期依然如此。但是,书写语言正在逐渐变得具有理想的普适特征。肯定地,它不再是言语的纯粹文字记录了。可以把数字、代数记号、化学符号、音符、语音字母看做是由未来的这种普适特征已

① 参见我的论文"Die Leitgedanken meiner naturwissenschaftliche Erkenntnislehre und ihre Aufnahme durch die Zeitgenossen"(*Scientia*: *Rivista di Scienza*, vol. vii, 1910, No. 14, 2; or *Physikaliche Zeitschrift*, 1910, pp. 599～606).

经形成的部分；它们在某种程度上明显地是概念的，而且几乎在国际上普遍使用。颜色的物理学和生理学分析，已经进展得远远足以使颜色标记的国际体系变得可以完善使用。在中文书写中，我们有表意语言的实际例子，在不同的省份发音各异，可是处处却传达相同的意义。假如该系统及其记号仅有较简单的汉字，那么中文书写的使用可以变得很普适。丢弃语法的无意义的和不需要偶有属性——将像英语几乎全部丢弃它们那样——对于采纳这样一个系统来说也许是非常必要的。但是，普适性不可能是这样的书写符号的唯一优点；由于读它大概就是理解它。我们的孩子常常朗读他们不理解的东西；但是，中国人不能理解的东西，是会妨碍他阅读的。

2.在思想中复制事实时，我们从未完满地复制事实，而只是复制它们对我们而言是重要的方面，实际的兴趣直接或间接地使我们转向这个方面。我们的复制一律是抽象。在这里，再次是经济的趋向。 579

自然界是由作为其要素的感觉构成的。不管怎样，原始人首先挑选这些要素的某些复合，这些复合对他来说是相对恒久的和具有较大重要性的。第一个和最古老的词是"物"的名称。即使在这里，也存在抽象过程，即从周围的物抽象，由连续的微小变化抽象，这些变化是复合感觉经受的，由于在实践上不重要而未受到注意。没有不可改变的事物。就我们从其变化抽象的要素复合而言，物是抽象，名称是符号。我们把一个单词归属于整个复合的理由是，我们需要同时表明形成的所有感觉。后来，当我们开始注意到可变性时，我们不能牢固地坚持物的恒久性观念，除非我们求助物自体概念或其他这样的同类荒谬概念。感觉不是物的记号；而相反地，物倒是相对固定的复合感觉的思想符号。恰当地讲，世界不是用“物”作为它的要素构成的，而是由颜色、声音、压力、空间、时间，简言之，是由我们通常称为个别的感觉构成。

整个操作只不过是经济的事务。在事实的复制中，我们从比较持久和比较熟悉的复合开始，后来通过矫正的方式用稀有的复合补充这些复合。这样一来，除非我们接受在这里采纳的观点，否则我们谈论穿透的圆柱、具有斜棱的立方体，就是包含矛盾的表达。所有判断都是对已经接纳的观念做这样的扩大和矫正。

580 3. 在谈论原因和结果时，我们随意地凸现其关联在我们复制事实时必须注意的要素，而在事实的这一方面该关联对我们来说是重要的。在自然界没有原因，也没有结果；自然界无非有个体的存在；自然界只是**现存着**。A 与 B 总是关联的相似实例的复现，也就是在相似环境下的相似结果，即就是原因和结果的关联的本质，仅仅存在于我们为在智力上复制事实起见而完成的抽象之中。假设一个事实变得熟悉了，我们不再需要这样免除它的关联标志，我们的注意力不再被引向新奇的和惊讶的东西，我们便停止谈论原因和结果。说热是蒸汽张力的原因；但是，当这个现象变得熟悉了，我们立即想到蒸汽具有它的温度固有的张力。说酸是石蕊颜色变红的原因；但是，后来我们认为变红是酸的特性。

休谟(Hume)首次提出一个问题供考虑：物 A 如何能够作用

于另一个物 B？事实上，休谟反对因果性，并认识到因果性仅仅是习惯了的时间上的相继。康德正确地觉察到，A 和 B 之间**必然的**关联不能通过单纯的观察揭露。他假定把经验实例归入其下的天赋观念，或心智范畴即知性概念（Verstandesbegriff）。实质上采取相同立场的叔本华（Schopenhauer），把“充足理由律”区分为四种形式——逻辑形式、物理形式、数学形式和动机律。但是，这些形式只是在把它们应用于其中的事态方面不同，这些事态或者属于外部经验，或者属于内部经验。

581 自然的和常识的说明显然是这样。原因和结果的观念最早源于在思想中复制事实的努力。最初，把 A 和 B、C 和 D、E 和 F 等等的关联看做是熟悉的。但是，在获得较大范围的经验，并观察到 M 和 N 之间的关联后，最终往往弄清楚，我们认出 M 是**由** A、C、E **构成的**，N 是由 B、D、F 构成的，它们的关联在**熟悉的**事实之前，从而对我们来说具有较高的权威。这说明，与新手相比，拥有经验的人为什么以不同的眼光凝视事件。新经验受到众多旧经验的启迪。于是，作为一个事实，在心智中确实存在把新颖的经验归入其下的“观念”；不过，这个观念却是从经验发展而来的。因果关联的**必然性**的概念，很可能是由我们在世界的自愿活动和这些活动间接产生的变化创造的，休谟这样设想，而叔本华却加以辩驳。原因和结果观念的许多权威性出于这样的事实：它们是**本能地**、不自觉地发展的，我们可以明显感觉到对它们的形成没有亲自做出贡献。实际上，我们可以说，我们的因果性感觉并非通过个人获得，而是在种族的发展中完善的。因此，原因和结果是思想的事物，具有经济的职能。不能说它们**为什么**产生。因为恰恰是通过对一致性的抽象，我们才知道问题“为什么”。①

582 4. 在科学的细节中，它的经济的特征更为明显。所谓描述科学，必定主要依然满足于重构个别事实。只要有可能，众多事实的共同特点一举凸现出来。在比较发达的科学中，重构大量事实的法则可以体现在**单一的**表达中。例如，我们无须留意光折射的个别实例；如果我们知道在同一平面上的入射线、折射线和垂线与 $\sin\alpha/\sin\beta=n$，那么我们就能够在智力上重构现在的和未来的实例。在这里，不必考虑在不同物质组合中的、在不同入射角下的无数折射实例，我们仅仅需要注意上面陈述的法则和 n 的值，这就容易多了。经济的意图这里是不可能出错的。在自然界中，不存在折射定律，只存在不同的折射实例。折射定律是我们为在智力上重构事实而发明的简明扼要的法则，而且仅仅是部分地重构事实，即在事实的几何学方面重构。

5. 在经济上最发达的科学，是它们的事实可以还原为少数几

① 在正文中，我在通常使用它的意义上运用术语“原因”。我可以进而说，与卡鲁斯(Carus)博士一致，遵循德国哲学家的实践，我把“原因”或 Realgrund(实在的基础)与 Erkenntnissgrund(认识的基础)区别开来。我在下面的陈述上也赞同卡鲁斯博士：“原因或结果的意义在很大程度上是任意的，并严重依赖观察者特有的鉴赏力。”(参见他的 *Fundamental Problems*, pp. 79～91, Chicago: The Open Court Publishing Co., 1891. Aiso, p. 84.)

原因概念只有作为暂定的知识或取向的手段才有意义。在对事件的任何精密的或深刻的研究中，探究者必须把现象视为以相同的方式**彼此依赖**，就像几何学家把三角形的边和角视为相互依赖一样。他面对他的心智以这种方式坚定地保持事实的全部条件。

个具有相似性质的要素的科学。力学科学就是这样的科学，我们在其中毫无例外地处理空间、时间和质量。整个先前确立的数学的经济，对这些科学大有裨益。可以把数学定义为计算的经济。数是排列记号，为明晰和经济的缘故，这些记号本身以简单的系统排列。人们发现，数的运算与运算对象的类型无关，从而可以一劳永逸地把握它们。起初，当我有必要把五个对象和另外七个对象相加时，我立即把全部聚集起来的对象统统数一遍；但是，当我后来发现，我能够从 5 开始数，我使自己省却了部分麻烦；最后，由于记住 5 加 7 总是数到 12，我便完全摒弃计算。 583

一切算术运算的目标，就是利用我们旧有的计数运算，**节省**直接计算。在一次做算术后，为供将来使用，我们努力保留答案。算术的头四个法则阐释了这个观点。代数的意图也是这样，它使遵循相同法则的一切数字运算符号化和确定地固定下来，以代替数值关系。例如，我们从方程

$$\frac{x^2-y^2}{x+y}=x-y$$

获悉，在左边的比较复杂的数字运算总是可以被在右边的比较简单的数字运算取代，无论数 x 和 y 代表什么。这样，我们使自己节省了在未来的实例中完成比较复杂运算的劳动。数学就是这样一种方法：以尽可能全面、尽可能**经济的**方式，用已经得到已知结果的旧的数字运算代替**新的**数字运算。在这个步骤中可以发生，现在使用的运算结果，竟然是在诸多世纪之前最初完成的。

包含强烈心理努力的运算，往往可以用半机械化的输入例行程序取代，从而大大节约时间和避免疲劳。例如，行列式理论起源 584

于注意到，没有必要每次重新解从中可以得到结果

$$x=-\frac{c_1b_2-c_2b_1}{a_1b_2-a_2b_1}=-\frac{P}{N}$$

$$y=-\frac{a_1c_2-a_2c_1}{a_1b_2-a_2b_1}=-\frac{Q}{N}$$

的、形式为

$$a_1x+b_1y+c_1=0$$

$$a_2x+b_2y+c_2=0$$

的方程；但是，这个解可以借助系数达到，即通过按照所规定的图式写下系数并用它们**机械地**运算达到。这样一来，

$$\begin{vmatrix} a_1 & b_1 \\ a_2 & b_2 \end{vmatrix}=a_1b_2-a_2b_1=N,$$

类似地

$$\begin{vmatrix} c_1 & b_1 \\ c_2 & b_2 \end{vmatrix}=P \text{ 和 } \begin{vmatrix} a_1 & c_1 \\ a_2 & c_2 \end{vmatrix}=Q.$$

借助数学运算，能够出现心智的完全松弛。这发生在下述场合：迄今完成的计算运算通过带有记号的机械操作符号化，我们的大脑能量不再浪费在旧运算的重复上，而为更重要的任务节约。当商人不再直接触摸他的大捆货物，而用装货凭单或它们的转让凭证运算时，他追求相似的经济。甚至可以把单调乏味的计算工作委托给机器。几种不同类型的计算机事实上正在实际使用。这些计算机（具有相当的复杂性）中最早的是巴贝奇（Babbage）的差分机，他熟悉这里表述的观念。

585

数字结果并非总是通过对问题的**实际**解答达到的；也可以间

接地达到它。例如，容易断定，曲线对横坐标 x 求面积具有值 x^m，对横坐标的增量 dx 给出面积的增量 $mx^{m-1}dx$。但是，我们接着也知道，$\int mx^{m-1}dx=x^m$；也就是说，我们从增量 $mx^{m-1}dx$ 无误地辨认出量 x^m，就像从果皮无误地辨认出果实一样。通过简单反演或者通过或多或少类似的过程偶尔发现的这种类型的结果，在数学中十分广泛地使用。

科学的工作也许是越用越有用，而机器的工作在使用中耗费，这在我们看来似乎是奇怪的。当一个每天散步的人偶然发现较短的捷径，此后他记住它是较短的，总是走那条路，它无疑使自己节省这项工作的差额。但是，记忆实际上不是工作。记忆只是把在我们现在或将来的拥有物之内的能量置于我们的自由处置之下，而无知的境况妨碍我们利用它。就科学观念的应用而言，情况正好是这样。

从事他的研究的数学家，在对这种事情没有清楚观点的情况下，必定经常感到不自在——他的纸和笔在智力上超过他。与忙于对《圣经》做神秘解释的犹太教神秘哲学相比，作为教育目标这样追求的数学几乎没有更多的教育价值。相反地，它导致神秘倾向，这种倾向必然有把握结出它的果实。 586

6. 物理科学也提供了这种思维经济的例子，这些例子与我们刚才审查的例子完全相似。在这里，简略地提及一下就足够了。转动惯量使我们节省分开考虑质量的各个粒子。借助力函数，我们免除分开研究各个力分量。包含在力函数的推理的简单性源于这样的事实：在有可能发现力函数的特性之前，不得不完成大量的智力工作。高斯的屈光学使我们免除分开考虑屈光系统的单个折射曲面，并用主点和节点代替它。但是，仔细考虑单个曲面，必须行动在发现主点和节点之先。高斯的屈光学仅仅使我们**节省**常常重复这种考虑的必要性。

因此，我们必须承认，不存在在完全没有方法的情况下，在原则之点不能达到的科学结果。不过，事实上，在人的短暂一生，由于人的有限的记忆力，任何名副其实的知识储存除了借助最大的智力经济，都是无法得到的。因此，可以把科学本身视为由下述做法构成的最小值问题：用**尽可能小的思维消耗**，对事实做尽可能完备的描述。

7. 正如我们采纳的，科学的功能就是代替经验。这样，科学一方面必须依然停留在经验范围内，但是另一方面必须加速超越经验，不断地期待确认，不断地期待颠倒。在既不可能确认、也不可能反驳的地方，科学是漠不关心的。科学在**未完成的**经验领域里活动，并且仅仅在这里活动。这样的科学分支的范例是弹性理论和热传导理论，这二者都把观察在研究较大部分提供的这样一类特性，仅仅归因于物质的最小粒子。理论和经验的比较，可以随着观察手段在精细方面的增进而扩展得越来越远。

587

没有与经验联系的观念，单单经验永远会使我们感到陌生。遍及最广阔的研究领域都有效的、补充最大量的经验的观念，是**最科学的**观念。其应用处处渗透着近代探索的连续性原理，仅仅规定了最高限度有助于思维经济的概念模式。

8. 如果把长弹性棒在虎钳上夹牢，那么可以使棒进行缓慢的振动。这些振动是直接可观察的，能够看见、触摸到和图示记录。如果使棒缩短，振动将急剧增大，而无法直接看见；棒将在视觉呈现模糊的映像。这是一种新现象。但是，触觉感觉还是像先前实例一样的感觉；我们还能够使棒记录它的运动；而且，如果我们在智力上保留振动的**概念**，那么我们还能够预期实验的结果。在进一步缩短棒时，触觉感觉改变了；棒开始发声；新的现象呈现出来。但是，现象并非立即完全变化；只有这个或那个现象变化；因此，未局限于任何单个现象的伴随的振动概念还是可供使用的，还是经济的。即使当声音达到如此之高的音高，振动变得如此之小，以致先前的观察手段完全无用时，我们还是**有利地**想象发声棒做振动，能够预言在玻璃棒的偏振光的光谱中暗线的振动。在把棒进一步缩短时，如果**一切**现象突然变成**新的**现象，那么振动概念也许不再有用了，因为它不再向我们提供用先前经验补充新经验的手段。 588

当我们在智力上把跟我们自己一样的、我们不能察觉的感觉和观念添加到我们能够察觉的人的那些活动中去的时候，我们这样形成的观念的对象是经济的。对我们来说，观念使经验成为可以理解的；它补充和替代经验。之所以不把这种观念视为伟大的科学发现，只是因为它的形成如此自然，以至每一个儿童都能构想它。现在，当我们想象正在运动的物体刚刚消失在柱子背后时，或者想象此刻不可见的彗星继续它的运动并保持它的先前观察到的特性时，我们所做的事情恰恰就是这样。我们这样做，以至于我们不会为它的再现感到意外。我们用经验提供的观念填补经验的罅漏。

9. 可是，并非一切科学理论都是如此自然、如此朴实地产生的。例如，用原子说明化学现象、电现象和光学现象。智力技巧的原子并非由连续性原理形成；相反地，它是为所考虑的意图特别设计的产物。原子不能被感官察觉；像一切实物一样，它们是思维的东西。进而，给原子赋予与迄今在物体中观察到的属性绝对矛盾的特性。不管怎样，原子理论完全适宜于复制某些事实群，可是把牛顿法则铭记在心的物理探索者将仅仅承认，这些理论是**暂定的**帮助，并会以某种更为自然的方式力求获得令人满意的替代物。

589

原子理论在物理学中扮演的角色，类似于某些辅助概念在数学中扮演的角色；它是为方便事实的智力复制的数学**模型**。虽然我们用调和公式描述振动，用指数描述冷却现象，用时间的平方描述下落等等，但是没有一个人设想，振动**本身**与圆函数有什么关系，或落体运动与时间平方有什么关系。人们仅仅观察到，所研究的量之间的关系与在熟悉的数学函数之间得到的某些关系是相似的，这些**比较熟悉的**观念可以作为补充经验的简易手段使用。一些自然现象的关系与我们熟悉的函数的关系不相似，现在就很难重构它们。不过，数学的进步可以促进这种事情。

作为这种类型的数学帮助，也可以使用大于三维的空间，我们在其他地方已经表明了这一点。但是，没有必要为此缘故把这些空间看做是任何超过智力技巧的东西。①

① 作为罗巴切夫斯基(Lobatchevsky)、鲍耶(Bolyai)、高斯和黎曼(Riemann)的劳动成果，逐渐在数学界得以流行的观点是，我们称**空间**是更**普遍的**、可以想象的多维定量流形实例中的**特殊的**、**实际的**实例。视觉空间和触觉空间是三维流形；它有三个维度；而且，其中每一点都能够用三个独特的和独立的数据确定。但是，我们可以构想

就**一切**为说明新现象形成的假设而言，情况也是这样。我们 590
的电概念同时适合于电现象，而且我们一注意到，事件犹如在导体

四维类空间流形甚或多维类空间流形。于是，也可以从实际空间流形另外**构想**流形的特征。我们把这个主要归功于黎曼的劳动发现，视为非常重要的发现。在这里，实际空间的特性作为**经验**的对象直接展示给我们，而用形而上学论据企图发明这些特性的赝几何学理论被推翻了。

假定会思维的生物生活在球的表面，没有其他类型的空间与之进行比较。在他看来，他的空间构成处处相似。他可能把它看做是无限的，但是经验只能够确信是有限的。从球的大圆的任何两点出发，与其成直角在另外的大圆上行进，他几乎不能预期，最后提到的大圆会相交。同样，对于我们在其中居住的空间，也只有经验能够裁决，它是否是有限的，平行线在其中是否相交，等等。对这种阐明的意义不能高估。关于地球的表面，第一批环球航行者的发现在人类心智中充分地引起了启蒙，黎曼在科学中开展的启蒙与此相似。

上面提及的对数学可能性的理论研究，最初与下述问题无关：是否实际上存在与这些可能性对应的事物；而且，我们不必要求数学家对他们的研究导致的流行荒谬负责。视觉空间和触觉空间是**三维的**；甚至没有一个人始终怀疑这一点。现在，如果能够发现物体从这个空间消失，或者新物体进入它，那么就可以在科学上讨论这个问题：构想作为四维空间或多维空间一部分的经验空间，是否便利或促进我们对事物的洞察。可是，在这样的实例中，这个第四维也许依然是纯粹的思想的东西、纯粹的智力虚构。

但是，这不是问题所处的状况。所提到的现象直到新观点发表**之后**才是可以得到的，而此前在唯灵论的降神会上，却在某些人的面前展示出来。对于唯灵论者和对于地狱的安放位置左右为难的神学家来说，第四维是非常合乎时宜的发现，唯灵论者就是这样利用第四维的。要从有限的直线出来而不通过端点，通过第二维是可能的；要从有限的封闭曲面出来，通过第三维是可能的；而且类似地，要从有限的封闭空间出来而不通过围住的边界，通过第四维是可能的。甚至从前在三维空间无害地表演的变戏法的骗局，现在也借助第四维罩上新的光环。但是，唯灵论者的骗局，比如在无穷尽的绳子上打结或解结，从封闭的空间移走物体，完全是在绝对没有危险的境况下完成的。一切都是无目的的花招。我们还没有发现通过第四维完成分娩的男助产士。假如我们能够发现的话，那么这个问题立即就变成一个严重的问题。希莫尼(Simony)教授的漂亮的结绳戏法，像变戏法的把戏一样，是极其巧妙的，但是这些戏法表明反对唯灵论者，而不是支持唯灵论者。

每一个人都可以自由地提出看法，自由地举出证据支持它。不过，科学家是否会发觉值得花时间认真参与研究这样提供的看法，则是只有他的理性和本能才能够决定

表面运动的吸引和排斥的流体一样发生,就几乎自发地采取熟悉的进程。但是,这些智力的权宜之计与现象**本身**毫无关系。

591 10. 我的思维经济概念是从我作为教师的经验,从实际的教育工作发展起来的。早在1861年,我就拥有这个概念,当时我开始作为无公薪讲师讲课;我那时相信,我是唯一拥有该原理的——我想这种确信是可以原谅的。相反地,现在我深信,至少这种观念的某种预示总是、而且必然是把科学研究的本性当做他们思考主题的所有探究者共同拥有的。这种见解的表达可以呈现多种多样的形式;例如,我愿最为肯定地把如此明显标志哥白尼和伽利略工作的简单性和美的引导主旋律之特征,概括为不仅是审美的,而且也592 是经济的。同样如此,牛顿的哲学规则实质上受到经济考虑的影响,尽管他没有明确提及经济原理本身。1895年4月4日,在《开放法庭》(*The Open Court*)发表的一篇有趣的文章"哲学史上的一个插曲"中,托马斯·J. 麦科马克(Thomas J. McCormack)先生表示,科学经济的观念十分接近亚当·斯密(Adam Smith)的思想(《论说文集》(*Essaya*))。最近,所述的观点反复出现,尽管表达各异:首先我自己在我的讲演论《功守恒》(1872年)中,接着克利福德(Clifford)在他的《讲演和论文集》(*Lecturea and Essaya*,

---

的问题。如果这些事情最终原来是真实的,我也不会因为是最后相信它们的人而感到羞愧。不要把我从它们之中看到的东西看作是我少一些怀疑。

甚至在黎曼的学术论文发表之前,我本人就把多维空间视为数学物理学的帮助。但是,我相信,没有人会利用我在这个问题上所想、所说和所写的东西作为捏造鬼魂故事的基础。(比较 Mach, *Die Geschichte und die Wurzel des Satzes von der Erhaltung der Arbeit*.)

1872)中、基尔霍夫在他的《力学》(1872 年)中以及阿芬那留斯(1876 年)都加以表达。对于政治经济学家 A. 赫尔曼的口头意见,我已经在我的《功守恒》(第 55 页,注释 5)提及;但是,据我所知,这位作者没有专门处理这个课题的论著。

11. 在这里,我也乐于提及在我的《大众科学讲演》(*Popular Scientific Lectures*,英文版,第 186 页及以下)和《热理论原理》(德文版,第 294 页)给出的补充阐述。在后一本著作中,考虑了佩佐尔特的批评(*Vierteljahrsschrift für wissenschaftliche Philosophie*, 1891)。最近,胡塞尔(Husserl)在他的著作《逻辑研究》(*Logische Untersuchungen*, 1900)第一卷对我的智力经济理论做出新的责备;在我答复佩佐尔特时,部分地回答了这些责备。我相信,最佳的路线是,在胡塞尔的著作完成之前,推迟详尽无遗的答复,接着看看是否无法达到某种理解。不管怎样,我现在乐于预先提出某些评论。作为一位自然探究者,我习惯于由某一特殊的和确定的探究开始,任凭相同的东西在它的一切方面对我起作用,并从特殊的样子上升到比较普遍到观点。在研究物理学知识的发展时,我也遵循这个习惯。我被迫以这种方式行进,因为关于理论的理论对我来说在下述领域是太困难的任务,是加倍困难的任务:能够从中演绎出一切东西的无可争辩的、普遍的和独立的最小真理,不是一开始就提供了,而必须首先去寻找。如果人们把数学作为他们的题材,那么具有这种特点的事业无疑有更多的指望获得成功。相应地,我把我的注意力转向个别的现象:观念对事实的适 593

应，观念的相互适应，[1]智力经济，比较，智力实验，思想的恒久性和连续性，等等。在这种探究中，把日常思维、一般地把科学看做生物的和有机的现象，在其中逻辑思维呈现理想的极限实例的地位，是有帮助的和有节制的。我片刻也不怀疑，研究能够在两端开始。我也把我的艰难尝试描述为认识论的概要。[2] 由此可以看出，我完全能够区分心理问题和逻辑问题，我相信其他每一个从心理方面审查逻辑过程的人始终能够感受到这一点。但是，即使任594 何一个如此之多仔细阅读我在《力学》中对牛顿阐明所做的逻辑分析的人，会冒失地说我在极力抹杀“盲目的”日常生活中的自然思维和逻辑思维之间的一切区别，则是令人怀疑的。即使所有科学的逻辑分析都是完备的，可是在我看来，对它们的发展做生物-心理的研究依然继续是必要的，这不会排除我们对这一最后的研究做新的逻辑分析。如果把我的智力经济理论仅仅设想为目的论的和暂定的指导主题，那么这样的概念不排斥把它建立在更深刻的基础上，[3]进而有助于如此实现它。不管怎样，完全撇开这一点不谈，智力经济是十分清楚的逻辑理想，甚至在对它的逻辑分析完备之后，这种理想依然具有它的价值。科学的系统形式能够以形形色色的方式演绎出来，但是这些演绎中的某一个会比其余的更加

---

① *Popular Scientific Lectures*，英文版，第 244 页及以下，在这里把思想的相互适应描述为理论本身的目标。在我看来，格拉斯曼在他的 1844 年的《膨胀理论》的引言第 19 页好像说过颇为相同的话语：“全部科学的第一个部门是深入到实在的和形式的东西的部门，其中实在的科学把实在在思想中描绘为某种独立于思想的东西，并在思想与那个实在的一致中发现它们的真理；另一方面，形式的科学把思想设想的东西和思想本身作为它们的对象，并在智力过程的相互一致中发现它们的真理。”

② *Principles of heat*，德文第一版序。

③ *Analysis of the Sensations*，德文第二版，第 64～65 页。

令人满意地符合经济原理，我在高斯的屈光学的实例中已经表明了这一点。[①] 就我现在能够看见的而言，我不认为胡塞尔的研究影响了我的探究结果。至于其余的，我必须等到他的著作的下余部分出版以后，为此我真诚地希望他大获成功。

当我发现，智力经济观念在我们对它阐明之前和之后频繁地受到关注时，我对我个人的成就的估价必须降低一些，但是在我看来，这个观念本身由于这个原因好像增进了价值；对胡塞尔来说似乎是科学思想的退化、科学思想与粗俗的或“盲目的”的思维的结合的东西，在我看来却恰恰是科学思想的提升。它成长得比学者的研究要快，深深地根植于人类生活，并强有力地反作用于人类生活。 595

① *Principles of heat*，德文版，第 394 页。

596 # 第五章 力学与其他知识范围的关系

(一)力学与物理学的关系

1. 纯粹的力学现象不存在。质量中的相互加速度的产生,显然是纯粹的动力学现象。但是,热现象、磁现象、电现象和化学现象总是与这些动力学结果联系在一起,当确定了前者时,后者总是要相应地加以修正。另一方面,热的、磁的、电的和化学的条件也能够产生运动。因此,纯粹的力学现象是我们为了便于理解事物有意地或出于必要而做出的抽象。同样的事态对于其他种类的物理现象也是真实的。在严格的意义上,每一个事件都属于物理学的所有范围,这些范围仅仅由于人为的分类而被割裂开来,分类部分地是约定的,部分地是生理的,部分地是历史的。

2. 按照我们的判断,把力学作为物理学其余分支的基础,以及用力学观念说明一切物理现象的观点,是一种偏见。在历史上是最早的知识,并非必然地是后来获得的所有知识的基础。随着愈来愈多的事实被发现、被分类,就能够形成普遍范围的全新观念。

597 迄今,我们没有办法知道,物理现象中的哪一个处于**最纵深**之处,力学现象是否不是所有现象中最肤浅的，或者一切现象是否并非处于**同等纵深**之处。即使在力学中，我们不再认为最古老的定律即杠杆定律是所有其他原理的基础。

从历史的观点看，力学自然观[①](mechanical theory of nature)无疑是可以理解的和可以原谅的；而且，在一个时期，它可能也具有诸多价值。但是，总的来说，它是一种人为的概念。这种方法导致最伟大的自然研究者伽利略、牛顿、萨迪·卡诺(Sadi Carnot)、法拉第和J. R.迈尔达到他们的伟大成果，而信心十足地固守这种方法，则使物理学局限于**实际事实**的表达，并禁止在没有发现可触知的和可证实的事物的事实背后构造假设。如果做到了这一点，那么弄清的只是质量运动、温度变化、势函数值变化、化学变化等等的简单联系；而且，除了通过观察直接或间接地给出物理的属性或特征外，就没有什么东西必须与这些要素一道想象了。

关于热现象，作者在其他地方[②]已经详尽阐述，至于电也在相同的地方得以表明。当我们想到，用势函数V和介电常数的值统统给出电的条件时，一切关于流体或媒质的假设都从电理论中消除了。如果我们假定借助力(在静电计上)测量V的值之差，并且认为V而非电量Q是原始概念或可测量的物理属性，那么对于任何简单的绝缘体，就我们的电量而言，我们有 598

① 在这里，英译本的译文是mechanical theory of nature。中译者查阅了德文原版书，发现马赫在这里使用的是Die mechanische Naturansicht(参见Ernst Mach, *Die Mechanik in Ihrer Entwicklung Historisch-Kritisch Dargestellt*, Leipzig: F. A. Brockhaus, 1897, S. 486.)。因此，中译者将其翻译为"力学自然观"而非"力学的自然理论"，这样翻译与马赫的上下文和一贯思想也比较契合。——中译者注

② *Die Geschichte und die Wurzel des Satzes von der Erhaltung der Arbeit.*

$$Q=\frac{-1}{4\pi}\int\left(\frac{d^2V}{dx^2}+\frac{d^2V}{dy^2}+\frac{d^2V}{dz^2}\right)dv$$

(这里 x、y、z 表示坐标,dv 表示体积元);就我们的势[①]而言,

$$W=\frac{-1}{8\pi}\int V\left(\frac{d^2V}{dx^2}+\frac{d^2V}{dy^2}+\frac{d^2V}{dz^2}\right)dv.$$

在这里,Q 和 W 作为导出概念出现,其中不包含流体或媒质概念。如果我们以相似的方式在整个物理学领域工作,那么我们将把我们自己完全限定在实际事实的定量概念表达之内。一切多余的和无效的概念都消除了,它们引起的虚构问题也得以预防。

在 1883 年所写的前面的段落,几乎没有遇见大多数物理学家的反应,但是可以注意到,自那时以来,物理学的阐述密切地靠近在那里指出的理想。赫兹的"关于电力传播的研究"(1892 年),提供了用简单的微分方程这样摹写现象的好例子。

通过比较在不同范围得到的概念,通过针对每一个范围的概599念发现对应的其他范围的概念,能够最佳地促进祛除其基础是历史的、约定的或偶然的概念。这样一来,我们发现,温度和势函数对应于质量运动的速度。单一的速度值、单一的温度值或单一的势函数值从来不**单独**变化。不过,尽管在速度和势函数的实例中,就我们迄今所知而言,只有差异得到考虑,而温度的意义不仅仅包含在它相对于其他温度的差异中。热容量对应于质量,电荷势对应于热量,电量对应于熵,如此等等。追求这样的类似和差异奠定了**比较物理学**(comparative physics)的基础,比较物理学会在没有**任意的**添加情况下,最终给予广泛的事实群以可能的简洁表达。

---

① 使用克劳修斯(Clausius)的术语。

于是，我们将具有不与人为的原子理论相混的、纯一的物理学。

人们也将察觉到，真正的科学思维**经济**不能通过力学假设得到。即使假设能够充分胜任复制给定范围的自然现象，比如说热现象，但是我们接受它只是想用该假设代替力学过程和热学过程之间的实际关系。真正基本的事实被同样多数目的假设取代，这的确不是收获。一旦假设通过比较熟悉的观念的代替，尽其所能促进了我们对新事实的观点，它的功能便消耗殆尽。当我们期望从假设比从事实本身得到更多的启发时，我们就要犯错误。

3. 力学观点的发展受到很多情况的支持。首先，所有自然事件与力学过程相关是不会错的，因此很自然，会导致我们用更为熟知的力学事件说明较少了解的现象。再者，普遍的和广泛的领域中的定律正是在力学范围内首次发现的。这种类型的一个定律是活劲原理 $\sum(U_1-U_0)=\sum\frac{1}{2}m(v_1^2-v_0^2)$，这可以陈述如下：在系统从一个位置转移到另一个位置时，它的活劲的增加等于力函数或功的增量，该增量被表达为终结位置和初始位置的函数。如果我们使我们的注意力专注于系统能够做的功，并与亥姆霍兹一样称它为 Spannkraft（活力）[①] S，那么**实际上做**的功 U 将作为起初呈现的 Spannkraft 的减少 K 出现；因此，$S=K-U$，而且活劲 600

① 亥姆霍兹在 1847 年使用这个术语；但是，在他的后续的论文中没有发现它；在 1882 年（*Wissenschaftliche Abhandlungen*），他明确地放弃了它，而赞成英语的"势能"（potential energy）。他甚至（第 968 页）更喜欢克劳修斯的 Ergal（尔格）而不是 Spannkraft，这完全与现代术语失去一致。——英译者注

原理采取形式

$$\sum S + \frac{1}{2} \sum mv^2 = \text{常数},$$

这就是说，Spannkraft 的每一次减少都被活劲的增加补偿。以这种形式，也把该原理叫做**能量守恒**定律，其中 Spannkraft(势能)与活劲(动能)之和在系统中依然不变。但是，由于在自然界中活劲**不仅**可以作为做功的结果出现，而且也可以作为热量、电荷势等等出现，因此科学家在这个定律中看到**力学**作用是一切自然作用的基础的表达。然而，除了力学现象和其他类型的现象之间不变的量的**关联**外，在这个表达中没有包含什么东西。

601

4. 假定关于事物的广博而宽泛的观点首次通过力学引入物理学，这也许是一个错误。相反地，这种洞察在所有时期都是杰出的探究者拥有的，甚至进入了力学本身的结构之中，因此它并不是力学首先创造的。伽利略和惠更斯持续地交替考虑特定的细节和普遍的方面，为了简单的和一致的观点，仅仅通过坚持不懈的努力得到他们的结果。伽利略和惠更斯只是借助非常详细的研究特例中的下降运动，结合考虑物体一般自行下坠的境况，察觉到个别物体和系统的速度依赖于下降通过的空间这一事实。惠更斯特别在这个场合强调力学的永恒运动的不可能性；因此，他具有近代的观点。他感到永恒运动的观念与他熟悉的自然力学过程的**不相容性**。

以斯蒂文的虚构为例，比如说在棱柱上无止境的链条的虚构。在这里，显示出深刻的、广阔的洞察。我们在此拥有众多经验训练的，对个别实例施加影响的心智。对斯蒂文来说，正在运动的无止境的链条是并非下降的下降运动，是没有目的的运动，是不回应意图的无意图的作用，是为不产生变化的变化的努力。一般地，即使 602 运动是下降的结果，那么在该特例中，下降则是运动的结果。正是 v 和 h 以方程 $v=\sqrt{2gh}$ 相互依赖的直观，在这里显示出来，尽管不用说是以并非如此确定的形式显示出来。虽然惠更斯具有精湛的研究直观，但是在这个虚构中存在着矛盾，这一点也许逃脱了不怎么深刻的思考者的注意。

这种相同的个别与普遍交替观看的迹象，也在萨迪·卡诺完成的工作中显示出来，而不仅仅局限于力学的这个例子中。当卡诺发现，对于给定的功的量 L，从较高温度 t 流向较低温度 t' 的热量 Q，只能依赖于温度，而不能依赖于物体的物质构成时，他的推理严格地与伽利略的方法一致。J. R. 迈尔在阐明热功当量原理时，也类似地进行。在这一成就中，力学的观点距离迈尔的心智十分遥远；他也不需要它。为理解热功当量学说需求力学哲学（mechanical philosophy）支持的他们，仅仅具有它清楚指出的半领会的进步。不过，尽管我们可以高估迈尔的原创的成就的价值，为此缘故也没有必要贬低职业物理学家焦耳（Joule）、亥姆霍兹、克劳修斯、汤姆孙的功绩，他们对于新观点的详细**确立**和**完善**做了非常多的贡献，也许是全部贡献。按照我们的看法，对迈尔观念的剽窃的假定是没有理由的。推进它的他们负有**证明**它的义务。在历史上，相同观念的重复出现并不生疏。在这里，我们不愿着手讨论纯粹私人的问题，这个问题在今后三十年将不再引起学生的兴趣。 603 但是，以公正为借口，凌辱能够享受高度受尊敬的和不受骚扰的生活的人，则是不公平的，即使他们仅仅完成了他们实际的专业服务的三分之一。

在德国，迈尔的论著起初遇到十分冷淡的接纳，部分地是敌意地接纳；甚至遭遇出版困难；但是在英国，却得到比较迅速的承认。在那里它们几乎被遗忘之后，在正在揭示的丰富的新事实当中，由于廷德耳(Tyndall)在他的著作《热：运动的模式》(*Heat, a Mode of Motion*, 1863)中的慷慨赞扬，再次吸引了对它们的注意力。这一赞扬的结果在德国引起显著的反应，反应在杜林的著作《罗伯特·迈尔：19世纪的伽利略》(*Robert Mayer, the Galileo of the Nineteenth Century*, 1878)中达到顶点。情况看来几乎是，对待迈尔的不公正仿佛用对其他人的不公正偿还了。但是，像在刑法中一样，在这里也是如此，不公正的总和只是以这种方式增加，因为没有代数相消发生。波佩尔在《外国》(*Ausland*, 1876, No. 35)中的一篇文章对迈尔工作给予热情的和完全满意的估价，由于它包含许多有趣的认识论见解，也非常具有可读性。对于在热的力学理论领域中的各个探究者的成就，我努力(Principles of Heat)给予完全公正的和冷静的描述。由此看来，所涉及的每一个探究者都做出了某种独特的贡献，这种贡献展现了他们各自的智力特质。可以把迈尔看做是热和能量理论的哲学家；焦耳提供了实验根据，他也通过哲学考虑通向能量原理；亥姆霍兹赋予它以理论物理学的形式。亥姆霍兹、克劳修斯和汤姆孙转变到卡诺的观点，而卡诺在他的观念方面是独一无二的。能够排除每一个首先谈到的探究者。由此可能延迟发展的进步，但是不会使它停止(借助 Weyrauch, Stuttgart, 1893，比较迈尔著作的版本)。

604

5. 我们现在将试图表明，在能量守恒原理中表达的广泛观点并非力学独有，一般而言是逻辑思维和健全的科学思维的条件。物理科学的事务就是在思想中重构事实或抽象地定量表达事实。我们由于这种重构形成的法则是自然定律。因果性定律就在于确信，这样的法则是可能的。因果性定律只是断言，自然现象是相互**依赖的**。在因果性定律的表达中，特别把重点放在空间和时间上是不必要的，因为空间和时间的关系本身隐含地表达，现象是相互依赖的。

自然定律是可测量的现象的要素 $\alpha\beta\gamma\delta\cdots\cdots\omega$ 之间的方程。因为自然是易变的，所以这些方程的数目总是小于要素的数目。

如果我们知道 $\alpha\beta\gamma\delta\cdots\cdots$ 的**所有**值，比如就它们给出值 $\lambda\mu\nu\cdots\cdots$，那么我们把群 $\alpha\beta\gamma\delta\cdots\cdots$ 叫做原因，把群 $\lambda\mu\nu\cdots\cdots$ 叫做结果。在这种含义上，我们可以说，结果**唯一地**由原因决定。例如，阿基米德在杠杆定律的发展中使用了这种形式的充足理由律，因而它无非是断言，结果不能立即被任何给定的一组先决条件决定和非决定。 605

如果两个先决条件 α 和 λ 关联在一起，接着假定所有其他先决条件是不变的，那么 α 的变化将伴随 λ 的变化，而且作为一般法则，λ 的变化也将伴随 α 的变化。在斯蒂文、伽利略、惠更斯和其他伟大的探究者的身上，都遇到**相互**依赖的恒定观察。该观念也是**逆现象**(couter-phenomenon)发现的基础。从而，由于温度变化而引起气体体积的变化，被基于体积变化的温度变化的逆现象补充；塞贝克(Seebeck)现象被珀耳帖(Peltier)效应补充，等等。当然，关于依赖的**形式**，在这样倒置时，必须谨慎小心行事。图 235 将清楚地表明，λ 的改变怎么总是可以产生 α 的可察觉的改变，而

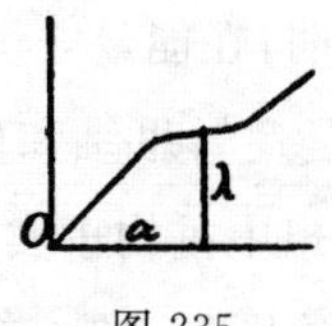

图 235

α 的变化并非必然可以产生 λ 的变化。法拉第发现的电磁现象和电磁感应现象之间的关系,是这个真理的好例子。

如果使一组先决条件 $\alpha\beta\gamma\delta$……从它的初始值变为它的终结值 $\alpha'\beta'\gamma'\delta'$……,而这组先决条件又决定第二组 $\lambda\mu\nu$……,那么 $\lambda\mu\nu$……也将变为 $\lambda'\mu'\nu'$……。若使第一组恢复到它的初始状态,则第二组也会恢复到它的初始状态。这就是"原因和结果等价"的意义,迈尔再三强调这一点。

若第一个群仅仅经受**周期性**的变化,则第二个群也只能经受周期性的变化,而不能经受连续的永久变化。伽利略、惠更斯、S. 卡诺、迈尔和他们的同辈的多产方法,都可以划归为简单的、但却是有意义的知觉:**一组先决条件的纯粹周期性改变只能构成第二组先决条件的类似周期性改变的来源,而不能构成连续的和永久的改变的来源**。像"结果等价于原因"、"不能由无生功"、"永恒运动不可能"这样的格言,就是这种知觉的特殊的、较少确定的和较少明显的形式;这种知觉本身并非专门涉及力学,它一般地是科学思维的组成部分。由于知觉到这个真理,可能还依附在能量守恒原理[1]上的任何形而上学的神秘主义都烟消云散了。

606

① 当我们深思,科学原理都是抽象,而抽象预设相似实例的重复时,那么把力守恒原理荒谬地应用于作为一个整体的宇宙就落空了。

请把佩佐尔特的关于力求智力生活**稳定性**的评论（“Maxima, Minima und Ökonomie,” *Vierteljahrsschr. Für wiss. Philosophie*, 1891）与我在1883年所写的这些行文字加以比较。

一切守恒观念像实物概念一样，具有牢固的思维经济的基础。在没有固定支点或参照的情况下，纯粹无联系的变化是不可理解的，在智力上不是可以重构的。因此，我们总是探究，什么观念能够在一切变动当中作为**永恒的**东西保留下来，什么**定律**获胜，什么**方程**依然是满足的，什么定量**值**依然是不变的？当我们说，折射率在所有折射实例中依旧是不变的，g 在所有重物运动的实例中依旧等于 9.810m，能量在每一个孤立系统中依旧是恒定的时候，我们的一切断言都具有相同的经济功能，即具有促进对事实智力重构的功能。

正文中仅仅简要地处理了能量原理，我乐于在这里就下述讨论这个问题的四部专著添加几点评论，它们是1883年以来出版的：J. 波佩尔的《电输送的物理原理》（*Die physiklischen Grundsätze der elektrischen Kraftübertragung*, Vienna, 1883），G. 黑尔姆的《能量学说》（*Die lehre von der Energie*, Leibzig, 1887），M. 普朗克的《能量守恒原理》（*Das Princip der Erhaltung der Energie*, Leibzig, 1887）和F. A. 米勒的《数学和力学的连续性问题》（*Das Problem der Continuität in der mathematic und Mechanik*, Marburg, 1886）。 607

就波佩尔和黑尔姆追求的目的而言，他们的独立著作完美地一致，在这方面他们与我自己的研究事实上如此之多地相符，以至在不忘却个人差异的情况下，我难得觉察在相等的程度上吸引我的心智的任何东西。这两位作者在他们尝试阐明一般的能量学(energetics)科学时,异乎寻常地相遇;而且,这种类型的**建议**也可以在我的专著《功守恒》的一个注释(*Conservation of Energy*, p. 47)中找到。自那时以来,黑尔姆、奥斯特瓦尔德和其他人详尽无遗地处理了能量学。

1872年,我在同一专著中(第42页及以下)表明,我们对排斥永恒运动原理的信念根据下述更普遍的信念:一个(力学的)要素群$\alpha\beta\gamma$……**唯一地**由不同的要素群xyz……决定。普朗克在他的专著第99、138和139页的评论特别与此一致;它们仅仅在形式上不同。再者,我反复地谈到,因果律的一切形式源于主观的念头,决不能迫使自然满足它们。在这方面,我的概念与波佩尔和黑尔姆的概念有联系。

608 普朗克(第21页及以下、第135页)和黑尔姆(第25页及以下)提到控制迈尔的"形而上学的"观点,而且二人都注意到(普朗克第26页及以下,黑尔姆第28页),焦耳也必定受到相似观念的指导,尽管没有为该结论辩护的直接表达。我完全赞成这后一看法。

关于迈尔的所谓"形而上学的"观点,按照亥姆霍兹的见解,它们受到作为迈尔最高成就的形而上学思辨的信徒的颂扬,但是在亥姆霍兹看来,它们似乎是他的阐述的最薄弱的特征。比如就格言"无进则无出"、"结果等价于原因"等等来说,人们从未信服**另外的**任何东西。我在我的专著《功守恒》用例子已经阐释,直到最近才在科学中得到承认的这样空洞的格言,如何几乎不能实现。但是,在迈尔的实例中,依照我的判断,这些格言不是软弱无力的。

相反地，就现在称之为能量的健全的、实质的概念而言，它们因他成为迄今不稳定的和未厘清的、**强有力的**本能渴望的表达。我不会严格地把这种欲望叫做形而上学的欲望。我现在知道，迈尔不想在概念的权限内厘清这种欲望。在这一点，迈尔的态度无论在哪方面都不同于伽利略、布莱克、法拉第和其他伟大的探究者的态度，尽管许多人也许比他更加沉默寡言和小心翼翼。

先前，在1886年于耶拿出版的《感觉的分析》中，在1897年于芝加哥出版的英译本第174页及以下，我已经触及这一点。我没有分享康德的观点，实际上**没有**占有形而上学的观点，甚至没有占有贝克莱(Berkeley)的观点，读过最后提及的我的专著的性急读者接受了这一点，撇开这一事实不谈，我赞同F. A.米勒在这个问题上的评论(第104页及以下)。对能量原理更加详尽无遗的讨论，请参见我的《热理论原理》。 609

(二)力学与生理学的关系

1.全部科学起源于生活的需要。然而，它可以被培育它的人的特定禀性或有局限性的倾向和能力细致地划分开来，每一分支只有通过与**整体**的活生生的联系才能充分地、健全地得以发展。唯有通过这样的统一，它才能趋近真正的成熟，保证它不至于片面修剪和畸形生长。

劳动分工，约束在有限领域的个体探究者，作为毕生工作的这些领域的研究，都是科学富有成效发展的根本条件。只有通过这样的工作专门化和约束，掌握特殊领域所必需的经济思维工具才能完善起来。但是，正是在这里存在着危险——我们过高估计我们如此经常使用的工具，甚或把它们视为科学的客观特点。

2. 现在，依照我们的看法，由于物理学的不匀称的形式发展，这样的事态实际上已经产生了。大多数自然探究者把超越和独立于思想的实在归因于物理学的智力工具，归因于质量、力、原子等概念，这些概念的唯一职分是复原经济地整理的经验。不仅如此，而且甚至坚持认为，这些力和质量是探究的实在对象；如果一旦充分地探索它们，那么其余的一切都会从这些质量的平衡和运动中随之而来。一个仅仅通过老师了解世界的人，如果把他带到幕后，允许他观看后台的活动机制，那么他就可能相信，实在世界也需要机房，而且一旦彻底摸清了这一点，我们便会无所不知。类似地，我们也应该谨防在**思维的后台**上用来表征世界而使用的**智力**机械，以免把它视为实在世界的基础。

610

3. 哲学充分地包含在专门知识与知识巨大本体的关系的任何正确观点之中——这必然要求每一个专门研究者要有哲学。在富有想象力的问题的形成中，在每一个包含是可以解决的还是不可解决的荒谬绝伦的东西的阐明中，都承认需要哲学。在探究是否可用原子的运动**说明**感情时，与心理学对照，显示出这样的对物理学的过高估价，显示出这样的对两门科学真实关系的错误概念。

让我们寻求一下，为了构想如此严肃的问题而强加于我们心智的条件。我们首先发现，我们把我们关于时间和空间关系的经验置于较大的**信任**；与我们对于颜色、声音、温度等等的经验相比，我们赋予那些经验以更客观的、更**真实的**特性。可是，如果精确地研究一下这个问题，我们必然有把握承认，我们关于空间和时间的 611 感觉正像我们关于颜色、声音、气味的感觉，是一模一样的**感觉**，只是我们对前者的认识比对后者的认识更可靠、更清楚而已。空间和时间是感觉集合的充分有序的系统。在力学方程中陈述的量，只不过是代表这些集合的成员的序号，各成员必定在心理上受到隔离和注意。方程表达了这些序号相互依赖的形式。

物体是触感觉和视感觉的相对恒定的总和，这些感觉与相同的空间和时间的感觉联系在一起。力学原理，例如像两个质量相互引起加速度的原理一样，只是或直接地或间接地给出触感觉、视感觉、光感觉或时间感觉的某种组合。力学原理只有借助它们包含的感觉才具有可理解的意义，这些感觉的内容当然可以十分复杂。

因此，完全撇开力学概念是为描述**力学**事实而非生理学事实或**心理学**事实而完善的经济工具或权宜之计的考虑，如果我们必须尝试从质量的运动推知感觉的话，那么它也许等价于用比较复杂的和远离的东西说明比较简单的和直接的东西。如果恰当地区分研究的**手段**和**目的**，并把我们的阐述局限于**实际事实**的表征，那么这种类型的假问题就不会出现。

4. 一切物理学知识只能在智力上描述或预期我们称之为感觉的那些要素的复合。这种知识涉及这些要素的关联。物体的这样的要素 A，比如说物体的热，不仅与其他要素相关，比如说与其集 612 合构成火焰 B 这样的要素相关，而且也与我们身体的某些要素的集合相关,比如说与神经 N 的要素的集合相关。作为简单的对象和要素,N 不是在本质上、而是在约定上不同于 A 和 B。A 和 B 的关联是**物理学**的问题,A 和 N 的关联是**生理学**的问题。无论哪一个单独都不存在;二者同时存在。我们只能暂时忽略二者中的任何一个。因此,在外观上是纯粹力学的过程,除了它们明显的力学特征外,总是生理的过程,因而也是电的、化学的过程等等。力学科学并没有构成世界的基础,不,甚或没有构成世界的一部分,而只是构成世界的一个**方面**。

在本书的开头,表达了这样的观点:力学学说是从工匠的有选择的经验经过智力的精炼过程发展而来的。事实上,如果我们不带偏见地考虑这个问题的话,我们看到,弓箭、投石器和标枪的原始发现,都提出近代动力学最重要的定律即惯性定律——早在亚里士多德及其有学识的注释者由于十足的刚愎自用而误解它之前很久就提出了。而且,首先古代的投掷抛射体的机械和弩炮,接着近代的火器,每天都把这个定律带到我们眼前,但是在伽利略和牛顿的天才发现正确的理论构思之前,还需要诸多世纪。它处在与绝大多数人预料它所处的方向正好相反的方向上。必须在理论上说明和证明,抛射体的速度不是保持不变,而是减小。

613 简单机械即五种力学能力无疑是工匠的产物,亚历山大城的赫罗在著作中描绘了这些机械,该著作的阿拉伯译本传到中世纪。现在,如果儿童用简单的和原始的工具忙于机械工作,我的儿子路德维希·马赫的例子即是这样,那么在这方面观察的动力学感觉和在做合适运动时得到的动力学经验,会造成强烈的和持久的印象。如果我们注意这些感觉,那么从智力上讲,我们便更接近机械的本能起源。我们理解，人们为什么宁可让较长的杠杆服从较小的压力，为什么用把手通过较长的距离挥动榔头能够传送更多的功或活劲。我们同时通过实验理解在滚轮上运输重载，也理解轮子即固定的滚轮是怎么出现的。滚轮的制造必定获得巨大的技术重要性，并导致旋床的发现。在拥有这一点时，人类很容易发现轮子、轮轴和滑轮。但是，原始的旋床是野蛮人的十分古老的取火钻，它具有弓和绳，不用说这种原始的旋床仅仅适合于小物件。而且，直到相当晚近的时期，阿拉伯人还使用它，我们的钟表制造匠或修理匠几乎普遍地使用它。古代埃及人的陶工的转轮也是旋床的一种。也许这些形式作为模型适合较大的旋床，这一发现以及垂规和经纬仪的发现，都归功于萨摩斯的泰奥多勒斯(Theodorus of Samos)。在它上面可以很容易转动石墩(公元前 532 年)。并非一切知识都找到直接的应用；它往往长时间尚未被利用。古代埃及人在首领的双轮战车上就有轮子。可是，他们实际上在重型 614 运输雪橇上运输他们的庞大的石头墓碑，厚着脸皮漠视人的劳动成果。被视为囚犯的奴隶的劳动在加于他们的战事中做什么呢？囚犯应当感谢，他们未被以亚述人的方式施以刺刑，或者至少没有被弄瞎，与此相比他们只是非常仁慈地被用作负重的动物。甚至我们高贵的文明先驱希腊人也没有截然不同地思考。

不过，即使我们设想对进步而言最佳的意愿，许多发现依旧几乎无法理解。古代埃及人不了解螺旋。在罗塞里尼(Rosselini)著作的许多插图中，找不到它的痕迹。按照未必可靠的传说，希腊人把它的发现归功于塔伦图姆的阿契塔(约公元前 390 年)。但是，在阿基米德(公元前 250 年)和赫罗(公元前 100 年)身边，我们发现众多形式的螺旋是某种众所周知的东西。赫罗能够很从容地说，甚至以现代教师能够理解地方式说："螺旋是卷绕的楔形物。"但是，无论哪一个迄今没有看见或运用螺旋的人，都不可能根据这个指点发现螺旋。依据与以前讲过的实例类比，我们必须假定，当螺旋形式的物件，例如盘绕的绳索、为装饰的目的缠绕在一起的一对金属线、或者古老取火钻的用绳子螺旋形穿绕的锭子圈，碰巧落入某人手中时，建造螺旋的想法就彻底地接近手头的盘绕知觉。基本上，正是在偶然的观察中，人对他们环境的不完善的适应表达了自己的思想，而且一旦注意到这些观察，这种不完善的适应引起进一步的适应。

615　我的儿子生动地叙述，在人种志博物馆，他青少年时代的动力学经验如何再次生动地复活起来；这些经验如何通过在展览的物件上可察觉的劳作痕迹再次被唤醒。要是这些经验用来发现普遍的发生的技术，也许顺便会导致稍许深刻一点理解力学的原始历史。

若干著名探究者的年表和他们的比较重要的力学著作

616

Archimedes(阿基米德,287～212 B. C.)。他的著作的完整版本 1792 年在牛津出版,带有 Eutocius 的注释;F. Peyrard 的法译本(Paris,1808);Ernst Nizze 的德译本(Stralsund,1824)。

Leonardo da Vinci(列奥纳多·达·芬奇,1452～1519)。列奥纳多的科学手稿实质上体现在 H. Grothe 的著作"Leonardo da Vinci als Ingenieur und philosoph"(Berlin,1874)中。

Guido Ubaldi(o) e Marchionibus Montis(古伊多·乌巴尔迪,1545～1607)。*Mechanicorrum Liber*(Pesaro,1577).

S. Stevinus(S. 斯蒂文,1548～1620)。*Beghinselen der Weegkonst* (Leyden, 1585); *Hypomnemata Mathematica* (Leyden, 1608).

Galileo(伽利略,1564～1642)。*Discorsi e dimostrazioni matematiche*(Leyden,1638)。伽利略论著的第一个完整版本在佛罗伦萨出版(1842～1856),在第 15 卷偶数页 8。

Kepler(开普勒,1571～1630)。*Astronomia Nova* (Prague, 1609); *Harmonice Mundi* (Linz, 1619); *Stereometria Doliorum* (Linz,1615)。Frish 的完整版本(Frankfort,1858)。

Marcus Marci(马尔楚斯·马尔齐,1595～1667)。*De Proporitone motus*(Prague,1639).

Descartes(笛卡儿,1596～1650)。*Principia Philosophie*(Amsterdam,1644)。

617 Roberval(罗贝瓦尔,1602～1675)。*Sur la composition des mouvements. Anc. Mém. De l'Acod. De Paris*. T. VI.

Guericke(居里克,1602～1686)。*Experimenta nova, ut vocantur, Magdeburgica.*

Fermat(费马,1601～1665)。*Varia Opera*(Toulouse,1679).

Torricelli(托里拆利,1608～1647)。*Opera Geometrica*(Florence,1679).

Wallis(沃利斯,1616～1703)。*Mechanica Sive de Motu*(London,1670).

Mariotte(马略特,1620～1684)。*Œuvres*(Leyden,1717).

Pascal(帕斯卡,1623～1662)。*Récit de la grande expérience de l'équiibre des liqueurs*(Paris,1648);*Traité de l'équiibre des liqueurs et de la pesanteur de la masse l'air*(Paris,1662).

Boyle(玻意耳,1627～1691)。*Experimenta Physico Mechanica*(London,1660).

Huygens(惠更斯,1629～1695)。*A Summary Account of the Laws of Motion*. Philos. Trans. 1669;*Horologium Oscillatorium*(Paris,1673);*Opuscula Posthuma*(Leyden,1703).

Wren(雷恩,1632～1723)。*Lex Nature de Collisione Corpo-*

rum. Philos. Trans. 1669.

Lami(拉米,1640～1715)。*Nouvelle manière de démontrer les principaux théoremes des élémens des mécaniques*(Paris, 1687).

Newton(牛顿,1642～1726)。*Philosophiae Naturalis Principia Mathematica*(London, 1687).

Leibniz(莱布尼兹,1646～1716)。*Acta Eruditorium*, 1868, 1695; *Leibnitzii et Joh. Bernoullii Comercium Epistolicum*(Lausanne and Geneva, 1745).

James Bernoulli(詹姆斯·伯努利,1654～1705)。*Opera Omnia*(Geneva, 1744).

Varignon(瓦里尼翁,1654～1722)。*Projet d'une nouvelle mécanique*(1687).

John Bernoulli(约翰·伯努利,1667～1748)。*Acta Erudit*. 1693;*Opera Omnia*(Lausanne, 1742).

Maupertuis(莫佩尔蒂,1698～1759)。*Mém. de l'Acad. De Paris*, 1740;*Œuvres*(Paris,1752).

Maclaurin(麦克劳林,1698～1746)。*A Complete System of Fluxions*.

Daniel Bernoulli(达尼埃尔·伯努利,1700～1782)。*Comment Acod. Petrop.*, T. 1. *Hydrodynamica*(Strassburg, 1738). 618

Eouler(欧拉,1707～1783)。*Mechanica sive Motus Scientia*(Petersburg, 1736);*Methodus inveniendi Lineas Curvas*(Lausanne,1744)。若干文章在柏林科学院和圣彼得堡科学院的卷册中。

Clairaut(克莱罗,1713～1765)。*Théorie de la figure de la terre*(Paris,1743).

D'Alembert(达朗伯,1717～1783)。*Traité de dunamique*(Paris,1743).

Lagrange(拉格朗日,1736～1813)。*Essai d'une nouvelle méthode pour déterminer les maxima et minima.* Misc. Taurin. 1762;*Analytic Mechanics*(Paris,1788).

Laplace(拉普拉斯,1749～1827)。*Mécanique céleste*(Paris,1799).

Fourier(傅里叶,1768～1830)。*Théorie analytique de la chaleur*(Paris,1822).

Gauss(高斯,1777～1855)。*De Figura Fluidorum in Statu Æquilibrii. Comment. Societ. Götting*,1828;*Neues Princip der Mechanik*(Crelle's Journal, IV, 1829);*Intensitas Vis Magneticœ Terrestris ad Mensurram Absolutam Revocata*(1833). Complete works(Göttingen,1863).

Poinsot(普安索,1777～1859)。*Éléments de statique*(Paris,1804).

Poncelet(彭赛列,1788～1867)。*Cours de mécanique*(Metz,1826).

Belanger(贝朗格,1790～1874)。*Cours de mécanique*(Paris,1847).

Möbius(默比乌斯,1790～1867)。*Statik*(Leipzig,1837).

Coriolis(科里奥利,1792～1843)。*Traité de mécanique*(Paris,1829).

C. G. J. Jacobi(雅可比,1804～1851)。*Vorlesungen über Dynamik*, Herausgegeben von Clebsch(Berlin,1866).

W. R. Hamilton(哈密顿,1805～1865)。*Lectures on Quaternions*, 1853.—Essays.

Grassmann(格拉斯曼,1809～1877)。*Ausdehnungslehre*(Leipzig,1844).

H. Hertz(赫兹,1857～1894)。Principien der Mechanik(Leipzig,1894).

索　　引

（下列数码为原书页码，本书边码）

中译者附录

附录一 《力学》德文第三版序[①]

自 1889 年以来，布德(Budde)、P. 弗里德伦德尔和 J. 弗里德伦德尔(P. and J. Friedländer)、H. 赫兹(H. Hertz)、P. 约翰内松(P. Johnnesson)、K. 拉斯维茨(K. Lasswitz)、麦格雷戈(MacGregor)、K. 皮尔逊(K. Pearson)、J. 佩佐尔特(J. Petzoldt)、罗森贝格尔(Rosenberger)、E. 施特劳斯(E. Strauss)、维凯尔(Vicaire)、P. 福尔克曼(P. Volkmann)、E. 沃尔威尔(E. Wohlwill)与其他人出版的著作表明，对力学基础的兴趣并没有减少，这些著作中的许多都值得考虑，即使是简要的考虑。

在卡尔·皮尔逊教授(*Grammar of Science*, London, 1892)那里，我变得与一位探究者相识，我在几乎所有基本之点与他的认识论观点一致，他总是采取坦率的和无畏的立场反对科学中的一切假科学的(pseudo-scientific)趋势。眼下，似乎开始考虑力学与

① 译自 E. Mach, *The Science of Mechanics: A Critical and Historical Account of Its Development*, By T. J. McCormack, 4th ed., Merchant Books, 2007, p. xiv. 该书是马赫的《力学及其发展的批判历史概论》的英文第四版影印本。——中译者注

物理学的新关系，这一点特别在 H. 赫兹的出版物中显而易见。在我们的超距作用的力的概念中开始形成的转变也会受到 H. 泽利格(H. Seeliger. "Ueber das Newton'sche gravitationsgesetz," *Sitzungsberricht der Münchener Akademie*, 1896)的有趣研究的影响，他表明对牛顿定律的严格解释与宇宙无限量的质量的假定不相容。

E. 马赫

维也纳，1897 年 1 月

附录二 《力学》德文第四版序[①]

在七年的进程中,本书的支持者看来好像有所增加;在玻耳兹曼(Boltzmann)、弗普尔(A. Foppl)、赫兹(Hertz)、洛夫(Love)、马吉(Maggi)、皮尔逊(Pearson)和斯莱特(Slate)的论著中,我的阐述受到部分考虑,这些考虑在我身上唤起一种希望:我的著作不会是徒劳无功的。在斯特洛(Stallo)那里(*The Concept of Modern Physics*《现代物理学的概念》)找到我对力学态度的坚定同盟者,在 W. K. 克利福德(W. K. Clifford)那里(*Lectures and Essays and The Common Sense of the Exact Sciences*《讲演和论文与精密科学的常识》)发现具有同源目的和观点的思想家,这给予我特别的满足。

触及我的讨论的新书和新批评在特定的添加中受到注意,这些添加在某些例子中呈现出显著的比例。在这些责难中,O. 赫尔德(O. Hölder)关于我对阿基米德演绎批判的批注(*Denken und Anschauung in der Geometrie*《几何学的思想和直观》,p. 63, note 62)具有特殊的价值,因为它给我提供了机会,在更加牢固的基础上建立我的观点(参见第 512～517 页)。我一点也不质疑,严格的证明在力学中像在数学中那样是可能的。但是,就阿基米德的演

---

① 译自 E. Mach, *The Science of Mechanics: A Critical and Historical Account of Its Development*, By T. J. McCormack, 4th ed., Merchant Books, 2007, pp. xv～xvi. 该书是马赫的《力学及其发展的批判历史概论》的英文第四版影印本。——中译者注

绎和某些其他演绎而论，我还是持有我的立场是正确立场的看法。

通过详细的历史研究，有必要对我的著作中的另外一些地方稍微做点矫正，但是总的来说，我认为我恰当地描绘了力学已经通过的和可能将要通过的转变的图像。因此，与后来的插入截然不同的原来的正文，依然像它首次在第一版中那样维持原状。我还希望，即使在我逝世之后也许有必要出版新版本，在其中也不要做什么修改。

E. 马赫

维也纳，1901年1月

中译者后记*

自2011年9月8日开始笔译，到2012年5月30日从头到尾看完译稿，为移译马赫的《力学及其发展的批判历史概论》(或译《力学史评》)和《能量守恒原理的历史和根源》，前后持续了整整八个月。其间，除了撰写一点零散的文章和从事一些必要的学术活动外，我几乎投入了全部时间和全副精力，基本上是在与外界隔绝和自我封闭的状况下工作的。我深知，不论是读书、研究，还是写作、翻译，都是冷板凳坐出来的，而不是前呼后拥拥出来的，上蹿下跳跳出来的，东奔西跑跑出来的，随波逐流流出来的，反复翻炒炒出来的。这是我致力于学术凡三十年的切身感悟，说白了其实是再平凡不过的常识。

常言道，人最怕寂寞或孤独，特别是年纪大的人。打量一下四围，这的确是一个千真万确的事实。在阔别衣食匮乏、在物质相对充裕的年代，耐不住孤独的主要原因大概是无远大理想，无高尚追求，无生命依归，无精神寄托，在生活中找不到生活的意义，在生命中找不到生命的价值，从而无所事事、百无聊赖。我曾在数年前给

* 该后记以“享受孤独，诗意栖居”为题，发表在广州:《南方周末》，2013年4月18日，第24版。

友人的邮件中表明，对于研究人（而非市场人）[①]而言，不仅不会出现这种心灵空虚、茫然无措的孤独，而且积极意义上的孤独是求之不得的：孤独使他可以自由思考和自我反省，使他能够心无旁骛，专心致志地从事研究。处于孤独中的研究人其实并不孤独，他时时与千年之久的古人沟通，他处处与万里之遥的学人交流。“仰观宇宙之大，俯察品类之盛”[②]，皆为他的眼光所及；“木欣欣以向荣，泉涓涓而始流”[③]，更是他的心理风景。此时的孤独并非“茕茕孑立，形影相吊”[④]，而是独立人格、独特思想生成或喷涌的必要条件。摆脱俗尚的狷介之士，肯定是孤独的。世人大都害怕孤独；只有有思想、爱思考的人从内心深处需要孤独，并享受孤独的雅静和幽趣。要知道，思想是个人的[⑤]，而个人的思想是在自我的孤独中沉思、孕育的。

在这方面，爱因斯坦可谓是超尘拔俗的典型。爱因斯坦向往孤独，甘心离群索居，从孤独中汲取力量和智慧。爱因斯坦的传记作者派斯说：“如果我必须用一个单词来刻画爱因斯坦的特征，我会寻选择‘离群性’。”孤独是爱因斯坦科学研究、政治取向乃至道德和感情的需要。孤独使他超然物外，超脱世俗，也超越个人，使他能够获得一个宁静而客观的立足点和观察视角，从而保持高度

① 这是英国哲人科学家卡尔·皮尔逊使用的名词。参见李醒民：“自由思想和研究的热情——皮尔逊社会哲学一瞥”，北京：《自然辩证法通讯》，第22卷（2000），第1期，第21～28页。

② 王羲之：《兰亭集序》。

③ 陶渊明：《归去来辞》。

④ 李密：《陈情表》。

⑤ 李醒民：“思想是个人的！”，北京：《科学时报》，2010年10月29日，第A3版。

的精神自由和人格独立——这是没有一丝一毫利己主义的离群索居。爱因斯坦称孤独“这种解脱方式实在是真正的文化赋予人们的无价珍宝”,“孤独将最终作为人格的老师而被恰当地认识”。他告诫人们:“千万记住,所有那些品质高尚的人都是孤独的,而且必然如此,他们正因此才能享受自我环境中那种一尘不染的纯洁。”①

不知是本性使然②,还是或多或少基于此类认识,三十余年的学术生涯,我可以说是在踽踽独行中度过的。为了在自己内心营造一个淡泊恬静、自由自在的精神世界,我始终以六不主义(不当官浪虚名,不下海赚大钱,不开会耗时间,不结派费精力,不应景写文章,不出国混饭吃)③、三不政策(一是在无“资格”招收博士生的情况下不招收研究生。二是不申请课题。三是不申请评奖)④、四项基本原则(绝不趋时应景发表论文,绝不轻易应约发表论文,绝不用金钱开路买发表权,绝不在他人论文上署名)⑤自律自勉。在他人看来,我事实上是学术体制内的体制外人,是离经叛道的异

① 李醒民:《爱因斯坦》,台北:三民书局东大图书公司,1998年第1版,第514~518页。北京:商务印书馆,2005年第1版,第443~447页。

② 李醒民:“生性殊倔强,羞学如磬腰。门寒志愈坚,身微气益豪。岂慕阳关道,惟钟独木桥。纵然坠激流,犹喜浪滔滔。”(《自画像》,1968年11月17日)李醒民:“蒹葭苍苍蛙声稀,湖畔夤夜渺人迹。独坐小亭寤幽趣,此情惟有秋风知。”(《苏州太湖碧瀛谷》,2008年10月24日)

③ 李醒民:“我的‘六不主义’”,《自由交谈》,成都:四川人民出版社、四川文艺出版社,1999年第1版,第107~112页。

④ 李醒民:“不把不合理的‘规章’当回事”,北京:《自然辩证法通讯》,第22卷(2000),第3期,第7~8页。

⑤ 李醒民:“我为什么从来不……?”,北京:《自然辩证法通讯》,第33卷(2011),第2期,第115~119页。

端。这样我行我素，当然会失去诸多“好处”或“实惠”，有时难免还得吃点苦头，对此我甘之如荠——“谁谓荼苦？其甘如荠”[1]。我的生性和人格，我的志趣和追求，在我的两首诗中有所流露：“钟鼓馔玉可有无，浮名虚誉任去留。唯愿酩酊醉晓月，羽化登仙最自由。”（《酒中仙》）“人格独立同天壤，思想自由永三光。虚名实利若敝屣，丈夫立世腰自刚。”（《观“海宁王静安先生纪念碑”》）遗憾的是，现今的学界和学人，“芥千金而不盼，屣万乘而其如脱”者若凤毛麟角，而“虽假容于江皋，乃缨情于好爵”[2]者则如过江之鲫，熙熙攘攘，争先恐后。这是学界的悲哀，这是学人的堕落！在这种氛围的熏染下，在这种心态的驱使下，学人连一张平静的书桌都安放不稳，遑论建设世界一流大学，赶超世界先进学术水平。

近读《庄子》有感，遂信笔写下“无欲灵自斋，贪多每坐驰。乘物以游心，奇思天降时。”庄子所谓“心斋”，即“空明的心境”；所谓“坐驰”，乃“形坐而心驰”；“乘物以游心”，意谓“顺任事物的自然而悠游自适，心灵自由”。[3] 在这种心境下，思想不汩汩而流、浑然天成，文章不言随意遣、无有畔岸，那才是咄咄怪事呢。庄子不愧是具有大智慧的思想家，他的富有启发性的类似言论俯拾即是。例如，“离形去知，同于大通，此谓坐忘。”（“离形”即消解由生理所激起大贪欲，“去知”即消解由心智所产生的伪诈）“游心于淡，合气于漠。”（游汝心神于恬淡之域，合汝形气于寂寞之乡）

---

① 《诗经・邶风・谷风》。

② 孔稚珪：《北山移文》。

③ 陈鼓应注译：《庄子今注今译》，北京：中华书局，1983年第1版，第116～128页。

“鱼相忘乎江湖，人相忘乎道术。”[1]仔细琢磨这些箴言的深邃意蕴，并以身体之，你肯定会甘于寂寞，享受孤独，诗意地栖居在“极乐世界清静土”[2]求智寻道，而绝不至于身在学门，艳羡荣利，萦怀好爵，为争权夺利心焦如火，惶惶不可终日。也许正是庄子昌言的化境与我本人多年的践行一拍即合乃至不拍也合，《命中事》和《看美文有感》新近天假良缘，斐然成章。在结束本书翻译之际，窃敢烦以不情之请相冒渎，拟附二诗于下，翘企收“酒逢知己饮，诗向会人吟”[3]之效。

操觚染翰经年忙，有道投笔又何妨。

旷心怡神命中事，经国不朽是文章。

思若鲲鹏临天池，妙语连珠笔亦奇。

一气呵成余韵在，宛如桃李默会时。

2012 年 6 月 1 日于北京西山之畔“侵山抱月堂”

① 陈鼓应注译：《庄子今注今译》，北京：中华书局，1983 年第 1 版，第 168、216、194 页。

② 白居易：《画西方帧记赞》。

③ 诗句出自明《增广贤文》，也有人说是普济或文准的手笔。

图书在版编目(CIP)数据

力学及其发展的批判历史概论/(奥)马赫著;李醒民译.—北京:商务印书馆,2014(2019.12重印)

ISBN 978-7-100-09895-3

Ⅰ.①力…　Ⅱ.①马…②李…　Ⅲ.①力学—研究　Ⅳ.①O3

中国版本图书馆CIP数据核字(2013)第069220号

力学及其发展的批判历史概论

〔奥〕恩斯特·马赫　著

李醒民　译

商　务　印　书　馆　出　版

(北京王府井大街36号　邮政编码100710)

商　务　印　书　馆　发　行

北京市松源印刷有限公司印刷

ISBN 978-7-100-09895-3

2014年9月第1版　　开本850×1168　1/32

2019年12月北京第2次印刷　　印张20⅝

定价:59.00元